拒绝低效

逆袭吧，Excel 菜鸟——Excel这样用才高效

刘天庆　编著

中国青年出版社

律师声明

图书在版编目（CIP）数据

拒绝低效：逆袭吧，Excel菜鸟：Excel这样用才高效 / 刘天庆编著.
-- 北京：中国青年出版社，2019.3
ISBN 978-7-5153-5477-4
I.①拒… II.①刘… III. 表处理软件 IV. ①TP391.13
中国版本图书馆CIP数据核字（2019）第010556号

策划编辑　张　鹏
责任编辑　张　军
封面设计　乌　兰

拒绝低效：逆袭吧，Excel菜鸟
——Excel这样用才高效
刘天庆 / 编著

出版发行：中国青年出版社
地　　址：北京市东四十二条21号
邮政编码：100708
电　　话：（010）50856188 / 50856199
传　　真：（010）50856111
企　　划：北京中青雄狮数码传媒科技有限公司
印　　刷：北京瑞禾彩色印刷有限公司
开　　本：787 x 1092　1/16
印　　张：18.5
版　　次：2019年6月北京第1版
印　　次：2019年6月第1次印刷
书　　号：ISBN 978-7-5153-5477-4
定　　价：69.90元
（附赠语音视频教学+同步案例文件+实用办公模版+PDF电子书+快捷键与函数汇总表）

本书如有印装质量等问题，请与本社联系
电话：（010）50856188 / 50856199
读者来信：reader@cypmedia.com
投稿邮箱：author@cypmedia.com
如有其他问题请访问我们的网站：http://www.cypmedia.com

前 言

职场新人小蔡由于对Excel软件学艺不精，再加上有一个对工作要求尽善尽美的领导，菜鸟小蔡工作起来就比较“悲催”了。幸运的是，小蔡遇到了热情善良、为人朴实的“暖男”先生，在“暖男”先生不厌其烦的帮助下，小蔡慢慢地从一个职场菜鸟逆袭为让领导刮目相看并委以重任的职场“精英人士”。

本书作者将多年工作和培训中遇到的同事和学生常犯的错误、常用的低效做法收集整理，形成一套“纠错”课程，以“菜鸟”小蔡在工作中遇到的各种问题为主线，通过“暖男”先生的指点，让小蔡对使用Excel进行数据展示、分析和计算逐渐得心应手。内容上主要包括Excel数据处理的错误思路和正确思路、Excel操作的低效方法和高效方法，并且在每个案例开头采用“菜鸟效果”和“逆袭效果”展示，通过两张图片对比，让读者一目了然，通过优化方法的介绍，提高读者Excel的应用水平。每个任务结束后，还会以“高效办公”的形式，对Excel的一些快捷操作方法进行讲解，帮助读者进一步提升操作能力。此外，还会以“菜鸟加油站”的形式，对应用Excel进行数据处理时的一些“热点”功能进行介绍，让读者学起来更系统。

本书在内容上并不注重高深技法，而是注重技术的实用性，所选取的“菜鸟效果”都是很多读者的通病，具有很强的代表性和典型性。通过“菜鸟效果”和“逆袭效果”的操作对比，读者可以直观地感受到Excel数据处理高效方法立竿见影之功效，感受到应用Excel高效与低效方法的巨大反差，提高读者的Excel操作水平和工作效率。本书由淄博职业学院刘天庆老师编写，全书共计约44万字，书中精选的内容符合读者需求，覆盖Excel应用中的常见误区，贴合读者的工作实际，利于读者快速提高水平。

本书在设计形式上着重凸显“极简”的特点，便于读者零碎时间学习。不仅案例简洁明了，还通过二维码向读者提供视频教学，视频时长控制在每个案例3~5分钟，便于读者快速学习。

本书献给各行各业正在努力奋斗的“菜鸟”们，祝愿大家通过不懈努力早日迎来属于自己的职场春天。

“暖男”先生

本书阅读方法

在本书中，“菜鸟”小蔡是一个刚入职不久的职场新人。工作中，上司是做事认真、对工作要求尽善尽美的“厉厉哥”。每次小蔡在完成厉厉哥交代的工作后，严厉的厉厉哥总是不满意，觉得还可以做得更完美。本书的写作思路是厉厉哥提出【工作要求】→新人小蔡做出【菜鸟效果】→经过“暖男”先生的【指点】得到【逆袭效果】，之后再对【逆袭效果】的实现过程进行详细讲解。

人物介绍

小蔡

职场新人，工作认真努力，但对Office软件学艺不精。后来通过“暖男”先生的耐心指点，加上自己的勤奋好学，慢慢地从一个职场菜鸟逆袭为让领导刮目相看并委以重任的职场“精英人士”。

厉厉哥

部门主管，严肃认真，对工作要求尽善尽美。面对新入职的助理小蔡做出的各种文案感到不满意，但对下属的不断进步看在眼里，并给予肯定。

“暖男”先生

小蔡的邻居，是一位热情、善良、乐于助人、做事严谨的Office培训讲师，一直致力于推广最具实用价值的Office办公技巧，为小蔡在职场的快速成长提供了非常大的帮助。

本书构成

问题及方法展示：【逆袭效果】的实现过程进行详细介绍

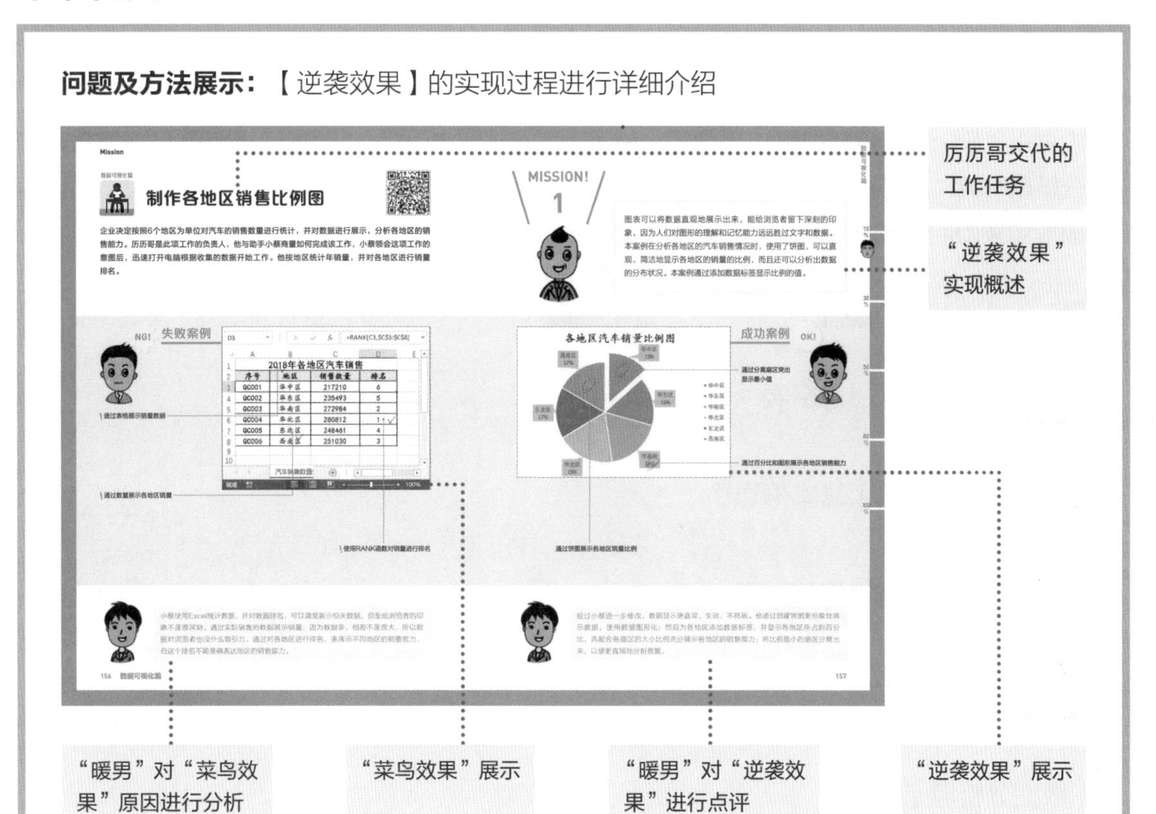

【逆袭效果】实现过程详解：

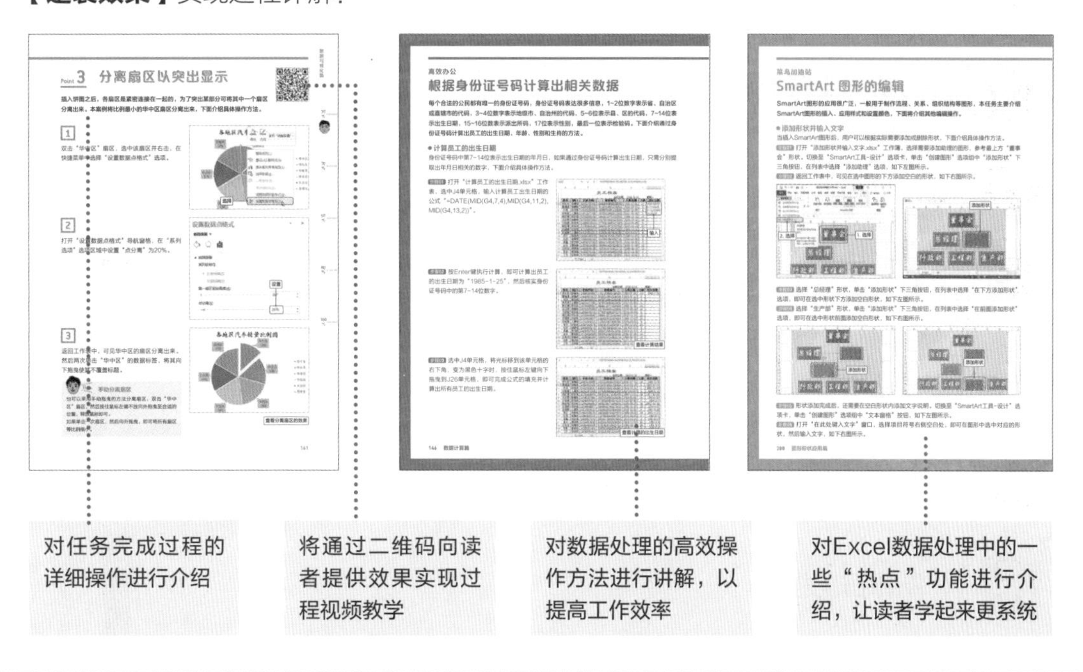

本书学习流程

本书由“Excel表格制作篇”、“数据分析篇”、“数据计算篇”、“数据可视化篇”、“数据动态分析篇”和“图形形状应用篇”6部分组成，分别对各种表格以及展示图、分析图、流程图等图形图表的制作过程进行展示，并对各种数据的分析、计算和直观可视化的实现方法进行介

【Excel 表格制作篇】

制作产品价格表

制作员工基本信息表

制作月销售统计表

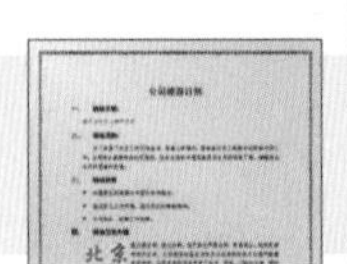

制作采购订单跟踪表

【数据分析篇】

分析海尔家电销售表

分析员工考核成绩统计表

分析员工基本工资表

分析家电销售统计表

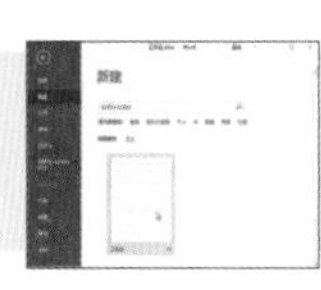

【数据计算篇】

制作车间生产统计表

制作员工档案

绍。在介绍各种数据处理与分析方法的同时，对使用Excel进行数据处理的错误思路和正确思路、低效方法和高效方法的展示，以及优化方法的介绍，帮助读者快速提高Excel数据处理和表格制作的水平。

【数据可视化篇】

制作各地区销售比例图

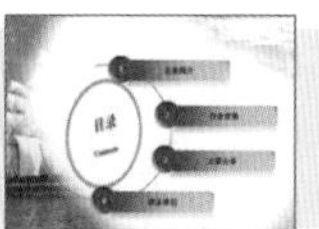

制作转向横拉杆生产销量图

制作员工生产合格品等级分布图

制作各部分年度费用分析图

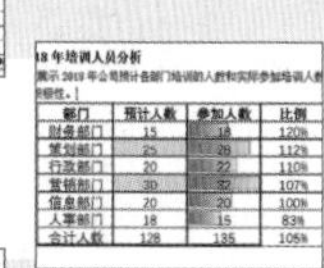

18 年培训人员分析

展示 2019 年公司预计各部门培训的人数和实际参加培训人数[illegible]

部门	预计人数	参加人数	比例
财务部门	15	18	120%
策划部门	25	28	112%
行政部门	20	22	110%
营销部门	30	32	107%
信息部门	20	20	100%
人事部门	18	15	83%
合计人数	128	135	105%

制作动态的图表

【数据动态分析篇】

分析各分店采购统计表

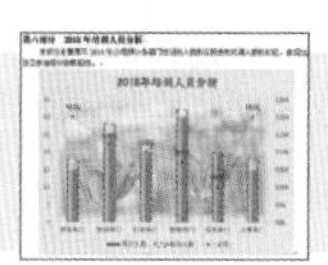

分析员工基本工资表

分析各季度手机销量统计表

【图形形状应用篇】

制作电子元件生产数量表

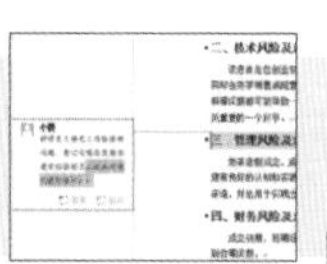

制作新员工入职流程图

Contents

Excel表格制作篇

数据分析篇

数据计算篇

数据可视化篇

图形形状应用篇

Excel办公实用技巧Tips大索引

Excel表格制作篇

Excel是Office办公组件中重要的组成部分，是一款非常强大的数据处理软件。Excel不仅可以存储、编辑数据，还可以进一步分析、计算和管理数据。其功能非常强大，是企业办公首选的软件之一。

本章主要介绍Excel表格制作的基础知识，如数据输入、边框设置、底纹填充、条件格式设置以及数据验证等。

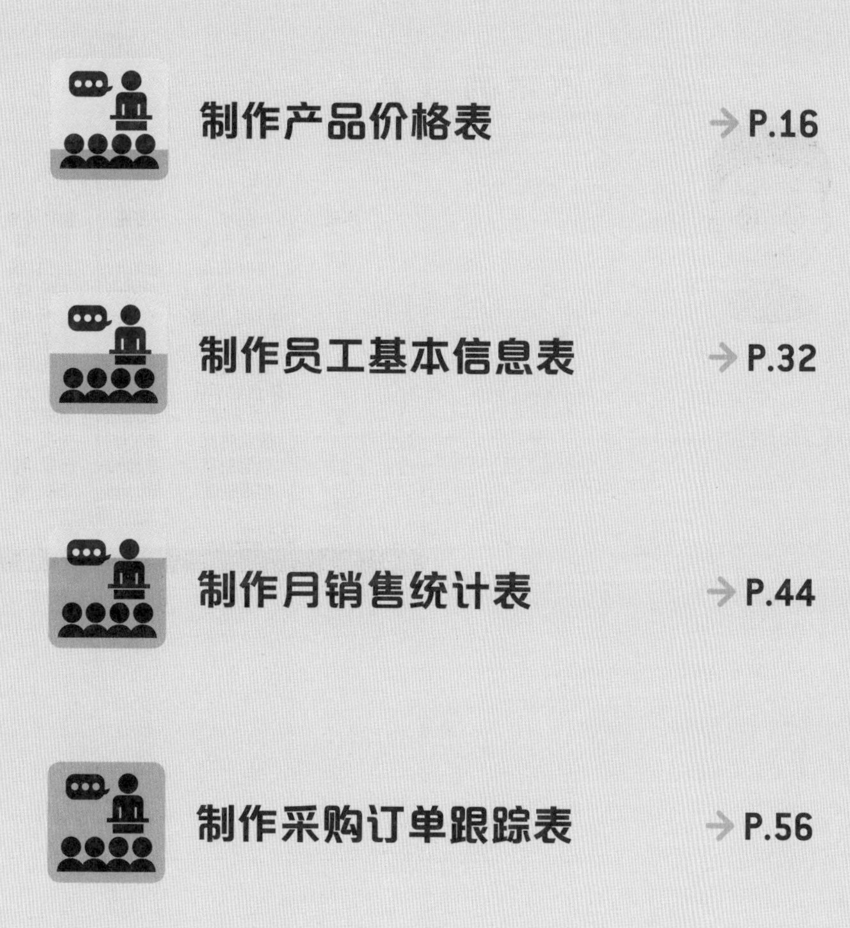

制作产品价格表

企业采购了一批白酒，为了使各店面销售价格统一，历历哥交代小蔡制作一份产品价格表。要求产品价格表中包含产品名称、容量、包装规格、数量和单价，各项目表达要简洁明了，最主要的是把数据表现清楚。小蔡接受任务后思考一会决定使用Excel电子表格制作产品价格表。

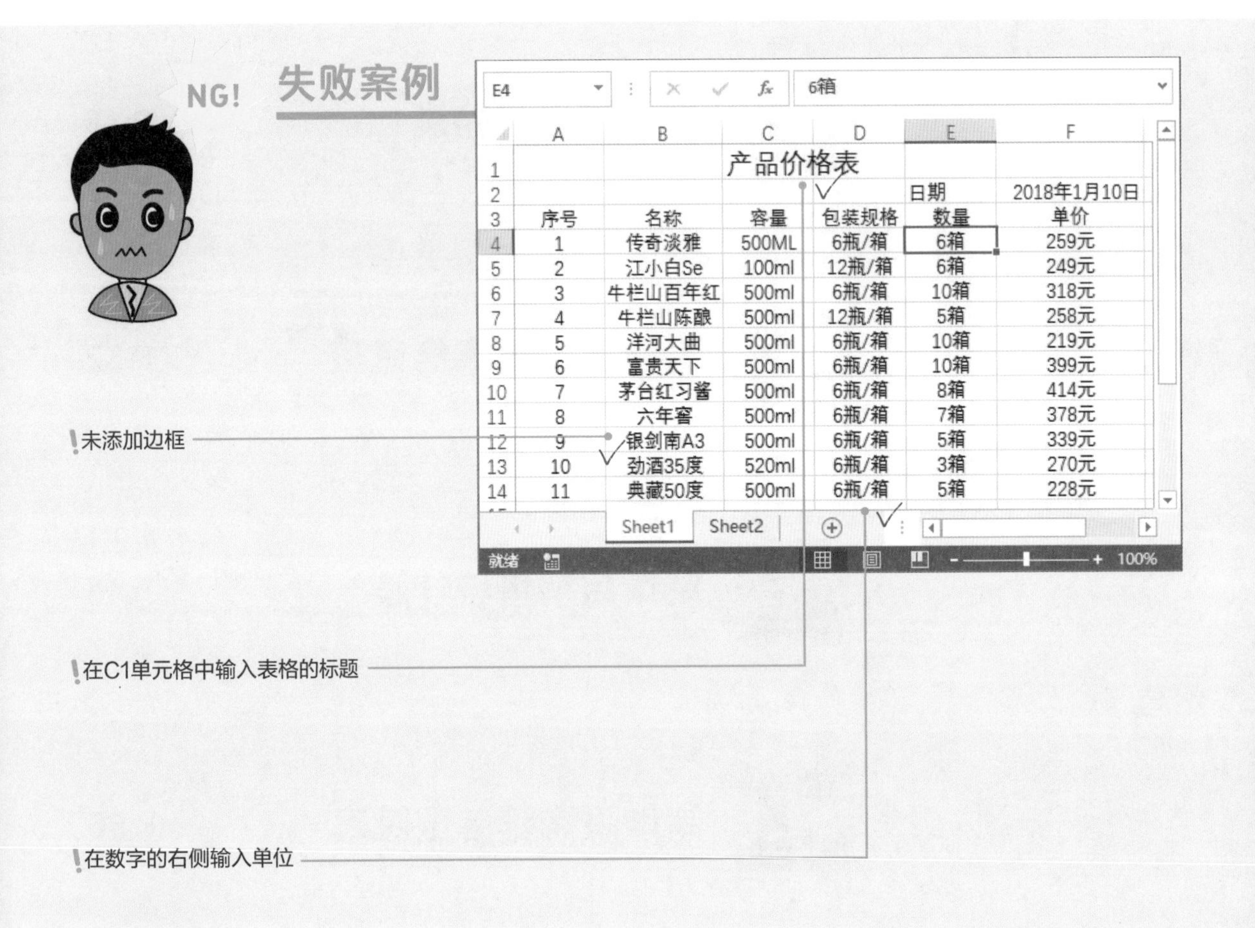

	A	B	C	D	E	F
1			产品价格表			
2					日期	2018年1月10日
3	序号	名称	容量	包装规格	数量	单价
4	1	传奇淡雅	500ML	6瓶/箱	6箱	259元
5	2	江小白Se	100ml	12瓶/箱	6箱	249元
6	3	牛栏山百年红	500ml	6瓶/箱	10箱	318元
7	4	牛栏山陈酿	500ml	12瓶/箱	5箱	258元
8	5	洋河大曲	500ml	6瓶/箱	10箱	219元
9	6	富贵天下	500ml	6瓶/箱	10箱	399元
10	7	茅台红习酱	500ml	6瓶/箱	8箱	414元
11	8	六年窖	500ml	6瓶/箱	7箱	378元
12	9	银剑南A3	500ml	6瓶/箱	5箱	339元
13	10	劲酒35度	520ml	6瓶/箱	3箱	270元
14	11	典藏50度	500ml	6瓶/箱	5箱	228元

制作产品价格表时，小蔡意识到表格的标题应当居中显示，于是他在C1单元格中输入表格标题并设置字体；为了表明容量、包装规格和数量项目，他在数据的右侧添加了单位；最后他没有为表格的正文内容添加边框。

MISSION! 1

产品价格表是一种常用的电子表格，在各大商场对产品统计时经常用到，该表格可以全面地体现各商品的相关信息，便于管理者进行管理和分配。在本案例中将从数据的输入开始介绍，然后设置文本的格式、合并单元格、为部分内容设置单元格格式，最后为表格添加边框、设置对齐等。

成功案例

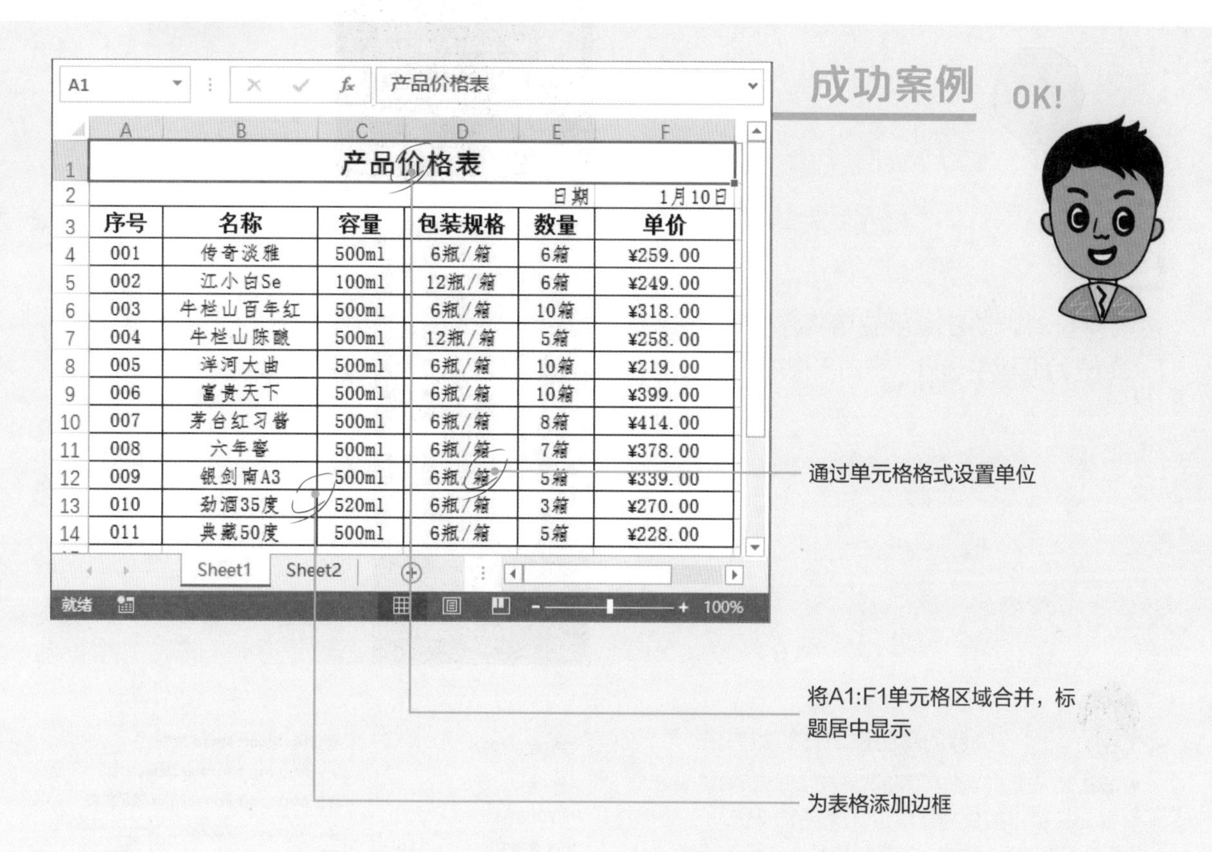

产品价格表					
				日期	1月10日
序号	名称	容量	包装规格	数量	单价
001	传奇淡雅	500ml	6瓶/箱	6箱	¥259.00
002	江小白Se	100ml	12瓶/箱	6箱	¥249.00
003	牛栏山百年红	500ml	6瓶/箱	10箱	¥318.00
004	牛栏山陈酿	500ml	12瓶/箱	5箱	¥258.00
005	洋河大曲	500ml	6瓶/箱	10箱	¥219.00
006	富贵天下	500ml	6瓶/箱	10箱	¥399.00
007	茅台红习酱	500ml	6瓶/箱	8箱	¥414.00
008	六年窖	500ml	6瓶/箱	7箱	¥378.00
009	银剑南A3	500ml	6瓶/箱	5箱	¥339.00
010	劲酒35度	520ml	6瓶/箱	3箱	¥270.00
011	典藏50度	500ml	6瓶/箱	5箱	¥228.00

对产品价格表进行修改后，将A1:F1单元格区域合并，设置标题居中对齐；对容量、包装规格、数量和单价通过“设置单元格格式”对话框添加了单位，这样不会妨碍数据参与计算；为表格添加边框，使表格更加整齐、美观。

Point 1 新建并保存工作簿

工作簿主要用于存储和处理数据，首先用户需创建工作簿，然后输入数据并进行编辑，操作完成后还需对其进行保存。下面介绍新建和保存工作簿的操作方法。

1

单击桌面左下角的“开始”按钮，在打开的列表中选择“Excel”选项。

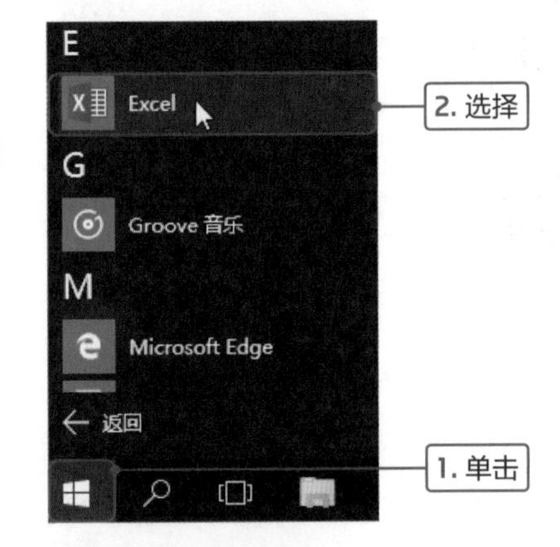

2

系统将自动启动Excel应用程序，在打开的Excel开始面板中选择“空白工作簿”选项。

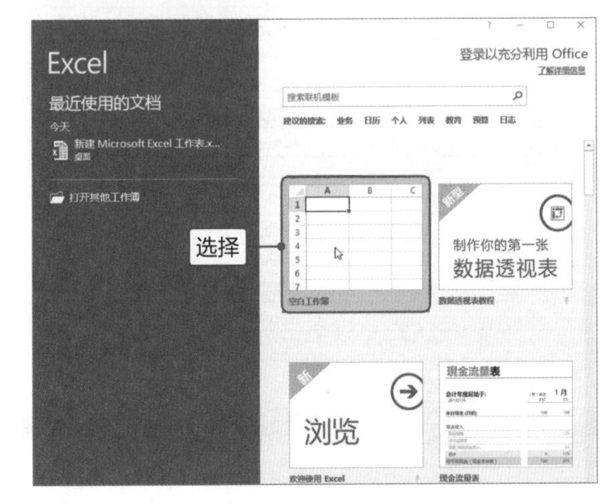

Tips 其他创建空白工作簿的方法

- 方法1：在操作系统桌面上或者在文件夹中单击鼠标右键，在弹出的快捷菜单中选择“新建>Microsoft Excel工作表”命令，即可新建名为“新建Microsoft Excel工作表.xlsx”的空白工作簿，双击即可打开。

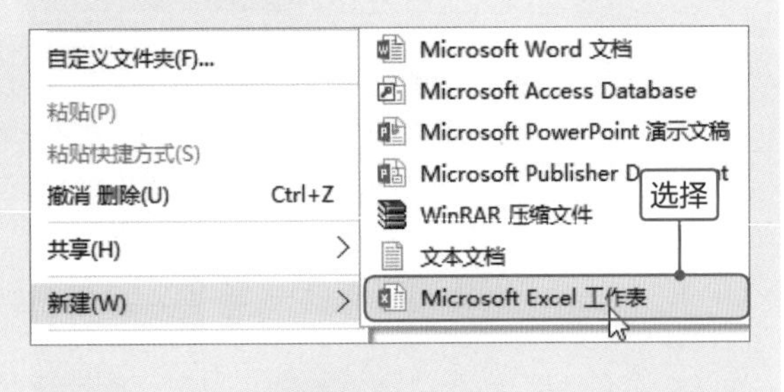

- 方法2：在Excel工作表中单击左上角的“自定义快速访问工具栏”下拉按钮，在下拉列表中选择“新建”命令，在快速访问工具栏中创建“新建”按钮，单击该按钮，即可创建工作簿。

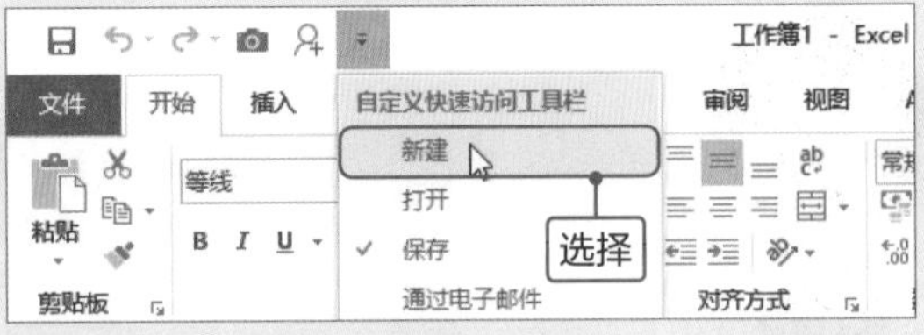

3

进入Excel 2016的操作界面，查看新建的标题名称为“工作簿1”的空白工作表。单击界面左上角的“保存”按钮，或按下Ctrl+S组合键。

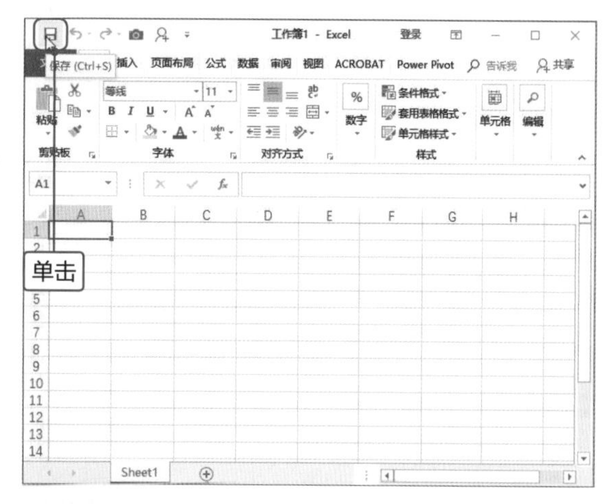

4

在打开的“另存为”选项面板中选择工作簿的保存方式，此处选择“浏览”选项。

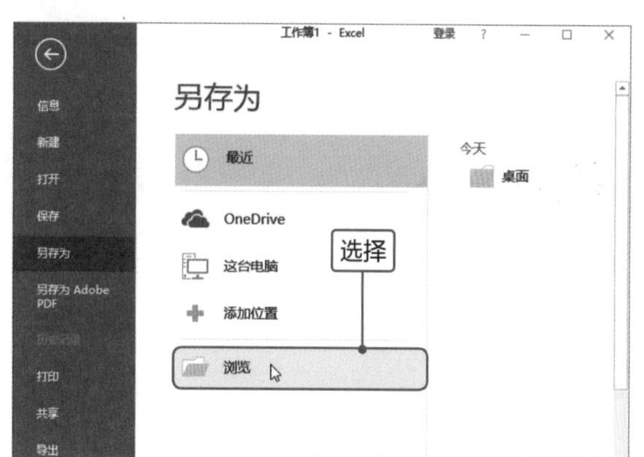

5

在打开的“另存为”对话框中选择新建工作簿的保存位置后，在“文件名”文本框中输入新建工作簿的名称为“产品价格表”，然后单击“保存”按钮。

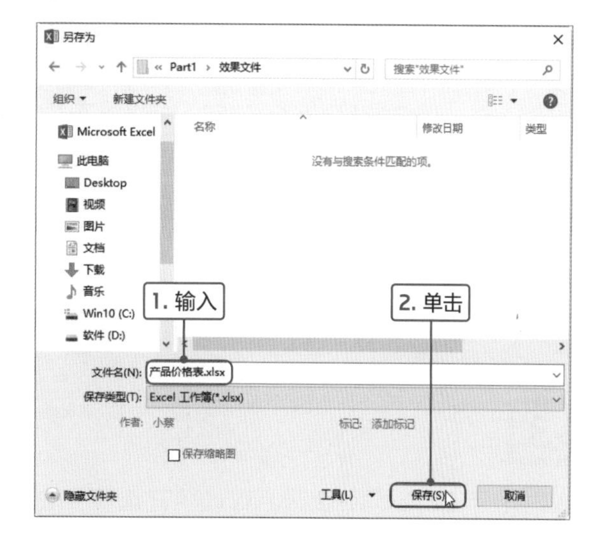

Tips **单击“关闭”按钮执行保存操作**

新建工作簿后，可以进行文本的输入和编辑操作，当编辑完成后单击界面右上角的“关闭”按钮，将打开Microsoft Excel提示对话框，提示用户是否对编辑的工作簿进行保存。

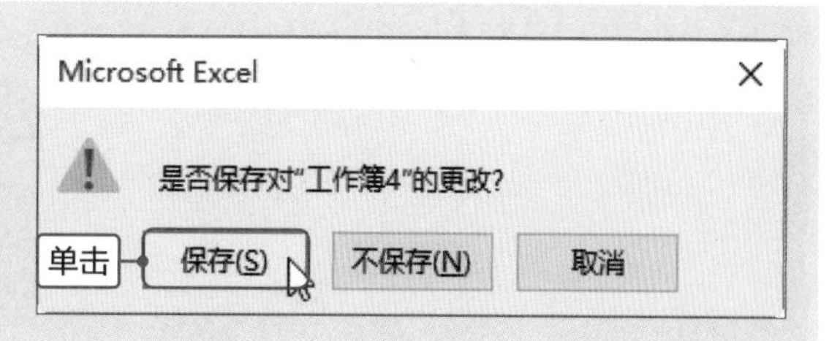

Point 2 输入数据

当工作簿创建完成后，用户可以在其中输入相关数据，包含数值、数字、货币、日期等，除此之外，还可以输入公式、逻辑值和错误值等。下面介绍产品价格表中需要输入的数据。

1

选中A1单元格，直接输入“产品价格表”文本，然后按Enter键或切换单元格即可完成输入。按照相同的方法输入表格的标题内容。

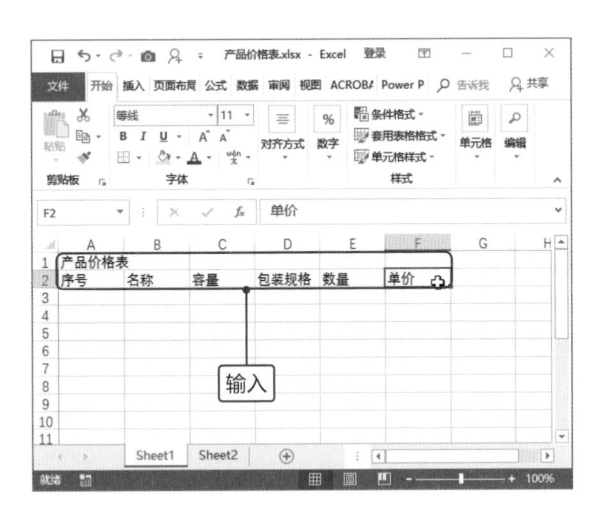

Tips 在编辑栏中输入数据

除了上述介绍的输入数据的方法之外，也可以选中单元格，在编辑栏中输入数据，然后按Enter键确认。

2

选中A3单元格，输入数字1，然后选中该单元格，将光标移至单元格右下角，当光标变为黑色十字时，按住鼠标左键不放向下拖曳填充柄至A13单元格后释放鼠标。

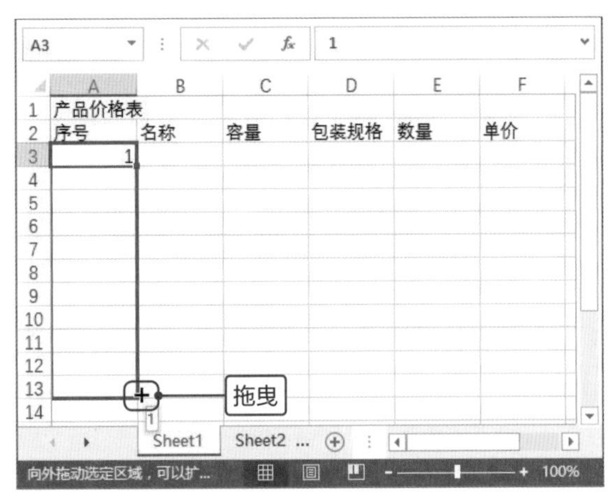

3

A13单元格右下角会出现“自动填充选项”按钮，单击该按钮，在列表中选择“填充序列”单击选按钮。默认情况下选中“复制单元格”单选按钮，则只复制A3单元格的数据。

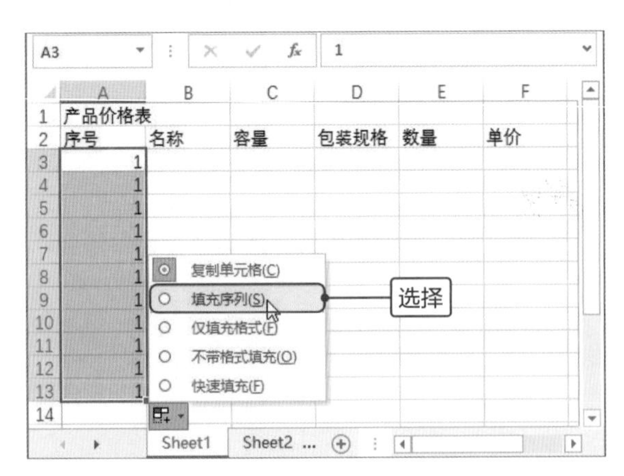

4

可见单元格中的数据按序列依次填充数据。用户可以根据需要在“自动填充选项”列表中选择需要选项。

5

然后依次输入名称，可见B5、B6和B9单元格中的内容过长超出单元格了。

6

根据实际产品的规格、数量和单价输入其余数据。可见超出单元格的名称显示不完全。

7

将光标移至第2行的行号上并单击鼠标右键，在快捷菜单中选择“插入”命令。

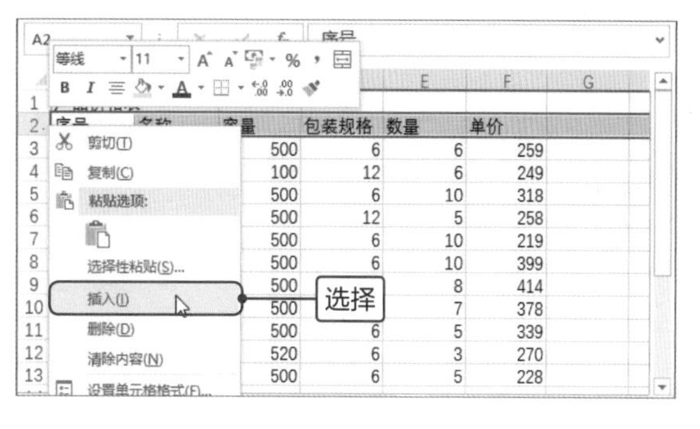

8

在E2单元格中输入“日期”文本，在F2单元格中输入“2018年1月10日”，可见日期显示为#######，因为单元格太窄，无法显示全。

Point 3 设置文本格式

在工作表中输入数据后，用户还需要适当合并单元格、设置文字的格式，根据需要设置工作表中的行高和列宽，使数据更完整地展现。下面介绍具体操作方法。

1

选中A1:F1单元格区域，切换至“开始”选项卡，单击“对齐方式”选项组中的“合并后居中”按钮。

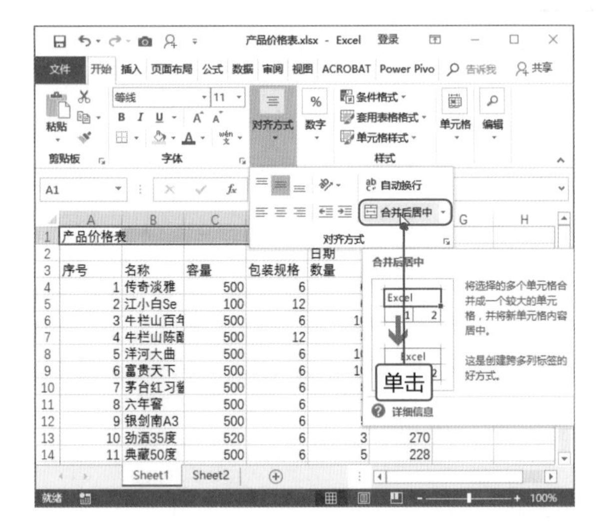

2

可见选中的单元格合并为一个大的单元格，然后在“字体”选项组中设置字体为“黑体”，字号为16。然后将光标移至第1行和第2行的行号中间，光标变为上下双向箭头时，按住鼠标左键向下拖曳，调整行高，光标右上角会显示行高的具体数据。

3

选中第4至第14行，单击“单元格”选项组中的“格式”下三角按钮，在列表中选择“行高”选项。

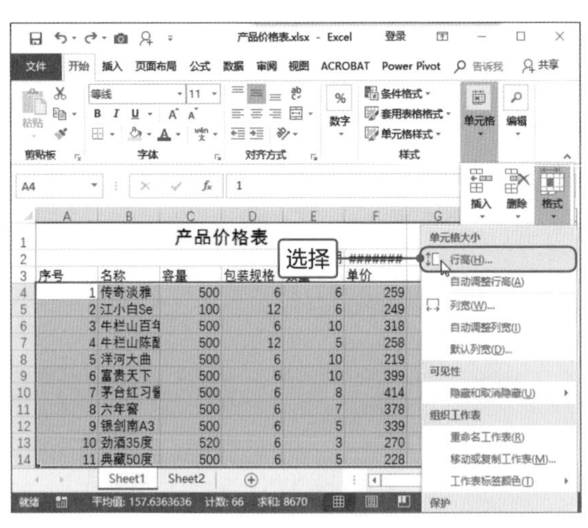

Tips 在快捷菜单中设置行高

选中需要设置行高的行，然后单击鼠标右键，在弹出的快捷菜单中选择“行高”命令，打开“行高”对话框，在该对话框中设置即可。

4

打开“行高”对话框，在“行高”数值框中输入16，单击“确定”按钮。

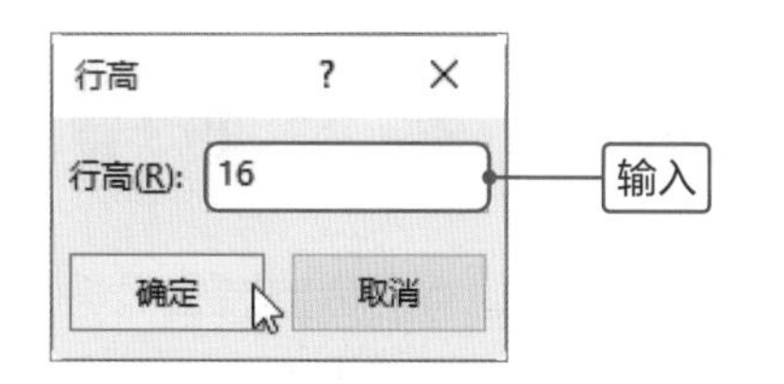

5

选择A至F列，单击“格式”下三角按钮，在列表中选择“自动调整列宽”选项，可见选中的列自动调整列宽显示所有文字信息。

产品价格表

日期 2018年1月10日

序号	名称	容量	包装规格	数量	单价
1	传奇淡雅	500	6	6	259
2	江小白Se	100	12	6	249
3	牛栏山百年红	500	6	10	318
4	牛栏山陈酿	500	12	5	258
5	洋河大曲	500	6	10	219
6	富贵天下	500	6	10	399
7	茅台红习酱	500	6	8	414
8	六年窖	500	6	7	378
9	银剑南A3	500	6	5	339
10	劲酒35度	520	6	3	270
11	典藏50度	500	6	5	228

自动调整列宽的效果

Tips 快速自动调整行高或列宽

自动调整行高和列宽的方法一样，下面以调整列宽为例，选中需要调整列宽的列，将光标移至两列中间，光标变为左右双向箭头时双击即可快速自动调整列宽。

6

选中A3:F3单元格区域，在“字体”选项组中设置字体为“宋体”，字号为12。

产品价格表

日期 2018年1月10日

序号	名称	容量	包装规格	数量	单价
1	传奇淡雅	500	6	6	259
2	江小白Se	100	12	6	249
3	牛栏山百年红	500	6	10	318
4	牛栏山陈酿	500	12	5	258
5	洋河大曲	500	6	10	219
6	富贵天下	500	6	10	399
7	茅台红习酱	500	6	8	414
8	六年窖	500	6	7	378
9	银剑南A3	500	6	5	339
10	劲酒35度	520	6	3	270
11	典藏50度	500	6	5	228

设置字体格式

7

按住Ctrl键选中其他文本，在“字体”选项组中设置字体为“仿宋”，字号为11。

产品价格表

日期 2018年1月10日

序号	名称	容量	包装规格	数量	单价
1	传奇淡雅	500	6	6	259
2	江小白Se	100	12	6	249
3	牛栏山百年红	500	6	10	318
4	牛栏山陈酿	500	12	5	258
5	洋河大曲	500	6	10	219
6	富贵天下	500	6	10	399
7	茅台红习酱	500	6	8	414
8	六年窖	500	6	7	378
9	银剑南A3	500	6	5	339
10	劲酒35度	520	6	3	270
11	典藏50度	500	6	5	228

设置字体格式

Point 4 设置单元格的格式

文本格式设置完成后，可见有的数据表现的意义不是很明确，还需要根据数据的不同的类型设置单元格的格式。本节主要介绍日期、货币和自定义格式的设置，下面介绍具体操作方法。

1

选中F2单元格，切换至“开始”选项卡，单击“数字”选项组中对话框启动器按钮。

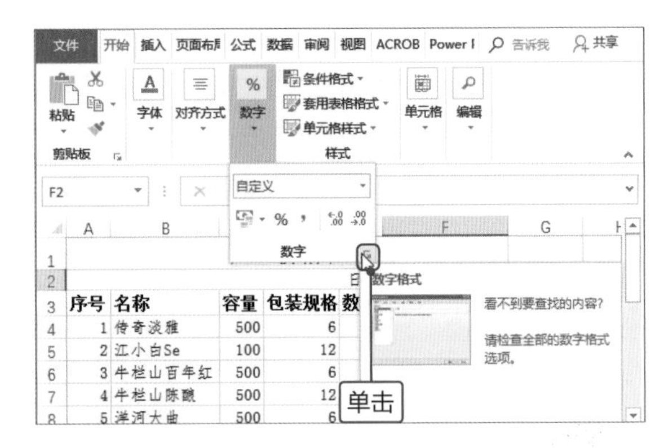

2

打开“设置单元格格式”对话框，在“数字”选项卡的“分类”列表框中选择“日期”选项，然后在“类型”列表框中选择合适的日期类型，单击“确定”按钮。

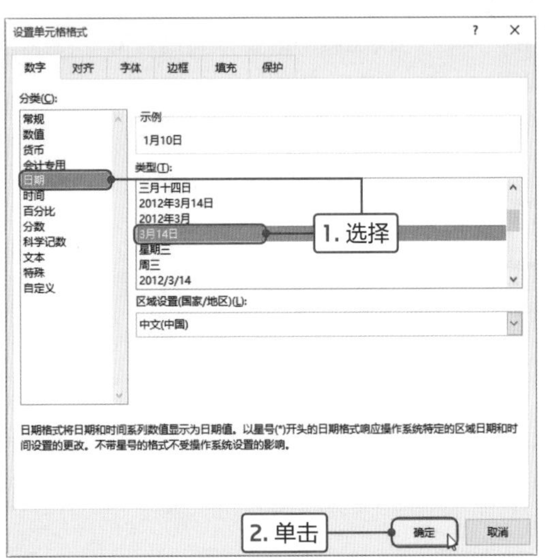

Tips 通过快捷菜单打开“设置单元格格式”对话框

选中需要设置单元格格式的单元格，单击鼠标右键，在快捷菜单中选择“设置单元格格式”命令即可。

3

选择A4:A14单元格区域，按Ctrl+1组合键打开“设置单元格格式”对话框，在“分类”列表中选择“自定义”选项，在“类型”文本框中输入000，然后单击“确定”按钮。

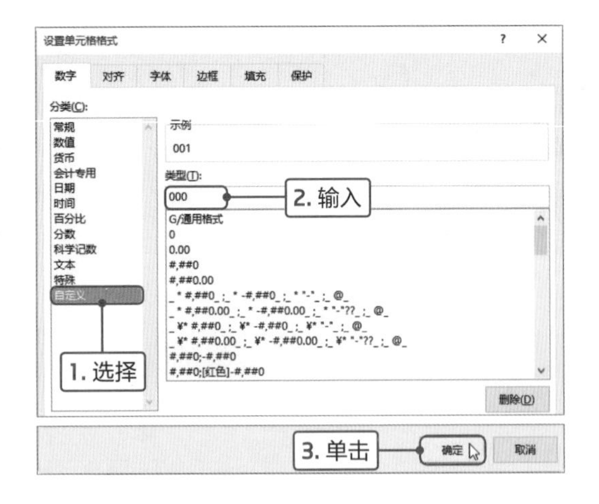

4

返回工作表中，可见选中的单元格中的数字为三位数，前面都添加了数字0占位。

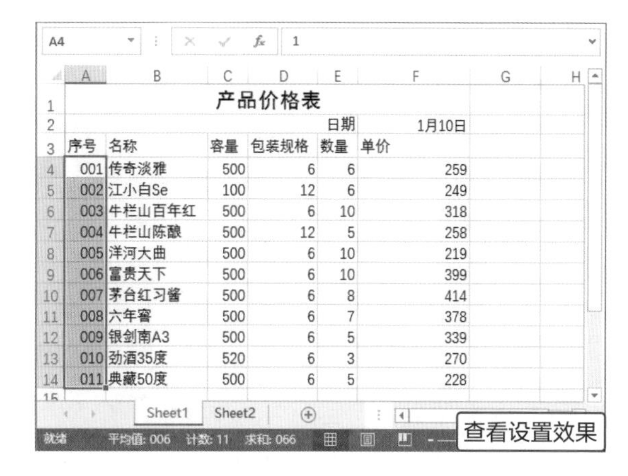

	A	B	C	D	E	F
1	产品价格表					
2					日期	1月10日
3	序号	名称	容量	包装规格	数量	单价
4	001	传奇淡雅	500	6	6	259
5	002	江小白Se	100	12	6	249
6	003	牛栏山百年红	500	6	10	318
7	004	牛栏山陈酿	500	12	5	258
8	005	洋河大曲	500	6	10	219
9	006	富贵天下	500	6	10	399
10	007	茅台红习酱	500	6	8	414
11	008	六年窖	500	6	7	378
12	009	银剑南A3	500	6	5	339
13	010	劲酒35度	520	6	3	270
14	011	典藏50度	500	6	5	228

Tips 设置以0开头的数值

通过上述方法可以设置以0开头的三位数值，当输入1、01、001、0001等均显示为001，以此类推。如果不需要设置具体的位数并以0开头，打开“设置单元格格式”对话框，选择“自定义”选项，然后在“类型”文本框中输入“@”符号，单击“确定”按钮即可。

除此之外，用户还可以在输入数据之前先输入英文状态下的单引号，然后再输入数据。

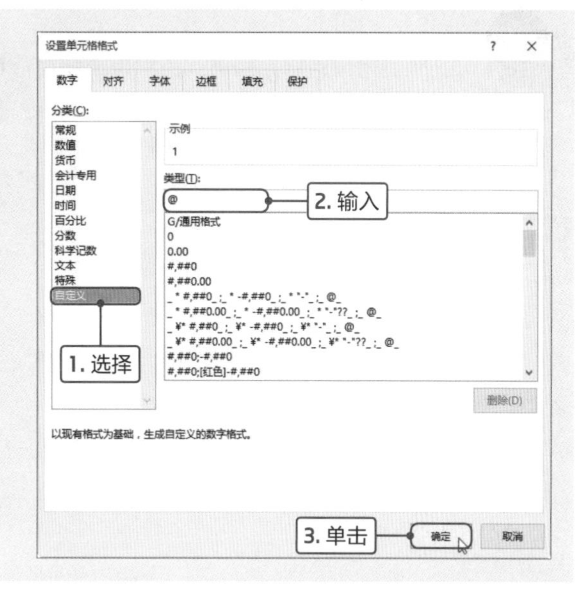

5

选择C4:C14单元格区域，按Ctrl+1组合键打开“设置单元格格式”对话框，在“分类”列表中选择“自定义”选项，在“类型”文本框中输入#"ml"，然后单击“确定”按钮。

注意要在英文状态下输入双引号。

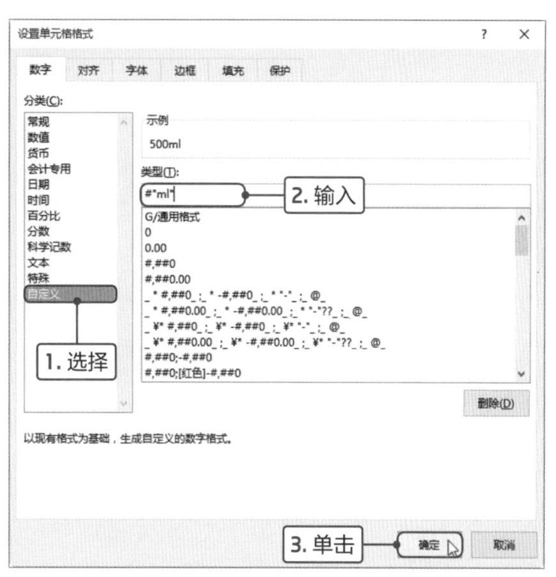

6

按照相同的方法为D4:D14单元格区域内的数据添加“瓶/箱”单位，为E4:E14单元格区域内的数据添加“箱”单位。

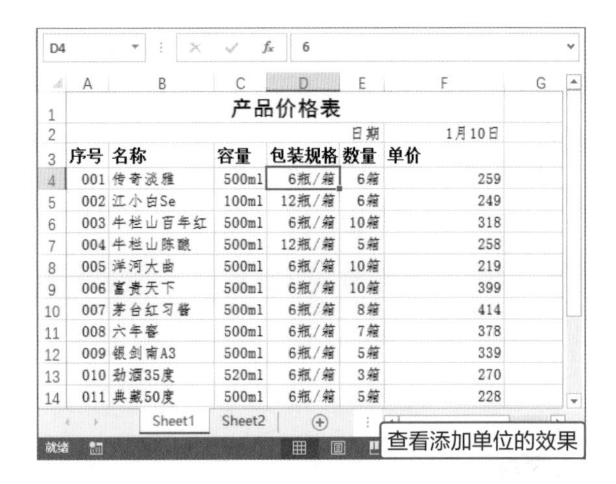

Tips 使用设置单元格格式添加单位和直接在数据右侧输入单位的区别

通过“设置单元格格式”对话框为数据添加单位，当选中该单元格区域时，在编辑栏中只显示数据不显示单位，如果该单元格区域参与公式计算时，不影响计算结果；而在数据右侧直接输入单位时，若参与计算则返回错误值#VALUE。

7

选择F4:F14单元格区域，打开“设置单元格格式”对话框，在“数字”选项卡的“分类”列表中选择“货币”选项，在右侧区域设置“小数位数”为2，“货币符号”为￥，然后单击“确定”按钮。

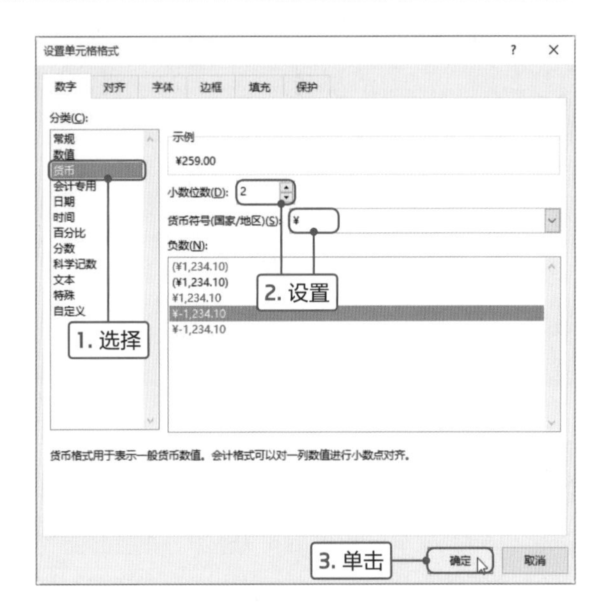

8

返回工作表中可见选中的区域内数据均添加了货币符号并保留两位小数。至此，单元格格式设置完成。

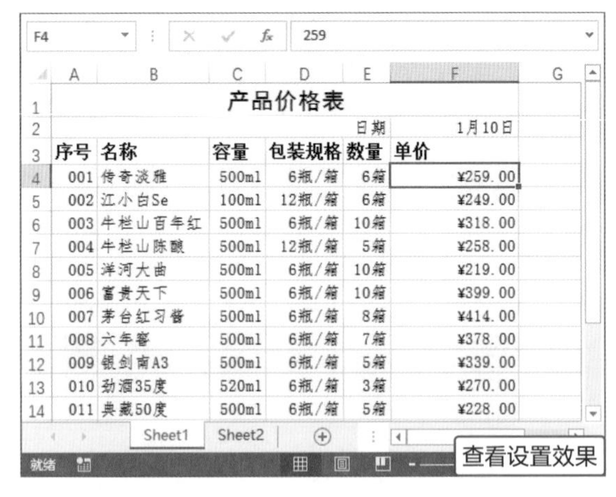

Point 5 设置边框和对齐方式

在工作表中网格线只起辅助作用，如果打印工作表网格线则不显示，用户需要设置表格的边框才能使表格更加完善。在Excel中不同类型的数据的默认对齐方式不同，还需要统一设置对齐方式。下面介绍具体操作方法。

1

选中A3:F14单元格区域，在“开始”选项卡的“字体”选项组中单击“边框”下三角按钮，在下拉列表中选择“所有框线”选项。

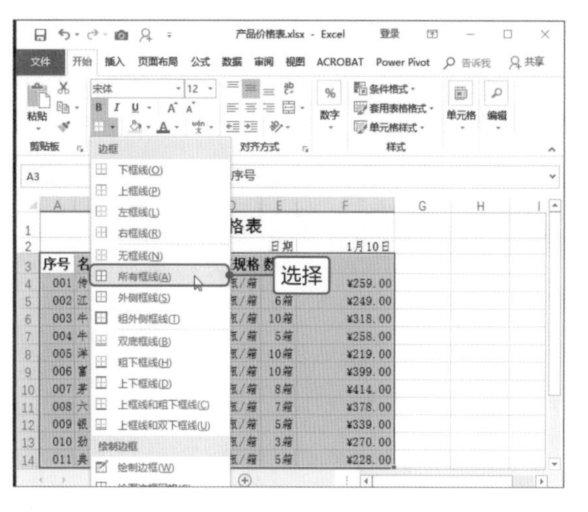

2

保持单元格区域为选中状态，分别单击“对齐方式”选项组中“居中”和“垂直居中”按钮，设置选中文本为水平和垂直居中对齐。

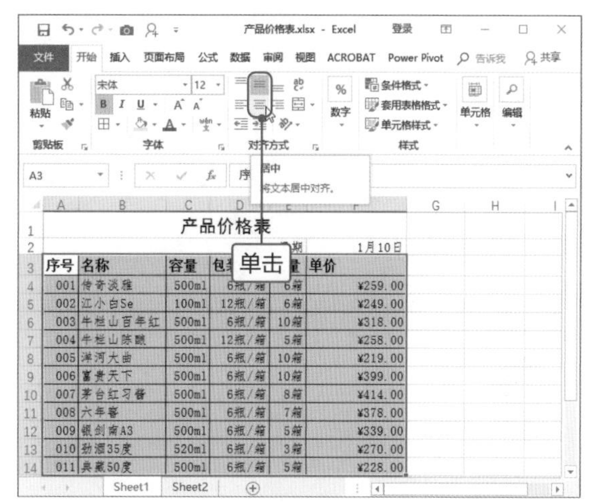

3

然后适当调整各列的列宽，使数据显示更协调。至此，本案例制作完成。

A1 产品价格表

产品价格表					
				日期	1月10日
序号	名称	容量	包装规格	数量	单价
001	传奇淡雅	500ml	6瓶/箱	6箱	¥259.00
002	江小白Se	100ml	12瓶/箱	6箱	¥249.00
003	牛栏山百年红	500ml	6瓶/箱	10箱	¥318.00
004	牛栏山陈酿	500ml	12瓶/箱	5箱	¥258.00
005	洋河大曲	500ml	6瓶/箱	10箱	¥219.00
006	富贵天下	500ml	6瓶/箱	10箱	¥399.00
007	茅台红习酱	500ml	6瓶/箱	8箱	¥414.00
008	六年窖	500ml	6瓶/箱	7箱	¥378.00
009	银剑南A3	500ml	6瓶/箱	5箱	¥339.00
010	劲酒35度	520ml	6瓶/箱	3箱	¥[illegible]
011	典藏50度	500ml	6瓶/箱	5箱	¥[illegible]

查看效果

高效办公

在工作表中行和列的基本操作

在Excel中行和列是表格重要的组成部分。前面介绍了插入行、设置行高和列宽的基本操作，下面将介绍其他行和列的操作，如插入多行、隐藏行、删除行等操作。因为行和列的操作方法一样，所以下面以行的基本操作为例进行介绍。

● 插入多行

在Excel工作表中用户可以同时插入多行，如插入连续的多行或交叉插入多行。下面介绍具体操作方法。

步骤01 打开“产品价格表.xlsx”工作表，将光标移至行号处按住鼠标左键向下拖曳选中第5至第7行，然后单击鼠标右键，在快捷菜单中选择“插入”命令。

1. 选择

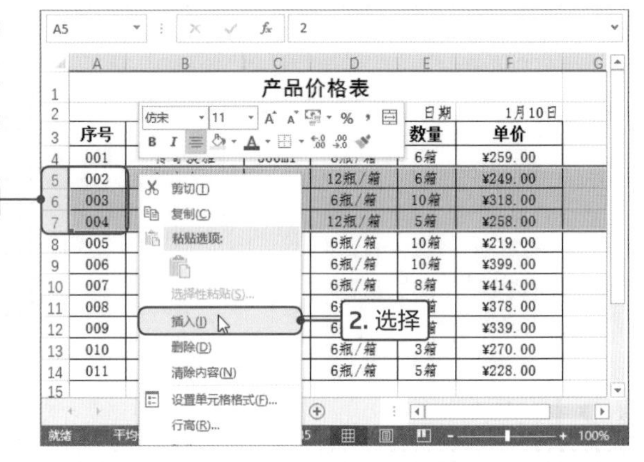

步骤02 返回工作表中，可见在第5行处插入了3个空白行，并且行号依次向下延续。

Tips **设置插入的行数**

需要在某行上方插入多少行，则在该行下方选中多少行，然后执行“插入”命令即可。

Tips **通过对话框插入行**

在任意一列中连续选中单元格区域，然后单击鼠标右键，在弹出的快捷菜单中选择“插入”命令，打开“插入”对话框，选择“整行”单选按钮，然后单击“确定”按钮，即可插入空白行。

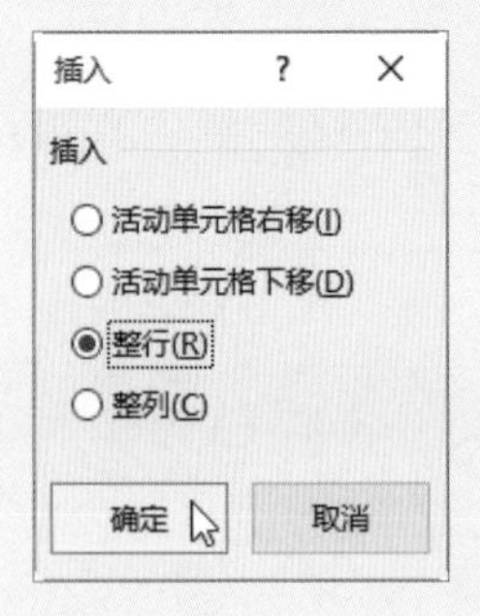

步骤03 下面介绍隔行插入多行的方法。按住Ctrl键依次选中需要在该行上方插入行的行，然后切换至“开始”选项卡，单击“单元格”选项组中“插入”下三角按钮，在列表中选择“插入工作表行”选项。

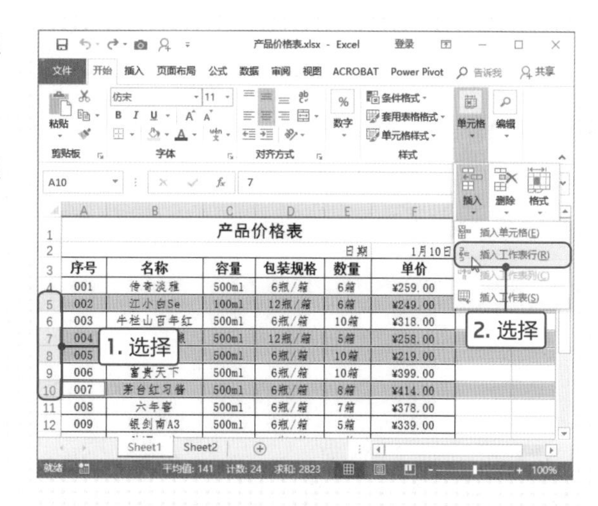

步骤04 操作完成后返回工作表中，可见在选中行的上方分别插入了空白行。

行	序号	名称	容量	包装规格	数量	单价
1	产品价格表					
2					日期	1月10日
3	序号	名称	容量	包装规格	数量	单价
4	001	传奇淡雅	500ml	6瓶/箱	6箱	¥259.00
5						
6	002	江小白Se	100ml	12瓶/箱	6箱	¥249.00
7	003	牛栏山百年红	500ml	6瓶/箱	10箱	¥318.00
8						
9	004	牛栏山陈酿	500ml	12瓶/箱	5箱	¥258.00
10						
11	005	洋河大曲	500ml	6瓶/箱	10箱	¥219.00
12	006	富贵天下	500ml	6瓶/箱	10箱	¥399.00
13						
14	007	茅台红习酱	500ml	6瓶/箱	8箱	¥414.00

插入空白行的效果

● 移动行

在工作表中用户也可以根据需要调整行或列的位置，可以通过复制或剪切的方法，也可以通过鼠标拖曳移动。下面以移动行为例介绍具体操作方法。

步骤01 打开“产品价格表.xlsx”工作表，选择需要移动的行，此处选择第5行，切换至“开始”选项卡，单击“剪贴板”选项组中的“剪切”按钮，或按Ctrl+X组合键。

选中某行后，单击“剪切”按钮或按Ctrl+X组合键进行剪切，如果在合适的位置进行“粘贴”操作，则选中的行将不存在。如果是单击“复制”按钮，或按Ctrl+C组合键进行复制，则进行“粘贴”操作后原数据仍会被保留。

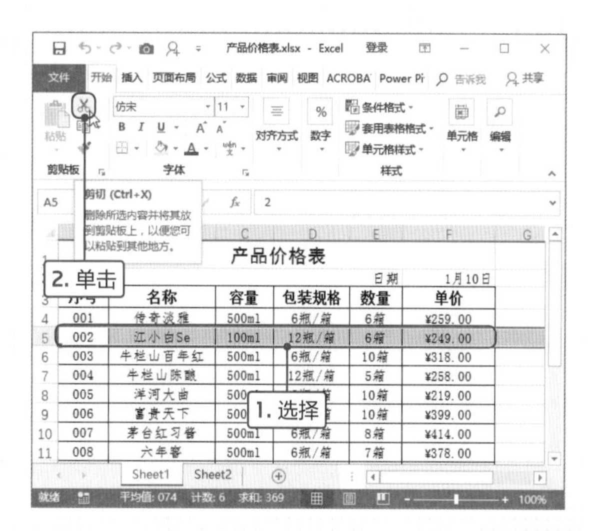

步骤02 选中第7行，单击“剪贴板”选项组中“粘贴”下三角按钮，在列表中选择“粘贴”选项，或按Ctrl+V组合键。

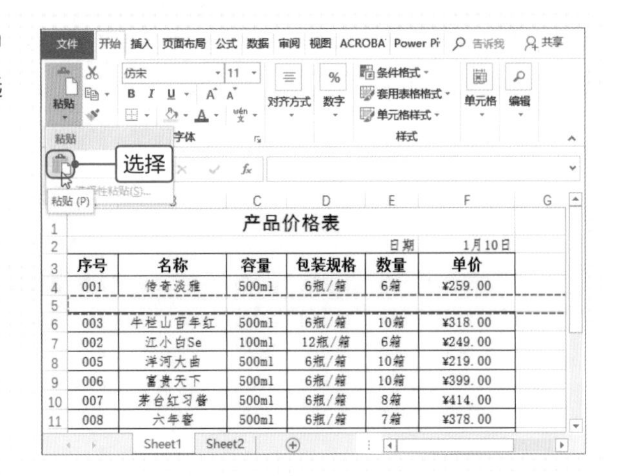

产品价格表

序号	名称	容量	包装规格	数量	单价
				日期	1月10日
001	传奇淡雅	500ml	6瓶/箱	6箱	¥259.00
003	牛栏山百年红	500ml	6瓶/箱	10箱	¥318.00
002	江小白Se	100ml	12瓶/箱	6箱	¥249.00
005	洋河大曲	500ml	6瓶/箱	10箱	¥219.00
006	富贵天下	500ml	6瓶/箱	10箱	¥399.00
007	茅台红习春	500ml	6瓶/箱	8箱	¥414.00
008	六年窖	500ml	6瓶/箱	7箱	¥378.00

步骤03 用户也可以使用鼠标拖曳的方法移动行。首先选中需要移动的行，如第5行，将光标移至边框上，变为十字箭头时按住鼠标左键进行拖曳，移至目标位置，在光标的右下角显示目标位置的行数。

产品价格表

序号	名称	容量	包装规格	数量	单价
				日期	1月10日
001	传奇淡雅	500ml	6瓶/箱	6箱	¥259.00
002	江小白Se	100ml	12瓶/箱	6箱	¥249.00
003	牛栏山百年红	500ml	6瓶/箱	10箱	¥318.00
004	牛栏山陈酿	500ml	12瓶/箱	5箱	¥258.00
005	洋河大曲	500ml	6瓶/箱	10箱	¥219.00
006	富贵天下	500ml	6瓶/箱	10箱	¥399.00
007	茅台红习春	500ml	6瓶/箱	8箱	¥414.00
008	六年窖	500ml	6瓶/箱	7箱	¥378.00
009	银剑南A3	500ml	6瓶/箱	5箱	¥339.00
010	劲酒35度	520ml	6瓶/箱	3箱	¥270.00
011	典藏50度	500ml	6瓶/箱	5箱	¥228.00

步骤04 释放鼠标左键，打开提示对话框，提示此处有数据，是否替换它，单击“确定”按钮即可完成行的移动。可见第5行的数据移至第8行，并覆盖第8行的数据。

产品价格表

序号	名称	容量	包装规格	数量	单价
				日期	1月10日
001	传奇淡雅	500ml	6瓶/箱	6箱	¥259.00
003	牛栏山百年红	500ml	6瓶/箱	10箱	¥318.00
004	牛栏山陈酿	500ml	12瓶/箱	5箱	¥258.00
002	江小白Se	100ml	12瓶/箱	6箱	¥249.00
006	富贵天下	500ml	6瓶/箱	10箱	¥399.00
007	茅台红习春	500ml	6瓶/箱	8箱	¥414.00
008	六年窖	500ml	6瓶/箱	7箱	¥378.00
009	银剑南A3	500ml	6瓶/箱	5箱	¥339.00
010	劲酒35度	520ml	6瓶/箱	3箱	¥270.00
011	典藏50度	500ml	6瓶/箱	5箱	¥228.00

步骤05 如果拖曳第5行的时候按住Shift键，移至第8行，第8行上方的数据将依次向上移动。

产品价格表

序号	名称	容量	包装规格	数量	单价
				日期	1月10日
001	传奇淡雅	500ml	6瓶/箱	6箱	¥259.00
003	牛栏山百年红	500ml	6瓶/箱	10箱	¥318.00
004	牛栏山陈酿	500ml	12瓶/箱	5箱	¥258.00
002	江小白Se	100ml	12瓶/箱	6箱	¥249.00
005	洋河大曲	500ml	6瓶/箱	10箱	¥219.00
006	富贵天下	500ml	6瓶/箱	10箱	¥399.00
007	茅台红习春	500ml	6瓶/箱	8箱	¥414.00
008	六年窖	500ml	6瓶/箱	7箱	¥378.00
009	银剑南A3	500ml	6瓶/箱	5箱	¥339.00
010	劲酒35度	520ml	6瓶/箱	3箱	¥270.00
011	典藏50度	500ml	6瓶/箱	5箱	¥228.00

按住Shift键移动

● 隐藏或显示行

用户可以将不需要查看数据的行或列隐藏起来，如果需要查看隐藏的数据也可以将其显示出来。下面介绍具体操作方法。

步骤01 打开“产品价格表.xlsx”工作表，选中需要隐藏的行，如第4行至第8行，单击鼠标右键，在快捷菜单中选择“隐藏”命令，即可隐藏选中的行。

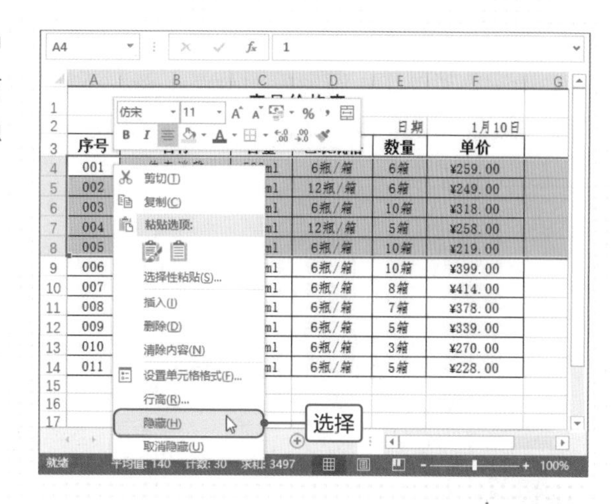

步骤02 如果需要显示隐藏的行，连续选中需要显示行的上下行，然后右击，在快捷菜单中选择“取消隐藏”命令即可。

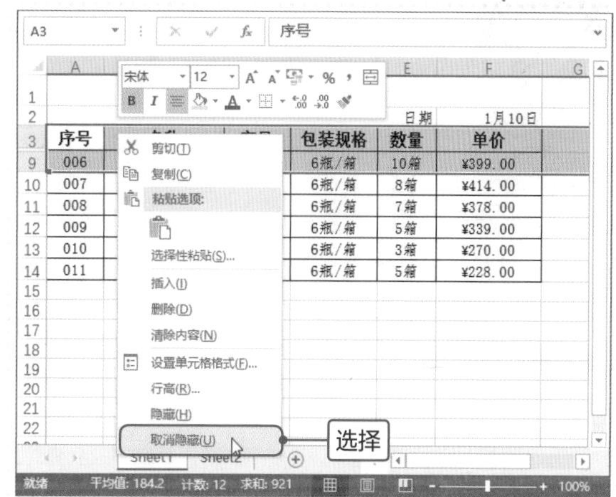

● 删除行

用户也可以将不需要的数据行删除，执行删除操作时一定要慎重，因为删除数据执行保存和关闭操作后，再次打开该工作簿时删除的数据将不能恢复。下面介绍删除行的具体操作方法。

首先选择需要删除的行，然后单击鼠标右键，在快捷菜单中选择“删除“命令，即可将选中的行删除。

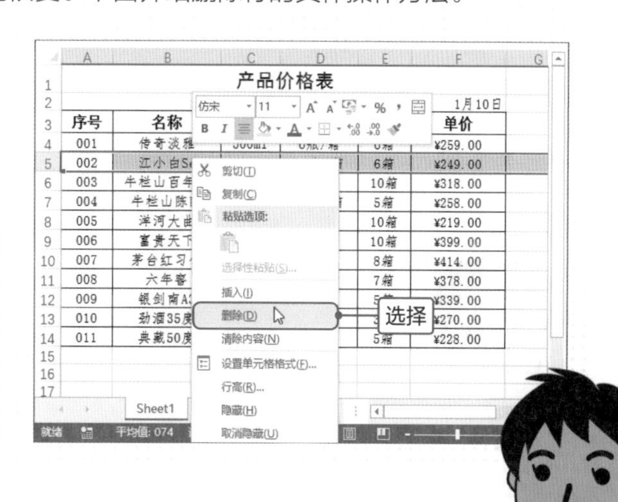

Tips 通过对话框删除行

选中需要删除行中任意单元格，然后单击鼠标右键，在快捷菜单中选择“删除”命令，打开“删除”对话框，选择“整行”单选按钮，然后单击“确定”按钮，即可删除行。

制作员工基本信息表

企业新招许多员工，需要将所有员工的基本信息统计在一起，以方便管理。历历哥让小蔡负责该项任务，小蔡把需要统计的信息整理完成后，打开Excel表格开始逐一输入信息，并对表格进行了适当的设置美化。

NG! 失败案例

编号	姓名	性别	学历	部门	职务	身份证号	年龄	工龄
WL001	李松安	男	本科	销售部	经理	110112198501255203	33	7
WL002	魏健通	男	硕士	销售部	主管	201552199312230516	25	1
WL003	刘伟	女	专科	研发部	职工	449387199511283392	23	7
WL004	朱秀美	女	硕士	人事部	职工	187603198608112625	32	10
WL005	韩姣倩	男	一本	研发部	经理	246401197710283565	41	9
WL006	马正泰	女	博士	销售部	职工	123753198001108334	38	8
WL007	于顺康	女	本科	研发部	职工	377908198803075279	30	2
WL008	武福贵	女	硕士研究生	财务部	主管	416409197404274525	44	1
WL009	张婉静	男	大专	人事部	职工	214308198709285392	31	4
WL010	李宁	女	硕士	财务部	职工	244044197106276973	47	4
WL011	杜贺	女	本科	销售部	经理	111766199040627141	28	7
WL012	吴鑫	女	博士	研发部	职工	269347199008178051	28	4
WL013	金兴	女	二本	营销部	职工	309394198003098553	38	6
WL014	沈安坦	男	硕士	销售部	主管	413048197109021714	47	7
WL015	苏新	女	大专	营销部	职工	333730199008051859	28	3
WL016	丁兰	男	硕士研究生	财务部	主管	171003198011303597	38	5
WL017	王达刚	女	本科	销售部	职工	139804199111048935	27	3
WL018	季珏	男	博士	营销部	职工	331550199210189828	26	9
WL019	邱耀华	女	本科	人事部	经理	220323198804282639	30	6
WL020	仇昌	女	硕士	营销部	职工	402676197008213708	48	7
WL021	诸葛琨	男	本科	销售部	职工	121720198807309776	30	2
WL022	唐晰	男	专科	财务部	职工	300604197704284529	41	8

!标题加粗显示

!直接输入相关信息

!为表格添加统一的内外边框

小蔡在制作员工基本信息表时，整体比较整齐、规范，为了区分标题栏加粗显示文本，并为表格添加了内外边框。在输入员工的信息时，真实地输入信息，但是在输入学历时显得混乱、不统一。

MISSION! 2

员工基本信息表主要记录员工的姓名、性别、学历、部门、职务和身份证号等信息，方便企业对员工进行管理。在制作该表格时，以记录员工真实信息为原则，但对表格进行规范操作也很重要。

成功案例

编号	姓名	性别	学历	部门	职务	身份证号	年龄	工龄
WL001	李松安	男	本科	销售部	经理	110112198501255203	33	7
WL002	魏健通	男	硕士	销售部	主管	201552199312230516	25	1
WL003	刘伟	女	专科	研发部	职工	449387199511283392	23	7
WL004	朱秀美	女	硕士	人事部	职工	187603198608112625	32	10
WL005	韩姣倩	男	本[illegible]	[illegible]	经理	246401197710283565	41	9
WL006	马正泰	女	博[illegible]	[illegible]	职工	123753198001108334	38	8
WL007	于顺康	女	本[illegible]	[illegible]	职工	377908198803075279	30	2
WL008	武福贵	女	硕[illegible]	[illegible]	主管	416409197404274525	44	1
WL009	张婉静	男	专科	人事部	职工	214308198709285392	31	4
WL010	李宁	女	硕士	财务部	职工	244044197106276973	47	4
WL011	杜贺	女	本科	销售部	经理	111766199040627141	28	7
WL012	吴鑫	女	博士	研发部	职工	269347199008178051	28	4
WL013	金兴	女	本科	营销部	职工	309394198003098553	38	6
WL014	沈安坦	男	硕士	销售部	主管	413048197109021714	47	7
WL015	苏新	女	专科	营销部	职工	333730199008051859	28	3
WL016	丁兰	男	硕士	财务部	主管	171003198011303597	38	5
WL017	王达刚	女	本科	销售部	职工	139804199111048935	27	3
WL018	季珏	男	博士	营销部	职工	331550199210189828	26	9
WL019	邱耀华	女	本科	人事部	经理	220323198804282639	30	6
WL020	仇昌	女	硕士	营销部	职工	402676197008213708	48	7
WL021	诸葛琨	男	本科	销售部	职工	121720198807309776	30	2
WL022	唐晰	男	专科	财务部	职工	300604197704284529	41	8

请输入学历

请输入真实的学历！

为表格设置不同的内外边框

使用数据验证输入数据

标题加粗显示并填充颜色

通过对员工基本信息表的修改，表格不但整齐，而且更加美观。将表格的标题栏加粗显示并添加底纹颜色，使标题更醒目；为表格添加不同的内外边框，对表格起到美化作用；在输入员工学历时，使用“数据验证”规范输入的信息，并设置提示信息。

Point 1 设置底纹和边框

工作表创建后，用户可以根据需要添加底纹颜色和设置表格的边框样式，为内边框和外边框设置不同的线条。下面介绍设置底纹和边框的具体操作方法。

1

打开Excel软件，并保存为“员工基本信息表.xlsx”工作表，在工作表中输入标题和员工姓名。右击工作表标签的名称，在快捷菜单中选择“重命名”命令。

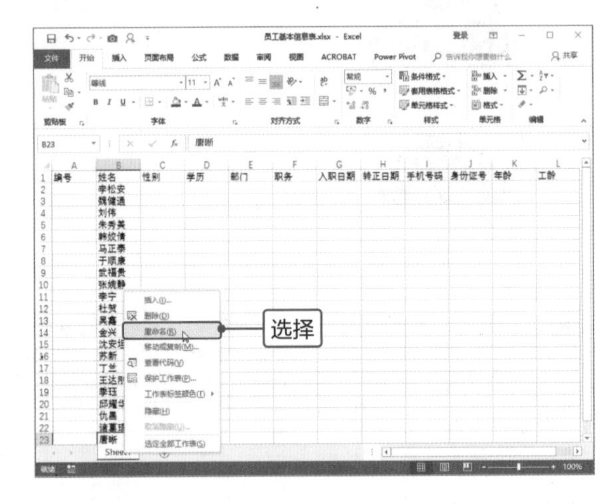

2

工作表标签的名称为可编辑状态，输入“员工基本信息表”。然后选中A1:L1单元格区域，切换至“开始”选项卡，在“字体”选项组中单击“填充颜色”下三角按钮，在列表中选择合适的颜色，此处选择橙色。

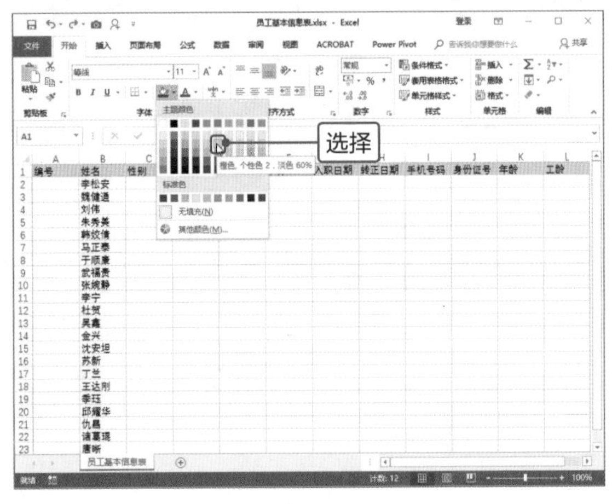

3

然后在“字体”选项组中设置字体为“宋体”，字号为12，并单击“加粗”按钮。

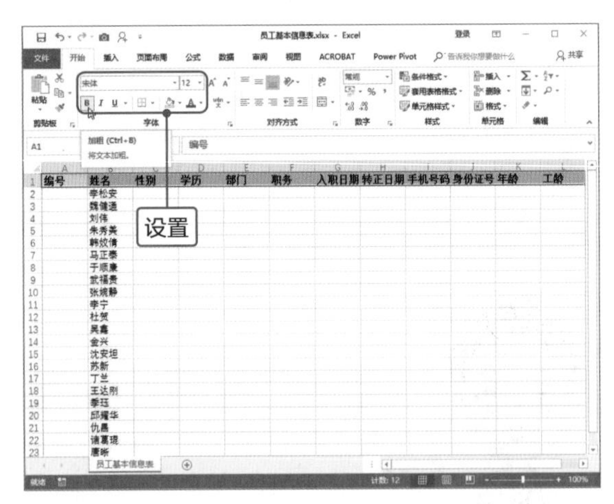

Tips **在“设置单元格格式”对话框中设置字体格式**

选中需要设置字体的单元格，打开“设置单元格格式”对话框，在“字体”选项卡中可以设置字体、字形、字号、颜色等。

4

选中A1:L23单元格区域，按Ctrl+1组合键，打开“设置单元格格式”对话框，切换到“边框”选项卡，在“样式”列表框中选择合适的线条样式，并设置颜色为绿色，然后单击“内部”按钮。

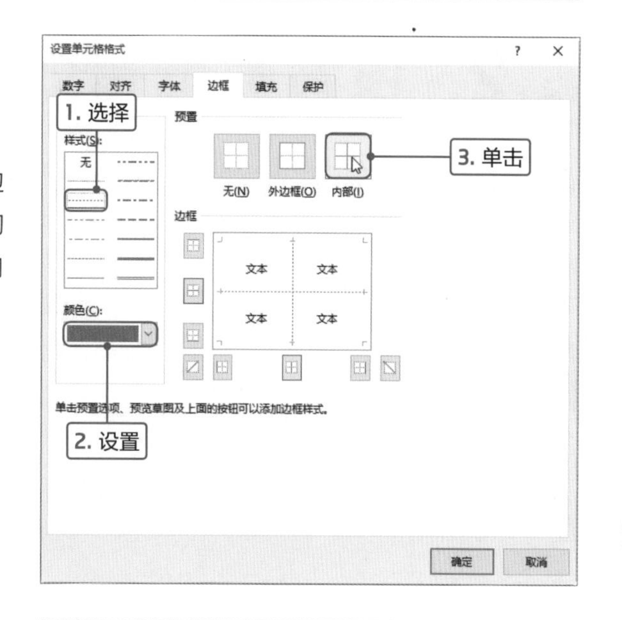

5

再选择“双线条”样式，设置颜色为橙色，然后单击“外边框”按钮，设置完成后单击“确定”按钮。

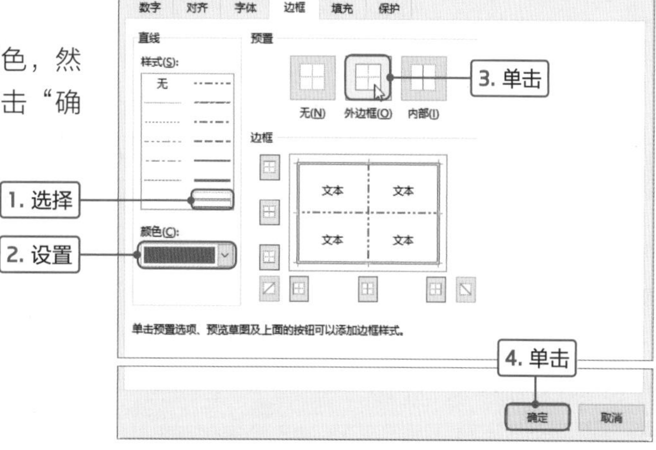

6

返回工作表中，即可看到设置表格内外边框的效果。

Tips 通过“边框”选项设置边框样式

选择需要添加边框的单元格区域，单击“字体”选项组中“边框”下三角按钮，在展开的列表中选择“线型”选项，在子列表中选择合适的线条样式，在“线条颜色”子列表中选择颜色，然后在列表中选择需要设置的边框，如外侧框线、所有框线等即可。

Point 2 设置数据有效性

在Excel中用户可以通过设置数据有效性控制数据输入的范围，从而提高数据输入的准确性。本案例中将为学历、部门、年龄和身份证号等字段设置有效性。下面介绍具体操作方法。

1

选择D2:D23单元格区域，切换至“数据”选项卡，单击“数据工具”选项组中“数据验证”按钮。

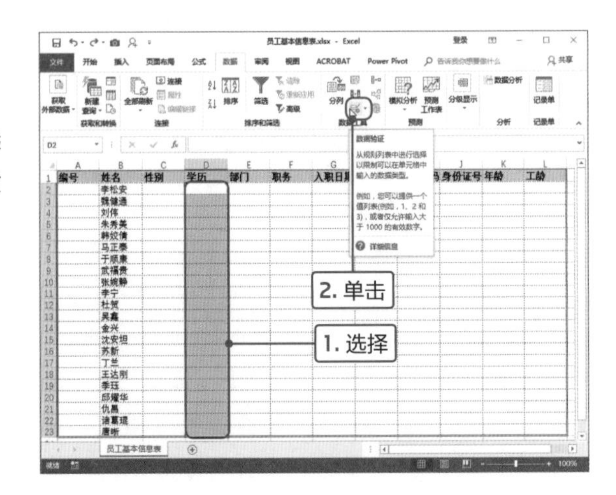

2

打开“数据验证”对话框，在“设置”选项卡中单击“允许”下三角按钮，在列表中选择“序列”选项。在“来源”文本框中输入“专科,本科,硕士,博士”，学历之间用英文状态下的逗号分隔开。

3

切换至“输入信息”选项卡，在“标题”和“输入信息”文本框中输入相应的文本内容，然后单击“确定”按钮。

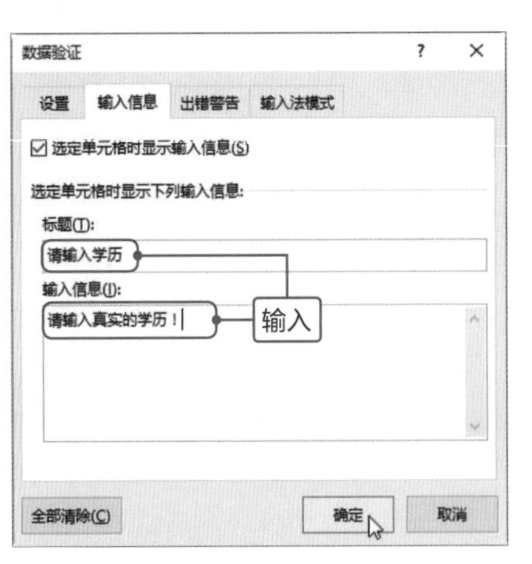

4

返回工作表中，选中该区域任意单元格，会弹出提示信息，然后单击右侧下三角按钮，在展开的列表中选择相应的选项即可。

5

如果在该单元格区域中输入与设置输入数据的范围不一致的信息，则弹出提示对话框，显示“此值与此单元格定义的数据验证限制不匹配”，单击“取消”按钮重新输入正确的值。

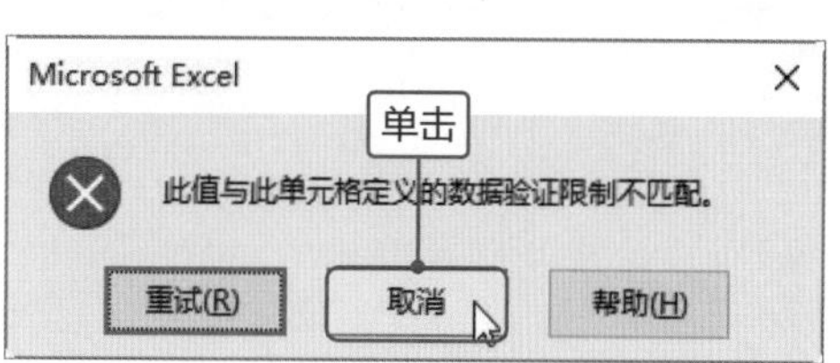

6

选中J2:J23单元格区域，打开“数据验证”对话框，在“允许”列表中选择“文本长度”选项，在“数据”列表中选择“等于”选项，在“长度”数值框中输入18。

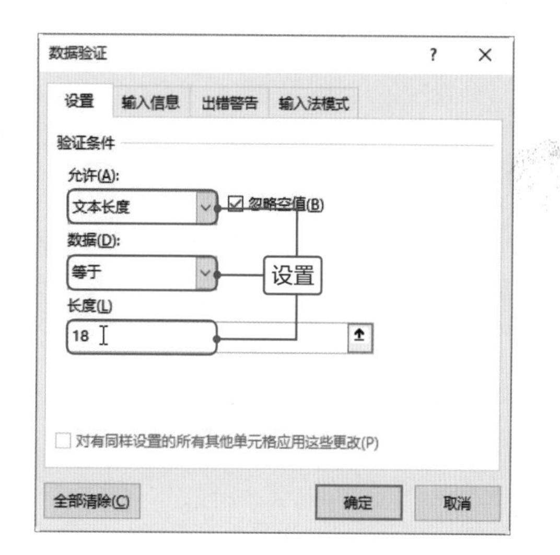

7

切换至“出错警告”选项卡，设置“样式”为“警告”，在“标题”和“错误信息”文本框中输入相应的文字信息，然后单击“确定”按钮即可。

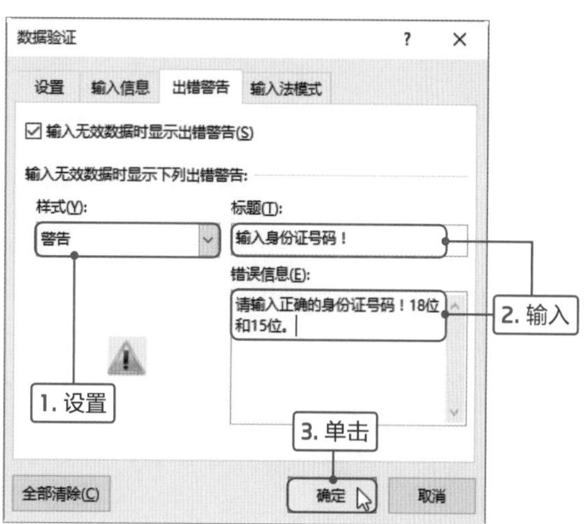

返回工作表中，设置J2:J23单元格区域的格式为“文本”，在选中单元格中输入18位身份证号码。如果输入非18位号码，则弹出提示对话框，用户确认无误只需单击“是”按钮即可输入非18位号码。

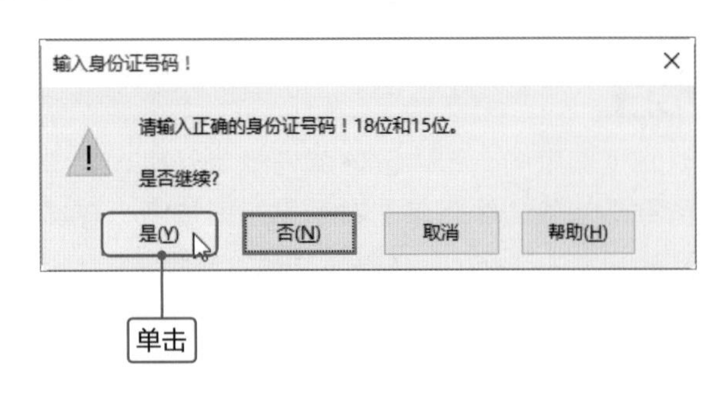

按照员工实际身份证号码输入到对应的工作表中即可。

编号	姓名	性别	学历	部门	职务	身份证号	年龄
	李松安		本科			110112198501255203	
	魏健通		硕士			201552199312230516	
	刘伟		专科			449387199511283392	
	朱秀美		硕士			187603198608112625	
	韩姣倩		本科			246401197710283565	
	马正泰		博士			123753198001108334	
	于顺康		本科			377908198803075279	
	武福贵		硕士			416409197404274525	
	张婉静		专科			214308198709285392	
	李宁		硕士			244044197106276973	
	杜贺		本科			111766199040627141	
	吴鑫		博士			269347199008178051	
	金兴		本科			309394198003098553	
	沈安坦		硕士			413048197109021714	
	苏新		专科			333730199008051859	
	丁兰		硕士			171003198011303597	
	王达刚		本科			139804199111048935	
	季珏		博士			331550199210189828	
	邱耀华		本科			220323198804282639	
	仇昌		硕士			402676197008213708	
	诸葛琨		本科			121720198807309776	
	唐晰		专科			300604197704284529	

Tips 出错警告的其他样式

在“数据验证”对话框的“出错警告”选项卡中设置样式时，有“停止”、“警告”和“信息”三种样式可供选择，其中“警告”和“信息”样式可以输入限制之外的数据，“停止”样式只能输入限制之内的数据。

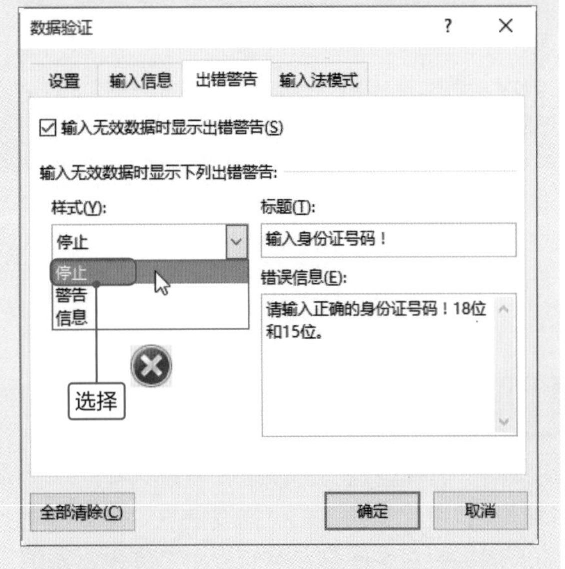

如果输入限制外的数据，则弹出提示对话框，可以单击“重试”或“取消”按钮，输入正确的号码。

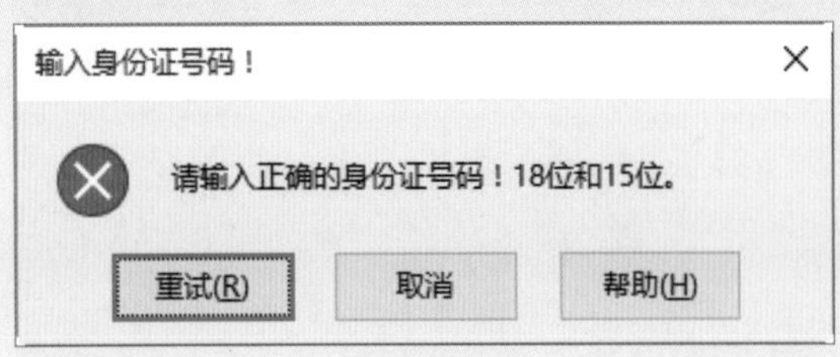

Point 3 输入其他数据

在员工信息表中包含的信息比较多，我们可以通过填充的方法同时输入多个相同数据，并且为了整齐还可以设置分散对齐。下面介绍具体操作方法。

1

在A2单元格中输入WL001，然后将该单元格中的信息向下填充至A23单元格，单击右侧的“自动填充选项”按钮，在列表中选择“填充序列”选项。

A2 WL001

	A	B	C	D	E	F	J	K
1	编号	姓名	性别	学历	部门	职务	身份证号	年龄
2	WL001	李松安		本科			110112198501255203	33
3	WL002	魏健通		硕士			201552199312230516	25
4	WL003	刘伟		专科			449387199511283392	23
5	WL004	朱秀美		硕士			187603198608112625	32
6	WL005	韩姣倩		本科			246401197710283565	41
7	WL006	马正泰		博士			123753198001108334	38
8	WL007	于顺康		本科			377908198803075279	30
9	WL008	武福贵		硕士			416409197404274525	44
10	WL009	张婉静		专科			214308198709285392	31
11	WL010	李宁		硕士			244044197106276973	47
12	WL011	杜贺		本科			111766199040627141	28
13	WL012	吴鑫		博士			269347199008178051	28
14	WL013	金兴		本科			309394198003098553	38
15	WL014	沈安坦		硕士			413048197109021714	47
16	WL015			专科			333730199008051859	28
17	WL016			硕士			171003198011303597	38
18	WL017			本科			139804199111048935	27
19	WL018			博士			331550199210189828	26
20	WL019			本科			220323198804282639	30
21	WL020			硕士			402676197008213708	48
22	WL021			本科			121720198807309776	30
23	WL022			专科			300604197704284529	41

复制单元格(C)
填充序列(S)
仅填充格式(F)
不带格式填充(O)
快速填充(F)

选择

员工基本信息表

就绪 计数: 22 100%

2

按住Ctrl键选中“性别”列中需要输入相同数据的单元格，并输入“男”。

C22 男

	A	B	C	D	E	F	J	K
1	编号	姓名	性别	学历	部门	职务	身份证号	年龄
2	WL001	李松安		本科			110112198501255203	33
3	WL002	魏健通		硕士			201552199312230516	25
4	WL003	刘伟		专科			449387199511283392	23
5	WL004	朱秀美		硕士			187603198608112625	32
6	WL005	韩姣倩		本科			246401197710283565	41
7	WL006	马正泰		博士			123753198001108334	38
8	WL007	于顺康		本科			377908198803075279	30
9	WL008	武福贵		硕士			416409197404274525	44
10	WL009	张婉静		专科			214308198709285392	31
11	WL010	李宁		硕士			244044197106276973	47
12	WL011	杜贺		本科			111766199040627141	28
13	WL012	吴鑫		博士			269347199008178051	28
14	WL013	金兴		本科			309394198003098553	38
15	WL014	沈安坦		硕士			413048197109021714	47
16	WL015	苏新		专科			333730199008051859	28
17	WL016	丁兰		硕士			171003198011303597	38
18	WL017	王达刚		本科			139804199111048935	27
19	WL018	季珏		博士			331550199210189828	26
20	WL019	邱耀华		本科			220323198804282639	30
21	WL020	仇晶		硕士			402676197008213708	48
22	WL021	诸葛琨	男	本科			121720198807309776	30
23	WL022	唐晰		专科			300604197704284529	41

3

按Ctrl+Enter组合键，即可在选中的单元格内同时输入“男”。按照相同的方法选中其他单元格，并输入“女”。

C12 女

	A	B	C	D	E	F	J	K
1	编号	姓名	性别	学历	部门	职务	身份证号	年龄
2	WL001	李松安	男	本科			110112198501255203	33
3	WL002	魏健通	男	硕士			201552199312230516	25
4	WL003	刘伟	女	专科			449387199511283392	23
5	WL004	朱秀美	女	硕士			187603198608112625	32
6	WL005	韩姣倩	男	本科			246401197710283565	41
7	WL006	马正泰	女	博士			123753198001108334	38
8	WL007	于顺康	女	本科			377908198803075279	30
9	WL008	武福贵	女	硕士			416409197404274525	44
10	WL009	张婉静	男	专科			214308198709285392	31
11	WL010	李宁	女	硕士			244044197106276973	47
12	WL011	杜贺	女	本科			111766199040627141	28
13	WL012	吴鑫	女	博士			269347199008178051	28
14	WL013	金兴	女	本科			309394198003098553	38
15	WL014	沈安坦	男	硕士			413048197109021714	47
16	WL015	苏新	女	专科			333730199008051859	28
17	WL016	丁兰	男	硕士			171003198011303597	38
18	WL017	王达刚	女	本科			139804199111048935	27
19	WL018	季珏	男	博士			331550199210189828	26
20	WL019	邱耀华	女	本科			220323198804282639	30
21	WL020	仇晶	女	硕士			402676197008213708	48
22	WL021	诸葛琨	男	本科			121720198807309776	30
23	WL022	唐晰	男	专科			300604197704284529	41

查看效果

员工基本信息表

就绪 100%

4

选中B2:B23单元格区域，可见员工的姓名不整齐。打开“设置单元格格式”对话框，切换至“对齐”选项卡，单击“水平对齐”下三角按钮，在列表中选择“分散对齐”选项，然后单击“确定”按钮。

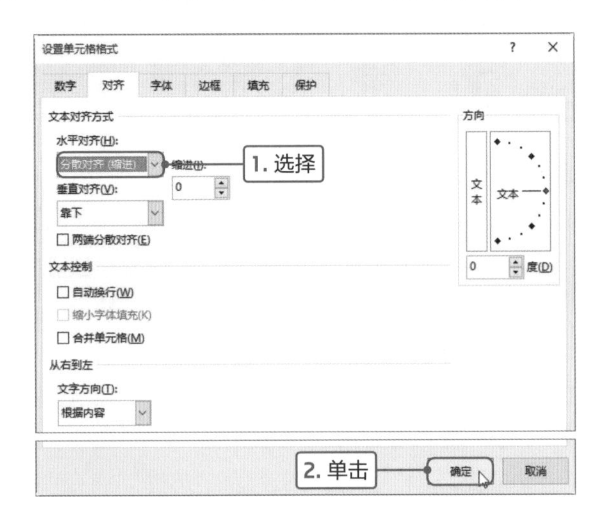

5

返回工作表中，可见员工的姓名分散对齐，比较整齐，而且没有在文字中间插入空格，文字会随着列宽的调整自动调整。

编号	姓名	性别	学历	部门	职务	身份证号	年龄
WL001	李松安	男	本科			110112198501255203	33
WL002	魏健通	男	硕士			201552199312230516	25
WL003	刘　伟	女	专科			449387199511283392	23
WL004	朱秀美	女	硕士			187603198608112625	32
WL005	韩姣倩	男	本科			246401197710283565	41
WL006	马正泰	女	博士			123753198001108334	38
WL007	于顺康	女	本科			377908198803075279	30
WL008	武福贵	女	硕士			416409197404274525	44
WL009	张婉静	男	专科			214308198709285392	31
WL010	李　宁	女	硕士			244044197106276973	47
WL011	杜　贺	女	本科			111766199040627141	28
WL012	吴　鑫	女	博士			269347199008178051	28
WL013	金　兴	女	本科			309394198003098553	38
WL014	沈安坦	男	硕士			413048197109021714	47
WL015	苏　新	女	专科			333730199008051859	28
WL016	丁　兰	男	硕士			171003198011303597	38
WL017	王达刚	女	本科			139804199111048935	27
WL018	季　珏	男	博士			331550199210189828	26
WL019	邱耀华	女	本科			220323198804282639	30
WL020	仇　昌	女	硕士			402676197008213708	48
WL021	诸葛琨	男	本科			121720198807309776	30
WL022	唐　晰	男	专科			3006041977042845[illegible]	[illegible]

6

最后根据实际情况输入员工所属的部门、职务、年龄和工龄，然后选择表格区域，单击“对齐方式”选项组中的“居中”按钮。

为了更清楚查看效果，可以在“视图”选项卡中取消勾选“网格线”复选框，并分别在第一行和第一列插入空白行和空白列。

编号	姓名	性别	学历	部门	职务	身份证号	年龄	工龄
WL001	李松安	男	本科	销售部	经理	110112198501255203	33	7
WL002	魏健通	男	硕士	销售部	主管	201552199312230516	25	1
WL003	刘　伟	女	专科	研发部	职工	449387199511283392	23	7
WL004	朱秀美	女	硕士	人事部	职工	187603198608112625	32	10
WL005	韩姣倩	男	本科	研发部	经理	246401197710283565	41	9
WL006	马正泰	女	博士	销售部	职工	123753198001108334	38	8
WL007	于顺康	女	本科	研发部	职工	377908198803075279	30	2
WL008	武福贵	女	硕士	财务部	主管	416409197404274525	44	1
WL009	张婉静	男	专科	人事部	职工	214308198709285392	31	4
WL010	李　宁	女	硕士	财务部	职工	244044197106276973	47	4
WL011	杜　贺	女	本科	销售部	经理	111766199040627141	28	7
WL012	吴　鑫	女	博士	研发部	职工	269347199008178051	28	4
WL013	金　兴	女	本科	营销部	职工	309394198003098553	38	6
WL014	沈安坦	男	硕士	销售部	主管	413048197109021714	47	7
WL015	苏　新	女	专科	营销部	职工	333730199008051859	28	3
WL016	丁　兰	男	硕士	财务部	主管	171003198011303597	38	5
WL017	王达刚	女	本科	销售部	职工	139804199111048935	27	3
WL018	季　珏	男	博士	营销部	职工	331550199210189828	26	9
WL019	邱耀华	女	本科	人事部	经理	220323198804282639	30	6
WL020	仇　昌	女	硕士	营销部	职工	402676197008213708	48	7
WL021	诸葛琨	男	本科	销售部	职工	1217201988073[illegible]	[illegible]	[illegible]
WL022	唐　晰	男	专科	财务部	职工	300604197704[illegible]	[illegible]	[illegible]

Tips 设置员工年龄的范围

可以通过数据验证设置员工年龄的范围，选中L2:L23单元格区域，打开“数据验证”对话框，设置“允许”为“整数”，“数据”为“介于”，然后分别设置最小值和最大值即可。

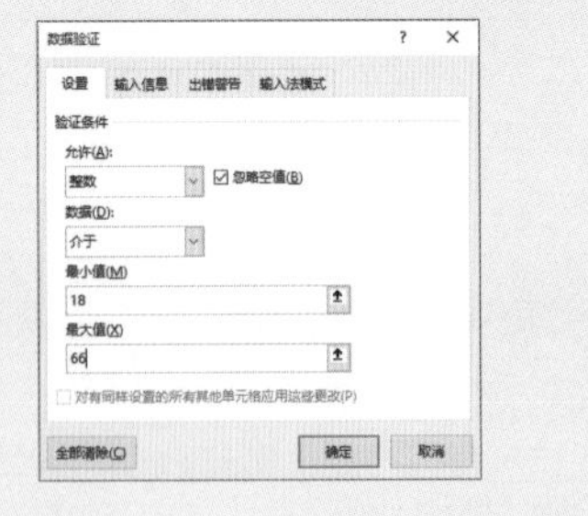

高效办公

输入联系方式的技巧

日常工作中经常需要在工作表中输入联系方式，当输入座机号时，可以设置在区号和电话号码之间添加“-”符号，或者在电话号码前自动添加区号；当输入手机号时，还可以限制输入11位数据。下面介绍相关操作。

● 为座机号码添加“-”符号

步骤01 打开“员工基本信息表.xlsx”工作表，选中I2:I23单元格区域，切换至“开始”选项卡，单击“数字”选项组中的对话框启动器按钮。

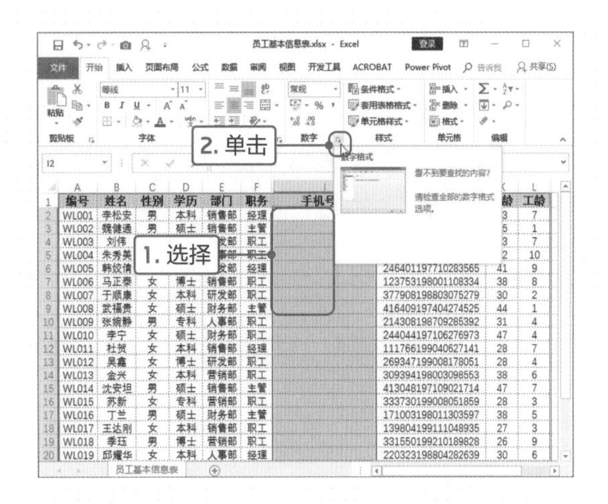

步骤02 打开“设置单元格格式”对话框，选择“自定义”选项，在“类型”文本框中输入000-00000000，然后单击“确定”按钮。

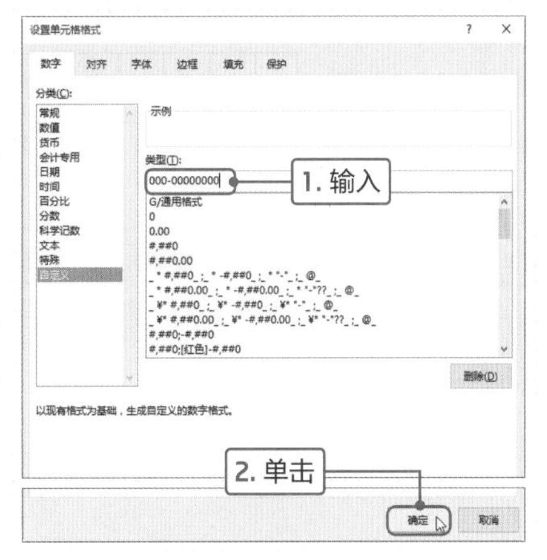

步骤03 返回工作表中，在I2单元格中输入01086525698，按Enter键后，在单元格中自动在010右侧添加“-”符号，在编辑栏中则不显示该符号。根据需要输入其他员工的联系号码。

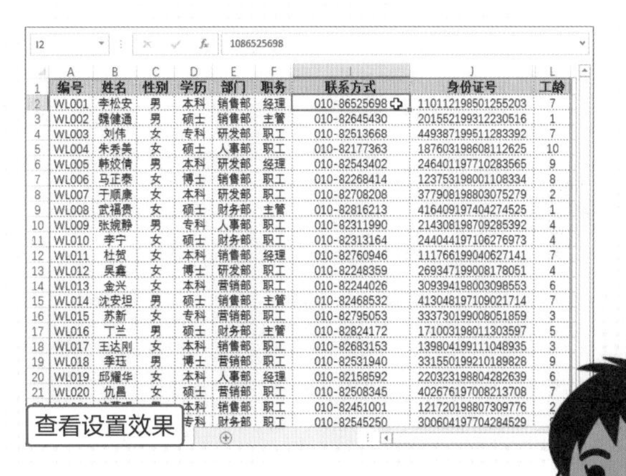

● 自动添加电话号码的区号

步骤01 打开“员工基本信息表.xlsx”工作表，在“联系方式”列中输入座机的号码，不输入区号。下面介绍在号码前自动添加“010-”区号的方法。

步骤02 选中I2:I23单元格区域，按Ctrl+1组合键打开“设置单元格格式”对话框，选择“自定义”选项，在“类型”文本框中输入“010-”#，单击“确定”按钮。

步骤03 操作完成后返回工作表中，可见在号码前均添加了“010-”区号，但在编辑栏中则只显示输入的电话号码。

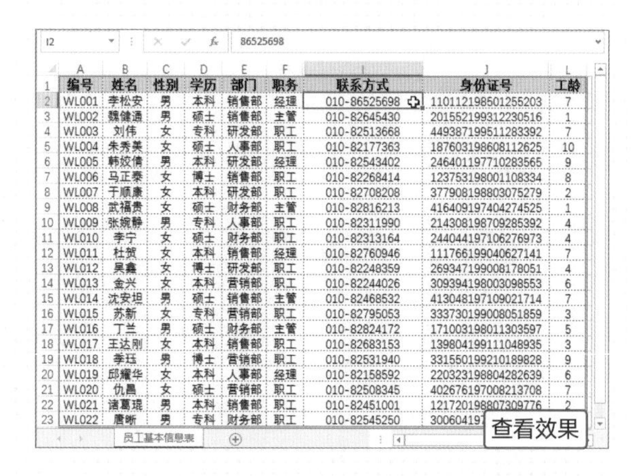

Tips 添加区号时的注意事项

使用“设置单元格格式”对话框统一添加区号时，注意必须添加相同的区号。本案例中添加3位区号，如果需要添加4位，只需将010修改为对应的区号即可，如添加0310区号。

编号	姓名	性别	学历	部门	职务	联系方式	身份证号	工龄
WL001	李松安	男	本科	销售部	经理	0310-86525698	110112198501255203	7
WL002	魏健通	男	硕士	销售部	主管	0310-82645430	201552199312230516	1
WL003	刘伟	女	专科	研发部	职工	0310-82513668	449387199511283392	7
WL004	朱秀美	女	硕士	人事部	职工	0310-82177363	187603198608112625	10
WL005	韩姣倩	男	本科	研发部	经理	0310-82543402	246401197710283565	9
WL006	马正泰	女	博士	销售部	职工	0310-82268414	123753198001108334	8
WL007	于顺康	女	本科	研发部	职工	0310-82708208	377908198803075279	2
WL008	武福贵	女	硕士	财务部	主管	0310-82816213	416409197404274525	1

● 设置输入11位手机号码

步骤01 打开“员工基本信息表.xlsx”工作表，选中I2:I23单元格区域，然后打开“数据验证”对话框，在“设置”选项卡中设置“允许”为“文本长度”，“数据”为“等于”，并在“长度”文本框中输入11。

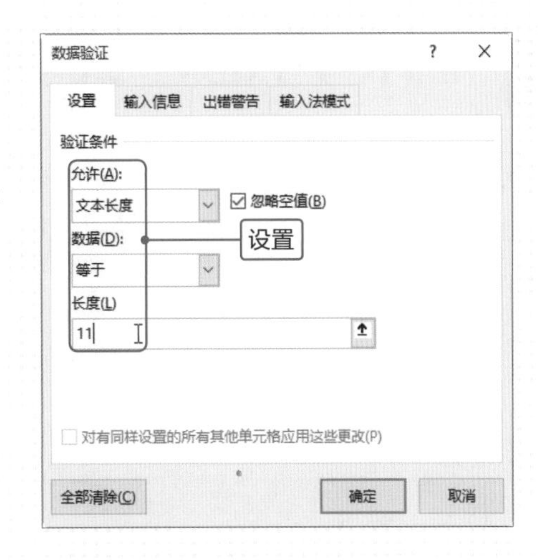

步骤02 切换到“出错警告”选项卡，设置“样式”为“停止”，在“标题”文本框中输入“请输入正确手机号码”，在“错误信息”文本框中输入“请检查输入手机号码是否正确！！”，单击“确定”按钮。

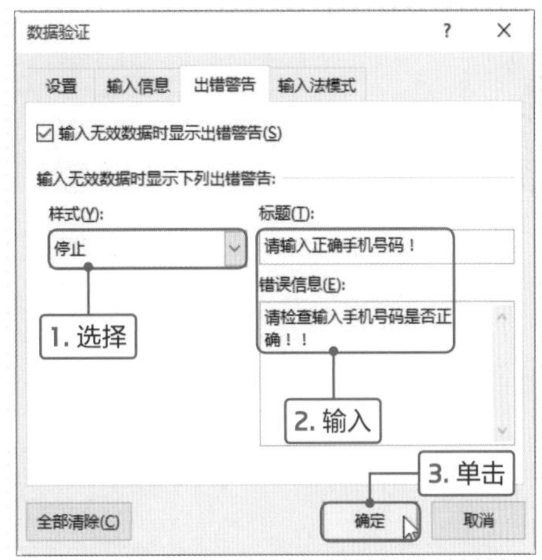

步骤03 操作完成后返回工作表中，在该区域输入正确的手机号码即可。

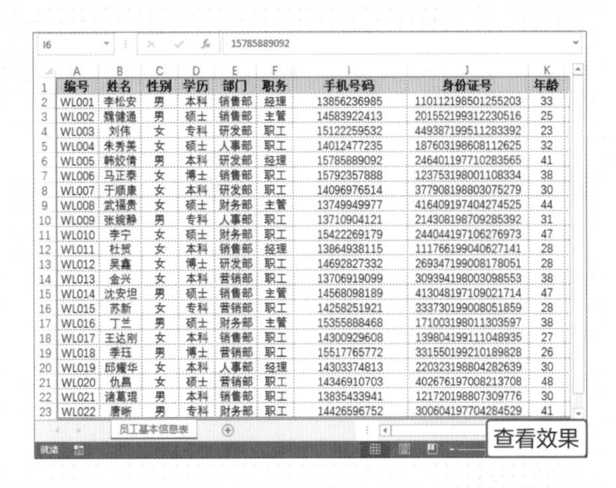

编号	姓名	性别	学历	部门	职务	手机号码	身份证号	年龄
WL001	李松安	男	本科	销售部	经理	13856236985	110112198501255203	33
WL002	魏健通	男	硕士	销售部	主管	14583922413	201552199312230516	25
WL003	刘伟	女	专科	研发部	职工	15122259532	449387199511283392	23
WL004	朱秀美	女	硕士	人事部	职工	14012477235	187603198608112625	32
WL005	韩姣倩	男	本科	研发部	经理	15785889092	246401197710283565	41
WL006	马正泰	女	博士	销售部	职工	15792357888	123753198001108334	38
WL007	于顺康	女	本科	研发部	职工	14096976514	377908198803075279	30
WL008	武福贵	女	硕士	财务部	主管	13749949977	416409197404274525	44
WL009	张婉静	男	专科	人事部	职工	13710904121	214308198709285392	31
WL010	李宁	女	硕士	财务部	职工	15422269179	244044197106276973	47
WL011	杜贺	女	本科	销售部	经理	13864938115	111766199040627141	28
WL012	吴鑫	女	博士	研发部	职工	14692827332	269347199008178051	28
WL013	金兴	女	本科	营销部	职工	13706919099	309394198003098553	38
WL014	沈安坦	男	硕士	销售部	主管	14568098189	413048197109021714	47
WL015	苏新	女	专科	营销部	职工	14258251921	333730199008051859	28
WL016	丁兰	男	硕士	财务部	主管	15355888468	171003198011303597	38
WL017	王达刚	女	本科	销售部	职工	14300929608	139804199111048935	27
WL018	季珏	男	博士	营销部	职工	15517765772	331550199210189828	26
WL019	邱耀华	女	本科	人事部	经理	14303374813	220323198804282639	30
WL020	仇晶	女	硕士	营销部	职工	14346910703	402676197008213708	48
WL021	诸葛琨	男	本科	销售部	职工	13835433941	121720198807309776	30
WL022	唐晰	男	专科	财务部	职工	14426596752	300604197704284529	41

步骤04 如果输入非11位的数据，则弹出提示对话框。

制作月销售统计表

到了月底是历历哥最忙碌的时候，他需要统计所有销售员工的各品牌手机销售情况，详细记录数据，并对数据进行相应的分析。现在他把这项重要的任务交给小蔡，并叮嘱小蔡不但要真实准确记录数据，还要使表格美观。

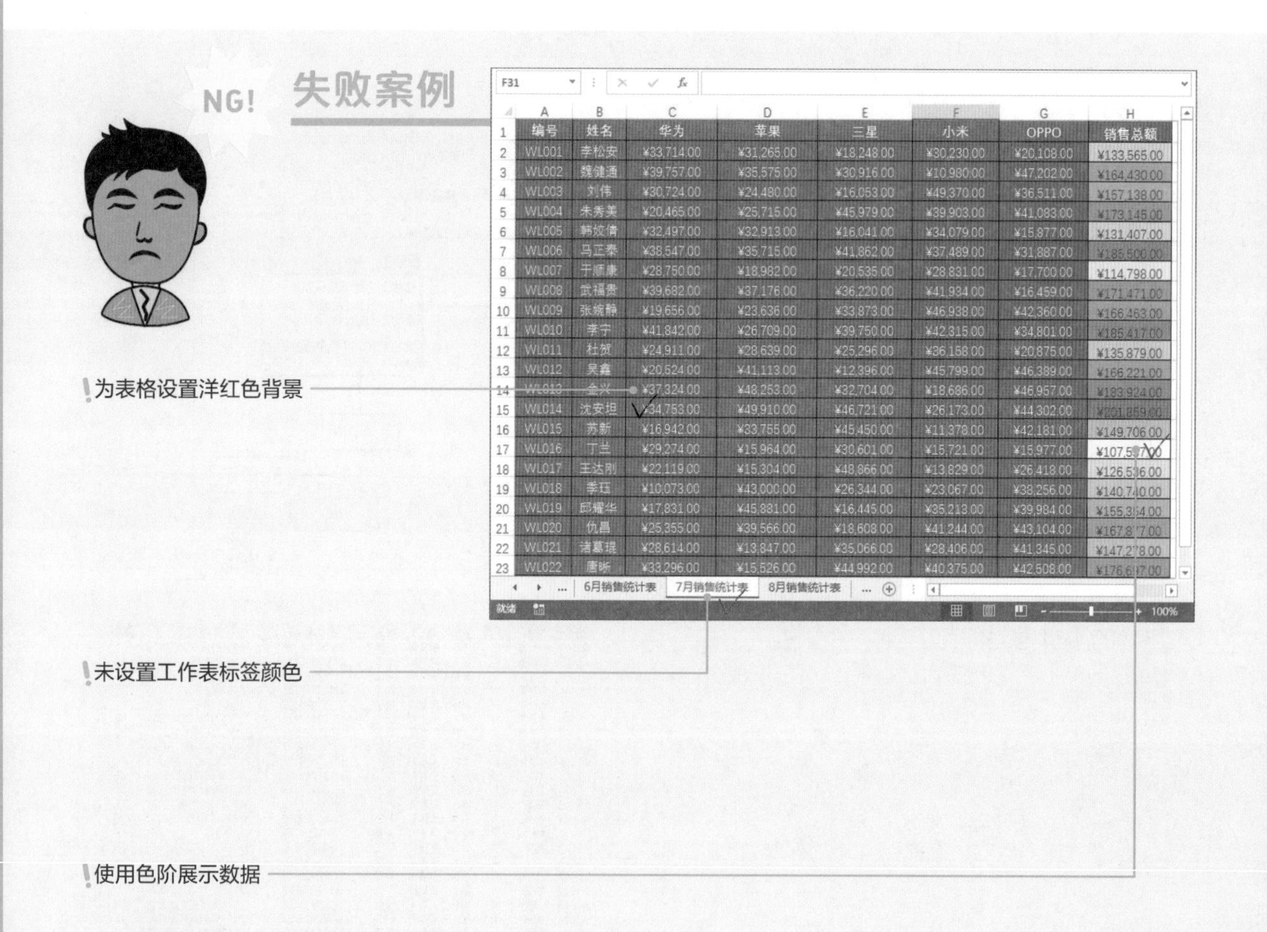

编号	姓名	华为	苹果	三星	小米	OPPO	销售总额
WL001	李松安	¥33,714.00	¥31,265.00	¥18,248.00	¥30,230.00	¥20,108.00	¥133,565.00
WL002	魏健通	¥39,757.00	¥35,575.00	¥30,916.00	¥10,980.00	¥47,202.00	¥164,430.00
WL003	刘伟	¥30,724.00	¥24,480.00	¥16,053.00	¥49,370.00	¥36,511.00	¥157,138.00
WL004	朱秀美	¥20,465.00	¥25,715.00	¥45,979.00	¥39,903.00	¥41,083.00	¥173,145.00
WL005	韩姣倩	¥32,497.00	¥32,913.00	¥16,041.00	¥34,079.00	¥15,877.00	¥131,407.00
WL006	马正泰	¥38,547.00	¥35,715.00	¥41,862.00	¥37,489.00	¥31,887.00	¥185,500.00
WL007	于顺康	¥28,750.00	¥18,982.00	¥20,535.00	¥28,831.00	¥17,700.00	¥114,798.00
WL008	武福贵	¥39,682.00	¥37,176.00	¥36,220.00	¥41,934.00	¥16,459.00	¥171,471.00
WL009	张婉静	¥19,656.00	¥23,636.00	¥33,873.00	¥46,938.00	¥42,360.00	¥166,463.00
WL010	李宁	¥41,842.00	¥26,709.00	¥39,750.00	¥42,315.00	¥34,801.00	¥185,417.00
WL011	杜贺	¥24,911.00	¥28,639.00	¥25,296.00	¥36,158.00	¥20,875.00	¥135,879.00
WL012	吴鑫	¥20,524.00	¥41,113.00	¥12,396.00	¥45,799.00	¥46,389.00	¥166,221.00
WL013	金兴	¥37,324.00	¥48,253.00	¥32,704.00	¥18,686.00	¥46,957.00	¥183,924.00
WL014	沈安坦	¥34,753.00	¥49,910.00	¥46,721.00	¥26,173.00	¥44,302.00	¥201,859.00
WL015	苏新	¥16,942.00	¥33,755.00	¥45,450.00	¥11,378.00	¥42,181.00	¥149,706.00
WL016	丁兰	¥29,274.00	¥15,964.00	¥30,601.00	¥15,721.00	¥15,977.00	¥107,5[illegible]7.00
WL017	王达刚	¥22,119.00	¥15,304.00	¥48,866.00	¥13,829.00	¥26,418.00	¥126,536.00
WL018	季珏	¥10,073.00	¥43,000.00	¥26,344.00	¥23,067.00	¥38,256.00	¥140,740.00
WL019	邱耀华	¥17,831.00	¥45,881.00	¥16,445.00	¥35,213.00	¥39,984.00	¥155,354.00
WL020	仇昌	¥25,355.00	¥39,566.00	¥18,608.00	¥41,244.00	¥43,104.00	¥167,8[illegible]7.00
WL021	诸葛琨	¥28,614.00	¥13,847.00	¥35,066.00	¥28,406.00	¥41,345.00	¥147,278.00
WL022	唐晰	¥33,296.00	¥15,526.00	¥44,992.00	¥40,375.00	¥42,508.00	¥176,6[illegible]7.00

小蔡制作的表格，整体看上去很突出、刺眼，他为表格整体填充了洋红色背景，并将文字设置为白色；又使用色阶功能对销售总额进行分类，但数据大小比较不是很直观；工作簿中包含多张工作表，他没有对当前工作表设置标签颜色，打开工作簿后无法一眼找到该工作表。

MISSION! 3

对于企业来说一般月底都会比较忙，需要结算员工的工资、统计销售人员的数据等。月销售统计表是必做的表格之一，该表可以直观地显示各员工的销售情况，对于分析员工销售业绩有很大的帮助。

成功案例 OK!

E8 20535

	A	B	C	D	E	F	G	H
1	编号	姓名	华为	苹果	三星	小米	OPPO	销售总额
2	WL001	李松安	¥33,714.00	¥31,265.00	¥18,248.00	¥30,230.00	¥20,108.00	¥133,565.00
3	WL002	魏健通	¥39,757.00	¥35,575.00	¥30,916.00	¥10,980.00	¥47,202.00	¥164,430.00
4	WL003	刘伟	¥30,724.00	¥24,480.00	¥16,053.00	¥49,370.00	¥36,511.00	¥157,138.00
5	WL004	朱秀美	¥20,465.00	¥25,715.00	¥45,979.00	¥39,903.00	¥41,083.00	¥173,145.00
6	WL005	韩姣倩	¥32,497.00	¥32,913.00	¥16,041.00	¥34,079.00	¥15,877.00	¥131,407.00
7	WL006	马正泰	¥38,547.00	¥35,715.00	¥41,862.00	¥37,489.00	¥31,887.00	¥185,500.00
8	WL007	于顺康	¥28,750.00	¥18,982.00	¥20,535.00	¥28,831.00	¥17,700.00	¥114,798.00
9	WL008	武福贵	¥39,682.00	¥37,176.00	¥36,220.00	¥41,934.00	¥16,459.00	¥171,471.00
10	WL009	张婉静	¥19,656.00	¥23,636.00	¥33,873.00	¥46,938.00	¥42,360.00	¥166,463.00
11	WL010	李宁	¥41,842.00	¥26,709.00	¥39,750.00	¥42,315.00	¥34,801.00	¥185,417.00
12	WL011	杜贺	¥24,911.00	¥28,639.00	¥25,296.00	¥36,158.00	¥20,875.00	¥135,879.00
13	WL012	吴鑫	¥20,524.00	¥41,113.00	¥12,396.00	¥45,799.00	¥46,389.00	¥166,221.00
14	WL013	金兴	¥37,324.00	¥48,253.00	¥32,704.00	¥18,686.00	¥46,957.00	¥183,9[illegible]
15	WL014	沈安坦	¥34,753.00	¥49,910.00	¥46,721.00	¥26,173.00	¥44,302.00	¥201,859.00
16	WL015	苏新	¥16,942.00	¥33,755.00	¥45,450.00	¥11,378.00	¥42,181.00	¥149,706.00
17	WL016	丁兰	¥29,274.00	¥15,964.00	¥30,601.00	¥15,721.00	¥15,977.00	¥107,537.00
18	WL017	王达刚	¥22,119.00	¥15,304.00	¥48,866.00	¥13,829.00	¥26,418.00	¥126,536.00
19	WL018	季珏	¥10,073.00	¥43,000.00	¥26,344.00	¥23,067.00	¥38,256.00	¥140,740.00
20	WL019	邱耀华	¥17,831.00	¥45,881.00	¥16,445.00	¥35,213.00	¥39,984.00	¥155,354.00
21	WL020	仇昌	¥25,355.00	¥39,566.00	¥18,608.00	¥41,244.00	¥43,104.00	¥167,877.00
22	WL021	诸葛琨	¥28,614.00	¥13,847.00	¥35,066.00	¥28,406.00	¥41,345.00	¥147,278.00
23	WL022	唐晰	¥33,296.00	¥15,526.00	¥44,992.00	¥40,375.00	¥42,508.00	¥176,697.00

6月销售统计表　7月销售统计表　8月销售统计表

就绪　100%

使用数据条展示数据

设置工作表标签颜色为红色

为标题栏填充渐变色，为正文填充图案

对表格进行修改后，为了区分标题和正文，将标题栏填充渐变颜色并为正文填充图案；为销售总额列应用数据条，可直观展示数据的大小；为工作表标签添加红色，打开工作簿后可以快速找到该工作表。

Point 1 为表格填充底纹

为了使表格美观，常常对表格填充颜色，本案例介绍为表格填充渐变的颜色和图案效果。下面介绍具体操作方法。

1

打开“月销售统计表.xlsx”工作表，选中A1:H1单元格区域，切换至“开始”选项卡，单击“字体”选项组中的对话框启动器按钮。

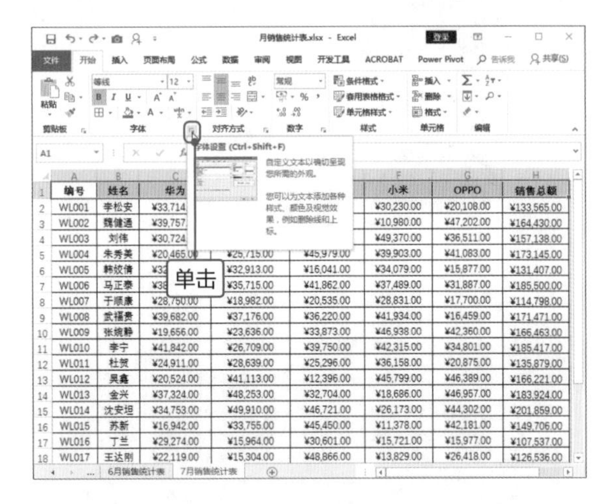

2

打开“设置单元格格式”对话框，切换至“填充”选项卡，单击“填充效果”按钮。

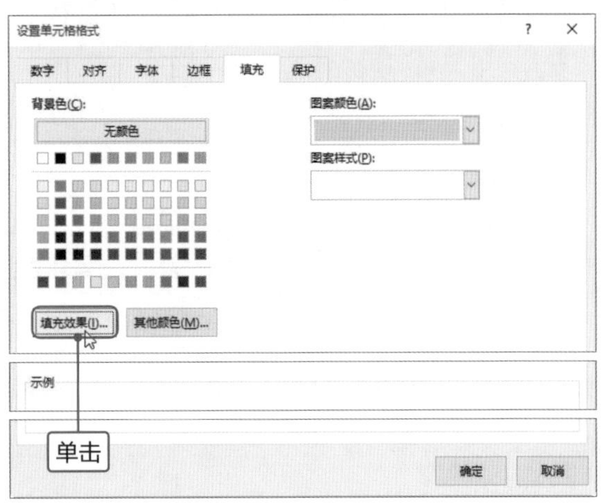

Tips 选择更丰富的填充颜色

在“设置单元格格式”对话框中，单击“填充”选项卡中“其他颜色”按钮，打开“颜色”对话框，可以在“标准”和“自定义”对话框中选择填充颜色。

3

打开“填充效果”对话框，在“颜色”选项区域中选中“双色”单选按钮，并分别单击“颜色1”和“颜色2”下三角按钮，在列表中选择合适的颜色，在“底纹样式”选项区域中选中“角部辐射”单选按钮，然后依次单击“确定”按钮。

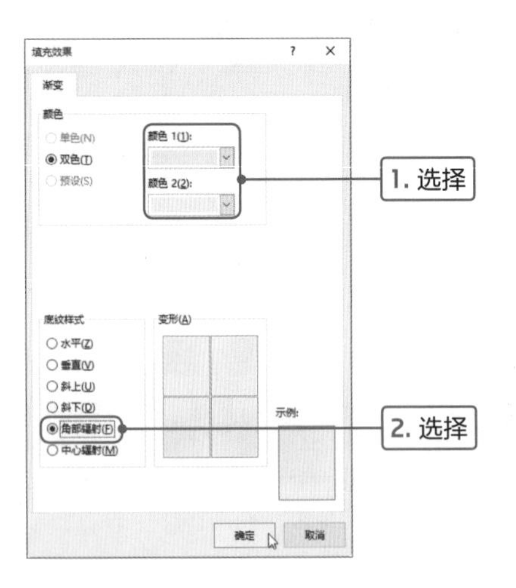

4

返回工作表中，可见选中的单元格区域应用设置的渐变效果。

用户可以根据需要设置不同的颜色，可以得到不同的渐变填充。

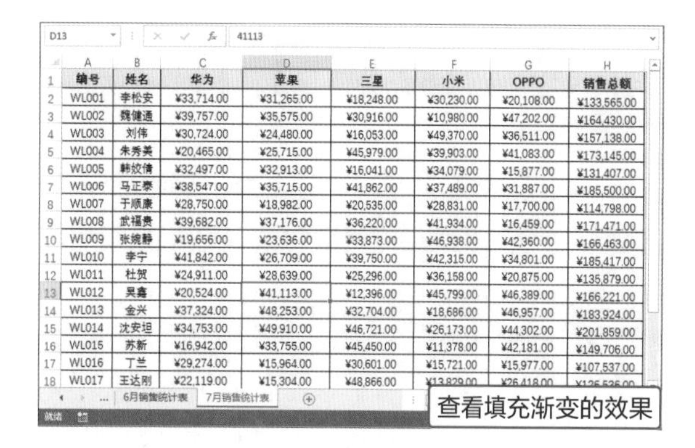

	A	B	C	D	E	F	G	H
1	编号	姓名	华为	苹果	三星	小米	OPPO	销售总额
2	WL001	李松安	¥33,714.00	¥31,265.00	¥18,248.00	¥30,230.00	¥20,108.00	¥133,565.00
3	WL002	魏健通	¥39,757.00	¥35,575.00	¥30,916.00	¥10,980.00	¥47,202.00	¥164,430.00
4	WL003	刘伟	¥30,724.00	¥24,480.00	¥16,053.00	¥49,370.00	¥36,511.00	¥157,138.00
5	WL004	朱秀美	¥20,465.00	¥25,715.00	¥45,979.00	¥39,903.00	¥41,083.00	¥173,145.00
6	WL005	韩紋倩	¥32,497.00	¥32,913.00	¥16,041.00	¥34,079.00	¥15,877.00	¥131,407.00
7	WL006	马正泰	¥38,547.00	¥35,715.00	¥41,862.00	¥37,489.00	¥31,887.00	¥185,500.00
8	WL007	于顺康	¥28,750.00	¥18,982.00	¥20,535.00	¥28,831.00	¥17,700.00	¥114,798.00
9	WL008	武福贵	¥39,682.00	¥37,176.00	¥36,220.00	¥41,934.00	¥16,459.00	¥171,471.00
10	WL009	张婉静	¥19,656.00	¥23,636.00	¥33,873.00	¥46,938.00	¥42,360.00	¥166,463.00
11	WL010	李宁	¥41,842.00	¥26,709.00	¥39,750.00	¥42,315.00	¥34,801.00	¥185,417.00
12	WL011	杜贺	¥24,911.00	¥28,639.00	¥25,296.00	¥36,158.00	¥20,875.00	¥135,879.00
13	WL012	吴鑫	¥20,524.00	¥41,113.00	¥12,396.00	¥45,799.00	¥46,389.00	¥166,221.00
14	WL013	金兴	¥37,324.00	¥48,253.00	¥32,704.00	¥18,686.00	¥46,957.00	¥183,924.00
15	WL014	沈安坦	¥34,753.00	¥49,910.00	¥46,721.00	¥26,173.00	¥44,302.00	¥201,859.00
16	WL015	苏新	¥16,942.00	¥33,755.00	¥45,450.00	¥11,378.00	¥42,181.00	¥149,706.00
17	WL016	丁兰	¥29,274.00	¥15,964.00	¥30,601.00	¥15,721.00	¥15,977.00	¥107,537.00
18	WL017	王达刚	¥22,119.00	¥15,304.00	¥48,866.00	[illegible]	[illegible]	[illegible]

查看填充渐变的效果

5

选中A2:H23单元格区域，按Ctrl+1组合键打开“设置单元格格式”对话框，切换至“填充”选项卡，单击“图案颜色”下三角按钮，在列表中选择浅橙色；单击“图案样式”下三角按钮，在列表中选择“垂直条纹”样式，单击“确定”按钮。

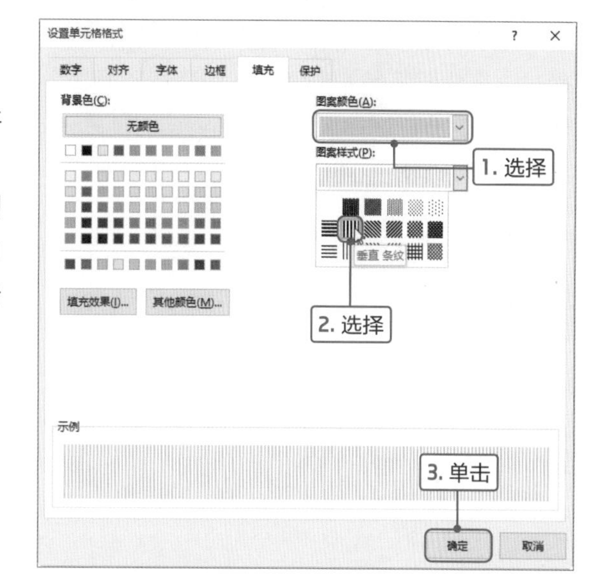

Tips 删除图案填充

如果需要删除图案填充，首先选中需删除图案的单元格区域，打开“设置单元格格式”对话框，在“填充”选项卡中单击“图案样式”下三角按钮，在列表中选择“实心”，然后单击“确定”按钮即可。

6

返回工作表中，选中的区域填充设置的图案，单击“字体”选项组中“填充颜色”下三角按钮，在列表中选择浅绿色。

Tips 设置背景色

在“设置单元格格式”对话框的“填充”选项卡中设置了图案填充的样式和颜色后，用户还可以在“背景色”选项区域中设置图案的背景色，与在“字体”选项组中设置填充颜色的效果是一样的。

	A	B	C	D	E	F	G	H
1	编号	姓名	华为	苹果	三星	小米	OPPO	销售总额
2	WL001	李松安	¥33,714.00	¥31,265.00	¥18,248.00	¥30,230.00	¥20,108.00	¥133,565.00
3	WL002	魏健通	¥39,757.00	¥35,575.00	¥30,916.00	¥10,980.00	¥47,202.00	¥164,430.00
4	WL003	刘伟	¥30,724.00	¥24,480.00	¥16,053.00	¥49,370.00	¥36,511.00	¥157,138.00
5	WL004	朱秀美	¥20,465.00	¥25,715.00	¥45,979.00	¥39,903.00	¥41,083.00	¥173,145.00
6	WL005	韩紋倩	¥32,497.00	¥32,913.00	¥16,041.00	¥34,079.00	¥15,877.00	¥131,407.00
7	WL006	马正泰	¥38,547.00	¥35,715.00	¥41,862.00	¥37,489.00	¥31,887.00	¥185,500.00
8	WL007	于顺康	¥28,750.00	¥18,982.00	¥20,535.00	¥28,831.00	¥17,700.00	¥114,798.00
9	WL008	武福贵	¥39,682.00	¥37,176.00	¥36,220.00	¥41,934.00	¥16,459.00	¥171,471.00
10	WL009	张婉静	¥19,656.00	¥23,636.00	¥33,873.00	¥46,938.00	¥42,360.00	¥166,463.00
11	WL010	李宁	¥41,842.00	¥26,709.00	¥39,750.00	¥42,315.00	¥34,801.00	¥185,417.00
12	WL011	杜贺	¥24,911.00	¥28,639.00	¥25,296.00	¥36,158.00	¥20,875.00	¥135,879.00
13	WL012	吴鑫	¥20,524.00	¥41,113.00	¥12,396.00	¥45,799.00	¥46,389.00	¥166,221.00
14	WL013	金兴	¥37,324.00	¥48,253.00	¥32,704.00	¥18,686.00	¥46,957.00	¥183,924.00
15	WL014	沈安坦	¥34,753.00	¥49,910.00	¥46,721.00	¥26,173.00	¥44,302.00	¥201,859.00
16	WL015	苏新	¥16,942.00	¥33,755.00	¥45,450.00	¥11,378.00	¥42,181.00	¥149,706.00
17	WL016	丁兰	¥29,274.00	¥15,964.00	¥30,601.00	¥15,721.00	¥15,977.00	¥107,537.00
18	WL017	王达刚	¥22,119.00	¥15,304.00	¥48,866.00	¥13,829.00	¥26,418.00	¥126,536.00
19	WL018	季珏	¥10,073.00	¥43,000.00	¥26,344.00	¥23,067.00	¥38,256.00	¥140,740.00
20	WL019	邱耀华	¥17,831.00	¥45,881.00	¥16,445.00	¥35,213.00	¥39,984.00	¥155,354.00
21	WL020	仇昌	¥25,355.00	¥39,566.00	¥18,608.00	¥41,244.00	¥43,104.00	¥167,877.00
22	WL021	诸葛琨	¥28,614.00	¥13,847.00	¥35,066.00	¥28,406.00	¥41,345.00	¥147,278.00
23	WL022	唐晰	¥33,296.00	¥15,526.00	¥44,992.00	¥40,375.00	¥42,508.00	¥176,697.00

查看设置填充的效果

Point 2 设置工作表标签的颜色

工作簿中包含多个工作表时，为了突出显示某个工作表，可以设置工作表的标签颜色。下面介绍为“7月销售统计表”工作表的标签颜色设置为红色的方法。

1

打开“月销售统计表.xlsx”工作簿，选中“7月销售统计表”工作表，在该工作表的标签上右击，在快捷菜单中选择“工作表标签颜色”命令，在打开的颜色面板中选择合适的颜色。

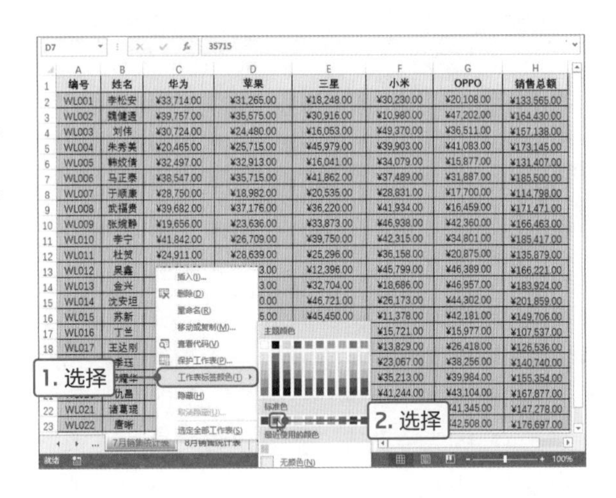

2

返回工作表中，可见选中的工作表的标签应用了红色，当打开工作簿时，可见“7月销售统计表”很突出。

查看效果

Tips 设置网格线的颜色

Excel网格线默认的颜色为浅灰色，用户可以设置网格线的颜色。打开工作表，单击“文件”标签，在列表中选择“选项”选项，打开“Excel选项”对话框，选择“高级”选项，在右侧“此工作表的显示选项”选项区域中勾选“显示网格线”复选框，单击“网格线颜色”下三角按钮，在列表中选择合适的颜色，单击“确定”按钮即可完成网络线的设置。

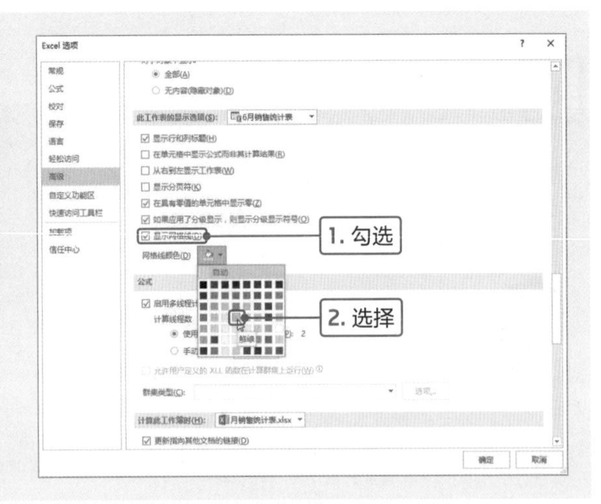

Point 3 添加条件格式

在工作表中，可以为某些单元格区域设置条件格式，以突出显示符合条件的单元格，使数据更加突出、醒目。在本案例中将介绍使用数据条显示销售总额的大小，以及分别突出各品牌销售额的最大值和最小值。

1

打开“月销售统计表.xlsx”工作表，选中H2:H23单元格区域，切换至“开始”选项卡，单击“样式”选项组中“条件格式”下三角按钮，在列表中选择“红色数据条”样式。

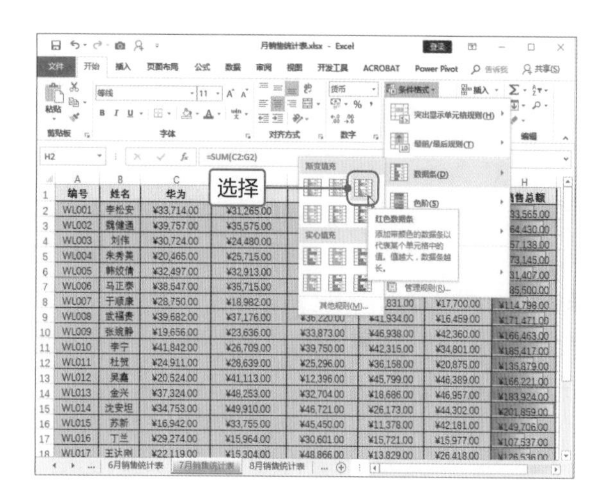

2

在选中的单元格区域显示数据条，数据条的长短表示该单元格内数据的大小。保持该区域为选中状态，再次单击“条件格式”下三角按钮，在列表中选择“数据条>其他规则”选项。

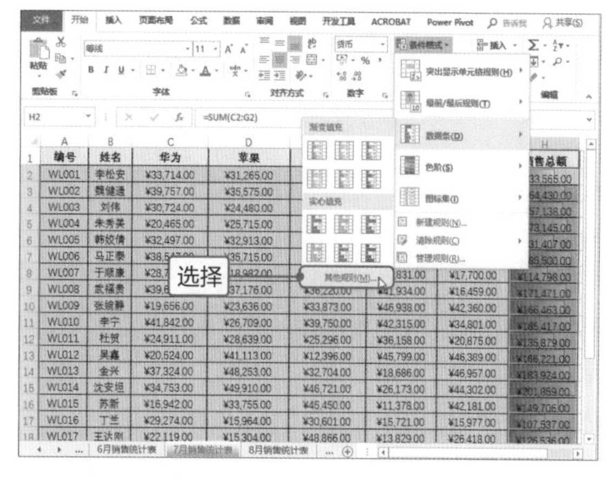

3

打开“新建格式规则”对话框，在“条形图外观”选项区域中设置“渐变填充”，颜色为橙色，边框为红色的实心边框，条形图方向为“从右到左”，单击“确定”按钮。

新建格式规则
选择规则类型(S):
► 基于各自值设置所有单元格的格式
► 只为包含以下内容的单元格设置格式
► 仅对排名靠前或靠后的数值设置格式
► 仅对高于或低于平均值的数值设置格式
► 仅对唯一值或重复值设置格式
► 使用公式确定要设置格式的单元格
编辑规则说明(E):
基于各自值设置所有单元格的格式:
格式样式(O): 数据条 仅显示数据条(B)
最小值 最大值
类型(T): 自动 自动
值(V): (自动) (自动)
条形图外观:
填充(F) 颜色(C) 边框(R) 颜色(L)
渐变填充 实心边框
负值和坐标轴(N)... 条形图方向(D): 从右到左
预览:
确定 取消
设置

4

设置完成后返回工作表中，可见数据条应用了设置的效果。

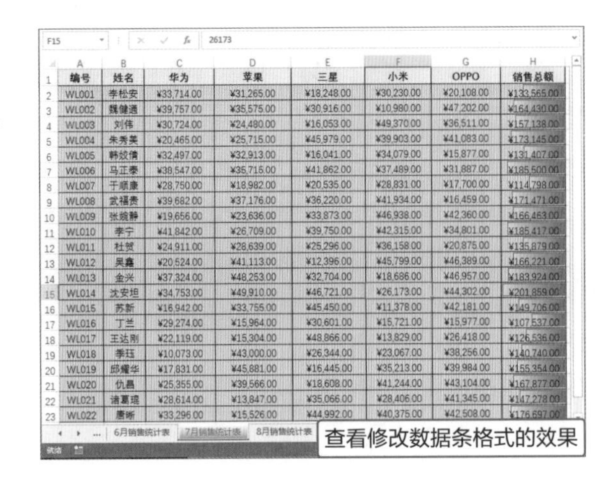

5

选中C2:G23单元格区域，单击“条件格式”下三角按钮，在展开的列表中选择“新建规则”选项。

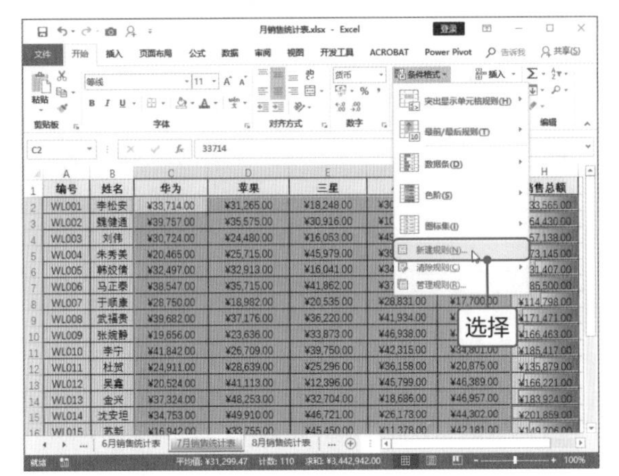

6

打开“新建格式规则”对话框，在“选择规则类型”列表框中选择“使用公式确定要设置格式的单元格”选项，在“为符合此公式的值设置格式”文本框中输入公式“=C2=MAX(C$2:C$23)”，然后单击“格式”按钮。

Tips 公式解析

在“新建格式规则”对话框中输入公式，表示满足该公式时，则为该单元格应用设置的格式。“MAX(C$2:C$23)”表示C2:C23单元格区域中最大的值。

7

打开“设置单元格格式”对话框，在“字体”选项卡中设置颜色为红色，字形为“加粗”。在“边框”选项卡中设置红色的实心外边框。在“填充”选项卡中设置浅绿色填充，单击“确定”按钮。

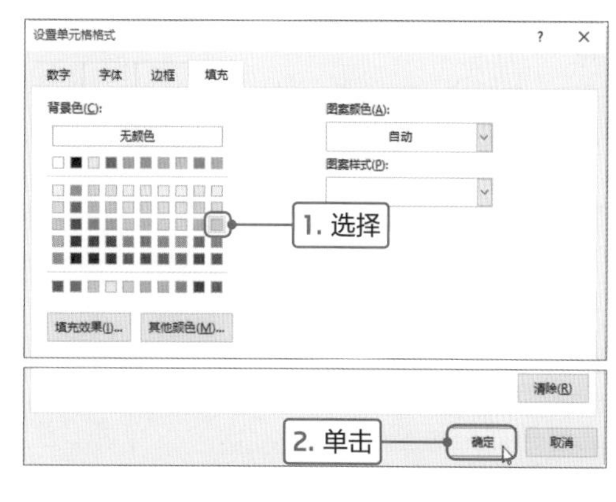

返回工作表中，可见在各品牌的销售额中标记出数值最大的单元格，用户可以很直观地查看对应的信息。

	A	B	C	D	E	F	G	H
1	编号	姓名	华为	苹果	三星	小米	OPPO	销售总额
2	WL001	李松安	¥33,714.00	¥31,265.00	¥18,248.00	¥30,230.00	¥20,108.00	¥133,565.00
3	WL002	魏健通	¥39,757.00	¥35,575.00	¥30,916.00	¥10,980.00	¥47,202.00	¥164,430.00
4	WL003	刘伟	¥30,724.00	¥24,480.00	¥16,053.00	¥49,370.00	¥36,511.00	¥157,138.00
5	WL004	朱秀美	¥20,465.00	¥25,715.00	¥45,979.00	¥39,903.00	¥41,083.00	¥173,145.00
6	WL005	韩妏倩	¥32,497.00	¥32,913.00	¥16,041.00	¥34,079.00	¥15,877.00	¥131,407.00
7	WL006	马正泰	¥38,547.00	¥35,715.00	¥41,862.00	¥37,489.00	¥31,887.00	¥185,500.00
8	WL007	于顺康	¥28,750.00	¥18,982.00	¥20,535.00	¥28,831.00	¥17,700.00	¥114,798.00
9	WL008	武福贵	¥39,682.00	¥37,176.00	¥36,220.00	¥41,934.00	¥16,459.00	¥171,471.00
10	WL009	张婉静	¥19,656.00	¥23,636.00	¥33,873.00	¥46,938.00	¥42,360.00	¥166,463.00
11	WL010	李宁	¥41,842.00	¥26,709.00	¥39,750.00	¥42,315.00	¥34,801.00	¥185,417.00
12	WL011	杜贺	¥24,911.00	¥28,639.00	¥25,296.00	¥36,158.00	¥20,875.00	¥135,879.00
13	WL012	吴鑫	¥20,524.00	¥41,113.00	¥12,396.00	¥45,799.00	¥46,389.00	¥166,221.00
14	WL013	金兴	¥37,324.00	¥48,253.00	¥32,704.00	¥18,686.00	¥46,957.00	¥183,924.00
15	WL014	沈安坦	¥34,753.00	¥49,910.00	¥46,721.00	¥26,173.00	¥44,302.00	¥201,859.00
16	WL015	苏新	¥16,942.00	¥33,755.00	¥45,450.00	¥11,378.00	¥42,181.00	¥149,706.00
17	WL016	丁兰	¥29,274.00	¥15,964.00	¥30,601.00	¥15,721.00	¥15,977.00	¥107,537.00
18	WL017	王达刚	¥22,119.00	¥15,304.00	¥48,866.00	¥13,829.00	¥26,418.00	¥126,536.00
19	WL018	季珏	¥10,073.00	¥43,000.00	¥26,344.00	¥23,067.00	¥38,256.00	¥140,740.00
20	WL019	邱耀华	¥17,831.00	¥45,881.00	¥16,445.00	¥35,213.00	¥39,984.00	¥155,354.00
21	WL020	仇晶	¥25,355.00	¥39,566.00	¥18,608.00	¥41,244.00	¥43,104.00	¥167,877.00
22	WL021	诸葛瑾	¥28,614.00	¥13,847.00	¥35,066.00	¥28,406.00	¥41,345.00	¥147,278.00
23	WL022	唐晰	¥33,296.00	¥15,526.00	[illegible]	[illegible]	[illegible]	[illegible]

6月销售统计表　7月销售统计表　8月销售统计表

查看突出显示最大值的效果

9

按照相同的方法突出显示最小值的单元格，选中C2:C23单元格区域，打开“新建格式规则”对话框，输入“=C2=MIN(C$2:C$23)”公式，并设置满足公式单元格的格式。

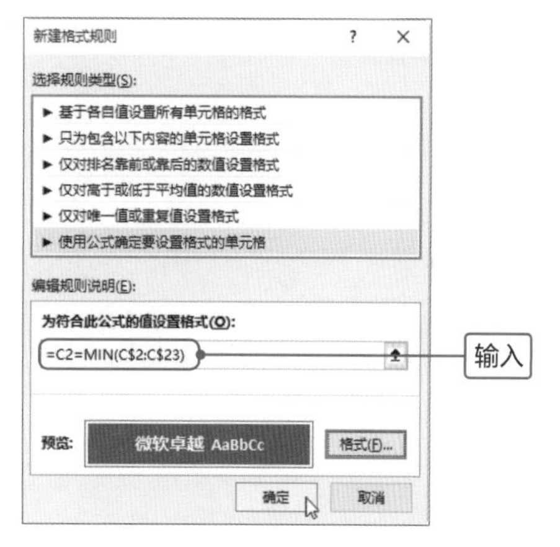

10

单击“确定”按钮，返回工作表中查看突出显示最小值的效果。

	A	B	C	D	E	F	G	H
1	编号	姓名	华为	苹果	三星	小米	OPPO	销售总额
2	WL001	李松安	¥33,714.00	¥31,265.00	¥18,248.00	¥30,230.00	¥20,108.00	¥133,565.00
3	WL002	魏健通	¥39,757.00	¥35,575.00	¥30,916.00	[illegible]	¥47,202.00	¥164,430.00
4	WL003	刘伟	¥30,724.00	¥24,480.00	¥16,053.00	¥49,370.00	¥36,511.00	¥157,138.00
5	WL004	朱秀美	¥20,465.00	¥25,715.00	¥45,979.00	¥39,903.00	¥41,083.00	¥173,145.00
6	WL005	韩妏倩	¥32,497.00	¥32,913.00	¥16,041.00	¥34,079.00	[illegible]	¥131,407.00
7	WL006	马正泰	¥38,547.00	¥35,715.00	¥41,862.00	¥37,489.00	¥31,887.00	¥185,500.00
8	WL007	于顺康	¥28,750.00	¥18,982.00	¥20,535.00	¥28,831.00	¥17,700.00	¥114,798.00
9	WL008	武福贵	¥39,682.00	¥37,176.00	¥36,220.00	¥41,934.00	¥16,459.00	¥171,471.00
10	WL009	张婉静	¥19,656.00	¥23,636.00	¥33,873.00	¥46,938.00	¥42,360.00	¥166,463.00
11	WL010	李宁	¥41,842.00	¥26,709.00	¥39,750.00	¥42,315.00	¥34,801.00	¥185,417.00
12	WL011	杜贺	¥24,911.00	¥28,639.00	¥25,296.00	¥36,158.00	¥20,875.00	¥135,879.00
13	WL012	吴鑫	¥20,524.00	¥41,113.00	[illegible]	¥45,799.00	¥46,389.00	¥166,221.00
14	WL013	金兴	¥37,324.00	¥48,253.00	¥32,704.00	¥18,686.00	¥46,957.00	¥183,924.00
15	WL014	沈安坦	¥34,753.00	¥49,910.00	¥46,721.00	¥26,173.00	¥44,302.00	¥201,859.00
16	WL015	苏新	¥16,942.00	¥33,755.00	¥45,450.00	¥11,378.00	¥42,181.00	¥149,706.00
17	WL016	丁兰	¥29,274.00	¥15,964.00	¥30,601.00	¥15,721.00	¥15,977.00	¥107,537.00
18	WL017	王达刚	¥22,119.00	¥15,304.00	¥48,866.00	¥13,829.00	¥26,418.00	¥126,536.00
19	WL018	季珏	[illegible]	¥43,000.00	¥26,344.00	¥23,067.00	¥38,256.00	¥140,740.00
20	WL019	邱耀华	¥17,831.00	¥45,881.00	¥16,445.00	¥35,213.00	¥39,984.00	¥155,354.00
21	WL020	仇晶	¥25,355.00	¥39,566.00	¥18,608.00	¥41,244.00	¥43,104.00	¥167,877.00
22	WL021	诸葛瑾	¥28,614.00	[illegible]	¥35,066.00	¥28,406.00	¥41,345.00	¥147,278.00
23	WL022	唐晰	¥33,296.00	¥15,526.00	[illegible]	[illegible]	[illegible]	[illegible]

6月销售统计表　7月销售统计表　8月销售统计表

查看突出显示最小值的效果

高效办公

条件格式的应用

本小节介绍了条件格式中数据条的应用，条件格式还包括突出显示单元格规则、最前/最后规则、色阶和图标集。下面详细介绍各种条件格式的应用。

● 突出显示单元格规则

步骤01 打开“月销售统计表.xlsx”工作表，选中C2:C23单元格区域，单击“样式”选项组中“条件格式”下三角按钮，在列表中选择“突出显示单元格规则>大于”选项。

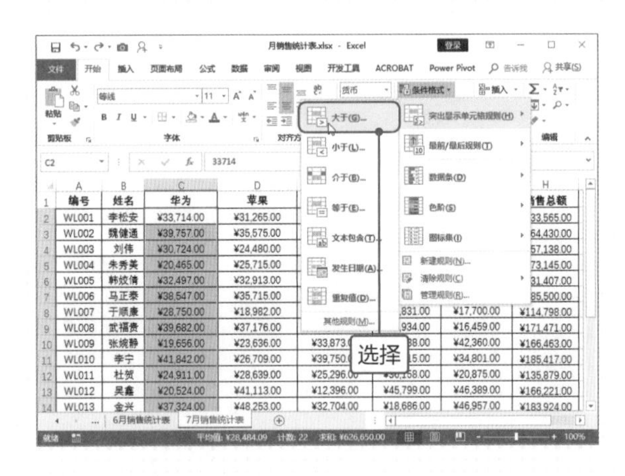

步骤02 打开“大于”对话框，在文本框中输入“=AVERAGE(C2:C23)”公式，表示为大于平均值数值的单元格添加格式。

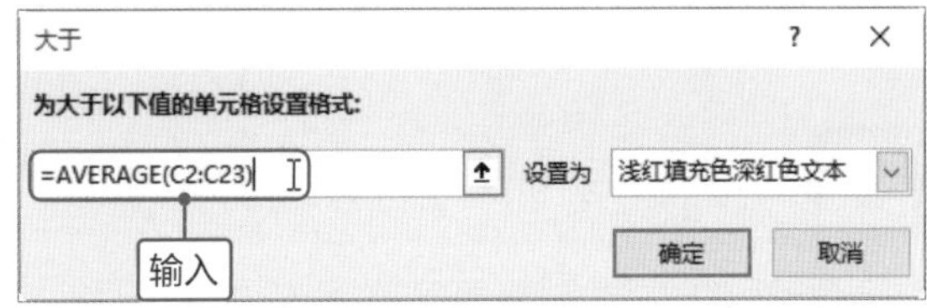

步骤03 单击“设置为”右侧下三角按钮，在列表中选择“自定义格式”选项，打开“设置单元格格式”对话框，在“字体”和“填充”选项卡中设置格式，依次单击“确定”按钮。

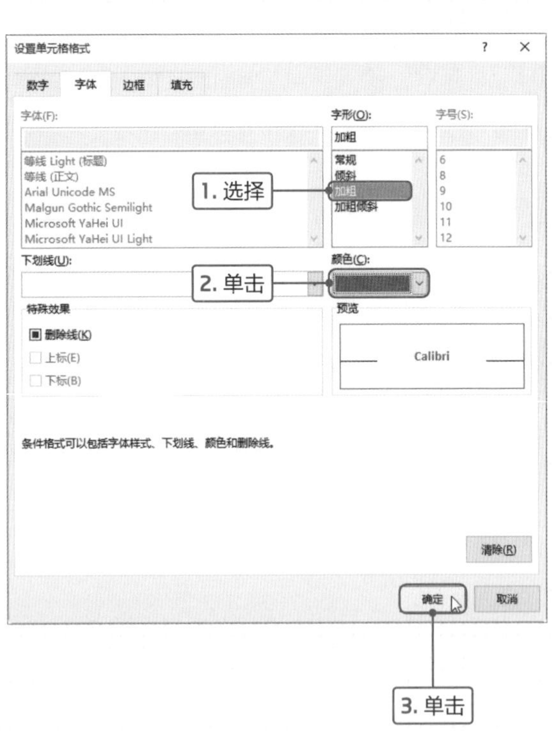

Tips 突出显示单元格规则的条件

在“突出显示单元格规则”列表中包含大于、小于、介于、等于、文本包含、发生日期、重复值选项，可见除了对数值设置格式外，还可以对文本和日期进行设置。

选择相应的列表，在打开的对话框中设置条件的数值时，可以在对应的数值框中输入数值，也可以输入公式或者单击折叠按钮，在工作表中选择数值。

步骤04 返回工作表中，可见选中的单元格区域中所有数值大于平均值的单元格均应用了设置的格式。

	A	B	C	D	E	F	G	H
1	编号	姓名	华为	苹果	三星	小米	OPPO	销售总额
2	WL001	李松安	¥33,714.00	¥31,265.00	¥18,248.00	¥30,230.00	¥20,108.00	¥133,565.00
3	WL002	魏健通	¥39,757.00	¥35,575.00	¥30,916.00	¥10,980.00	¥47,202.00	¥164,430.00
4	WL003	刘伟	¥30,724.00	¥24,480.00	¥16,053.00	¥49,370.00	¥36,511.00	¥157,138.00
5	WL004	朱秀美	¥20,465.00	¥25,715.00	¥45,979.00	¥39,903.00	¥41,083.00	¥173,145.00
6	WL005	韩姣倩	¥32,497.00	¥32,913.00	¥16,041.00	¥34,079.00	¥15,877.00	¥131,407.00
7	WL006	马正泰	¥38,547.00	¥35,715.00	¥41,862.00	¥37,489.00	¥31,887.00	¥185,500.00
8	WL007	于顺康	¥28,750.00	¥18,982.00	¥20,535.00	¥28,831.00	¥17,700.00	¥114,798.00
9	WL008	武福贵	¥39,682.00	¥37,176.00	¥36,220.00	¥41,934.00	¥16,459.00	¥171,471.00
10	WL009	张婉静	¥19,656.00	¥23,636.00	¥33,873.00	¥46,938.00	¥42,360.00	¥166,463.00
11	WL010	李宁	¥41,842.00	¥26,709.00	¥39,750.00	¥42,315.00	¥34,801.00	¥185,417.00
12	WL011	杜贺	¥24,911.00	¥28,639.00	¥25,296.00	¥36,158.00	¥20,875.00	¥135,879.00
13	WL012	吴鑫	¥20,524.00	¥41,113.00	¥12,396.00	¥45,799.00	¥46,389.00	¥166,221.00
14	WL013	金兴	¥37,324.00	¥48,253.00	¥32,704.00	¥18,686.00	¥46,957.00	¥183,924.00
15	WL014	沈安坦	¥34,753.00	¥49,910.00	¥46,721.00	¥26,173.00	¥44,302.00	¥201,859.00
16	WL015	苏新	¥16,942.00	¥33,755.00	¥45,450.00	¥11,378.00	¥42,181.00	¥149,706.00
17	WL016	丁兰	¥29,274.00	¥15,964.00	¥30,601.00	¥15,721.00	¥15,977.00	¥107,537.00
18	WL017	王达刚	¥22,119.00	¥15,304.00	¥48,866.00	¥13,829.00	¥26,418.00	¥126,536.00
19	WL018	季珏	¥10,073.00	¥43,000.00	¥26,344.00	¥23,067.00	¥38,256.00	¥140,740.00
20	WL019	邱耀华	¥17,831.00	¥45,881.00	¥16,445.00	¥35,213.00	¥39,984.00	¥155,354.00
21	WL020	仇昌	¥25,355.00	¥39,566.00	¥18,608.00	¥41,244.00	¥43,104.00	¥167,877.00
22	WL021	诸葛琨	¥28,614.00	¥13,847.00	¥35,066.00	¥28,406.00	¥41,345.00	¥147,278.00
23	WL022	唐晰	¥33,296.00	¥15,526.00	¥44,992.00	¥40,375.00	¥42,508.0	[illegible]

6月销售统计表　7月销售统计表

查看效果

● 最前/最后规则

步骤01 打开“月销售统计表.xlsx”工作表，选中D2:D23单元格区域，单击“样式”选项组中“条件格式”下三角按钮，在列表中选择“最前/最后规则>前10项”选项。

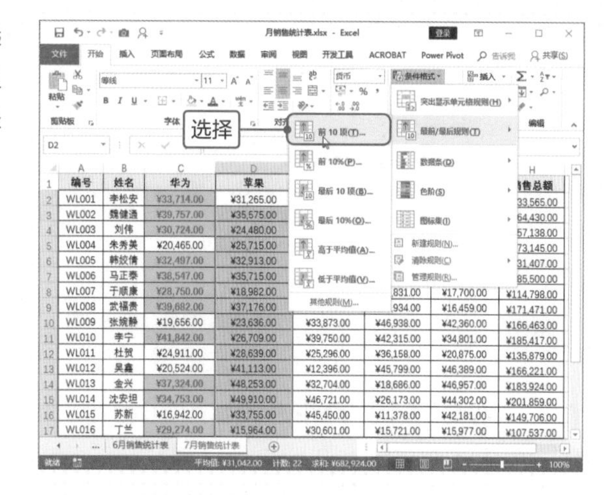

步骤02 打开“前10项”对话框，在“为值最大的那些单元格设置格式”数值框中输入3，在“设置为”列表中选择合适的格式，单击“确定”按钮。

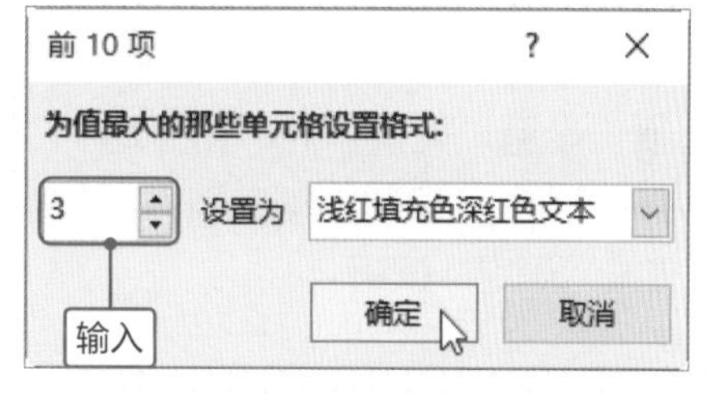

步骤03 返回工作表中，可见在“苹果”手机销售额前3名的数值所在单元格中应用了设置的格式。

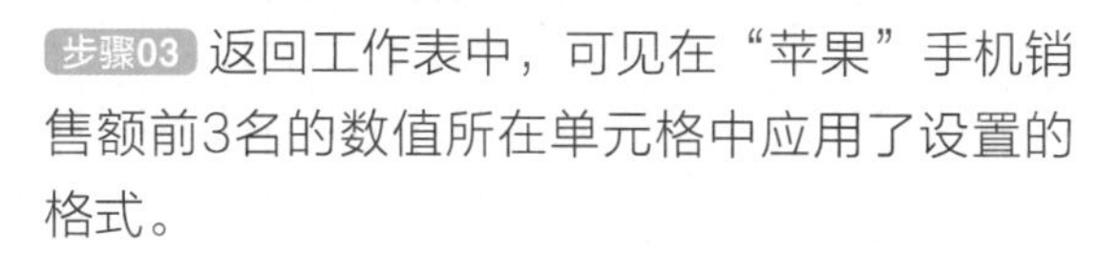

	A	B	C	D	E	F	G	H
1	编号	姓名	华为	苹果	三星	小米	OPPO	销售总额
2	WL001	李松安	¥33,714.00	¥31,265.00	¥18,248.00	¥30,230.00	¥20,108.00	¥133,565.00
3	WL002	魏健通	¥39,757.00	¥35,575.00	¥30,916.00	¥10,980.00	¥47,202.00	¥164,430.00
4	WL003	刘伟	¥30,724.00	¥24,480.00	¥16,053.00	¥49,370.00	¥36,511.00	¥157,138.00
5	WL004	朱秀美	¥20,465.00	¥25,715.00	¥45,979.00	¥39,903.00	¥41,083.00	¥173,145.00
6	WL005	韩姣倩	¥32,497.00	¥32,913.00	¥16,041.00	¥34,079.00	¥15,877.00	¥131,407.00
7	WL006	马正泰	¥38,547.00	¥35,715.00	¥41,862.00	¥37,489.00	¥31,887.00	¥185,500.00
8	WL007	于顺康	¥28,750.00	¥18,982.00	¥20,535.00	¥28,831.00	¥17,700.00	¥114,798.00
9	WL008	武福贵	¥39,682.00	¥37,176.00	¥36,220.00	¥41,934.00	¥16,459.00	¥171,471.00
10	WL009	张婉静	¥19,656.00	¥23,636.00	¥33,873.00	¥46,938.00	¥42,360.00	¥166,463.00
11	WL010	李宁	¥41,842.00	¥26,709.00	¥39,750.00	¥42,315.00	¥34,801.00	¥185,417.00
12	WL011	杜贺	¥24,911.00	¥28,639.00	¥25,296.00	¥36,158.00	¥20,875.00	¥135,879.00
13	WL012	吴鑫	¥20,524.00	¥41,113.00	¥12,396.00	¥45,799.00	¥46,389.00	¥166,221.00
14	WL013	金兴	¥37,324.00	¥48,253.00	¥32,704.00	¥18,686.00	¥46,957.00	¥183,924.00
15	WL014	沈安坦	¥34,753.00	¥49,910.00	¥46,721.00	¥26,173.00	¥44,302.00	¥201,859.00
16	WL015	苏新	¥16,942.00	¥33,755.00	¥45,450.00	¥11,378.00	¥42,181.00	¥149,706.00
17	WL016	丁兰	¥29,274.00	¥15,964.00	¥30,601.00	¥15,721.00	¥15,977.00	¥107,537.00
18	WL017	王达刚	¥22,119.00	¥15,304.00	¥48,866.00	¥13,829.00	¥26,418.00	¥126,536.00
19	WL018	季珏	¥10,073.00	¥43,000.00	¥26,344.00	¥23,067.00	¥38,256.00	¥140,740.00
20	WL019	邱耀华	¥17,831.00	¥45,881.00	¥16,445.00	¥35,213.00	¥39,984.00	¥155,354.00
21	WL020	仇昌	¥25,355.00	¥39,566.00	¥18,608.00	¥41,244.00	¥43,104.00	¥167,877.00
22	WL021	诸葛琨	¥28,614.00	¥13,847.00	¥35,066.00	¥28,406.00	¥41,345.00	¥147,278.0
23	WL022	唐晰	¥33,296.00	¥15,526.00	¥44,992.00	¥40,375.00	¥42,508.00	¥176

7月销售统计表

查看效果

●色阶

步骤01 打开“月销售统计表.xlsx”工作表，选中E2:E23单元格区域，单击“样式”选项组中“条件格式”下三角按钮，在列表中选择“色阶>红-白-绿色阶”选项。

步骤02 返回工作表中查看应用色阶后的效果，将数值分为三等份，数值最高的为红色，其次是白色，最低为绿色，在相同等级数值区域颜色深的表示该数值比较大。

编号	姓名	华为	苹果	三星	小米	OPPO	销售总额
WL001	李松安	¥33,714.00	¥31,265.00	¥18,248.00	¥30,230.00	¥20,108.00	¥133,565.00
WL002	魏健通	¥39,757.00	¥35,575.00	¥30,916.00	¥10,980.00	¥47,202.00	¥164,430.00
WL003	刘伟	¥30,724.00	¥24,480.00	¥16,053.00	¥49,370.00	¥36,511.00	¥157,138.00
WL004	朱秀美	¥20,465.00	¥25,715.00	¥45,979.00	¥39,903.00	¥41,083.00	¥173,145.00
WL005	韩姣倩	¥32,497.00	¥32,913.00	¥16,041.00	¥34,079.00	¥15,877.00	¥131,407.00
WL006	马正泰	¥38,547.00	¥35,715.00	¥41,862.00	¥37,489.00	¥31,887.00	¥185,500.00
WL007	于顺康	¥28,750.00	¥18,982.00	¥20,535.00	¥28,831.00	¥17,700.00	¥114,798.00
WL008	武福贵	¥39,682.00	¥37,176.00	¥36,220.00	¥41,934.00	¥16,459.00	¥171,471.00
WL009	张婉静	¥19,656.00	¥23,636.00	¥33,873.00	¥46,938.00	¥42,360.00	¥166,463.00
WL010	李宁	¥41,842.00	¥26,709.00	¥39,750.00	¥42,315.00	¥34,801.00	¥185,417.00
WL011	杜贺	¥24,911.00	¥28,639.00	¥25,296.00	¥36,158.00	¥20,875.00	¥135,879.00
WL012	吴鑫	¥20,524.00	¥41,113.00	¥12,396.00	¥45,799.00	¥46,389.00	¥166,221.00
WL013	金兴	¥37,324.00	¥48,253.00	¥32,704.00	¥18,686.00	¥46,957.00	¥183,924.00
WL014	沈安坦	¥34,753.00	¥49,910.00	¥46,721.00	¥26,173.00	¥44,302.00	¥201,859.00
WL015	苏新	¥16,942.00	¥33,755.00	¥45,450.00	¥11,378.00	¥42,181.00	¥149,706.00
WL016	丁兰	¥29,274.00	¥15,964.00	¥30,601.00	¥15,721.00	¥15,977.00	¥107,537.00
WL017	王达刚	¥22,119.00	¥15,304.00	¥48,866.00	¥13,829.00	¥26,418.00	¥126,536.00
WL018	季珏	¥10,073.00	¥43,000.00	¥26,344.00	¥23,067.00	¥38,256.00	¥140,740.00
WL019	邱耀华	¥17,831.00	¥45,881.00	¥16,445.00	¥35,213.00	¥39,984.00	¥155,354.00
WL020	仇昌	¥25,355.00	¥39,566.00	¥18,608.00	¥41,244.00	¥43,104.00	¥167,877.00
WL021	诸葛瑶	¥28,614.00	¥13,847.00	[illegible]	[illegible]	[illegible]	[illegible]
WL022	唐晰	¥33,296.00	¥15,526.00	[illegible]	[illegible]	[illegible]	[illegible]

步骤03 选中E2:E23单元格区域，单击“条件格式”下三角按钮，在列表中选择“色阶>其他规则”选项。打开“新建格式规则”对话框，单击“格式样式”下三角按钮，选择“双色刻度”选项，设置“类型”为“百分比”，“最小值”为60，“最大值”为100，根据需要设置颜色，单击“确定”按钮。

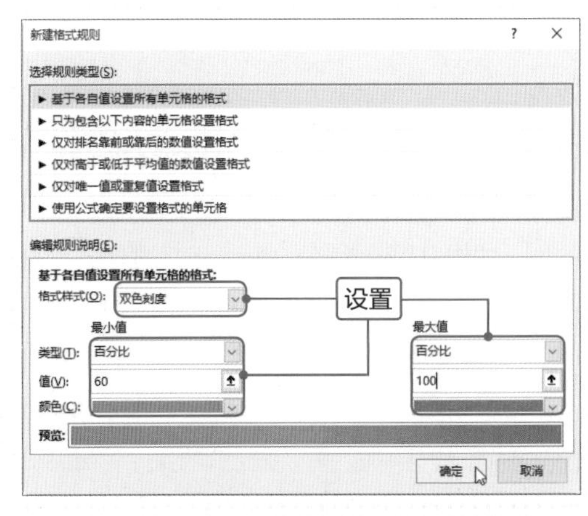

步骤04 返回工作表中，其中绿色表示销售额在最大的40%区域，红色表示在60%区域。

● 图标集

步骤01 打开“月销售统计表.xlsx”工作表，选中F2:F23单元格区域，单击“样式”选项组中“条件格式”下三角按钮，在列表中选择“图标集>四向箭头（彩色）”选项。

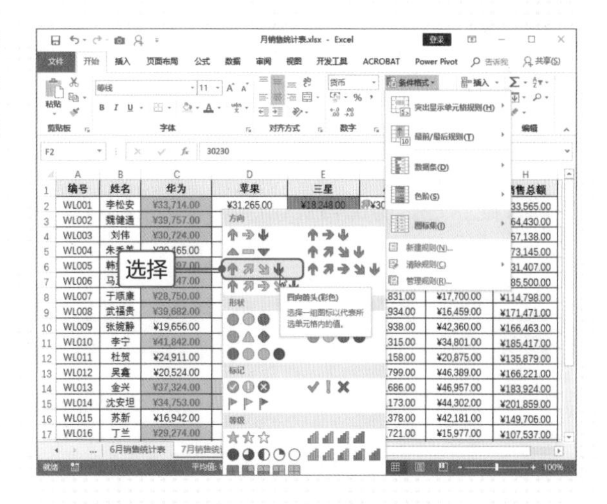

步骤02 返回工作表中查看应用图标集后的效果，将数值分为四等份，数值最高的用向上箭头表示，其次是向右上角箭头，然后是向右下角箭头，最低的为向下箭头。

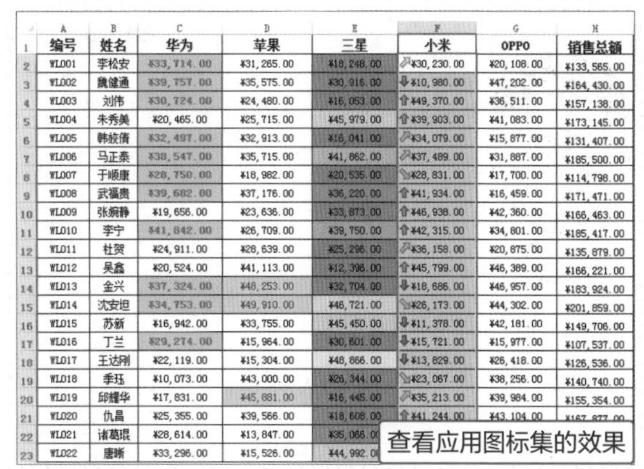

编号	姓名	华为	苹果	三星	小米	OPPO	销售总额
WL001	李松安	¥33,714.00	¥31,265.00	¥18,248.00	¥30,230.00	¥20,108.00	¥133,565.00
WL002	魏健通	¥39,757.00	¥35,575.00	¥30,916.00	¥10,980.00	¥47,202.00	¥164,430.00
WL003	刘伟	¥30,724.00	¥24,480.00	¥16,053.00	¥49,370.00	¥36,511.00	¥157,138.00
WL004	朱秀美	¥20,465.00	¥25,715.00	¥45,979.00	¥39,903.00	¥41,083.00	¥173,145.00
WL005	韩筱倩	¥32,497.00	¥32,913.00	¥16,041.00	¥34,079.00	¥15,877.00	¥131,407.00
WL006	马正泰	¥38,547.00	¥35,715.00	¥41,862.00	¥37,489.00	¥31,887.00	¥185,500.00
WL007	于顺康	¥28,750.00	¥18,982.00	¥20,535.00	¥28,831.00	¥17,700.00	¥114,798.00
WL008	武福贵	¥39,682.00	¥37,176.00	¥36,220.00	¥41,934.00	¥16,459.00	¥171,471.00
WL009	张婉静	¥19,656.00	¥23,636.00	¥33,873.00	¥46,938.00	¥42,360.00	¥166,463.00
WL010	李宁	¥41,842.00	¥26,709.00	¥39,750.00	¥42,315.00	¥34,801.00	¥185,417.00
WL011	杜贺	¥24,911.00	¥28,639.00	¥25,296.00	¥36,158.00	¥20,875.00	¥135,879.00
WL012	吴鑫	¥20,524.00	¥41,113.00	¥12,398.00	¥45,799.00	¥46,389.00	¥166,221.00
WL013	金兴	¥37,324.00	¥48,253.00	¥32,704.00	¥18,686.00	¥46,957.00	¥183,924.00
WL014	沈安坦	¥34,753.00	¥49,910.00	¥46,721.00	¥26,173.00	¥44,302.00	¥201,859.00
WL015	苏新	¥16,942.00	¥33,755.00	¥45,450.00	¥11,378.00	¥42,181.00	¥149,706.00
WL016	丁兰	¥29,274.00	¥15,964.00	¥30,601.00	¥15,721.00	¥15,977.00	¥107,537.00
WL017	王达刚	¥22,119.00	¥15,304.00	¥48,866.00	¥13,829.00	¥26,418.00	¥126,536.00
WL018	季珏	¥10,073.00	¥43,000.00	¥26,344.00	¥23,067.00	¥38,256.00	¥140,740.00
WL019	邱耀华	¥17,831.00	¥45,881.00	¥16,445.00	¥35,213.00	¥39,984.00	¥155,354.00
WL020	仇昌	¥25,355.00	¥39,566.00	¥18,608.00	¥41,244.00	¥43,104.00	¥167,877.00
WL021	诸葛琨	¥28,614.00	¥13,847.00	¥35,066.0			
WL022	唐晰	¥33,296.00	¥15,526.00	¥44,992.0			

查看应用图标集的效果

Tips 设置图标集各等级的范围

在使用图标集对数值进行分等级时，默认是等比例的，也可以根据需要对其进行设置。选择单元格区域，单击“条件格式”下三角按钮，在列表中选择“图标集>其他规则”选项，打开“新建格式规则”对话框，选择图标样式，在“根据以下规则显示各个图标”区域设置范围。

也可以在“类型”列表中选择设置范围的依据，如数字、百分比、公式和百分点值。

新建格式规则 ? ×

选择规则类型(S):

- ► 基于各自值设置所有单元格的格式
- ► 只为包含以下内容的单元格设置格式
- ► 仅对排名靠前或靠后的数值设置格式
- ► 仅对高于或低于平均值的数值设置格式
- ► 仅对唯一值或重复值设置格式
- ► 使用公式确定要设置格式的单元格

编辑规则说明(E):

基于各自值设置所有单元格的格式:

格式样式(O): 图标集　反转图标次序(D)

图标样式(C): 　☐ 仅显示图标(I)

根据以下规则显示各个图标:

图标(N)			值(V)	类型(T)
✔	当值是	>=	70	百分比
!	当 < 70 且	>=	45	百分比
✖	当 < 45			

确定　取消

Excel表格制作篇

制作采购订单跟踪表

随着企业的发展，业务不断扩大，需要采购的材料也越来越多，为了能够更有效地管理采购订单并能及时跟进，历历哥安排小蔡制作采购订单跟踪表，要求表格条理清楚，能够突出重点。

NG!

失败案例

8月采购订单跟踪表

序号	订单编号	下单日期	商品编号	商品数量	采购单价	采购金额	企业名称	联系人	联系方式	交货日期
1	Wl-cgh001	2018/8/2	HM025gl	100	38	3800	北京旭旺志	姚志联	14762264866	2018/8/22
2	Wl-cgh002	2018/8/3	HM026gl	145	62	8990	河北真诚	李朗	15106512575	2018/9/2
3	Wl-cgh003	2018/8/4	HM027gl	123	120	14760	天津瑞博易	张婉君	15604453756	2018/10/3
4	Wl-cgh004	2018/8/5	HM028gl	144	163	23472	北京旭旺志	姚志联	15753468361	2018/8/20
5	Wl-cgh005	2018/8/12	HM029gl	71	137	9727	山东鲁能量	王来	18747417783	2018/9/1
6	Wl-cgh006	2018/8/7	HM030gl	71	77	5467	河北真诚	李朗	17063157954	2018/9/21
7	Wl-cgh007	2018/8/8	HM031gl	103	163	16789	天津瑞博易	张婉君	18090338386	2018/9/7
8	Wl-cgh008	2018/8/9	HM032gl	137	141	19317	山东鲁能量	王来	16389378636	2018/9/18
9	Wl-cgh009	2018/8/10	HM033gl	57	153	8721	北京旭旺志	姚志联	14845298181	2018/11/8
10	Wl-cgh010	2018/8/9	HM034gl	105	100	10500	北京东方雨	丁玲	18061621066	2018/10/28
11	Wl-cgh011	2018/8/12	HM035gl	123	124	15252	山东鲁能量	王来	17525557698	2018/10/11
12	Wl-cgh012	2018/8/13	HM036gl	120	164	19680	北京旭旺志	姚志联	17267798213	2018/10/1
13	Wl-cgh013	2018/8/14	HM037gl	64	114	7296	北京东方雨	丁玲	16609141027	2018/9/19
14	Wl-cgh014	2018/8/15	HM038gl	103	134	13802	天津瑞博易	张婉君	15242085513	2018/9/4
15	Wl-cgh015	2018/8/16	HM039gl	90	144	12960	山东鲁能量	王来	16690596968	2018/9/15
16	Wl-cgh016	2018/8/17	HM040gl	75	191	14325	北京旭旺志	姚志联	14819724972	2018/10/26
17	Wl-cgh017	2018/8/18	HM041gl	122	95	11590	北京东方雨	丁玲	15280971139	2018/8/28
18	Wl-cgh018	2018/8/19	HM042gl	147	138	20286	河北真诚	李朗	17907939632	2018/9/27
19	Wl-cgh019	2018/8/20	HM043gl	55	55	3025	北京东方雨	丁玲	16817035615	2018/9/4
20	Wl-cgh020	2018/8/21	HM044gl	109	89	9701	北京旭旺志	姚志联	14057103069	2018/9/10
21	Wl-cgh021	2018/8/22	HM045gl	103	86	8858	天津瑞博易	张婉君	16238256550	2018/9/16

! 日期顺序比较乱

! 为表格填充浅橙色底纹

! 没有突出特定的日期

小蔡制作的表格，整体看上去进步很多，数据详细而且美观。首先为表格填充浅橙色，增加表格欣赏度；在输入“下单日期”时，没有按顺序录入，不利于管理表格；在“交货日期”列没有突出显示最近的交货日期，不能及时提醒员工订单的进展。

MISSION! 4

采购材料是企业重要的一项事务，对负责采购的员工来说，不仅要具有良好的沟通能力，还要保证订单的条理性，哪些订单需要及时跟进，哪些订单需要加急等。一份完美的采购订单跟踪表可以帮助员工解决很多问题。

成功案例

8月采购订单跟踪表

序号	订单编号	下单日期	商品编号	商品数量	采购单价	采购金额	企业名称	联系人	联系方式	交货日期
1	Wl-cgh001	2018/8/2	HM025gl	100	38	3800	北京旭旺志	姚志联	14762264866	2018/8/22
2	Wl-cgh002	2018/8/3	HM026gl	145	62	8990	河北真诚	李朗	15106512575	2018/9/2
3	Wl-cgh003	2018/8/4	HM027gl	123	120	14760	天津瑞博易	张婉睿	15604453756	2018/10/3
4	Wl-cgh004	2018/8/5	HM028gl	144	163	23472	北京旭旺志	姚志联	15753468361	2018/8/20
5	Wl-cgh005	2018[illegible]	[illegible]	71	137	9727	山东鲁能量	王来	18747417783	2018/8/26
6	Wl-cgh006	2018[illegible]	[illegible]	71	77	5467	河北真诚	李朗	17063157954	2018/9/21
7	Wl-cgh007	2018[illegible]	[illegible]	03	163	16789	天津瑞博易	张婉睿	18090338386	2018/9/7
8	Wl-cgh008	2018[illegible]	[illegible]	37	141	19317	山东鲁能量	王来	16389378636	2018/9/18
9	Wl-cgh009	2018/8/10	HM033gl	57	153	8721	北京旭旺志	姚志联	14845298181	2018/11/8
10	Wl-cgh010	2018/8/11	HM034gl	105	100	10500	北京东方雨	丁玲	18061621066	2018/10/30
11	Wl-cgh011	2018/8/12	HM035gl	123	124	15252	山东鲁能量	王来	17525557698	2018/10/11
12	Wl-cgh012	2018/8/13	HM036gl	120	164	19680	北京旭旺志	姚志联	17267798213	2018/10/1
13	Wl-cgh013	2018/8/14	HM037gl	64	114	7296	北京东方雨	丁玲	16609141027	2018/9/19
14	Wl-cgh014	2018/8/15	HM038gl	103	134	13802	天津瑞博易	张婉睿	15242085513	2018/9/4
15	Wl-cgh015	2018/8/16	HM039gl	90	144	12960	山东鲁能量	王来	16690596968	2018/9/15
16	Wl-cgh016	2018/8/17	HM040gl	75	191	14325	北京旭旺志	姚志联	14819724972	2018/10/26
17	Wl-cgh017	2018/8/18	HM041gl	122	95	11590	北京东方雨	丁玲	15280971139	2018/8/28
18	Wl-cgh018	2018/8/19	HM042gl	147	138	20286	河北真诚	李朗	17907939632	2018/9/27
19	Wl-cgh019	2018/8/20	HM043gl	55	55	3025	北京东方雨	丁玲	16817035615	2018/9/4
20	Wl-cgh020	2018/8/21	HM044gl	109	89	9701	北京旭旺志	姚志联	14057103069	2018/9/10
21	Wl-cgh021	2018/8/22	HM045gl	103	86	8858	天津瑞博易	张婉睿	16238256550	2018/9/16

请按顺序输入日期！
日期输入有误！请按顺序输入真实的日期！

使用条件格式突出日期

为表格填充背景图片

使用数据验证使日期按顺序输入

通过以上几处修改，表格不但美观而且更清晰明了。为表格填充图片，使表格活泼生动；在“下单日期”列使用“数据验证”功能限制日期按顺序输入，具有时间条理性；为“交货日期”突出显示最近交货的日期，让员工能够清楚看到订单情况。

Point 1 对日期进行设置

在采购订单跟踪表中一般包含两个日期，分别为下单日期和交货日期，除了需要设置日期格式外，还需要对下单日期进行限制，使其按照顺序输入。下面介绍具体操作方法。

1

打开“采购订单跟踪表.xlsx”工作簿，按住Ctrl键选中C3:C23和K3:K23单元格区域，然后单击“数字”选项组的对话框启动器按钮。

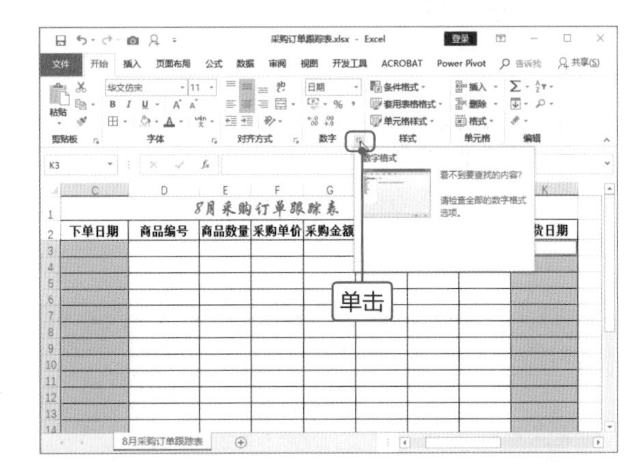

2

打开“设置单元格格式”对话框，切换至“数字”选项卡，在“分类”列表框中选择“日期”选项，在右侧“类型”列表中选择日期格式，单击“确定”按钮。

3

然后选中C3:C23单元格区域，单击“数据验证”按钮，打开“数据验证”对话框，在“设置”选项卡中设置“允许”为“日期”，“数据”为“大于或等于”，在“开始日期”文本框中输入“=MAX($C$3:$C3)”公式。

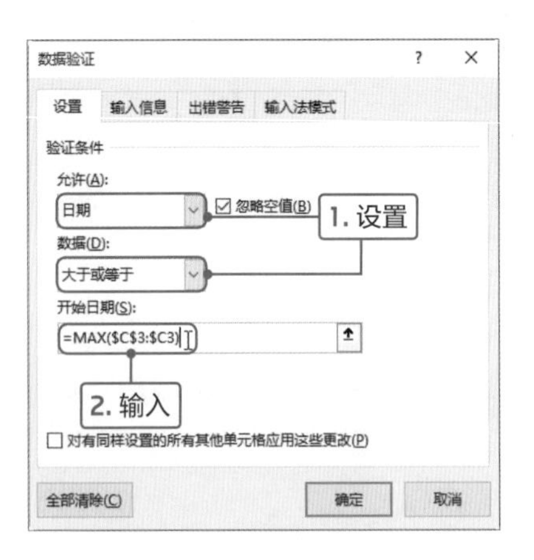

4

切换至“输入信息”选项卡，在“标题”和“输入信息”文本框中输入相关信息，然后单击“确定”按钮。

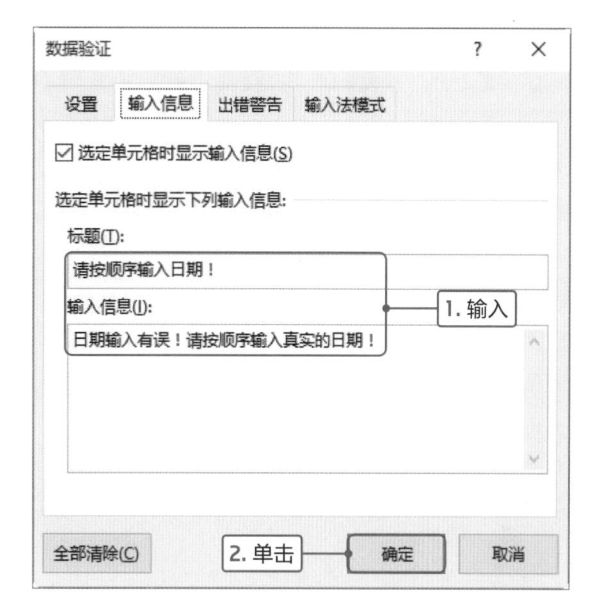

5

返回工作表中，在下单日期列输入日期，如果输入的日期没有按要求的顺序，则弹出提示对话框，显示此值与此单元格定义的数据验证限制不匹配，单击“取消”按钮重新输入正确的日期。

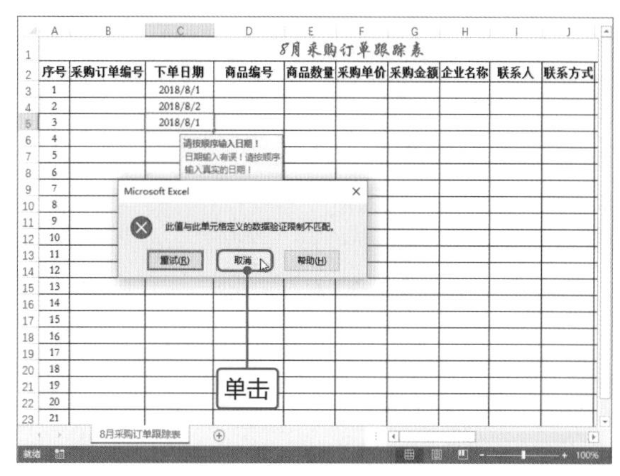

Tips 设置输入日期范围

首先选中C3:C23单元格区域，打开“数据验证”对话框，切换至“设置”选项卡，设置“允许”为“日期”，“数据”为“介于”，在“开始日期”文本框中输入“2018/8/1”，在“结束日期”文本框中输入“2018/8/31”，单击“确定”按钮，即可设置在该单元格区域中只能输入从2018/8/1到2018/8/31之间的日期。

Point 2 输入数据并设置

表格的结构制作完成后，根据实际的订单情况输入数据，本节主要介绍如何避免输入相同的订单编号，下面介绍具体操作方法。

1

打开“采购订单跟踪表.xlsx”工作簿，在表格中根据实际信息输入相应的采购信息。

2

选中B3:B23单元格区域，打开“数据验证”对话框，切换至“设置”选项卡，设置“允许”为“自定义”，在“公式”文本框中输入“=COUNTIF($B$3:$B$23,$B3)=1”，单击“确定”按钮。

3

输入订单的编号，如果输入的编号与之前重复，则弹出提示对话框，单击“取消”按钮。

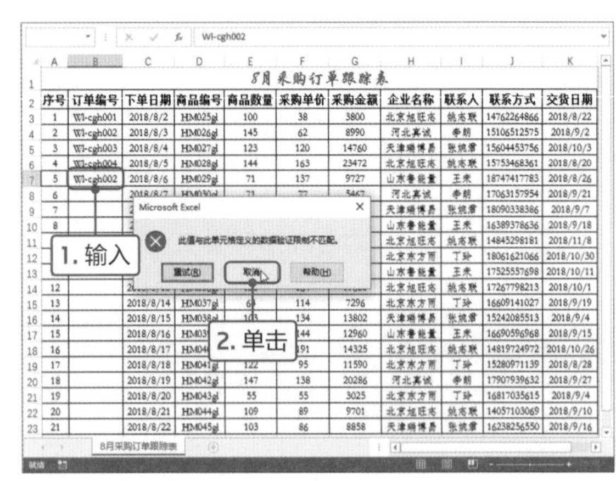

Tips 公式解析

本案例中的公式“=COUNTIF($B$3:$B$23,$B3)=1”表示查看B3:B23单元格区域中和B3单元格数值相同的数量。

Point 3 为表格区域添加背景图片

为了表格的美观，用户可以为其添加背景图片。在Excel中添加背景图片默认是填充整个表格，如何只为表格区域添加背景图片呢？下面介绍具体操作方法。

1

打开“采购订单跟踪表.xlsx”工作簿，切换至“页面布局”选项卡，单击“页面设置”选项组中的“背景”按钮。

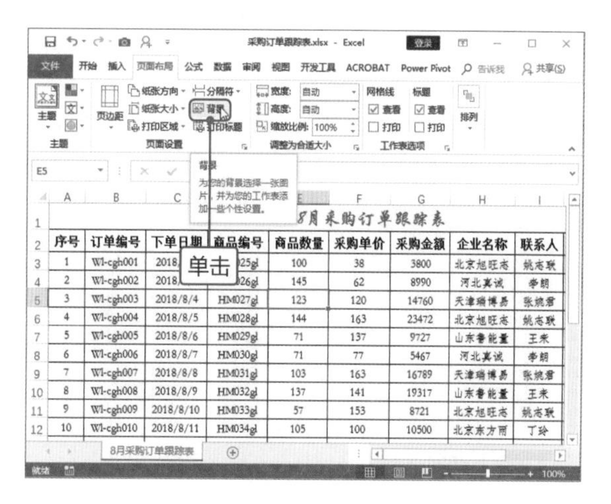

2

打开“插入图片”面板，单击“从文件”右侧的“浏览”按钮。

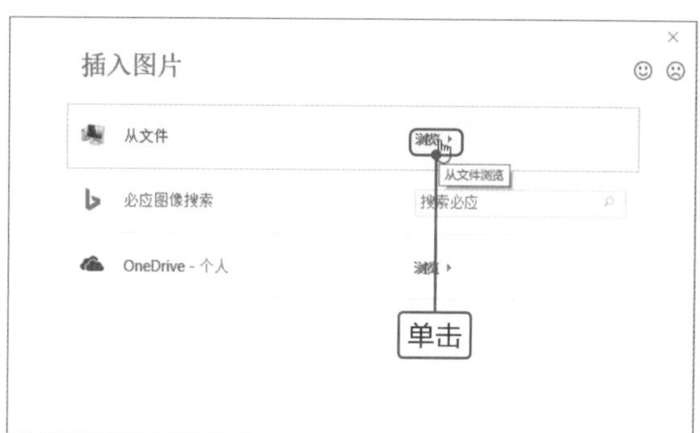

Tips 搜索联机图片

也可以联机搜索图片，在“搜索必应”文本框中输入关键字，然后单击“搜索”按钮，即可联机搜索图片。

3

打开“工作表背景”对话框，选择合适的图片，单击“插入”按钮。

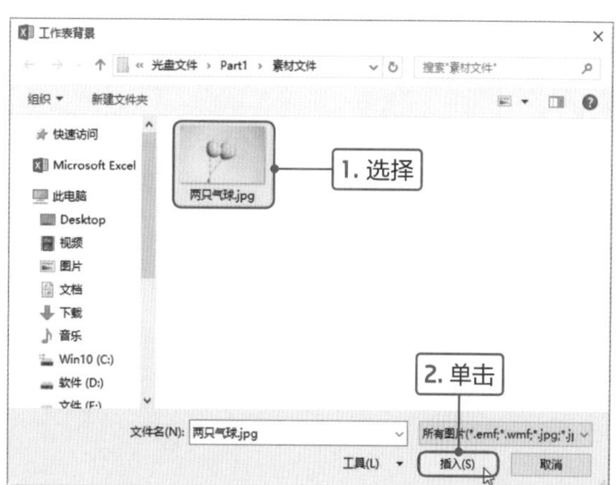

4

返回工作表中，可见工作表中所有区域均填充图片。

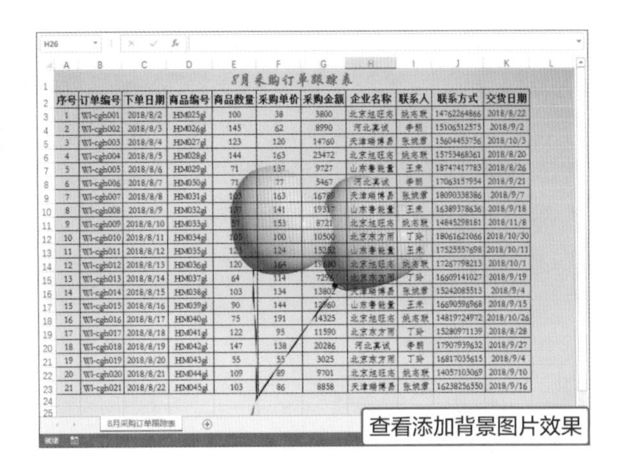

5

单击工作表左上角的倒三角形按钮，全选工作表区域，然后切换至“开始”选项卡，单击“字体”选项组中的“填充颜色”下三角按钮，在列表中选择白色。

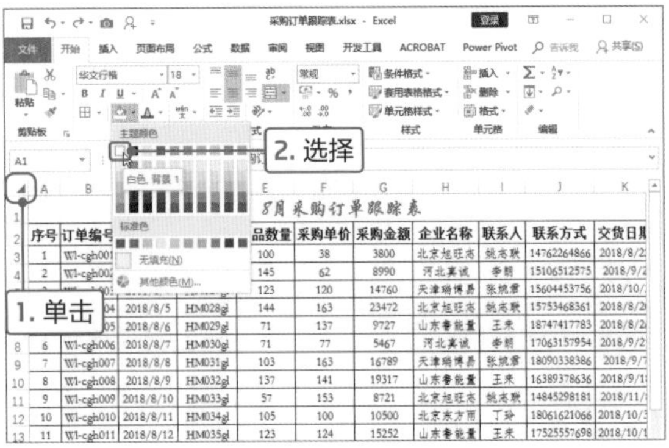

6

选中A3:K23单元格区域，再次单击“填充颜色”下三角按钮，在列表中选择“无填充”选项，即可在选中区域填充图片。

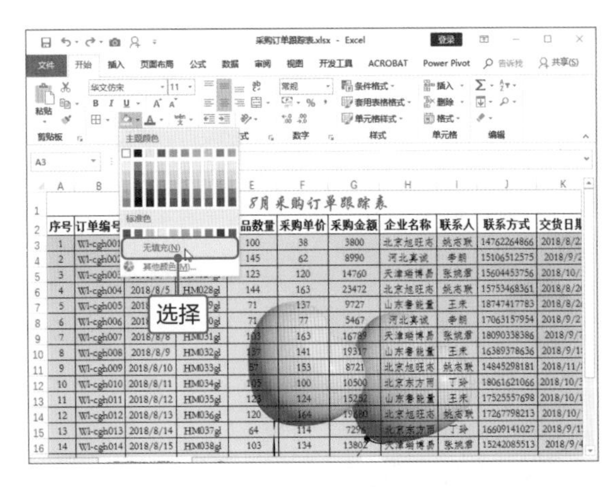

7

然后选中A2:K2单元格区域，再次单击“填充颜色”下三角按钮，在列表中选择合适的填充颜色。为了更好地展示表格信息，在表格的第一行和第一列分别插入空白行和列。

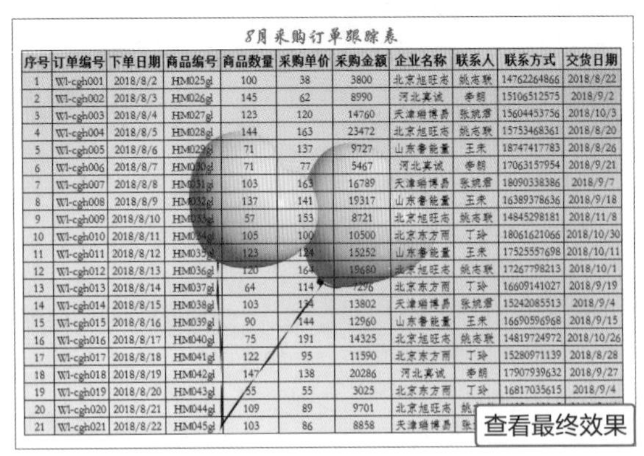

Point 4 设置条件格式

在表格中为了让某些数据能够突出显示，便于用户快速查看，可以为数据设置条件格式。本案例介绍突出显示最近的三个日期，具体操作方法介绍如下。

1

打开“采购订单跟踪表.xlsx”工作簿，选择K3:K23单元格区域，切换至“开始”选项卡，单击“样式”选项组中“条件格式”下三角按钮，在列表中选择“最前/最后规则>最后10项”选项。

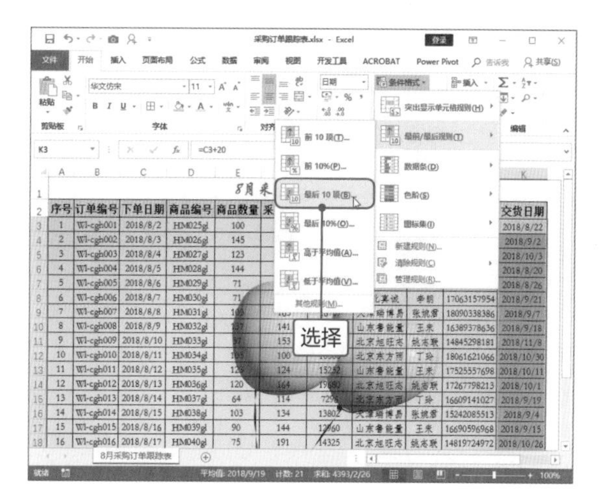

2

打开“最后10项”对话框，在“为值最小的那些单元格设置格式”数值框中输入3，保持“设置为”为默认状态，单击“确定”按钮。

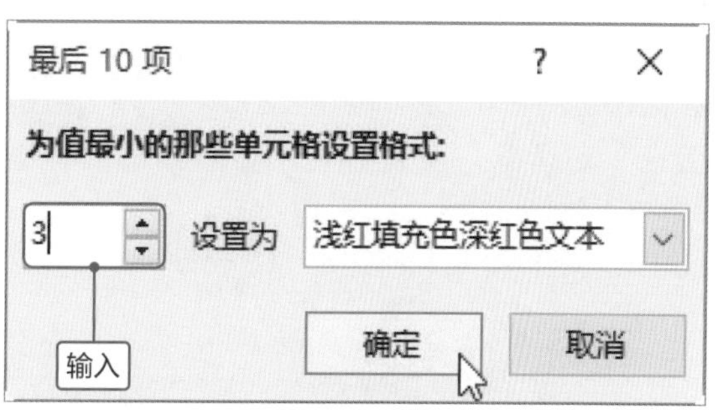

3

返回工作表中，查看设置条件格式的效果，突出显示最近的三个日期。

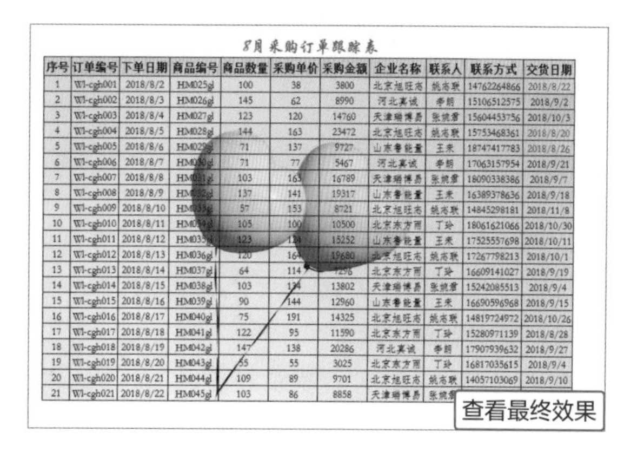

Tips 自动显示最近三个日期

在采购订单跟踪表中，订单会不断增加，那么如何自动更新最近的三个日期呢？其操作方法和本案例类似，只是在选择单元格区域时尽量多选择，当在设置条件格式的单元格区域输入日期时，会自动显示最近三个日期。

高效办公

数据验证的应用

本节介绍了使用“数据验证”功能限制输入日期和确保订单编号的唯一性，接下来再介绍一些数据验证的应用，如圈释无效数据、限制输入空格等。下面详细介绍“数据验证”的应用。

● 圈释无效数据

步骤01 打开“采购订单跟踪表.xlsx”工作表，选中F3:F24单元格区域，单击“数据”选项卡中“数据验证”按钮，打开“数据验证”对话框，设置“允许”为“整数”，“数据”为“小于”，在“最大值”数值框中输入130，单击“确定”按钮。

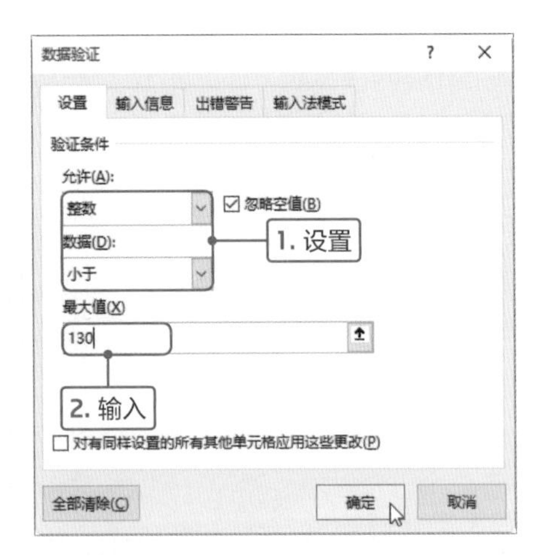

步骤02 选中G4:G24单元格区域，打开“数据验证”对话框，设置整数大于60，然后单击“确定”按钮。

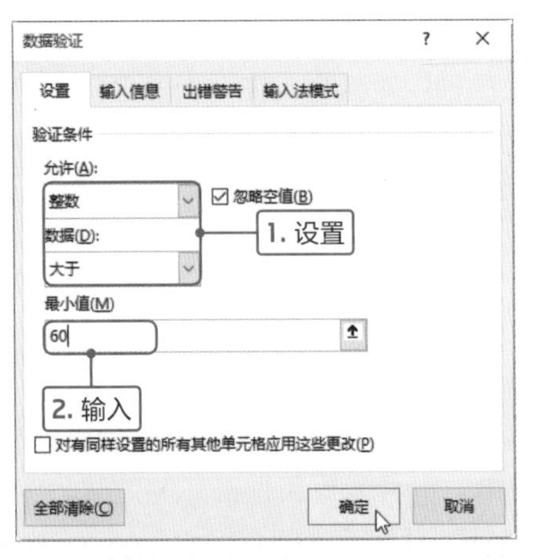

步骤03 单击“数据验证”下三角按钮，在列表中选择“圈释无效数据”选项，在工作表中会圈释设置数据验证之外的数据，用红色的椭圆表示。当用户对工作表进行保存，圈释的标志会自动消失。

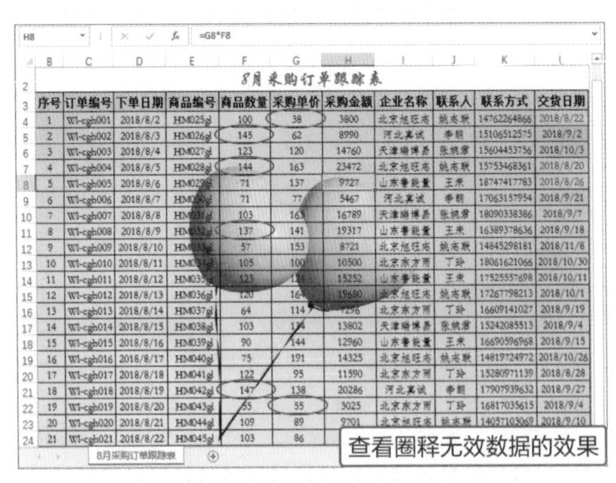

● 限制在姓名中输入空格

步骤01 打开“采购订单跟踪表.xlsx”工作表，选中I3:I23单元格区域，单击“数据”选项卡中“数据验证”按钮，打开“数据验证”对话框，设置“允许”为“自定义”，在“公式”文本框中输入“=LEN(I3)=LEN(SUBSTITUTE(I3," ",))”公式。

步骤02 切换至“出错警告”选项卡，设置“样式”为“停止”，并分别在“标题”和“错误信息”文本框中输入相关文本，最后单击“确定”按钮。

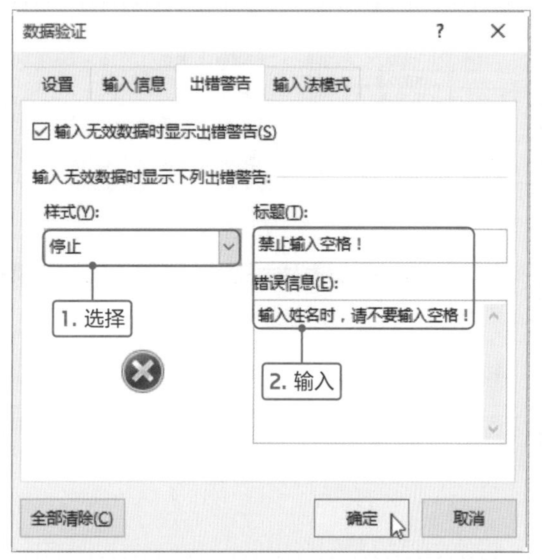

步骤03 然后在该列输入员工姓名，当在姓名中添加空格后，按Enter键确认，则弹出提示对话框，单击“取消”按钮，重新输入即可。

公式解析

本案例中的公式为“=LEN(I3)=LEN(SUBSTITUTE(I3," ",))”，其中LEN(I3)表示计算I3单元格中字符的数量，LEN(SUBSTITUTE(I3," ",))表示将I3单元格中去除空格后的字符数量，如果二者数值相等表示没空格，若二者数值不等，表示I3单元格内有空格。

菜鸟加油站

数据的输入

●插入特殊符号

在Excel中除了输入常规的数据外，有时还需要输入特殊符号。下面介绍插入特殊符号的具体操作方法。

步骤01 打开“产品价格表.xlsx”工作簿，将光标定位在需要输入特殊符号的位置，切换至“插入”选项卡，在“符号”选项组中单击“符号”按钮，如下左图所示。

步骤02 打开“符号”对话框，在“符号”选项卡中设置“字体”为“Microsoft YaHei UI Light”，然后选择五角星，单击“插入”按钮，如下右图所示。

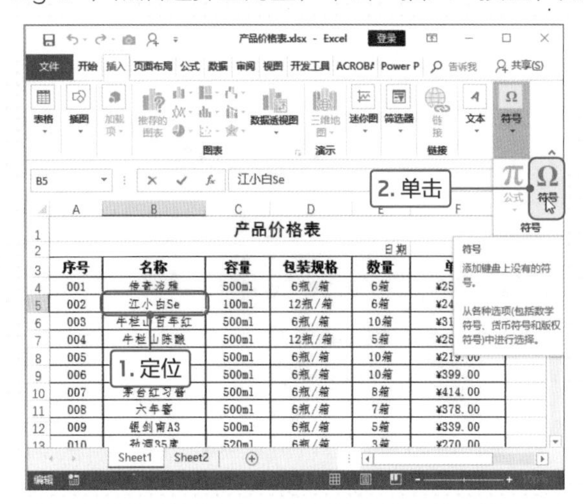

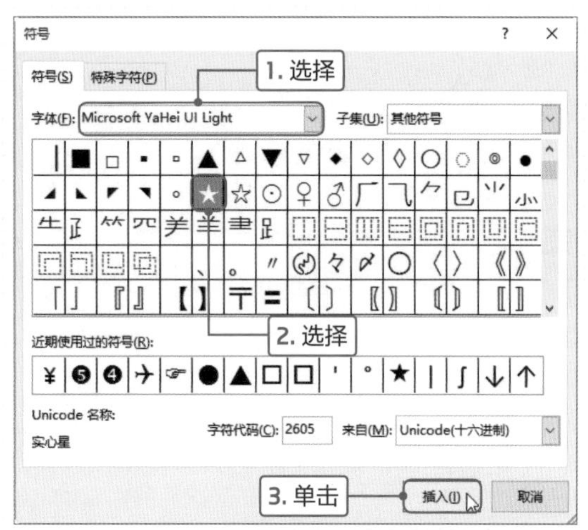

步骤03 单击“关闭”按钮返回工作表，可见光标定位处插入选中的符号。选中插入的五角星，在“字体”选项组中设置“字体颜色”为红色，效果如右图所示。

●输入递减的数字

前面介绍过填充操作，填充的数字是越来越大的，那么如何输入递减的数字呢？下面介绍具体操作。

步骤01 打开工作表，在C1单元格中输入10，然后选中C列，并设置对齐方式为“居中”，切换至“开始”选项卡，单击“编辑”选项组中“填充”下三角按钮，在列表中选择“序列”选项，如下左图所示。

步骤02 打开“序列”对话框，在“类型”区域选中“等差序列”单选按钮，设置“步长值”为-2，“终止值”为-10，单击“确定”按钮，如下右图所示。

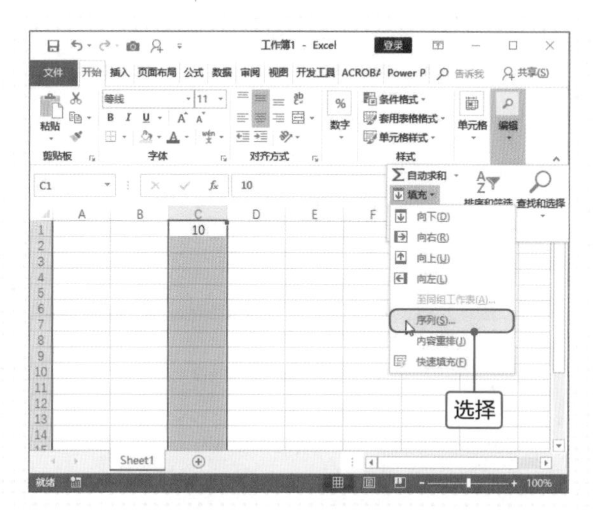

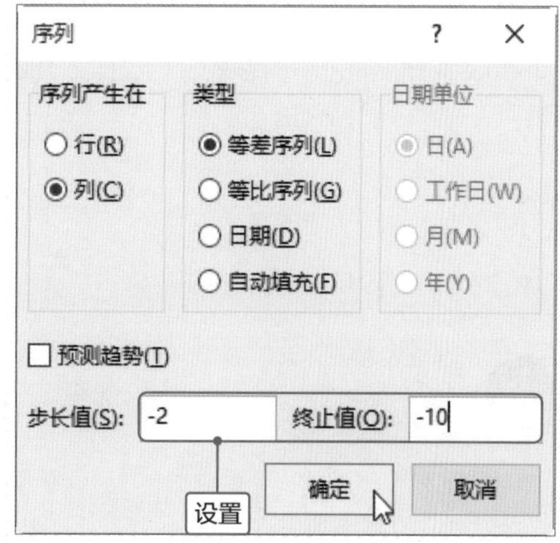

步骤03 返回工作表中，可见在C列显示等差序列至-10，如右图所示。

●设置等比序列

等比序列与等差序列相似，下面介绍两种设置等比序列的操作方法。

方法1：对话框设置法

步骤01 打开工作表，在C1单元格中输入1，然后选中C1:C10单元格区域，单击“编辑”选项组中“填充”下三角按钮，在列表中选择“序列”选项，如下左图所示。

步骤02 打开“序列”对话框，在“类型”区域选中“等比序列”单选按钮，设置“步长值”为2，单击“确定”按钮，如下右图所示。

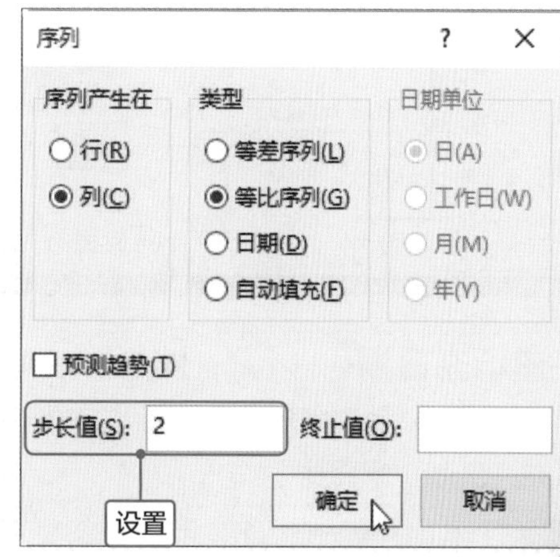

步骤03 返回工作表中，在选中的单元格区域中自动显示步长值为2的等比序列的数据，如右图所示。

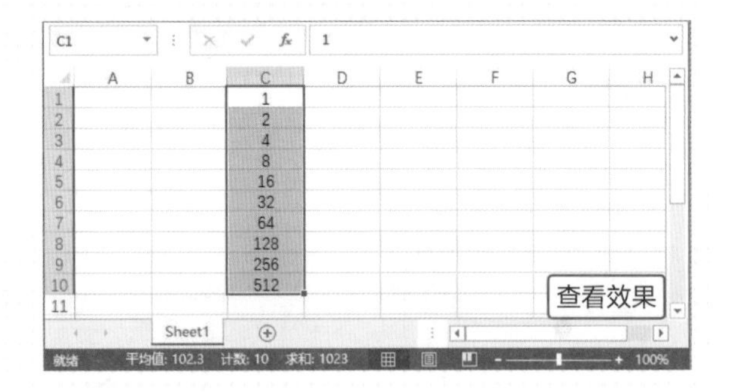

Tips 设置终止值

本案例在设置等比序列前选择单元格区域，表示已经规定等比序列的范围，如果没有选择单元格区域，则可以在“序列”对话框中设置“终止值”即可，如右图所示。

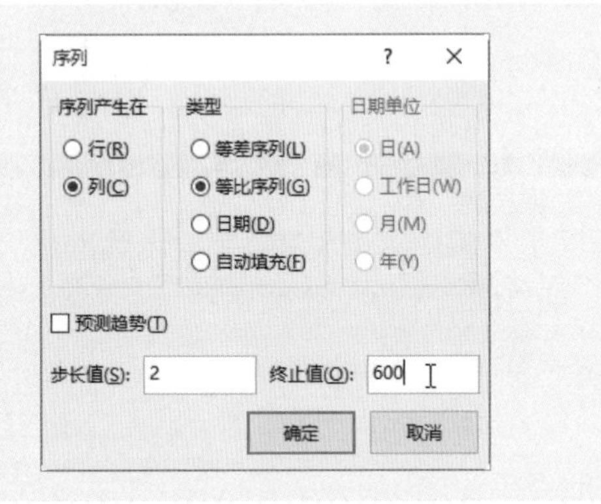

方法2：手动拖曳法

首先在C1和C2单元格中输入1和2，并选中C1:C2单元格区域，将光标移至右下角，变为黑色十字时按住鼠标右键向下拖曳到C10单元格，然后释放鼠标右键，在快捷菜单中选择“等比序列”命令，如下左图所示。

即可以2为步长值进行等比序列填充，如下右图所示。

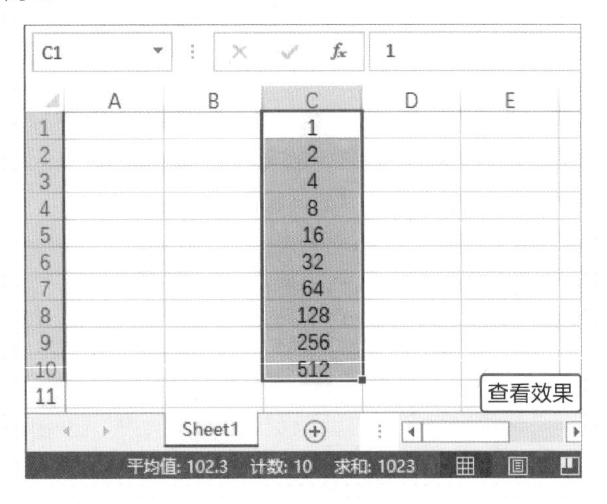

● 快速填充日期

在Excel中不仅可以填充数值，还可以填充日期，日期也可以按年、月、日以及工作日进行等差序列填充。下面介绍具体操作方法。

步骤01 打开工作表，在C1单元格中输入“2018/8/1”，然后将光标移至右下角，按住鼠标右键向下拖曳至C10单元格，在快捷菜单中选择“序列”命令，如下左图所示。

步骤02 弹出“序列”对话框，在“日期单位”区域中选中“工作日”单选按钮，设置“步长值”为2，单击“确定”按钮，即可按工作日的步长值为2填充日期，如下右图所示。

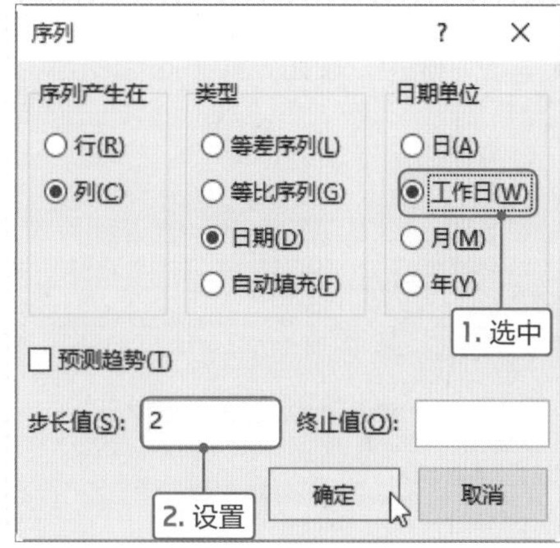

步骤03 操作完成后，可见按工作日填充日期，如下左图所示。

步骤04 按Ctrl+Z组合键撤销操作，在C2单元格中输入“2018/9/1”，选中C1:C2单元格区域，拖曳填充柄至C10单元格，可见根据月份按步长值为1进行填充日期，如下右图所示。

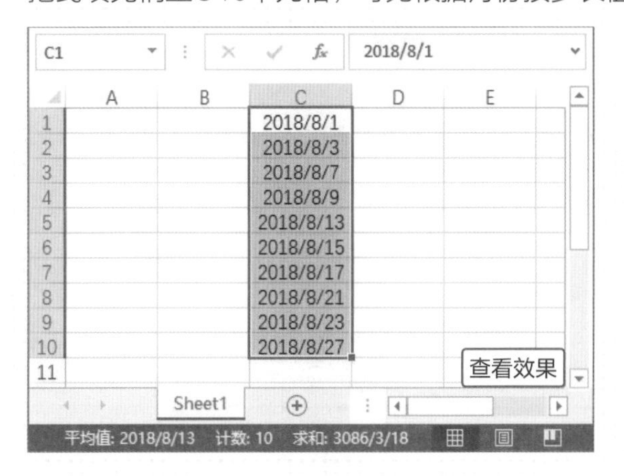

● 自定义序列

上面介绍的都是有规律的序列，用户也可以根据需要设置自定义序列，下面以设置员工姓名为例介绍具体操作方法。

步骤01 打开工作表，单击“文件”标签，在列表中选择“选项”选项，如右图所示。

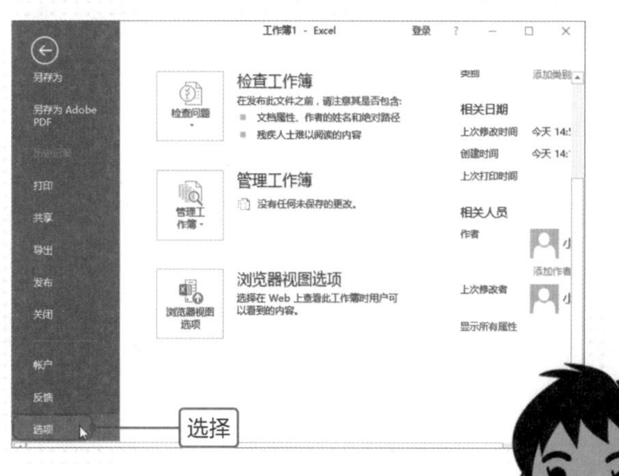

步骤02 打开“Excel选项”对话框，选择“高级”选项，在“常规”选项区域中单击“编辑自定义列表”按钮，如下左图所示。

步骤03 打开“选项”对话框，在“输入序列”文本框中输入员工的姓名，单击“添加”按钮，最后依次单击“确定”按钮，如下右图所示。

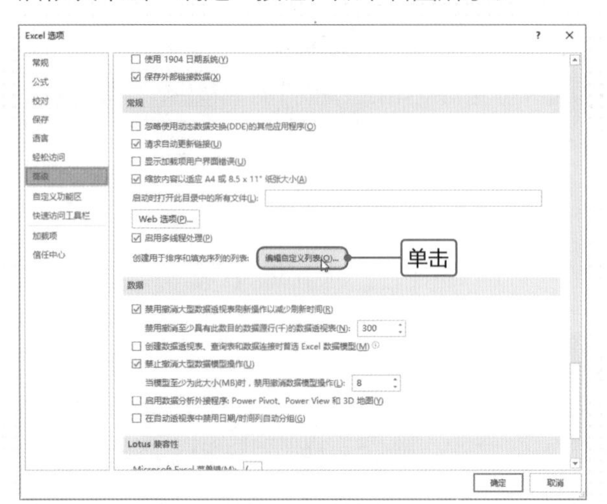

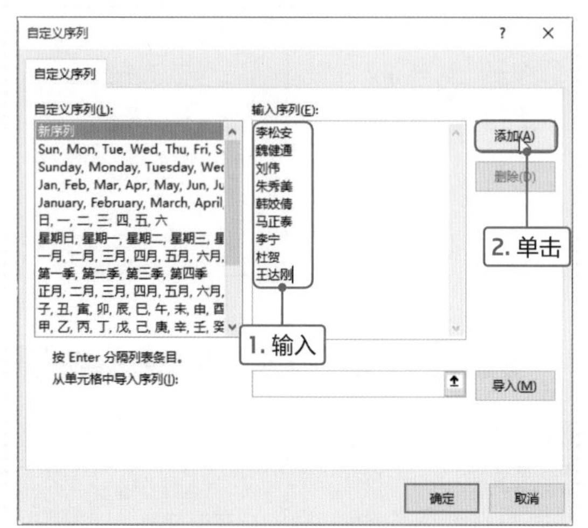

步骤04 返回工作表中，在C1单元格中输入“李松安”，然后拖曳填充柄至C10单元格，如下左图所示。用户也可以输入自定义序列中任意一个员工的姓名。

步骤05 释放鼠标左键，即可在单元格内显示设置自定义序列填充姓名，如下右图所示。

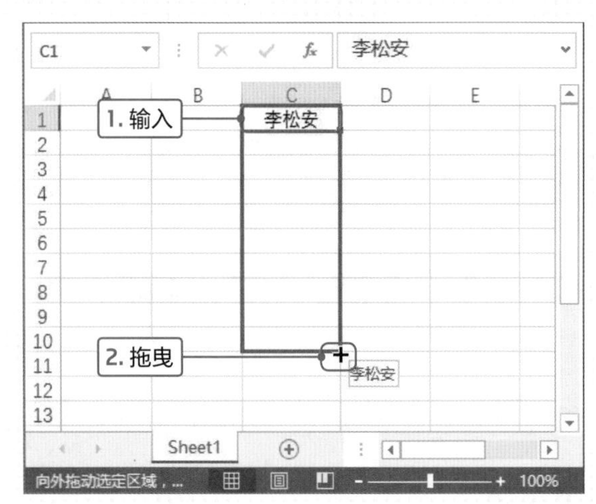

数据分析篇

在日常工作中经常会遇到一些比较烦琐的表格，还需要对其进行适当的管理和分析，以便用户更好地查看数据。Excel提供了管理和分析功能，如排序、筛选、分类汇总和合并计算等，使用这些功能可以很好地对数据进行排序、筛选、分类显示数据等。

本章主要介绍Excel基本的管理和分析功能，如数据的简单排序、多字段排序、自动筛选、高级筛选以及分类汇总等。

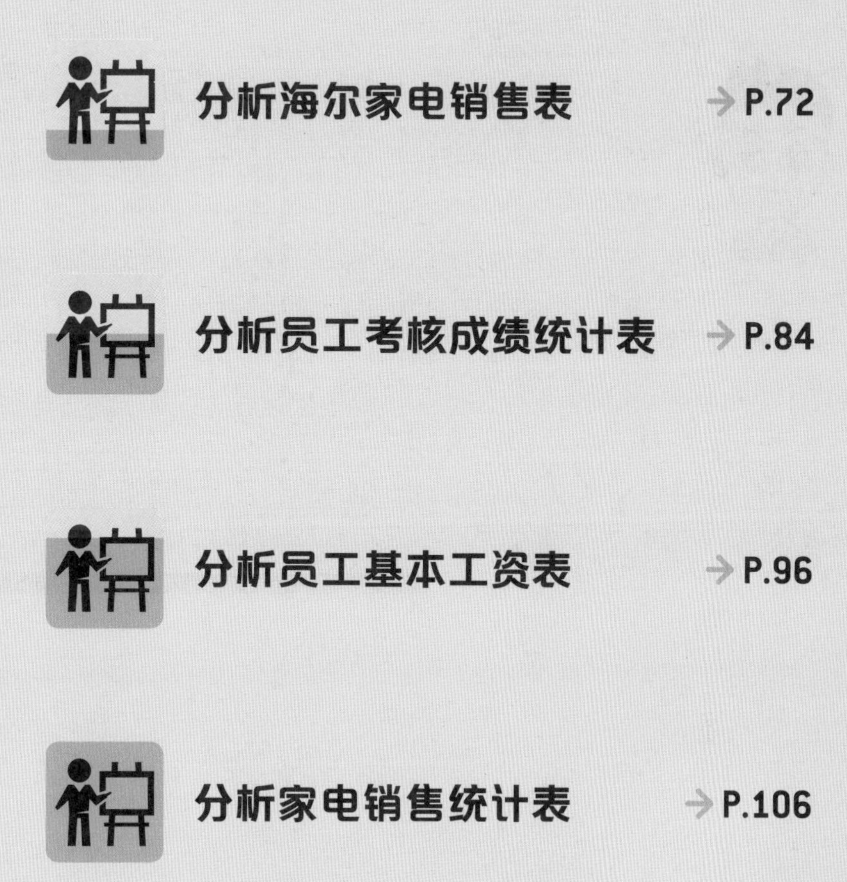

分析海尔家电销售表

企业每个季度都会对各商品的销售数据进行统计，然后对数据进行分析，并根据现有的数据对下一季度的销售数据进行预测。历历哥要求制作的季度销售表要详细，并适当对数据进行排序以方便分析数据，他把这项重要的工作分配给小蔡。小蔡通过对以往报表分析，并根据会务部门统计的数据制作第一季度销售表，并对各产品的销售金额进行了升序排序。

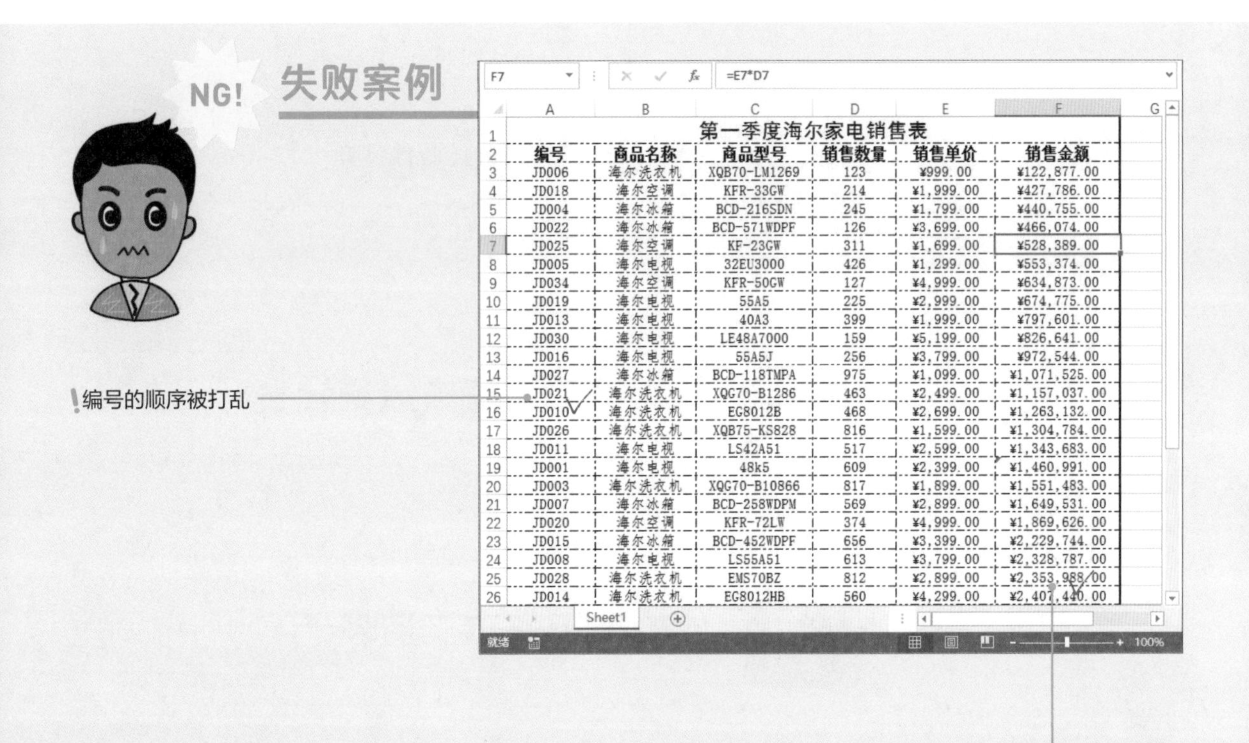

第一季度海尔家电销售表

编号	商品名称	商品型号	销售数量	销售单价	销售金额
JD006	海尔洗衣机	XQB70-LM1269	123	¥999.00	¥122,877.00
JD018	海尔空调	KFR-33GW	214	¥1,999.00	¥427,786.00
JD004	海尔冰箱	BCD-216SDN	245	¥1,799.00	¥440,755.00
JD022	海尔冰箱	BCD-571WDPF	126	¥3,699.00	¥466,074.00
JD025	海尔空调	KF-23GW	311	¥1,699.00	¥528,389.00
JD005	海尔电视	32EU3000	426	¥1,299.00	¥553,374.00
JD034	海尔空调	KFR-50GW	127	¥4,999.00	¥634,873.00
JD019	海尔电视	55A5	225	¥2,999.00	¥674,775.00
JD013	海尔电视	40A3	399	¥1,999.00	¥797,601.00
JD030	海尔电视	LE48A7000	159	¥5,199.00	¥826,641.00
JD016	海尔电视	55A5J	256	¥3,799.00	¥972,544.00
JD027	海尔冰箱	BCD-118TMPA	975	¥1,099.00	¥1,071,525.00
JD021	海尔洗衣机	XQG70-B1286	463	¥2,499.00	¥1,157,037.00
JD010	海尔洗衣机	EG8012B	468	¥2,699.00	¥1,263,132.00
JD026	海尔洗衣机	XQB75-KS828	816	¥1,599.00	¥1,304,784.00
JD011	海尔电视	LS42A51	517	¥2,599.00	¥1,343,683.00
JD001	海尔电视	48k5	609	¥2,399.00	¥1,460,991.00
JD003	海尔洗衣机	XQG70-B10866	817	¥1,899.00	¥1,551,483.00
JD007	海尔冰箱	BCD-258WDPM	569	¥2,899.00	¥1,649,531.00
JD020	海尔空调	KFR-72LW	374	¥4,999.00	¥1,869,626.00
JD015	海尔冰箱	BCD-452WDPF	656	¥3,399.00	¥2,229,744.00
JD008	海尔电视	LS55A51	613	¥3,799.00	¥2,328,787.00
JD028	海尔洗衣机	EMS70BZ	812	¥2,899.00	¥2,353,988.00
JD014	海尔洗衣机	EG8012HB	560	¥4,299.00	¥2,407,440.00

小蔡在制作季度销售表时，整体表格的格式把握很到位，但是在数据的处理上存在一些问题。首先他意识到表格中重要的数据是“销售金额”，因此对其进行升序排序，但在排序时“编号”的顺序被打乱了；其次他对数据处理比较简单，没有统计平均值和总额等重要的数据。

MISSION! 1

销售表展现各商品的销售情况，如销售数量、销售单价以及销售金额等信息。对表格进行分析时，还应统计最大值、最小值、平均值和总和等特殊值。本案例将从数据的输入、表格的制作开始介绍，然后设置文本的格式，并对关键字排序，最后使用函数计算数据。

成功案例 OK!

G5 =SUM(F3:F36)

第一季度海尔家电销售表

编号	商品名称	商品型号	销售数量	销售单价	销售金额	
JD001	海尔冰箱	BCD-648WDBE	997	¥4,399.00	¥4,385,803.00	销售金额平均值
JD002	海尔冰箱	BCD-452WDPF	656	¥3,399.00	¥2,229,744.00	¥2,076,904.47
JD003	海尔冰箱	BCD-258WDPM	569	¥2,899.00	¥1,649,531.00	销售总金额
JD004	海尔冰箱	BCD-118TMPA	975	¥1,099.00	¥1,071,525.00	¥70,614,752.00
JD005	海尔冰箱	BCD-571WDPF	126	¥3,699.00	¥466,074.00	
JD006	海尔冰箱	BCD-216SDN	245	¥1,799.00	¥440,755.00	
JD007	海尔电视	40DH6000	911	¥6,900.00	¥6,285,900.00	
JD008	海尔电视	LE55A7000	669	¥5,999.00	¥4,013,331.00	
JD009	海尔电视	65K5	564	¥5,999.00	¥3,383,436.00	
JD010	海尔电视	LS55A51	613	¥3,799.00	¥2,328,787.00	
JD011	海尔电视	48k5	609	¥2,399.00	¥1,460,991.00	
JD012	海尔电视	LS42A51	517	¥2,599.00	¥1,343,683.00	
JD013	海尔电视	55A5J	256	¥3,799.00	¥972,544.00	
JD014	海尔电视	LE48A7000	159	¥5,199.00	¥826,641.00	
JD015	海尔电视	40A3	399	¥1,999.00	¥797,601.00	
JD016	海尔电视	55A5	225	¥2,999.00	¥674,775.00	
JD017	海尔电视	32EU3000	426	¥1,299.00	¥553,374.00	
JD018	海尔空调	RFC335MXS	114	¥65,880.00	¥7,510,320.00	
JD019	海尔空调	KFR-50LW	838	¥5,399.00	¥4,524,362.00	
JD020	海尔空调	KFR-72LW	493	¥8,999.00	¥4,436,507.00	
JD021	海尔空调	KFR-72GW	443	¥5,999.00	¥2,657,557.00	
JD022	海尔空调	KFR-35GW	864	¥2,899.00	¥2,504,736.00	
JD023	海尔空调	KFRd-72N	382	¥6,480.00	¥2,475,360.00	
JD024	海尔空调	KFR-72LW	374	¥4,999.00	¥1,869,626.00	

统计平均值和总额

按商品名称和销售金额排序

编号的顺序不变

对表格进行修改后，表格展示更全面的数据，对分析和处理数据有很大的帮助。在表格中按照“商品名称”和“销售金额”两个关键字进行排序，对相同商品销售数据分析很有帮助；在排序时编号的顺序没有打乱；最后分别计算销售金额的平均值和总额。

Point 1 制作表格并输入数据

在对数据进行分析前，需要制作标准的表格并输入相关数据，在本案例中需要输入商品的名称、型号、销售数量、销售单价以及销售金额等数据。下面介绍制作第一季度海尔家电销售表以及输入相关数据的方法。

1

打开Excel软件并保存，设置文档名称为“第一季度海尔家电销售表”。然后在表格中输入表格标题。

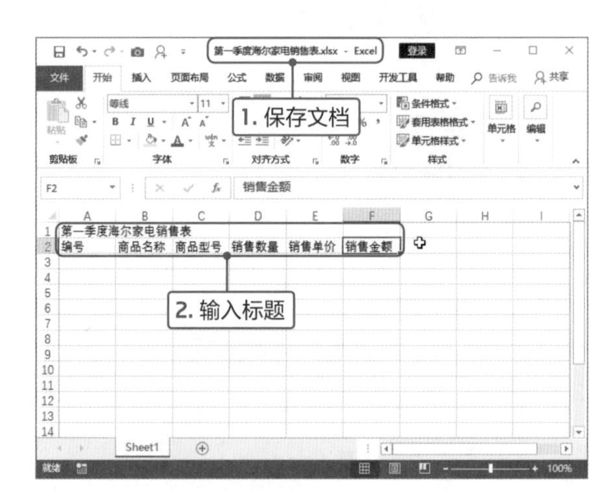

2

根据实际销售的数据在表格中输入数据。然后选中A1:F1单元格区域，切换至“开始”选项卡，单击“对齐方式”选项组中“合并后居中”按钮，即可居中对齐表格标题。

3

保持A1单元格为选中状态，在“字体”选项组中设置字体为“黑体”、字号为16。然后设置A2:F2单元格区域文字的字体为“宋体”、字号为12，并单击“加粗”按钮。选中A3:F36单元格区域，设置字体为“仿宋”，字号保持不变。

4

适当调整表格的列宽，然后选中E3:F36单元格区域，按Ctrl+1组合键打开“设置单元格格式”对话框，在“数字”选项卡中选择数据类型为“货币”，并设置小数位数、货币符号和负数类型，最后单击“确定”按钮。

5

选择A1:F36单元格区域，打开“设置单元格格式”对话框，切换至“对齐”选项卡，设置“水平对齐”和“垂直对齐”均为“居中”。

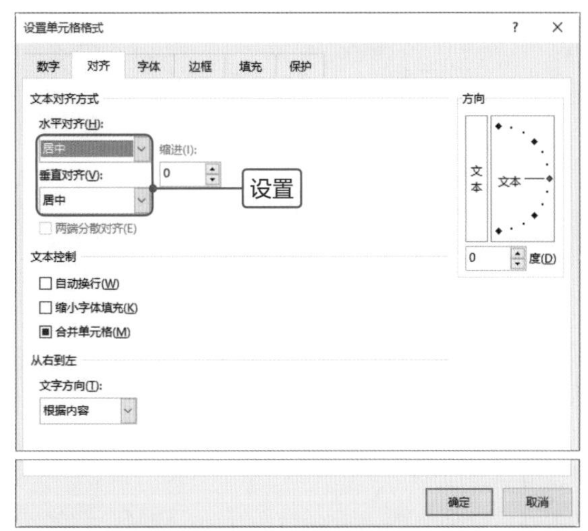

6

切换至“边框”选项卡，在“样式”选项组中选择细点的虚线，单击“内部”按钮，再选择较粗的实线，单击“外部”按钮，最后单击“确定”按钮。

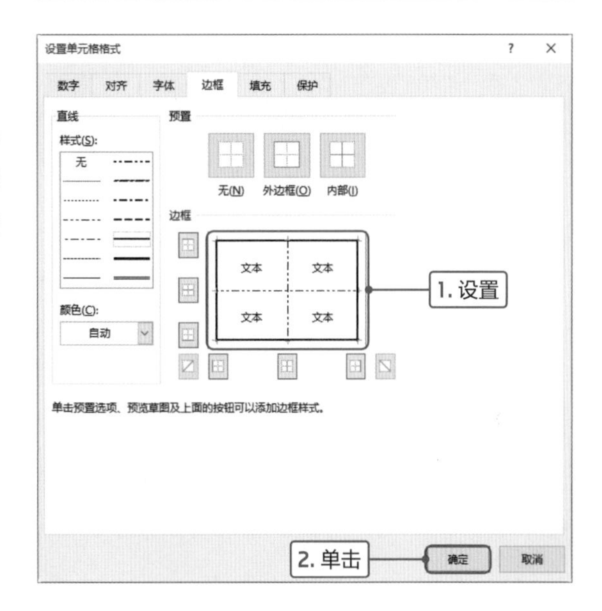

通过以上操作表格基本制作完成，下面再使用公式计算出各商品的销售金额。选中F3单元格，然后输入“=E3*D3”公式，并按Enter键执行计算。

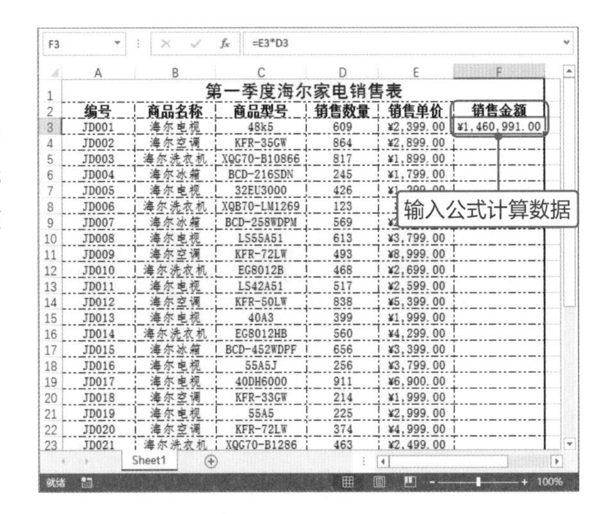

第一季度海尔家电销售表					
编号	商品名称	商品型号	销售数量	销售单价	销售金额
JD001	海尔电视	48k5	609	¥2,399.00	¥1,460,991.00
JD002	海尔空调	KFR-35GW	864	¥2,899.00	
JD003	海尔洗衣机	XQG70-B10866	817	¥1,899.00	
JD004	海尔冰箱	BCD-216SDN	245	¥1,799.00	
JD005	海尔电视	32EU3000	426		
JD006	海尔洗衣机	XQB70-LM1269	123		
JD007	海尔冰箱	BCD-258WDPM	569		
JD008	海尔电视	LS55A51	613	¥3,799.00	
JD009	海尔空调	KFR-72LW	493	¥8,999.00	
JD010	海尔洗衣机	EG8012B	468	¥2,699.00	
JD011	海尔电视	LS42A51	517	¥2,599.00	
JD012	海尔空调	KFR-50LW	838	¥5,399.00	
JD013	海尔电视	40A3	399	¥1,999.00	
JD014	海尔洗衣机	EG8012HB	560	¥4,299.00	
JD015	海尔冰箱	BCD-452WDPF	656	¥3,399.00	
JD016	海尔电视	55A5J	256	¥3,799.00	
JD017	海尔电视	40DH6000	911	¥6,900.00	
JD018	海尔空调	KFR-33GW	214	¥1,999.00	
JD019	海尔电视	55A5	225	¥2,999.00	
JD020	海尔空调	KFR-72LW	374	¥4,999.00	
JD021	海尔洗衣机	XQG70-B1286	463	¥2,499.00	

Tips 使用函数进行乘法运算

在本案例中使用公式计算销售金额，其实我们也可以使用Excel提供的函数进行计算。在F3单元格中输入“=PRODUCT(E3,D3)”公式，然后按钮Enter键执行计算即可。

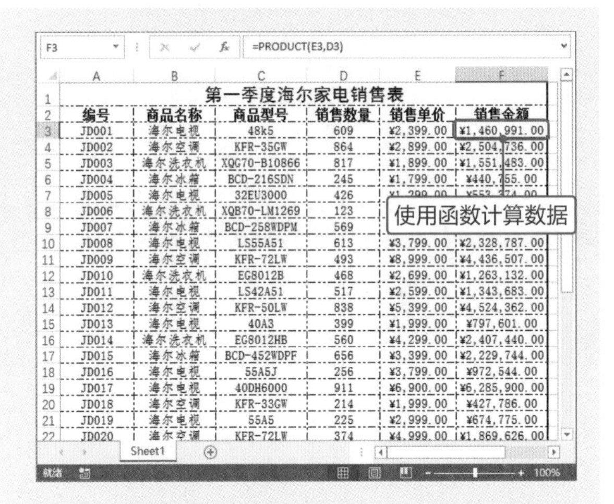

第一季度海尔家电销售表					
编号	商品名称	商品型号	销售数量	销售单价	销售金额
JD001	海尔电视	48k5	609	¥2,399.00	¥1,460,991.00
JD002	海尔空调	KFR-35GW	864	¥2,899.00	¥2,504,736.00
JD003	海尔洗衣机	XQG70-B10866	817	¥1,899.00	¥1,551,483.00
JD004	海尔冰箱	BCD-216SDN	245	¥1,799.00	¥440,755.00
JD005	海尔电视	32EU3000	426		
JD006	海尔洗衣机	XQB70-LM1269	123		
JD007	海尔冰箱	BCD-258WDPM	569		
JD008	海尔电视	LS55A51	613	¥3,799.00	¥2,328,787.00
JD009	海尔空调	KFR-72LW	493	¥8,999.00	¥4,436,507.00
JD010	海尔洗衣机	EG8012B	468	¥2,699.00	¥1,263,132.00
JD011	海尔电视	LS42A51	517	¥2,599.00	¥1,343,683.00
JD012	海尔空调	KFR-50LW	838	¥5,399.00	¥4,524,362.00
JD013	海尔电视	40A3	399	¥1,999.00	¥797,601.00
JD014	海尔洗衣机	EG8012HB	560	¥4,299.00	¥2,407,440.00
JD015	海尔冰箱	BCD-452WDPF	656	¥3,399.00	¥2,229,744.00
JD016	海尔电视	55A5J	256	¥3,799.00	¥972,544.00
JD017	海尔电视	40DH6000	911	¥6,900.00	¥6,285,900.00
JD018	海尔空调	KFR-33GW	214	¥1,999.00	¥427,786.00
JD019	海尔电视	55A5	225	¥2,999.00	¥674,775.00
JD020	海尔空调	KFR-72LW	374	¥4,999.00	¥1,869,626.00

选中F3单元格，将光标移至该单元格右下角，变为黑色十字时双击，将公式向下填充至F36单元格。至此，完成表格的制作和数据的输入。

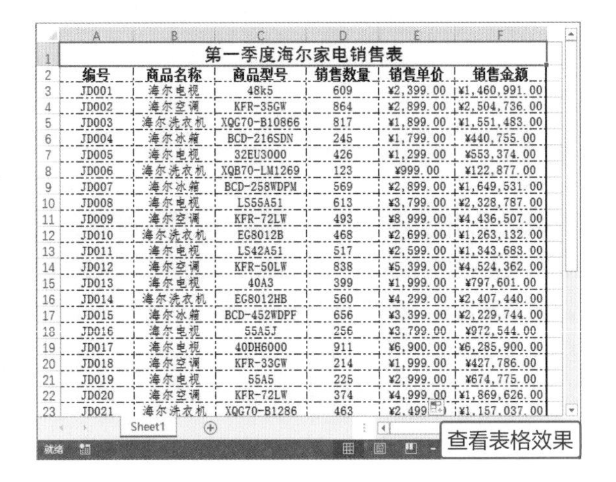

第一季度海尔家电销售表					
编号	商品名称	商品型号	销售数量	销售单价	销售金额
JD001	海尔电视	48k5	609	¥2,399.00	¥1,460,991.00
JD002	海尔空调	KFR-35GW	864	¥2,899.00	¥2,504,736.00
JD003	海尔洗衣机	XQG70-B10866	817	¥1,899.00	¥1,551,483.00
JD004	海尔冰箱	BCD-216SDN	245	¥1,799.00	¥440,755.00
JD005	海尔电视	32EU3000	426	¥1,299.00	¥553,374.00
JD006	海尔洗衣机	XQB70-LM1269	123	¥999.00	¥122,877.00
JD007	海尔冰箱	BCD-258WDPM	569	¥2,899.00	¥1,649,531.00
JD008	海尔电视	LS55A51	613	¥3,799.00	¥2,328,787.00
JD009	海尔空调	KFR-72LW	493	¥8,999.00	¥4,436,507.00
JD010	海尔洗衣机	EG8012B	468	¥2,699.00	¥1,263,132.00
JD011	海尔电视	LS42A51	517	¥2,599.00	¥1,343,683.00
JD012	海尔空调	KFR-50LW	838	¥5,399.00	¥4,524,362.00
JD013	海尔电视	40A3	399	¥1,999.00	¥797,601.00
JD014	海尔洗衣机	EG8012HB	560	¥4,299.00	¥2,407,440.00
JD015	海尔冰箱	BCD-452WDPF	656	¥3,399.00	¥2,229,744.00
JD016	海尔电视	55A5J	256	¥3,799.00	¥972,544.00
JD017	海尔电视	40DH6000	911	¥6,900.00	¥6,285,900.00
JD018	海尔空调	KFR-33GW	214	¥1,999.00	¥427,786.00
JD019	海尔电视	55A5	225	¥2,999.00	¥674,775.00
JD020	海尔空调	KFR-72LW	374	¥4,999.00	¥1,869,626.00
JD021	海尔洗衣机	XQG70-B1286	463	¥2,499	¥1,157,037.00

Tips 填充公式的其他方法

在Excel中填充公式的方法很多，如本案例介绍的双击填充柄，此外还可以拖曳填充柄，或者选中单元格区域后，切换至“开始”选项卡，在“编辑”选项组中单击“填充”下三角按钮，在列表中选择相应的选项即可。

Point 2 对数据进行排序

在分析数据时经常需要按照某顺序查看数据，如从小到大或从大到小的顺序，当然也可以根据需要对多个关键字进行不同的排序。本案例首先按照商品名称升序排序，若商品名称相同再按照销售金额的降序排序，下面介绍具体操作方法。

1

选中B3:F36单元格区域，切换至“数据”选项卡，单击“排序和筛选”选项组中的“排序”按钮。

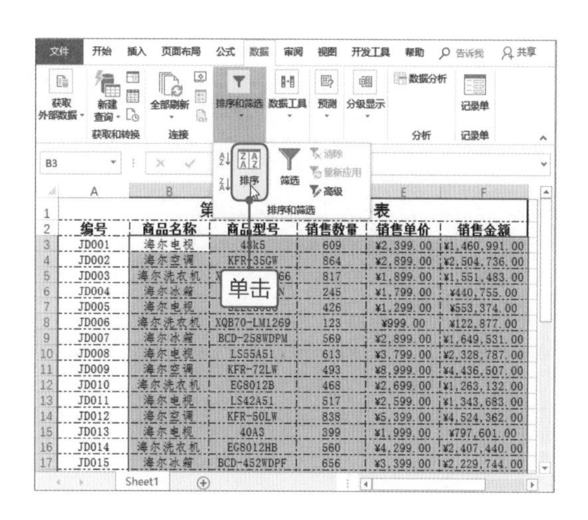

	A	B	C	D	E	F
1	第[illegible]表					
2	编号	商品名称	商品型号	销售数量	销售单价	销售金额
3	JD001	海尔电视	48k5	609	¥2,399.00	¥1,460,991.00
4	JD002	海尔空调	KFR-35GW	864	¥2,899.00	¥2,504,736.00
5	JD003	海尔洗衣机	[illegible]	817	¥1,899.00	¥1,551,483.00
6	JD004	海尔冰箱	[illegible]	245	¥1,799.00	¥440,755.00
7	JD005	海尔电视	[illegible]	426	¥1,299.00	¥553,374.00
8	JD006	海尔洗衣机	XQB70-LM1269	123	¥999.00	¥122,877.00
9	JD007	海尔冰箱	BCD-258WDPM	569	¥2,899.00	¥1,649,531.00
10	JD008	海尔电视	LS55A51	613	¥3,799.00	¥2,328,787.00
11	JD009	海尔空调	KFR-72LW	493	¥8,999.00	¥4,436,507.00
12	JD010	海尔洗衣机	EG8012B	468	¥2,699.00	¥1,263,132.00
13	JD011	海尔电视	LS42A51	517	¥2,599.00	¥1,343,683.00
14	JD012	海尔空调	KFR-50LW	838	¥5,399.00	¥4,524,362.00
15	JD013	海尔电视	40A3	399	¥1,999.00	¥797,601.00
16	JD014	海尔洗衣机	EG8012HB	560	¥4,299.00	¥2,407,440.00
17	JD015	海尔冰箱	BCD-452WDPF	656	¥3,399.00	¥2,229,744.00

> **Tips 选中单元格区域再进行排序**
>
> 选择某单元格区域后再进行排序，即只对选中区域进行排序，不影响其他单元格区域，所以不会影响“编号”的顺序。

2

打开“排序”对话框，设置“主要关键字”为“商品名称”，次序为“升序”，然后单击“添加条件”按钮。

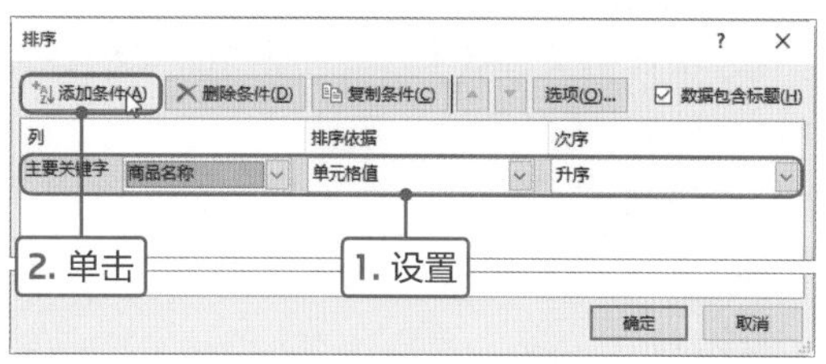

3

添加次要关键字，设置“销售金额”为次要关键字，次序为“降序”，单击“确定”按钮。

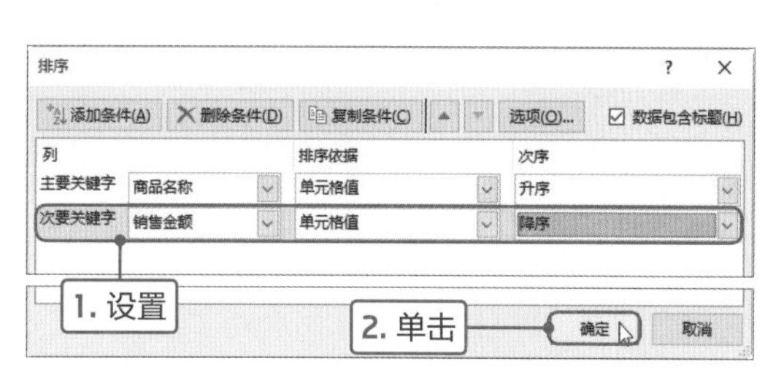

4

返回工作表中，可见表格中的数据按照设置的排序规则进行排序，排序后可以很直观地分析各商品的销售情况。

	A	B	C	D	E	F
1	第一季度海尔家电销售表					
2	编号	商品名称	商品型号	销售数量	销售单价	销售金额
3	JD001	海尔冰箱	BCD-648WDBE	997	¥4,399.00	¥4,385,803.00
4	JD002	海尔冰箱	BCD-452WDPF	656	¥3,399.00	¥2,229,744.00
5	JD003	海尔冰箱	BCD-258WDPM	569	¥2,899.00	¥1,649,531.00
6	JD004	海尔冰箱	BCD-118TMPA	975	¥1,099.00	¥1,071,525.00
7	JD005	海尔冰箱	BCD-571WDPF	126	¥3,699.00	¥466,074.00
8	JD006	海尔冰箱	BCD-216SDN	245	¥1,799.00	¥440,755.00
9	JD007	海尔电视	40DH6000	911	¥6,900.00	¥6,285,900.00
10	JD008	海尔电视	LE55A7000	669	¥5,999.00	¥4,013,331.00
11	JD009	海尔电视	65K5	564	¥5,999.00	¥3,383,436.00
12	JD010	海尔电视	LS55A51	613	¥3,799.00	¥2,328,787.00
13	JD011	海尔电视	48k5	609	¥2,399.00	¥1,460,991.00
14	JD012	海尔电视	LS42A51	517	¥2,599.00	¥1,343,683.00
15	JD013	海尔电视	55A5J	256	¥3,799.00	¥972,544.00
16	JD014	海尔电视	LE48A7000	159	¥5,199.00	¥826,641.00
17	JD015	海尔电视	40A3	399	¥1,999.00	¥797,601.00
18	JD016	海尔电视	55A5	225	¥2,999.00	¥674,775.00
19	JD017	海尔电视	32EU3000	426	¥1,299.00	¥553,374.00
20	JD018	海尔空调	RFC335MXS	114	[illegible]	[illegible]

Point 3 计算销售金额平均值和总额

当数据输入完成后，可以通过函数计算出需要的数据，从而进行比较分析相关数据，如在本案例中需要查看销售金额的平均值以及销售的总额。下面介绍使用函数计算销售金额的平均值和总额的方法。

1

在G3:G5单元格区域中完善表格，设置G3和G5单元格的格式为“货币”。

第一季度海尔家电销售表

编号	商品名称	商品型号	销售数量	销售单价	销售金额	G
JD001	海尔冰箱	BCD-648WDBE	997	¥4,399.00	¥4,385,803.00	
JD002	海尔冰箱	BCD-452WDPF	656	¥3,399.00	¥2,229,744.00	销售总金额
JD003	海尔冰箱	BCD-258WDPM	569	¥2,899.00	¥1,649,531.00	
JD004	海尔冰箱	BCD-118TMPA	975	¥1,099.00	¥1,071,525.00	
JD005	海尔冰箱	BCD-571WDPF	126	¥3,699.00	¥466,074.00	
JD006	海尔冰箱	BCD-216SDN	245	¥1,799.00	¥440,755.00	
JD007	海尔电视	40DH6000	911	¥6,900.00	¥6,285,900.00	
JD008	海尔电视	LE55A7000	669	¥5,999.00	¥4,013,331.00	
JD009	海尔电视	65K5	564	¥5,999.00	¥3,383,436.00	
JD010	海尔电视	LS55A51	613	¥3,799.00	¥2,328,787.00	
JD011	海尔电视	48k5	609	¥2,399.00	¥1,460,991.00	
JD012	海尔电视	LS42A51	517	¥2,599.00	¥1,343,683.00	
JD013	海尔电视	55A5J	256	¥3,799.00	¥972,544.00	
JD014	海尔电视	LE48A7000	159	¥5,199.00	¥826,641.00	
JD015	海尔电视	40A3	399	¥1,999.00	¥797,601.00	
JD016	海尔电视	55A5	225	¥2,999.00	¥674,775.00	
JD017	海尔电视	32EU3000	426	¥1,299.00	¥553,374.00	
JD018	海尔空调	RFC335MXS	114	¥65,880.00	¥7,510,320.00	
JD019	海尔空调	KFR-50LW	838	¥5,399.00	¥4,524,362.00	
JD020	海尔空调	KFR-72LW	493	¥8,999.00	¥4,436,507.00	
JD021	海尔空调	KFR-72GW	443	¥5,999.00	¥2,657,557.00	

2

选中G3单元格，单击编辑栏中“插入函数”按钮，打开“插入函数”对话框，在“或选择类别”列表中选择“统计”选项，在“选择函数”列表框中选择AVERAGE函数，单击“确定”按钮。

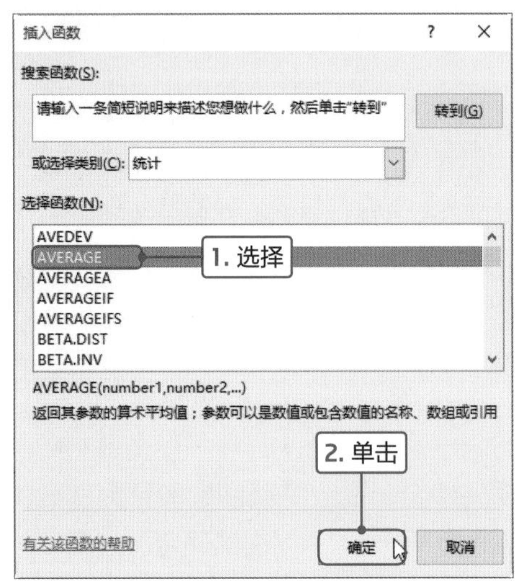

3

打开“函数参数”对话框，设置相关参数，然后单击“确定”按钮。

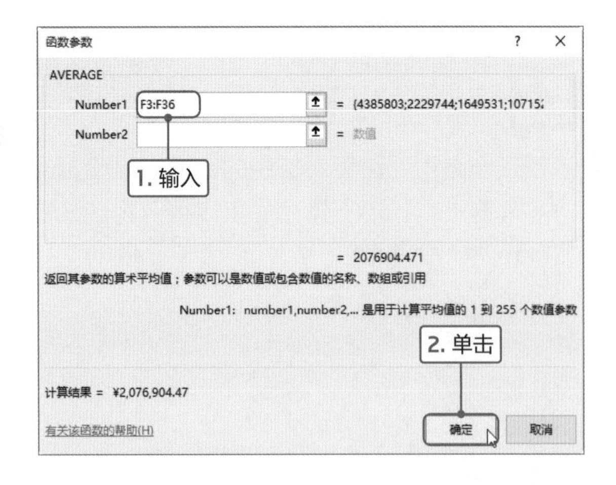

4

可见G3单元格中计算出了销售金额的平均值。然后选中G5单元格，按照上面的方法选择SUM函数，并设置相关参数。

AVERAGE =SUM(F3:F36)

	B	C	D	E	F	G
1	第一季度海尔家电销售表					
2	商品名称	商品型号	销售数量	销售单价	销售金额	销售金额平均值
3	海尔冰箱	BCD-648WDBE	997	¥4,399.00	¥4,385,803.00	¥2,076,904.47
4	海尔冰箱	BCD-452WDPF	656	¥3,399.00	¥2,229,744.00	销售总金额
5	海尔冰箱	BCD-258WDPM	569	¥2,899.00	¥1,649,531.00	=SUM(F3:F36)
6	海尔冰箱	BCD-118TMPA	975	¥1,099.00	¥1,071,525.00	
7	海尔冰箱	BCD-571WDPF	126	¥3,699.00	¥466,074.00	
8	海尔冰箱	BCD-216SDN	245	¥1,799.00	¥440,755.00	
9	海尔电视	40DH6000	911	¥6,900.00	¥6,285,900.00	
10	海尔电视	LE55A7000	669	¥5,999.00	¥4,013,331.00	
11	海尔电视	65K5	564	¥5,999.00	¥3,383,436.00	
12	海尔电视	LS55A51	613	¥3,799.00	¥2,328,787.00	
13	海尔电视	48k5	609	¥2,399.00	¥1,460,991.00	
14	海尔电视	LS42A51	517	¥2,599.00	¥1,343,683.00	
15	海尔电视	55A5J	256	¥3,799.00	¥972,544.00	
16	海尔电视	LE48A7000	159	¥5,199.00	¥826,641.00	
17	海尔电视	40A3	399	¥1,999.00	¥797,601.00	
18	海尔电视	55A5	225	¥2,999.00	¥674,775.00	
19	海尔电视	32EU3000	426	¥1,299.00	¥553,374.00	
20	海尔空调	RFC335MXS	114	¥65,880.00	¥7,510,320.00	
21	海尔空调	KFR-50LW	838	¥5,399.00	¥4,524,362.00	
22	海尔空调	KFR-72LW	493	¥8,999.00	¥4,436,507.00	
23	海尔空调	KFR-72GW	443	¥5,999.00	¥2,657,557.00	

输入公式

Tips **AVERAGE函数介绍**

AVERAGE函数返回参数的平均值。

表达式：AVERAGE(number1,number2, ...)

参数含义：Number1,number2, ...表示需要计算平均值的参数，数量最多为255个，该参数可以是数字、数组、单元格的引用或包含数值的名称。

5

确认后显示销售总金额。至此完成销售金额平均值和总额的计算。

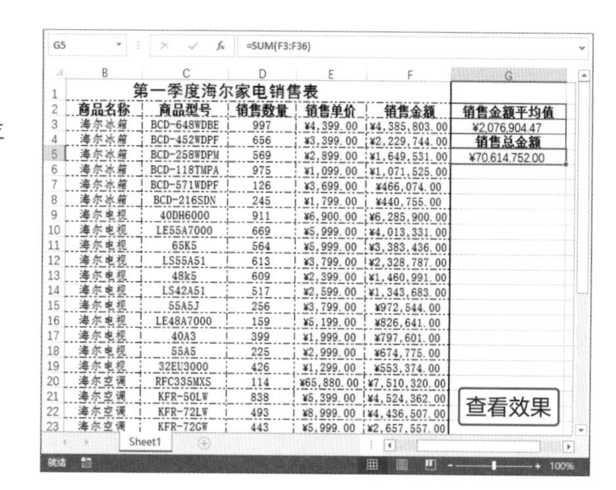

G5 =SUM(F3:F36)

	B	C	D	E	F	G
1	第一季度海尔家电销售表					
2	商品名称	商品型号	销售数量	销售单价	销售金额	销售金额平均值
3	海尔冰箱	BCD-648WDBE	997	¥4,399.00	¥4,385,803.00	¥2,076,904.47
4	海尔冰箱	BCD-452WDPF	656	¥3,399.00	¥2,229,744.00	销售总金额
5	海尔冰箱	BCD-258WDPM	569	¥2,899.00	¥1,649,531.00	¥70,614,752.00
6	海尔冰箱	BCD-118TMPA	975	¥1,099.00	¥1,071,525.00	
7	海尔冰箱	BCD-571WDPF	126	¥3,699.00	¥466,074.00	
8	海尔冰箱	BCD-216SDN	245	¥1,799.00	¥440,755.00	
9	海尔电视	40DH6000	911	¥6,900.00	¥6,285,900.00	
10	海尔电视	LE55A7000	669	¥5,999.00	¥4,013,331.00	
11	海尔电视	65K5	564	¥5,999.00	¥3,383,436.00	
12	海尔电视	LS55A51	613	¥3,799.00	¥2,328,787.00	
13	海尔电视	48k5	609	¥2,399.00	¥1,460,991.00	
14	海尔电视	LS42A51	517	¥2,599.00	¥1,343,683.00	
15	海尔电视	55A5J	256	¥3,799.00	¥972,544.00	
16	海尔电视	LE48A7000	159	¥5,199.00	¥826,641.00	
17	海尔电视	40A3	399	¥1,999.00	¥797,601.00	
18	海尔电视	55A5	225	¥2,999.00	¥674,775.00	
19	海尔电视	32EU3000	426	¥1,299.00	¥553,374.00	
20	海尔空调	RFC335MXS	114	¥65,880.00	¥7,510,320.00	
21	海尔空调	KFR-50LW	838	¥5,399.00	¥4,524,362.00	
22	海尔空调	KFR-72LW	493	¥8,999.00	¥4,436,507.00	
23	海尔空调	KFR-72GW	443	¥5,999.00	¥2,657,557.00	

Tips **SUM函数介绍**

SUM函数返回单元格区域中数字、逻辑值以及数字的文本表达式之和。

表达式：SUM(number1,number2, ...)

参数含义：Number1和Number2表示需要进行求和的参数，参数的数量最多为255个，该参数可以是单元格区域、数组、常量、公式或函数。

高效办公

数据排序

在本案例中，介绍了按多个关键字进行排序的方法，实际工作中，还会根据不同需求对数据进行排序，如按颜色排序、按笔划排序及自定义排序等。下面详细介绍各种排序的方法。

● 按笔画排序

在Excel中对汉字进行排序时，默认是按拼音排序的，用户可以根据需要按笔画进行排序。下面介绍具体操作方法。

步骤01 打开“员工基本信息表.xlsx”工作表，选择“姓名”列中任意单元格，如B4单元格，切换至“数据”选项卡，单击“排序和筛选”选项组中“排序”按钮。

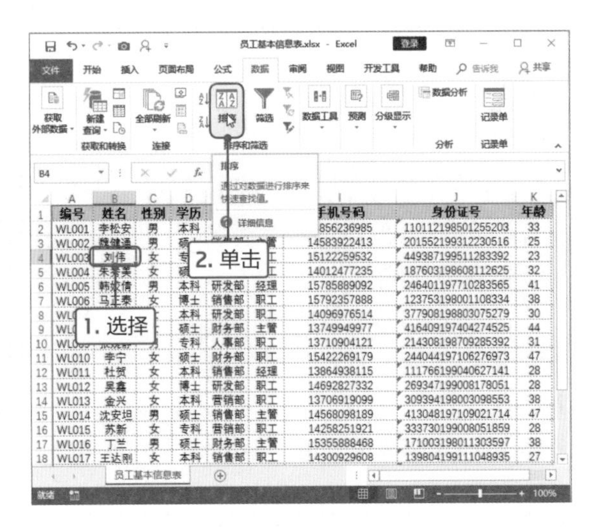

步骤02 打开“排序”对话框，设置主要关键字为“姓名”，次序为“升序”，然后单击“选项”按钮。

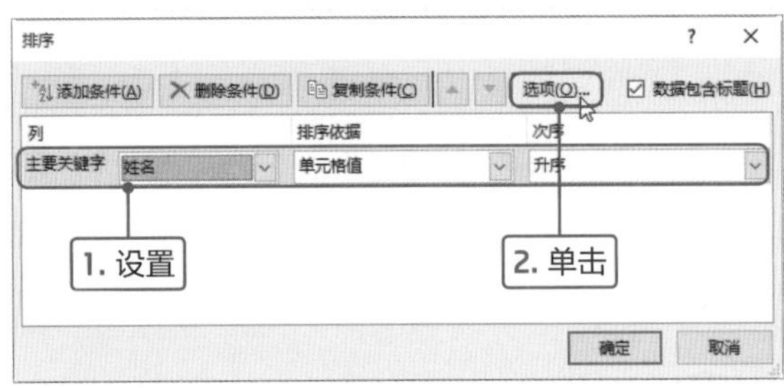

步骤03 打开“排序选项”对话框，在“方法”选项区域中选中“笔画排序”单选按钮，单击“确定”按钮。

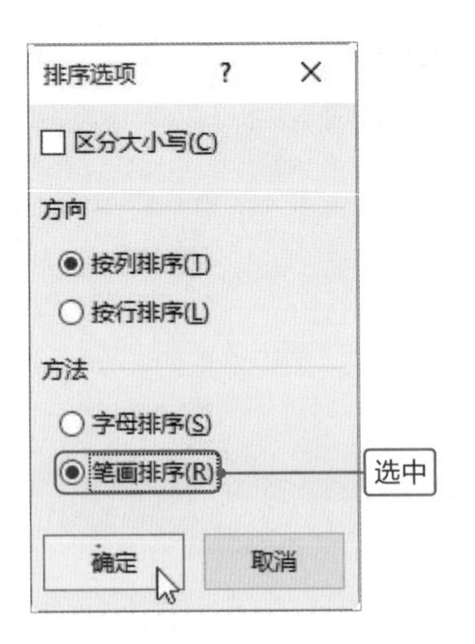

Tips **设置按行排序**

在Excel中对数据进行排序时，默认情况下是按列排序，用户可以根据需要设置为按行排序。打开“排序选项”对话框，在“方向”选项区域中选中“按行排序”单选按钮即可。

步骤04 返回工作表中，可以看到姓名列已经按笔画排序。

●按颜色排序

在Excel中除了可以对数据和汉字进行排序外，还可以对字体的颜色或填充颜色进行排序。下面介绍具体操作方法。

步骤01 打开“按字体颜色排序.xlsx”工作表，选择表格中任意单元格，然后切换至“数据”选项卡，单击“排序和筛选”选项组中“排序”按钮。

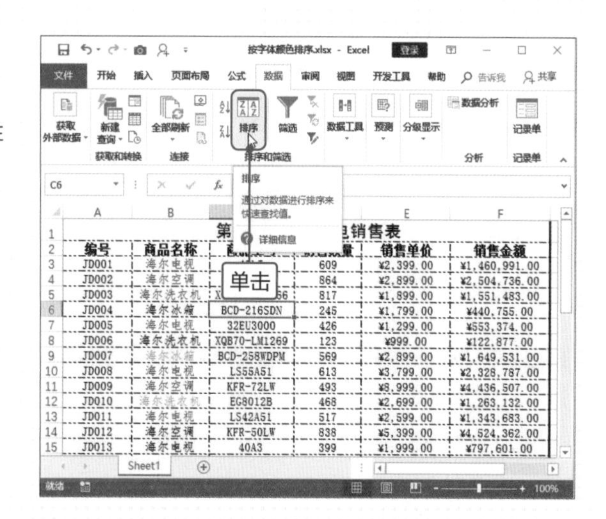

步骤02 打开“排序”对话框，设置主要关键字为“商品名称”，排序依据为“字体颜色”，单击“次序”下三角按钮，在面板中选择红色，然后单击“添加条件”按钮。

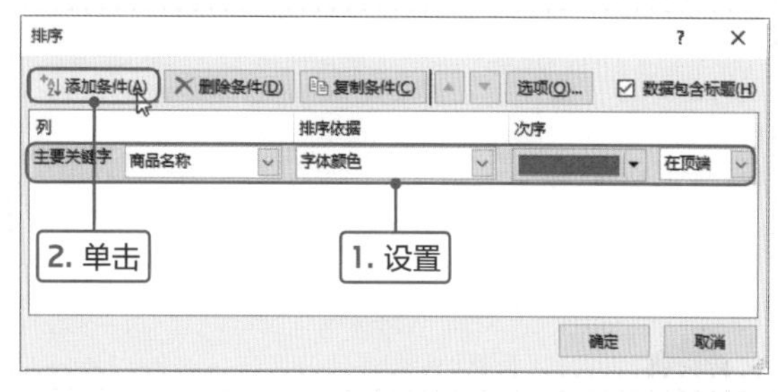

步骤03 然后设置次要关键字的名称等信息。按照相同的方法设置其他字体颜色的排序。

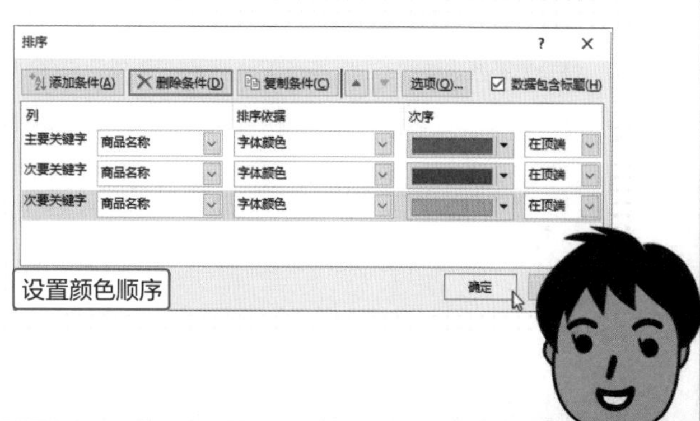

步骤04 设置完成后单击“确定”按钮，查看对“商品名称”按字体颜色排序的效果。为了展示效果，适当隐藏部分行。

第一季度海尔家电销售表

	编号	商品名称	商品型号	销售数量	销售单价	销售金额
3	JD001	海尔电视	48k5	609	¥2,399.00	¥1,460,991.00
4	JD005	海尔电视	32EU3000	426	¥1,299.00	¥553,374.00
9	JD029	海尔空调	KFR-72GW	443	¥5,999.00	¥2,657,557.00
10	JD032	海尔空调	RFC335MXS	114	¥65,880.00	¥7,510,320.00
11	JD002	海尔空调	KFR-35GW	864	¥2,899.00	¥2,504,736.00
12	JD003	海尔洗衣机	XQG70-B10866	817	¥1,899.00	¥1,551,483.00
15	JD016	海尔电视	55A5J	256	¥3,799.00	¥972,544.00
16	JD021	海尔洗衣机	XQG70-B1286	463	¥2,499.00	¥1,157,037.00
17	JD007	海尔冰箱	BCD-258WDPM	569	¥2,899.00	¥1,649,531.00
18	JD010	海尔洗衣机	EG8012B	468	¥2,699.00	¥1,263,132.00
19	JD017	海尔电视	40DH6000	911	¥6,900.00	¥6,285,900.00
20	JD020	海尔空调	KFR-72LW	374	¥4,999.00	¥1,869,626.00
21	JD027	海尔冰箱	BCD-118TMPA	975	¥1,099.00	¥1,071,525.00
22	JD031	海尔电视	LE55A7000	669	¥5,999.00	¥4,013,331.00
23	JD004	海尔冰箱	BCD-216SDN	245	¥1,799.00	¥440,755.00
24	JD006	海尔洗衣机	XQB70-LM1269	123	¥999.00	¥122,877.00
25	JD012	海尔空调	KFR-50LW	838	¥5,399.00	¥4,524,362.00
26	JD013	海尔电视	40A3	399	¥1,999.00	¥797,601.00
27	JD015	海尔冰箱	BCD-452WDPF	656	¥3,399.00	¥2,229,744.00

查看按字体颜色排序的效果

步骤05 下面再介绍按填充颜色排序的方法。打开“按填充颜色排序.xlsx”工作表，选择表格内任意单元格，单击“数据”选项卡中“排序”按钮。

步骤06 打开“排序”对话框，设置主要关键字为“商品名称”，排序依据为“单元格颜色”，然后设置颜色排序为浅橙色、浅黄色、浅绿色和无颜色。

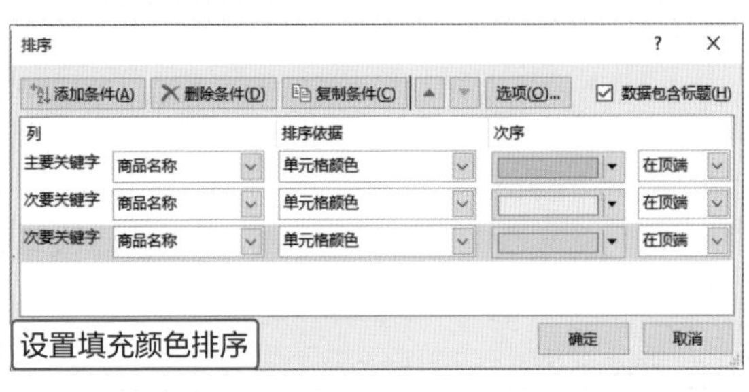

设置填充颜色排序

步骤07 设置完成后单击“确定”按钮，查看根据填充颜色排序的效果。

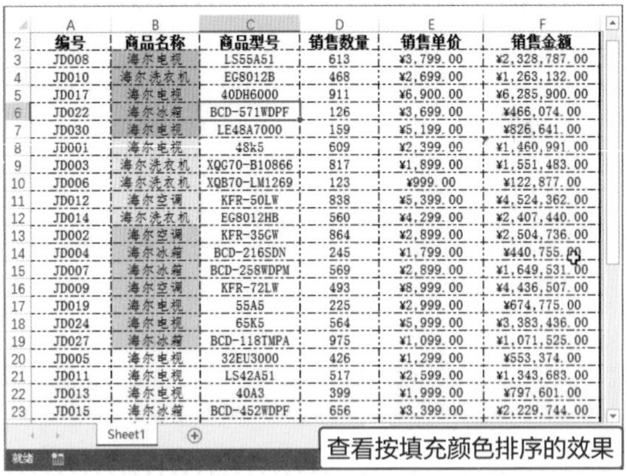

	编号	商品名称	商品型号	销售数量	销售单价	销售金额
3	JD008	海尔电视	LS55A51	613	¥3,799.00	¥2,328,787.00
4	JD010	海尔洗衣机	EG8012B	468	¥2,699.00	¥1,263,132.00
5	JD017	海尔电视	40DH6000	911	¥6,900.00	¥6,285,900.00
6	JD022	海尔冰箱	BCD-571WDPF	126	¥3,699.00	¥466,074.00
7	JD030	海尔电视	LE48A7000	159	¥5,199.00	¥826,641.00
8	JD001	海尔电视	48k5	609	¥2,399.00	¥1,460,991.00
9	JD003	海尔洗衣机	XQG70-B10866	817	¥1,899.00	¥1,551,483.00
10	JD006	海尔洗衣机	XQB70-LM1269	123	¥999.00	¥122,877.00
11	JD012	海尔空调	KFR-50LW	838	¥5,399.00	¥4,524,362.00
12	JD014	海尔洗衣机	EG8012HB	560	¥4,299.00	¥2,407,440.00
13	JD002	海尔空调	KFR-35GW	864	¥2,899.00	¥2,504,736.00
14	JD004	海尔冰箱	BCD-216SDN	245	¥1,799.00	¥440,755.00
15	JD007	海尔冰箱	BCD-258WDPM	569	¥2,899.00	¥1,649,531.00
16	JD009	海尔空调	KFR-72LW	493	¥8,999.00	¥4,436,507.00
17	JD019	海尔电视	55A5	225	¥2,999.00	¥674,775.00
18	JD024	海尔电视	65K5	564	¥5,999.00	¥3,383,436.00
19	JD027	海尔冰箱	BCD-118TMPA	975	¥1,099.00	¥1,071,525.00
20	JD005	海尔电视	32EU3000	426	¥1,299.00	¥553,374.00
21	JD011	海尔电视	LS42A51	517	¥2,599.00	¥1,343,683.00
22	JD013	海尔电视	40A3	399	¥1,999.00	¥797,601.00
23	JD015	海尔冰箱	BCD-452WDPF	656	¥3,399.00	¥2,229,744.00

查看按填充颜色排序的效果

Tips **设置无单元格颜色的位置**

对颜色进行排序时，设置完颜色顺序后，无单元格颜色的默认情况下排在最后，用户也可以根据需要对无颜色进行排序。在“排序”对话框中设置关键字后，再设置“排序依据”为“单元格颜色”，次序为“无单元格颜色”即可。

● 自定义排序

对数据进行排序时，用户也可以根据需要对数据进行自定义排序。本案例将以自定义商品名称为例介绍自定义排序的具体操作方法。

步骤01 打开“自定义排序.xlsx”工作表，选中表格内任意单元格，切换至“数据”选项卡，单击“排序和筛选”选项组中“排序”按钮。

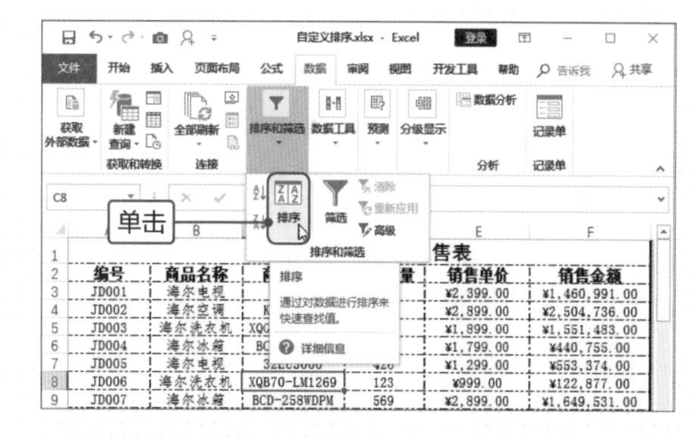

步骤02 打开“排序”对话框，设置“主要关键字”为“商品名称”，单击“次序”下三角按钮，在下拉列表中选择“自定义序列”选项。

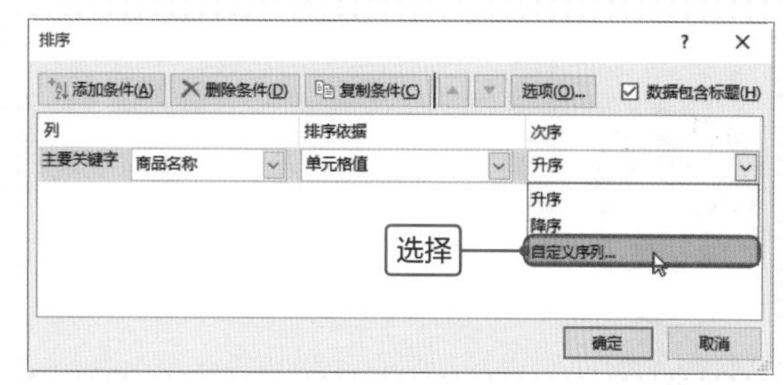

步骤03 打开“自定义序列”对话框，在“输入序列”文本框中分别输入“海尔洗衣机，海尔电视，海尔冰箱，海尔空调”，然后单击“添加”按钮。

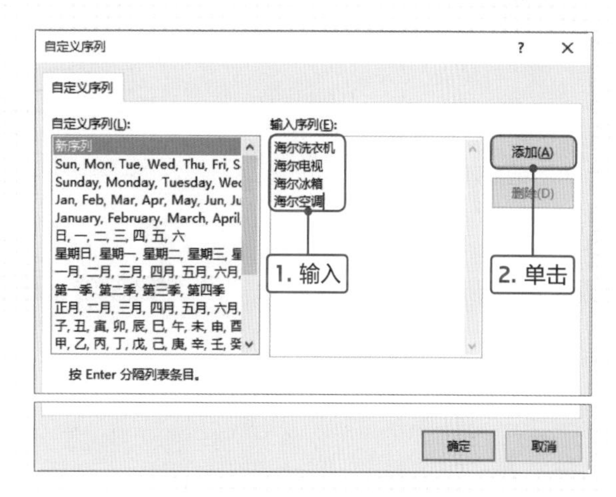

步骤04 依次单击“确定”按钮，返回工作表中，可见商品名称按照指定的顺序排序。因为表格数据比较多，为了展示效果将部分数据隐藏起来。

第一季度海尔家电销售表

	编号	商品名称	商品型号	销售数量	销售单价	销售金额
3	JD003	海尔洗衣机	XQG70-B10866	817	¥1,899.00	¥1,551,483.00
7	JD021	海尔洗衣机	XQG70-B1286	463	¥2,499.00	¥1,157,037.00
8	JD026	海尔洗衣机	XQB75-KS828	816	¥1,599.00	¥1,304,784.00
9	JD028	海尔洗衣机	EMS70BZ	812	¥2,899.00	¥2,353,988.00
10	JD001	海尔电视	48k5	609	¥2,399.00	¥1,460,991.00
13	JD011	海尔电视	LS42A51	517	¥2,599.00	¥1,343,683.00
17	JD019	海尔电视	55A5	225	¥2,999.00	¥674,775.00
18	JD024	海尔电视	65K5	564	¥5,999.00	¥3,383,436.00
19	JD030	海尔电视	LE48A7000	159	¥5,199.00	¥826,641.00
20	JD031	海尔电视	LE55A7000	669	¥5,999.00	¥4,013,331.00
24	JD022	海尔冰箱	BCD-571WDPF	126	¥3,699.00	¥466,074.00
25	JD027	海尔冰箱	BCD-118TMPA	975	¥1,099.00	¥1,071,525.00
26	JD033	海尔冰箱	BCD-648WDBE	997	¥4,399.00	¥4,385,803.00
27	JD002	海尔空调	KFR-35GW	864	¥2,899.00	¥2,504,736.00
28	JD009	海尔空调	KFR-72LW	493	¥8,999.00	¥4,436,507.00
29	JD012	海尔空调	KFR-50LW	838	¥5,399.00	¥4,524,362.00
30	JD018	海尔空调	KFR-33GW	214	¥1,999.00	¥427,786.0
31	JD020	海尔空调	KFR-72LW	374	¥4,999.00	¥1,869,626.
32	JD023	海尔空调	KFRd-72N	382	¥6,480.00	¥2,475,36
			-23GW	311	¥1,699.00	¥528,3

查看自定义排序效果

数据分析篇

分析员工考核成绩统计表

一年一度的员工考核成绩出来了，可以通过考核成绩进一步了解员工各方面的能力。历历哥安排小蔡把员工考核成绩统计出来，并叮嘱小蔡要实事求是，并且对电子表格进行保护，以便员工查看并进行筛选操作，方便查看自己的考核成绩。小蔡把员工各种考核成绩统计在一张表格中，并计算出各员工的总分，他还想让员工使用筛选功能对成绩进行分析处理。

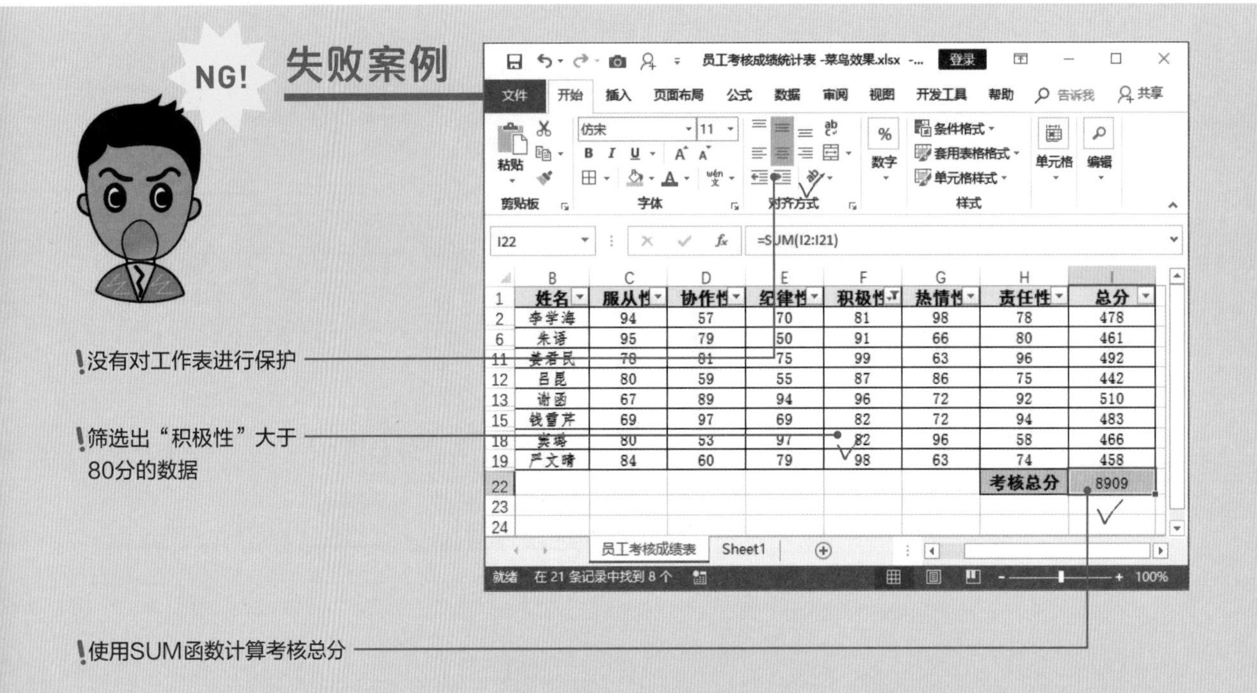

小蔡在制作员工考核成绩统计表时，没有对工作表进行保护，员工在查看成绩时可以对数据进行修改；他设置对员工考核的某项成绩进行筛选，这样不能代表员工的综合能力；使用SUM函数计算筛选员工的考核总分，这个总分对分析员工个人能力参考价值不大。

MISSION! 2

企业每年都会对员工进行全面的考核，考核的内容包括员工的服从性、协作性、纪律性、积极性、热情性以及责任性等。对员工进行考核可以提高员工对工作认真负责的态度，也可以让员工学习更多的知识，最终为企业的发展做出贡献，实现员工和企业共赢的目的。

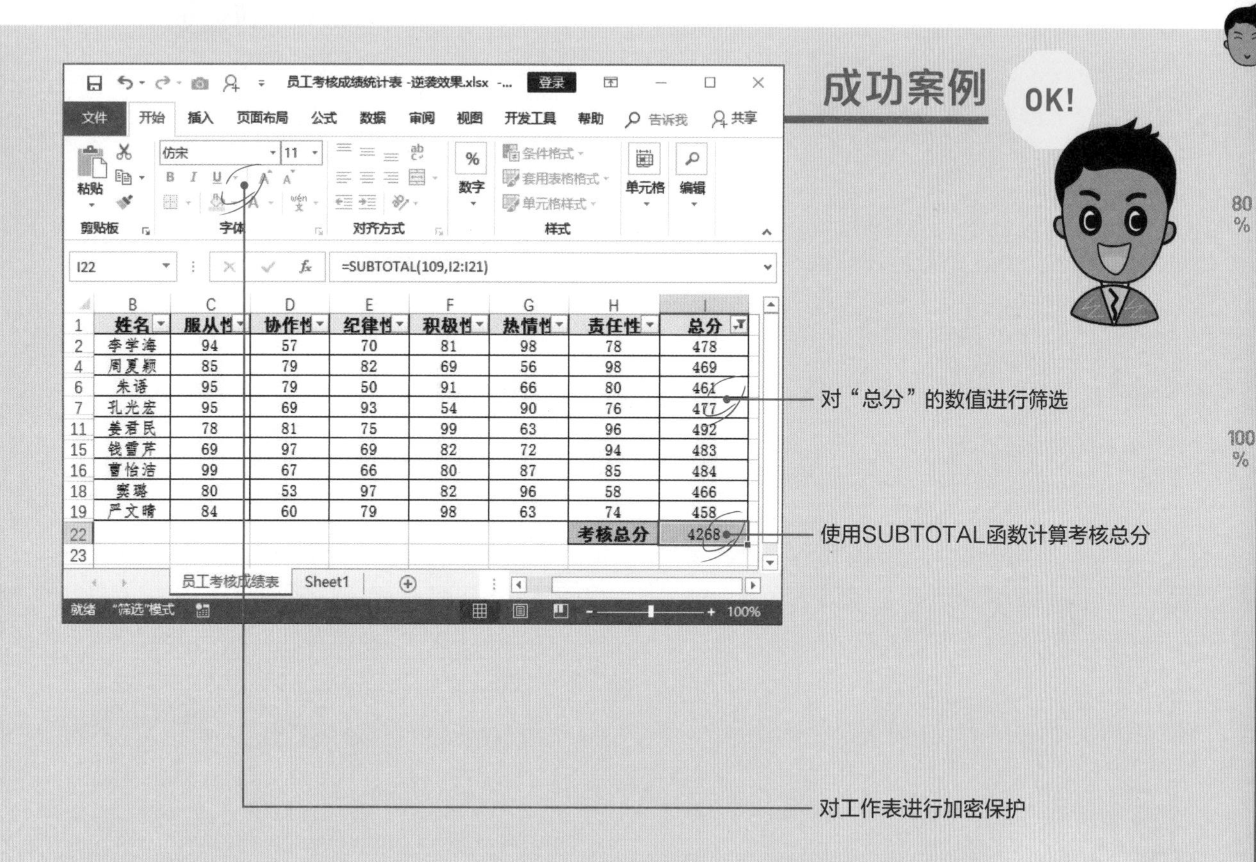

	姓名	服从性	协作性	纪律性	积极性	热情性	责任性	总分
2	李学海	94	57	70	81	98	78	478
4	周夏颖	85	79	82	69	56	98	469
6	朱语	95	79	50	91	66	80	461
7	孔光宏	95	69	93	54	90	76	477
11	姜君民	78	81	75	99	63	96	492
15	钱雪芹	69	97	69	82	72	94	483
16	曹怡洁	99	67	66	80	87	85	484
18	窦璐	80	53	97	82	96	58	466
19	严文晴	84	60	79	98	63	74	458
22							考核总分	4268

小蔡对员工考核成绩表进行修改，使表格更加完美。为工作表添加密码，用户除了可以对数据进行筛选操作，其他操作都不能实现；对员工的总分进行筛选，能筛选出中高层员工的信息；使用SUBTOTAL函数计算出满足筛选条件员工的考核成绩之和。

Point 1 计算考核成绩总分

使用Excel工作表处理数据时，其最大的优势在于计算功能。Excel中包含适合各个领域的函数，包括10多种类别，如财务、日期与时间、数学与三角函数、统计、查找与引用等。下面介绍使用函数计算数据的方法。

1

打开“员工考核成绩统计表.xlsx”工作表，选择I2单元格，切换至“公式”选项卡，单击“函数库”选项组中“自动求和”下三角按钮，在列表中选择“求和”选项。

选择

2

I2单元格中显示求和公式“=SUM(C2: H2)”，同时框选出需要计算求和的单元格区域。

公式

3

按Enter键确认计算，即可在I2单元格中计算出结果。选中I2单元格，将光标移至右下角变为黑色十字时，向下拖曳至I21单元格即可完成公式的填充，计算出所有员工考核的总分。

	B	C	D	E	F	G	H	I
1	姓名	服从性	协作性	纪律性	积极性	热情性	责任性	总分
2	李学海	94	57	70	81	98	78	478
3	赵哲云	60	57	63	62	50	65	357
4	周夏颖	85	79	82	69	56	98	469
5	吴妙	50	71	79	76	90	83	449
6	朱语	95	79	50	91	66	80	461
7	孔光宏	95	69	93	54	90	76	477
8	华智壮	78	72	57	80	70	59	416
9	何晗	70	60	60	59	55	61	365
10	张瑾	68	50	86	68	77	99	448
11	姜君民	78	81	75	99	63	96	492
12	吕昆	80	59	55	87	86	75	442
13	谢函	67	89	94	96	72	92	510
14	金雯萱	68	58	63	55	70	63	377
15	钱雪芹	69	97	69	82	72	94	483
16	曹怡洁	99	67	66	80	87	85	484
17	韦诗茵	61	85	51	54	74	95	420
18	窦璐	80	53	97	82	96	58	466
19	严文晴	84	60	79	98	63	74	458
20	邹琪汉	78	52	51	63	80	83	407
21	皮佑	85	84	77	76	55	73	450
22							考核总分	

计算总分

4

下面计算员工的考核总分，选中I22单元格，单击编辑栏中“插入函数”按钮。

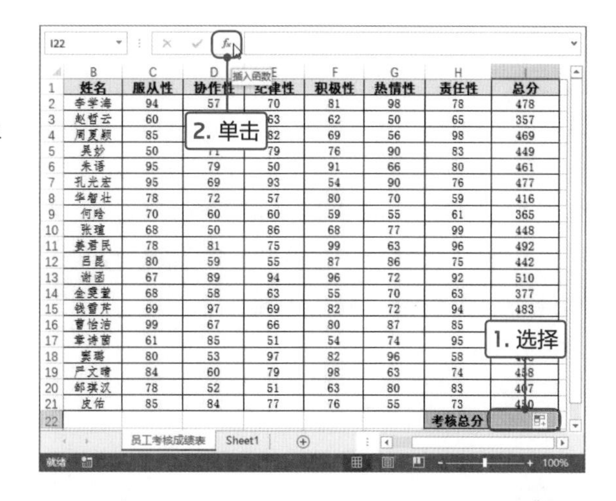

	姓名	服从性	协作性	纪律性	积极性	热情性	责任性	总分
2	李学海	94	57	70	81	98	78	478
3	赵哲云	60	[illegible]	63	62	50	65	357
4	周夏颖	85	[illegible]	82	69	56	98	469
5	吴妙	50	71	79	76	90	83	449
6	朱语	95	79	50	91	66	80	461
7	孔光宏	95	69	93	54	90	76	477
8	华智壮	78	72	57	80	70	59	416
9	何晗	70	60	60	59	55	61	365
10	张瑾	68	50	86	68	77	99	448
11	姜君民	78	81	75	99	63	96	492
12	吕昆	80	59	55	87	86	75	442
13	谢函	67	89	94	96	72	92	510
14	金雯萱	68	58	63	55	70	63	377
15	钱雪芹	69	97	69	82	72	94	483
16	曹怡洁	99	67	66	80	87	85	[illegible]
17	章诗茵	61	85	51	54	74	95	[illegible]
18	窦璐	80	53	97	82	96	58	[illegible]
19	严文晴	84	60	79	98	63	74	[illegible]
20	邹琪汉	78	52	51	63	80	83	407
21	皮佑	85	84	77	76	55	73	[illegible]
22							考核总分	

5

打开“插入函数”对话框，在“或选择类别”列表中选择“数学与三角函数”选项，在“选择函数”列表框中选择“SUBTOTAL”函数，单击“确定”按钮。

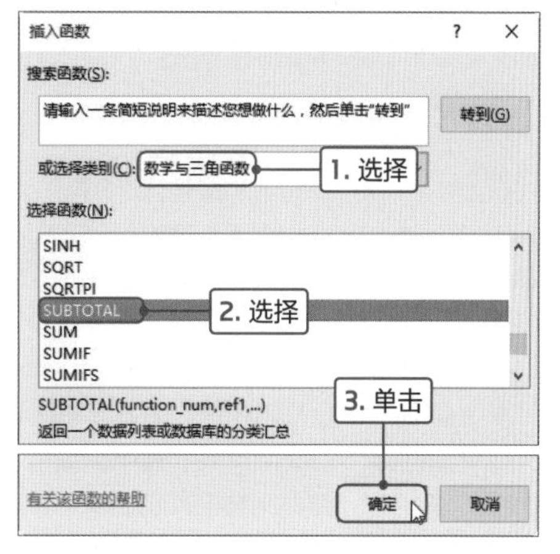

6

打开“函数参数”对话框，在文本框中输入相关参数，然后单击“确定”按钮。

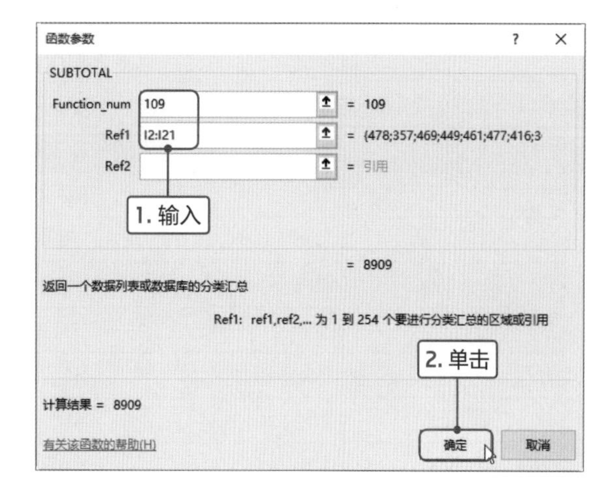

Tips 函数的输入

在Excel中使用函数计算数据时，除了本案例中介绍的两种输入函数的方法外，还可以直接输入，前提是用户对函数的含义和参数相当熟悉。首先输入“=”，然后输入函数的名称，最后输入函数参数，输入完成后按Enter键即可。

返回工作表中，可见在I22单元格中计算出所有员工的总分。
使用SUBTOTAL函数和SUM函数的计算结果是一样的，这里为什么不使用SUM函数呢？此处不进行解释，将在后面的Point3中详细介绍。

I22 =SUBTOTAL(109,I2:I21)

	B	C	D	E	F	G	H	I
1	姓名	服从性	协作性	纪律性	积极性	热情性	责任性	总分
2	李学海	94	57	70	81	98	78	478
3	赵哲云	60	57	63	62	50	65	357
4	周夏颖	85	79	82	69	56	98	469
5	吴妙	50	71	79	76	90	83	449
6	朱语	95	79	50	91	66	80	461
7	孔光宏	95	69	93	54	90	76	477
8	华智壮	78	72	57	80	70	59	416
9	何晗	70	60	60	59	55	61	365
10	张瑾	68	50	86	68	77	99	448
11	姜君民	78	81	75	99	63	96	492
12	吕昆	80	59	55	87	86	75	442
13	谢函	67	89	94	96	72	92	510
14	金斐萱	68	58	63	55	70	63	377
15	钱蕾芹	69	97	69	82	72	94	483
16	曹怡洁	99	67	66	80	87	85	484
17	韦诗茵	61	85	51	54	74	95	420
18	冀璐	80	53	97	82	96	58	466
19	严文晴	84	60	79	98	63	74	458
20	郝琪汉	78	52	51	63	80	83	407
21	皮佑	85	84	77	76	55	73	450
22							考核总分	8909

员工考核成绩表 Sheet1

查看计算结果

Tips SUBTOTAL函数介绍

SUBTOTAL函数返回列表或数据库中的分类汇总。
表达式：SUBTOTAL(function_num,ref1,ref2, ...)
参数含义：Function_num表示1到11（包含隐藏值）或101到111（忽略隐藏值）之间的数字，指定使用何种函数在列表中进行分类汇总计算。Ref表示要对其进行分类汇总计算的第1至29个命名区域或引用，该参数必须是对单元格区域的引用。

Tips Function_num参数的取值和说明

使用SUBTOTAL函数时，Function_num参数的取值不同其计算结果也不同。不同的数值表示应用不同的函数计算，相同的函数，该参数取值不同时结果有可能也不相同。下表列出了Function_num参数的值和说明。

值（包含隐藏值）	值（忽略隐藏值）	函数	函数说明
1	101	AVERAGE	平均值
2	102	COUNT	非空值单元格计数
3	103	COUNTA	非空值单元格计数包括字母
4	104	MAX	最大值
5	105	MIN	最小值
6	106	PRODUCT	乘积
7	107	STDEV	标准偏差忽略逻辑值和文本
8	108	STDEVP	标准偏差值
9	109	SUM	求和
10	110	VAR	给定样本的方差
11	111	VARP	整个样本的总体方差

Point 2 在受保护的工作表中筛选

在Excel中，用户可以对重要的表格设置密码保护，只有授权密码的用户才能对其进行更改。本节将介绍设置密码保护工作表，并允许用户对数据进行筛选的操作，下面介绍具体操作方法。

1

选择表格内任意单元格，切换至“数据”选项卡，单击“排序和筛选”选项组中的“筛选”按钮。

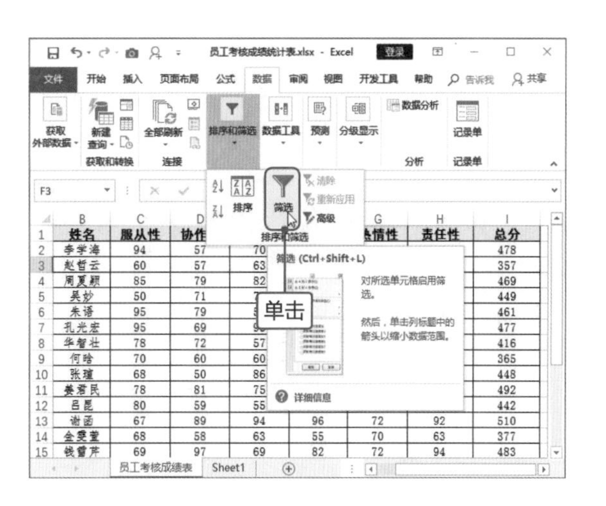

2

表格进入筛选模式，在标题的右侧出现筛选按钮。切换至“审阅”选项卡，单击“保护”选项组中的“保护工作表”按钮。

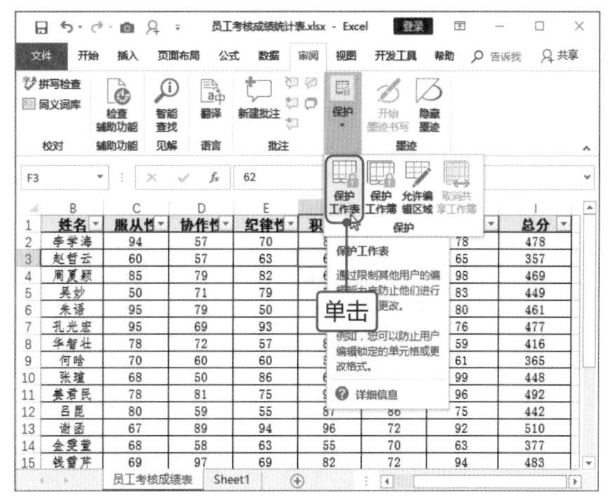

3

打开“保护工作表”对话框，在“取消工作表保护时使用的密码”文本框中输入密码，如“111”，然后在“允许工作表的所有用户进行”列表框中勾选“使用自动筛选”复选框，单击“确定”按钮。

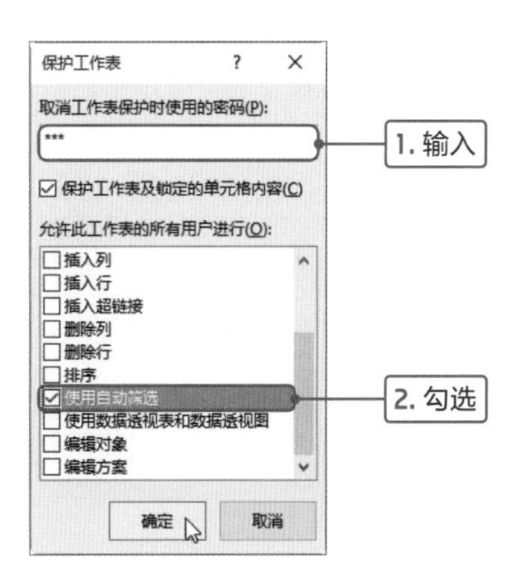

4

打开“确认密码”对话框，在“重新输入密码”文本框中输入设置的密码，如“111”，单击“确定”按钮。

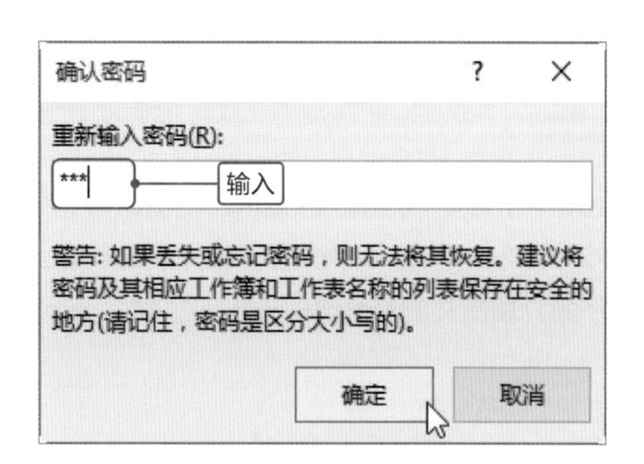

返回工作表，如果用户试图修改数据，系统会弹出提示对话框，提示该工作表是受保护的。

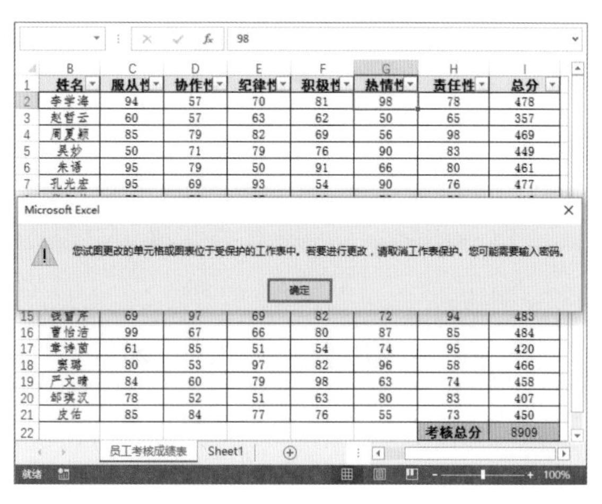

下面对数据进行筛选，验证在保护的工作表中是否可以筛选。单击“总分”筛选按钮，在列表中选择“数字筛选>高于平均值”选项。

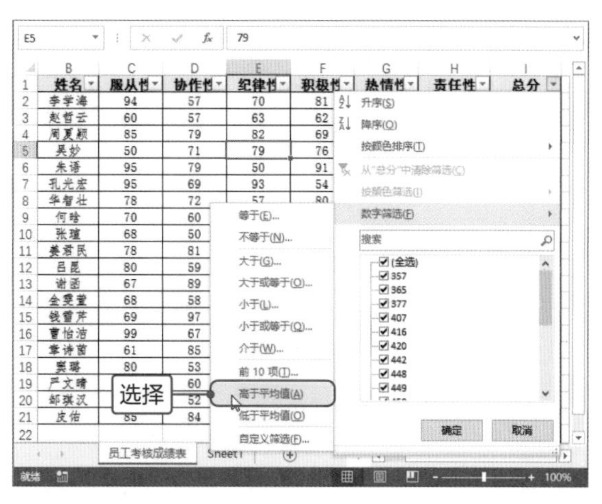

返回工作表中，可见只显示总分大于平均值的员工考核信息，说明可以在受保护的工作表中设置筛选。

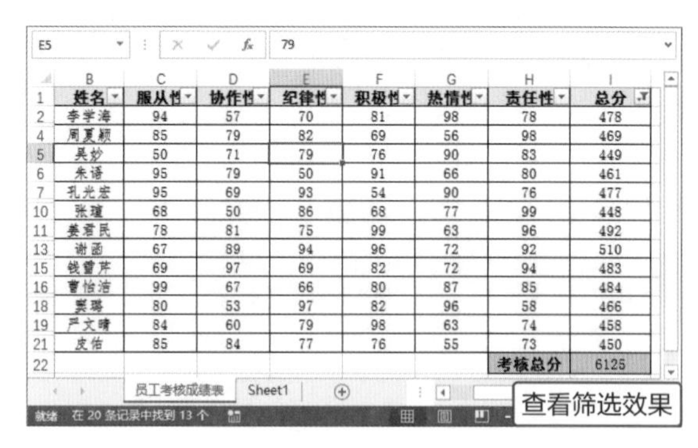

Point 3 筛选出符合条件的数据

在Excel中用户可以使用筛选功能对数据进行筛选，只显示满足条件的数据，并将多余的数据隐藏。该功能在数据的分析和处理时是常用的功能之一，下面介绍筛选出员工总分大于450和小于500的数据。

1

单击“总分”筛选按钮，在列表中选择“数字筛选>介于”选项。

Tips 进入筛选模式的方法

进入筛选模式的方法很多，除了上面介绍的单击“筛选”按钮外，还有以下几种。

- 选中单元格，切换至“开始”选项卡，单击“编辑”选项组中“排序和筛选”下三角按钮，在列表中选择“筛选”选项。
- 选中单元格，单击鼠标右键，在快捷菜单中选择“筛选>按所选单元格的值筛选”命令。
- 选中单元格，按Ctrl+Shift+L组合键。

2

打开“自定义自动筛选方式”对话框，设置筛选条件为大于450，小于500，然后单击“确定”按钮。

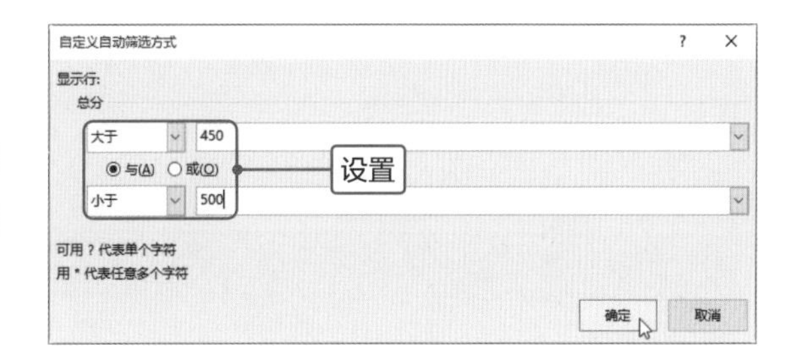

3

返回工作表中，查看筛选结果，并在I22单元格中计算出满足条件的总分。此处如果使用SUM函数，则计算所有员工成绩的总和。

=SUBTOTAL(109,I2:I21)

	姓名	服从性	协作性	纪律性	积极性	热情性	责任性	总分
2	李学海	94	57	70	81	98	78	478
4	周夏颖	85	79	82	69	56	98	469
6	朱诱	95	79	50	91	66	80	461
7	孔光宏	95	69	93	54	90	76	477
11	姜看民	78	81	75	99	63	96	492
15	钱雪芹	69	97	69	82	72	94	483
16	曹怡洁	99	67	66	80	87	85	484
18	窦璐	80	53	97	82	96	58	466
19	严文晴	84	60	79	98	63	74	458
22							考核总分	4268

查看筛选结果

Tips “与”和“或”的区别

本案例中打开的“自定义自动筛选方式”对话框中筛选条件提供两种关系，即“与”和“或”，其中“与”表示筛选后的数据必须满足这两种条件；“或”表示筛选后的数据只需要满足两种条件中的任何一种即可。在本案例中筛选的条件必须满足总分大于450，并小于500，所以需要使用“与”关系。如果选择“或”关系，则筛选出的结果为所有的员工数据。

高效办公

数据筛选

在日常工作中，当需要从繁杂的数据中筛选出符合条件的数据时，使用筛选功能即可轻松查找数据。使用筛选功能不但可以对数据进行筛选，还可以对日期、汉字和颜色进行筛选操作，下面具体介绍各种筛选的操作方法。

● 按填充颜色进行筛选

用户可根据文字颜色或填充颜色进行筛选，只显示满足筛选条件的颜色。下面介绍具体操作方法。

步骤01 打开“按填充颜色筛选.xlsx”工作表，按Ctrl+Shift+L组合键，表格进入筛选模式，单击“总分”筛选按钮，在列表中选择“按颜色筛选”选项，在展开的子列表中选择需要筛选的颜色。

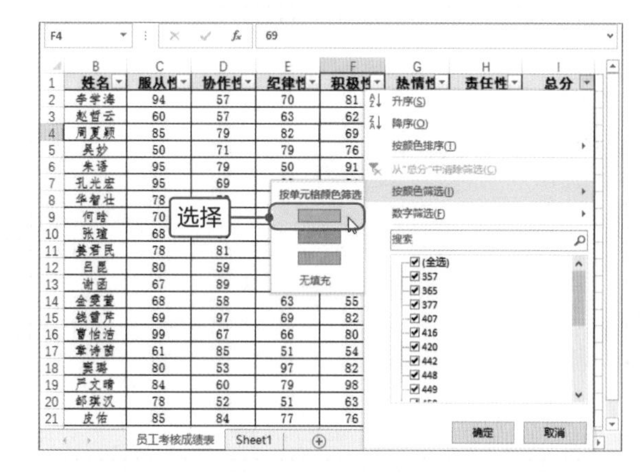

步骤02 返回工作表中，可见只显示总分填充颜色为浅绿色的信息。

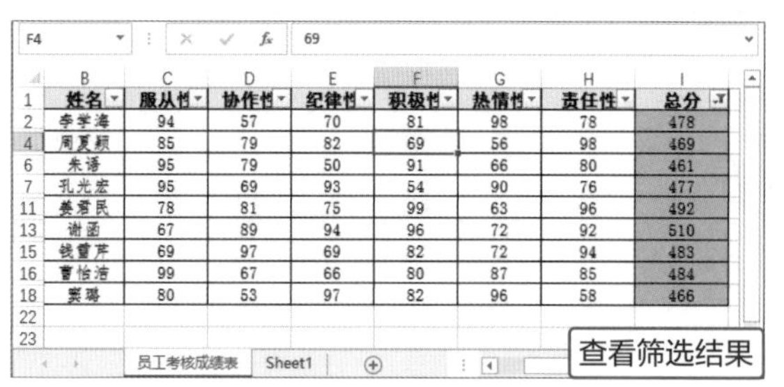

步骤03 若需要清除筛选结果，显示所有信息，再次单击“总分”筛选按钮，在列表中选择“从总分中清除筛选”选项。

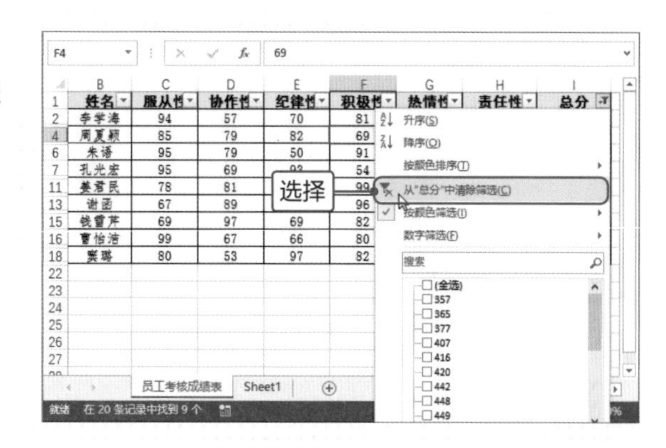

● 使用通配符筛选数据

在进行数据筛选时，有时筛选的数据只有部分是相同的，如本案例筛选出所有姓“赵”员工的信息，此时可以使用通配符进行筛选。下面介绍筛选姓“赵”员工信息的方法。

步骤01 打开“使用通配符筛选.xlsx”工作表，进入筛选模式，单击“姓名”筛选按钮，在列表中选择“文本筛选>等于”选项。

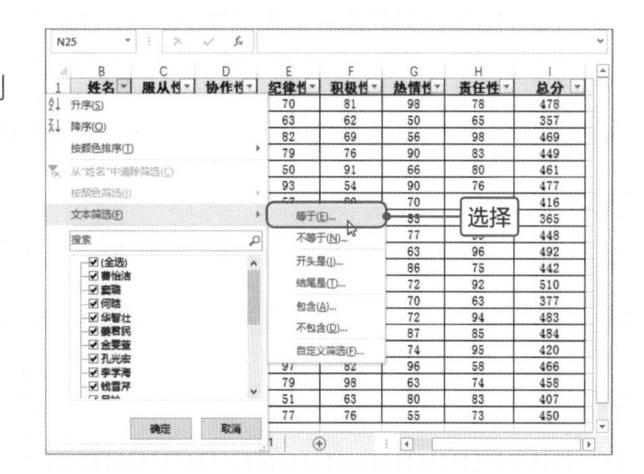

步骤02 打开“自定义自动筛选方式”对话框，在“姓名”选项组的“等于”右侧文本框中输入“赵*”，单击“确定”按钮。

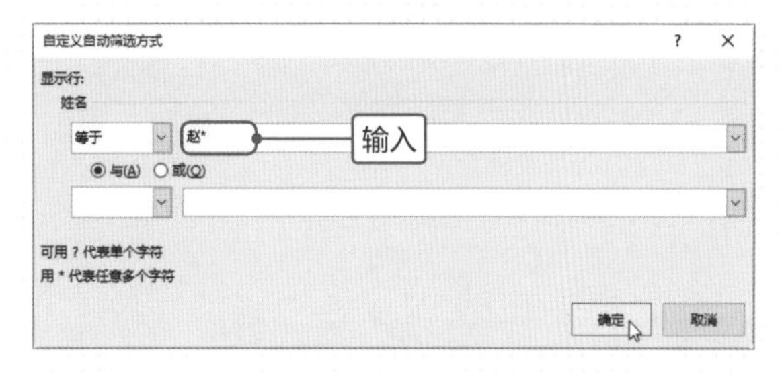

步骤03 返回工作表中，可见所有姓“赵”员工的信息被筛选出来。

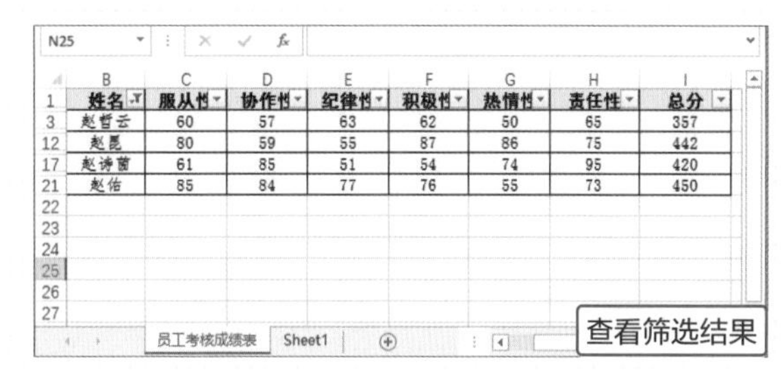

Tips 两种通配符的意义

在Excel中通配符包括两种，它们都是英文半角状态下输入的，分别为“? ”和“*”，两种通配符分别代表不同的意义：“?”表示代替任意的单个字符；“*”表示代替任意数量的字符，可以是单个字符，也可以是多个字符或没有字符。通配符只适用文本型的数据，对数值型和日期型的数据无效。

步骤04 如果在步骤2中“等于”右侧文本框中输入“赵?”文本，然后单击“确定”按钮。

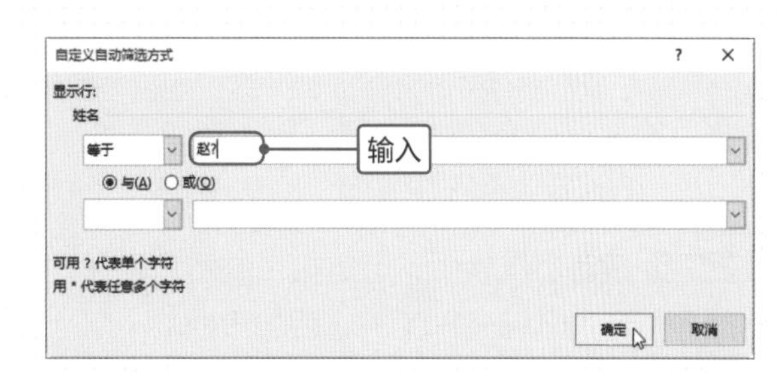

步骤05 返回工作表中，可见只筛选出姓“赵”且名字为1个字的员工信息。

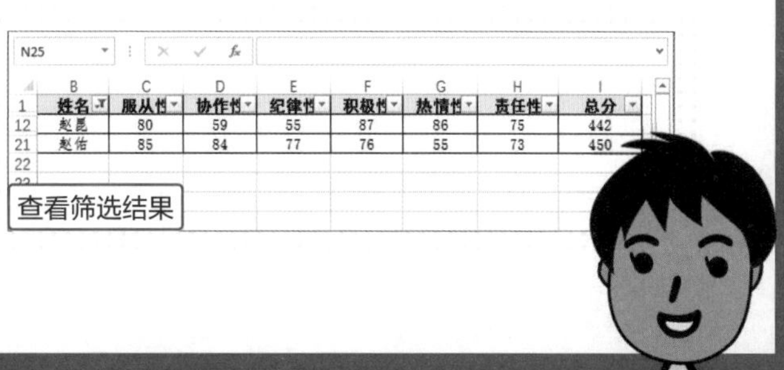

● 按日期进行筛选

日期格式的数据，也是使用Excel时常遇到的一种数据格式，也可以使用筛选功能对其进行操作。在本案例中将筛选出9月20日之后交货的采购订单信息，下面介绍具体操作方法。

步骤01 打开“按日期进行筛选.xlsx”工作表，选中表格内任意单元格，切换至“数据”选项卡，单击“排序和筛选”选项组中“筛选”按钮进入筛选模式。

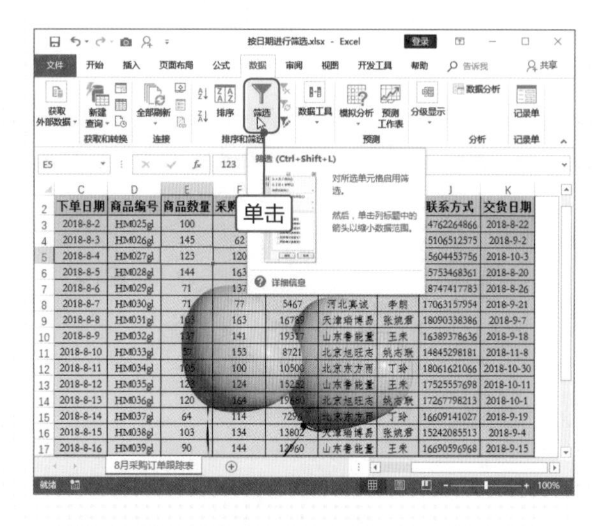

步骤02 单击“交货日期”筛选按钮，在列表中选择“日期筛选>之后”选项。

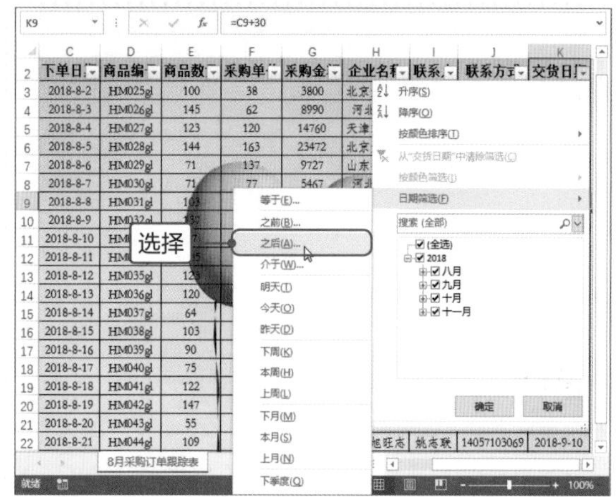

步骤03 打开“自定义自动筛选方式”对话框，在“在以下日期之后”文本框中输入“2018-9-20”，单击“确定”按钮。

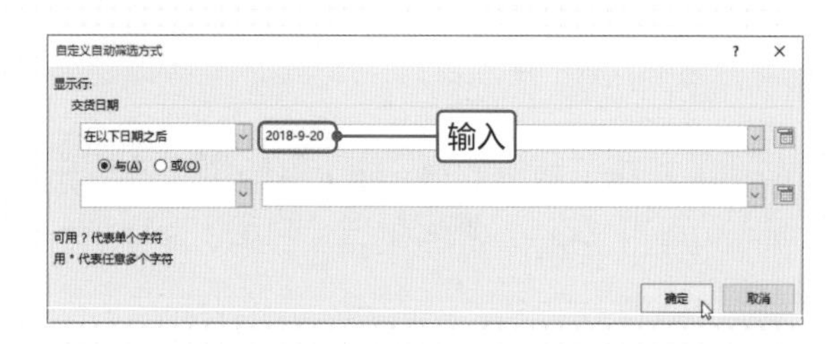

步骤04 返回工作表中，可见在“交货日期”列中只显示“2018-9-20”之后的日期。

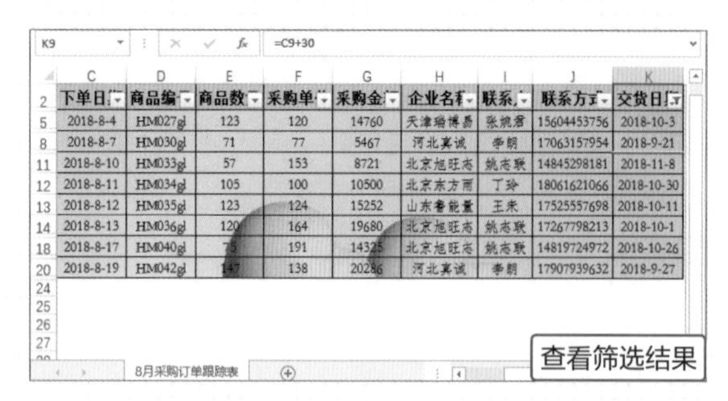

●按百分比筛选数据

在对数据进行筛选时，经常需要筛选出多少百分比的数据，如本案例将筛选出考核成绩最好的30%的员工信息，下面介绍具体操作方法。

步骤01 打开“按百分比筛选.xlsx”工作表，单击“排序和筛选”选项组中“筛选”按钮进入筛选模式。单击“总分”筛选按钮，在列表中选择“数字筛选>前10项”选项。

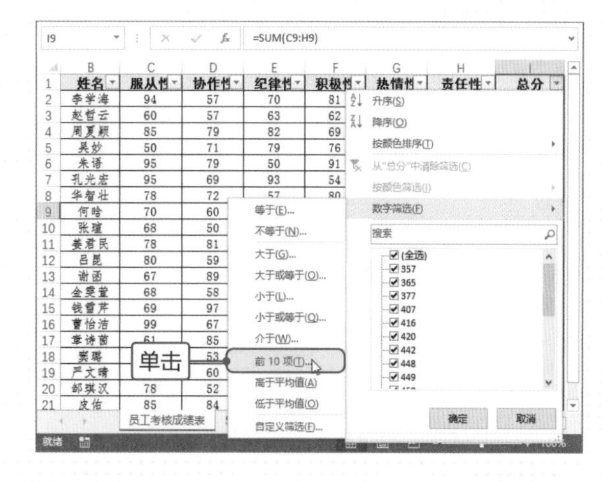

步骤02 打开“自动筛选前10个”对话框，在中间数值框中输入30，单击右侧文本框的下三角按钮，在列表中选择“百分比”选项，单击“确定”按钮。

步骤03 返回工作表中，可见筛选出“总分”最好的30%员工的信息。

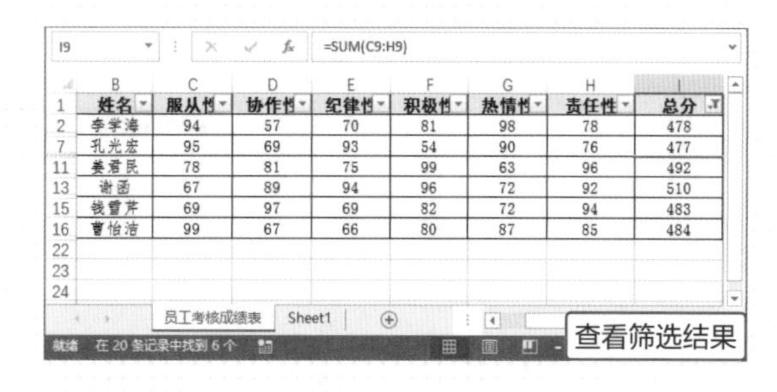

步骤04 用户也可以根据需要筛选出成绩最不好的30%的员工，打开““自动筛选前10个”对话框，单击左侧文本框下三角按钮，选择“最小“选项，在中间数值框中输入30，单击右侧文本框的下三角按钮，在列表中选择“百分比”选项，单击“确定”按钮。

步骤05 返回工作表中，可见筛选出“总分”最少的30%员工的信息。

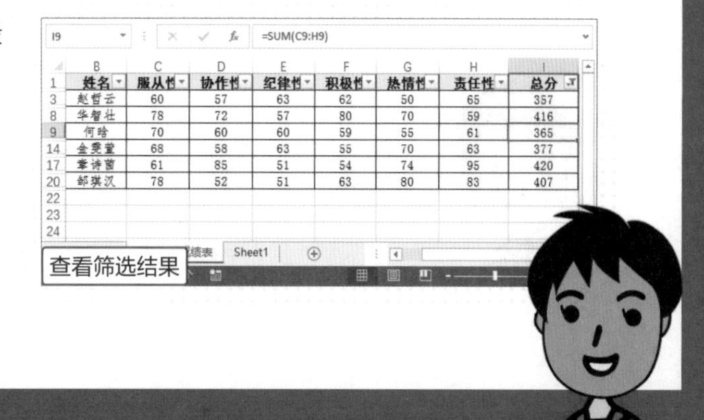

分析员工基本工资表

员工的工资是企业重要的开支之一，因此企业会具体分析员工的工资信息，如按照部门、职务、性别以及不同的工资范围进行分析。历历哥决定今年对员工的工资进行全面、具体地分析，他把这项工作交给了小蔡。小蔡决定不辜负领导的期望，在Excel工作表中使用筛选功能对数据进行细致分析。

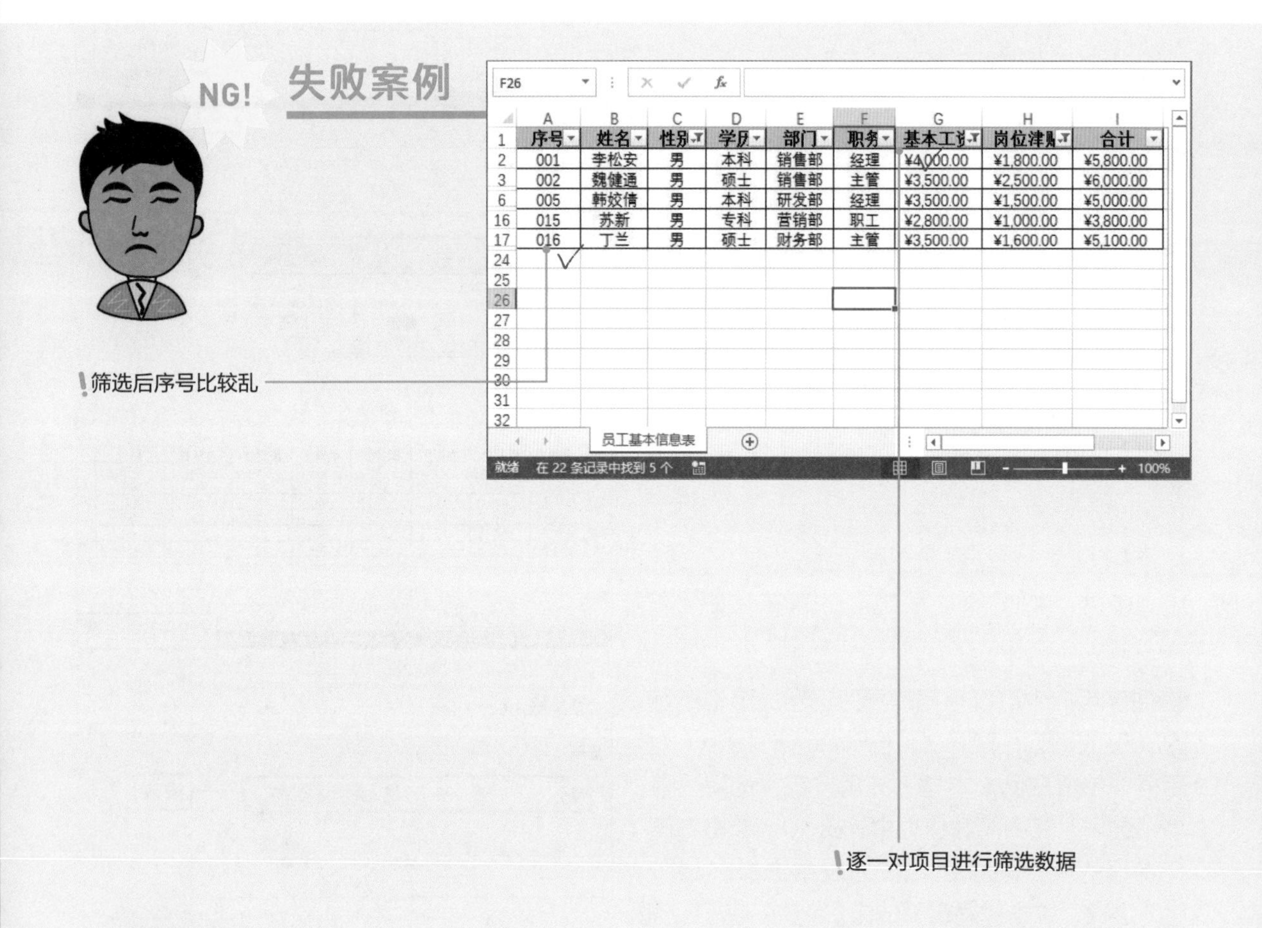

	A	B	C	D	E	F	G	H	I
1	序号	姓名	性别	学历	部门	职务	基本工资	岗位津贴	合计
2	001	李松安	男	本科	销售部	经理	¥4,000.00	¥1,800.00	¥5,800.00
3	002	魏健通	男	硕士	销售部	主管	¥3,500.00	¥2,500.00	¥6,000.00
6	005	韩姣倩	男	本科	研发部	经理	¥3,500.00	¥1,500.00	¥5,000.00
16	015	苏新	男	专科	营销部	职工	¥2,800.00	¥1,000.00	¥3,800.00
17	016	丁兰	男	硕士	财务部	主管	¥3,500.00	¥1,600.00	¥5,100.00

小蔡在对员工的工资表进行筛选数据时，使用“筛选”功能对多个筛选条件逐一进行筛选，这种筛选数据比较麻烦；其次，筛选后序号不连续，对于分析满足条件的信息的数量不能直观地显示。

MISSION! 3

员工工资表是企业核算员工工资的表格，一般情况下是1个月一张。员工也可以根据工资表中的数据进行核算，如果有疑问可以向相关部门进行反映。在本案例中主要介绍如何对工资表进行分析，使用“高级”筛选功能对需要分析的数据进行筛选，用户也可以按照相同的方法筛选出需要的数据。

成功案例 OK!

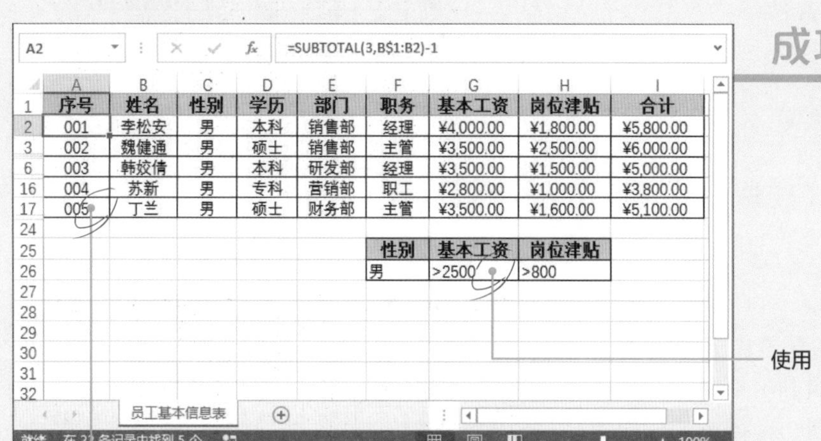

A2 =SUBTOTAL(3,B$1:B2)-1

序号	姓名	性别	学历	部门	职务	基本工资	岗位津贴	合计
001	李松安	男	本科	销售部	经理	¥4,000.00	¥1,800.00	¥5,800.00
002	魏健通	男	硕士	销售部	主管	¥3,500.00	¥2,500.00	¥6,000.00
003	韩姣倩	男	本科	研发部	经理	¥3,500.00	¥1,500.00	¥5,000.00
004	苏新	男	专科	营销部	职工	¥2,800.00	¥1,000.00	¥3,800.00
005	丁兰	男	硕士	财务部	主管	¥3,500.00	¥1,600.00	¥5,100.00

性别	基本工资	岗位津贴
男	>2500	>800

使用“高级”筛选功能快速筛选出结果

筛选后序号是连续的

小蔡根据点评进一步修改表格并使用“高级”功能，首先使用SUBTOTAL函数对序号进行连续处理，保证筛选数据后序号是连续的；其次使用“高级”功能可以进行自定义多条件筛选，可以更好地筛选出想要的数据。

Point 1 设置连续的序号

使用筛选功能时，可以发现筛选数据后会隐藏部分行，从而导致序号不连续。使用序号的作用是可以清楚地查看信息的数量。下面介绍使用SUBTOTAL函数让序号连续。

1

打开“员工基本工资表.xlsx”工作表，选中A2单元格，然后输入“=SUBTOTAL(3,B$1:B2)-1”公式，按Enter键确认。

SUBTOTAL | =SUBTOTAL(3,B$1:B2)-1

	A	B	C	D	E	F	G	H
1	序号	姓名	性别	学历	部门	职务	基本工资	岗位津贴
2	=SUBTOTAL(3,B$1:B2)-1	李松安	男	本科	销售部	经理	¥4,000.00	¥1,800.00
3		魏健通	男	硕士	销售部	主管	¥3,500.00	¥2,500.00
4		刘伟	女	专科	研发部	职工	¥2,800.00	¥500.00
5		朱秀美	女	硕士	人事部	职工	¥2,500.00	¥900.00
6		韩姣倩	男	本科	研发部	经理	¥3,500.00	¥1,500.00
7		马正泰	女	博士	销售部	职工	¥2,000.00	¥1,000.00
8		于顺康	女	本科	研发部	职工	¥2,800.00	¥650.00
9		武福贵	女	硕士	财务部	主管	¥3,500.00	¥1,500.00
10		张婉静	男	专科	人事部	职工	¥2,500.00	¥800.00
11		李宁	女	硕士	财务部	职工	¥2,500.00	¥800.00
12		杜贺	女	本科	销售部	职工	¥2,000.00	¥800.00
13		吴鑫	女	博士	研发部	职工	¥2,800.00	¥800.00
14		金兴	女	本科	营销部	主管	¥3,800.00	¥1,600.00
15		沈安坦	男	硕士	销售部	职工	¥2,000.00	¥900.00
16		苏新	男	专科	营销部	职工	¥2,800.00	¥1,000.00
17		丁兰	男	硕士	财务部	主管	¥3,500.00	¥1,600.00
18		王达刚	女	本科	销售部	职工	¥2,000.00	¥600.00
19		季珏	男	博士	营销部	职工	¥2,500.00	¥1,200.00

输入

员工基本信息表

2

选中A2单元格，将光标移至该单元格的右下角，当光标变为黑色十字时向下拖曳至A23单元格，完成公式的填充，可见按连续的序号进行排列。

A2 | =SUBTOTAL(3,B$1:B2)-1

	A	B	C	D	E	F	G	H
1	序号	姓名	性别	学历	部门	职务	基本工资	岗位津贴
2	1	李松安	男	本科	销售部	经理	¥4,000.00	¥1,800.00
3	2	魏健通	男	硕士	销售部	主管	¥3,500.00	¥2,500.00
4	3	刘伟	女	专科	研发部	职工	¥2,800.00	¥500.00
5	4	朱秀美	女	硕士	人事部	职工	¥2,500.00	¥900.00
6	5	韩姣倩	男	本科	研发部	经理	¥3,500.00	¥1,500.00
7	6	马正泰	女	博士	销售部	职工	¥2,000.00	¥1,000.00
8	7	于顺康	女	本科	研发部	职工	¥2,800.00	¥650.00
9	8	武福贵	女	硕士	财务部	主管	¥3,500.00	¥1,500.00
10	9	张婉静	男	专科	人事部	职工	¥2,500.00	¥800.00
11	10	李宁	女	硕士	财务部	职工	¥2,500.00	¥800.00
12	11	杜贺	女	本科	销售部	职工	¥2,000.00	¥800.00
13	12	吴鑫	女	博士	研发部	职工	¥2,800.00	¥800.00
14	13	金兴	女	本科	营销部	主管	¥3,800.00	¥1,600.00
15	14	沈安坦	男	硕士	销售部	职工	¥2,000.00	¥900.00
16	15	苏新	男	专科	营销部	职工	¥2,800.00	¥1,000.00
17	16	丁兰	男	硕士	财务部	主管	¥3,500.00	¥1,600.00
18	17	王达刚	女	本科	销售部	职工	¥2,000.00	¥600.00
19	18	季珏	男	博士	营销部	职工	¥2,500.00	

填充公式

员工基本信息表

3

保持该单元格区域为选中状态，按Ctrl+1组合键，打开“设置单元格格式”对话框，在“数字”选项卡中选择“自定义”选项，在“类型”文本框中输入“000”，单击“确定”按钮。

4

返回工作表中，查看设置序号的效果。其中SUBTOTAL函数的第一个参数为3，表示包含隐藏值，当应用筛选功能时，序号会自动连续排序。

A7 =SUBTOTAL(3,B$1:B7)-1

	序号	姓名	性别	学历	部门	职务	基本工资	岗位津贴
2	001	李松安	男	本科	销售部	经理	¥4,000.00	¥1,800.00
3	002	魏健通	男	硕士	销售部	主管	¥3,500.00	¥2,500.00
4	003	刘伟	女	专科	研发部	职工	¥2,800.00	¥500.00
5	004	朱秀美	女	硕士	人事部	职工	¥2,500.00	¥900.00
6	005	韩姣倩	男	本科	研发部	经理	¥3,500.00	¥1,500.00
7	006	马正泰	女	博士	销售部	职工	¥2,000.00	¥1,000.00
8	007	于顺康	女	本科	研发部	职工	¥2,800.00	¥650.00
9	008	武福贵	女	硕士	财务部	主管	¥3,500.00	¥1,500.00
10	009	张婉静	男	专科	人事部	职工	¥2,500.00	¥800.00
11	010	李宁	女	硕士	财务部	职工	¥2,500.00	¥800.00
12	011	杜贺	女	本科	销售部	职工	¥2,000.00	¥800.00
13	012	吴鑫	女	博士	研发部	职工	¥2,800.00	¥800.00
14	013	金兴	女	本科	营销部	主管	¥3,800.00	¥1,600.00
15	014	沈安坦	男	硕士	销售部	职工	¥2,000.00	¥900.00
16	015	苏新	男	专科	营销部	职工	¥2,800.00	¥1,000.00

员工基本信息表

查看序号的效果

Tips **设置隐藏行时序号连续**

通过以上操作，如果隐藏部分行，则序号还是不连续的，如隐藏第5行，可见在序号中003后显示005。

如何设置隐藏行后序号仍然是连续的呢？在任务2中学习了SUBTOTAL函数的应用，第一个参数为103时表示忽略隐藏值，所以对函数进行修改即可。

A4 =SUBTOTAL(3,B$1:B4)-1

	序号	姓名	性别	学历	部门	职务	基本工资	岗位津贴
2	001	李松安	男	本科	销售部	经理	¥4,000.00	¥1,800.00
3	002	魏健通	男	硕士	销售部	主管	¥3,500.00	¥2,500.00
4	003	刘伟	[illegible]	[illegible]	[illegible]	职工	¥2,800.00	¥500.00
6	005	韩姣倩	[illegible]	[illegible]	[illegible]	经理	¥3,500.00	¥1,500.00
7	006	马正泰	女	博士	销售部	职工	¥2,000.00	¥1,000.00
8	007	于顺康	女	本科	研发部	职工	¥2,800.00	¥650.00
9	008	武福贵	女	硕士	财务部	主管	¥3,500.00	¥1,500.00
10	009	张婉静	男	专科	人事部	职工	¥2,500.00	¥800.00
11	010	李宁	女	硕士	财务部	职工	¥2,500.00	¥800.00
12	011	杜贺	女	本科	销售部	职工	¥2,000.00	¥800.00
13	012	吴鑫	女	博士	研发部	职工	¥2,800.00	¥800.00
14	013	金兴	女	本科	营销部	主管	¥3,800.00	¥1,600.00
15	014	沈安坦	男	硕士	销售部	职工	¥2,000.00	¥900.00
16	015	苏新	男	专科	营销部	职工	¥2,800.00	¥1,000.00
17	016	丁兰	男	硕士	财务部	主管	¥3,500.00	¥1,600.00

员工基本信息表

隐藏行的效果

选中A2单元格并按F2功能键，公式为可编辑状态，然后将第一个参数3修改为103按Enter键确认，然后将公式向下填充至A23单元格。

SUBTOTAL =SUBTOTAL(103,B$1:B2)-1

	序号	姓名	性别	学历	部门	职务	基本工资	岗位津贴
2	=SUBTOTAL(103,B$1:B2)-1	李松安	男	本科	销售部	经理	¥4,000.00	¥1,800.00
3		魏健通	[illegible]	[illegible]	销售部	主管	¥3,500.00	¥2,500.00
4		刘伟	[illegible]	[illegible]	研发部	职工	¥2,800.00	¥500.00
6		韩姣倩	[illegible]	[illegible]	研发部	经理	¥3,500.00	¥1,500.00
7		马正泰	女	博士	销售部	职工	¥2,000.00	¥1,000.00
8	[illegible]	[illegible]	[illegible]	[illegible]	研发部	职工	¥2,800.00	¥650.00
9	007	武福贵	女	硕士	财务部	主管	¥3,500.00	¥1,500.00
10	008	张婉静	男	专科	人事部	职工	¥2,500.00	¥800.00
11	009	李宁	女	硕士	财务部	职工	¥2,500.00	¥800.00
12	010	杜贺	女	本科	销售部	职工	¥2,000.00	¥800.00
13	011	吴鑫	女	博士	研发部	职工	¥2,800.00	¥800.00
14	012	金兴	女	本科	营销部	主管	¥3,800.00	¥1,600.00
15	013	沈安坦	男	硕士	销售部	职工	¥2,000.00	¥900.00
16	014	苏新	男	专科	营销部	职工	¥2,800.00	¥1,000.00
17	015	丁兰	男	硕士	财务部	主管	¥3,500.00	¥1,600.00

SUBTOTAL(**function_num**, ref1, [ref2], ...)

员工基本信息表

修改公式

再次隐藏第5行，可见序号是连续的。

A4 =SUBTOTAL(103,B$1:B4)-1

	序号	姓名	性别	学历	部门	职务	基本工资	岗位津贴
2	001	李松安	男	本科	销售部	经理	¥4,000.00	¥1,800.00
3	002	魏健通	男	硕士	销售部	主管	¥3,500.00	¥2,500.00
4	003	刘伟	女	专科	研发部	职工	¥2,800.00	¥500.00
6	004	韩姣倩	男	本科	研发部	经理	¥3,500.00	¥1,500.00
7	005	马正泰	女	博士	销售部	职工	¥2,000.00	¥1,000.00
8	006	于顺康	女	本科	研发部	职工	¥2,800.00	¥650.00
9	007	武福贵	女	硕士	财务部	主管	¥3,500.00	¥1,500.00
10	008	张婉静	男	专科	人事部	职工	¥2,500.00	¥800.00
11	009	李宁	女	硕士	财务部	职工	¥2,500.00	¥800.00
12	010	杜贺	女	本科	销售部	职工	¥2,000.00	¥800.00
13	011	吴鑫	女	博士	研发部	职工	¥2,800.00	¥800.00
14	012	金兴	女	本科	营销部	主管	¥3,800.00	¥1,600.00
15	013	沈安坦	男	硕士	销售部	职工	¥2,000.00	¥900.00
16	014	苏新	男	专科	营销部	职工	¥2,800.00	¥1,000.00
17	015	丁兰	男	硕士	财务部	主管	¥3,500.00	¥1,600.00

员工基本信息表

查看隐藏行的效果

Point 2 多条件筛选数据

当需要对数据进行多条件的筛选时，可以使用“高级”功能进行准确、快速筛选。在本案例中需要筛选出性别为男，基本工资大于2500，岗位津贴大于800的数据信息。

1

打开“员工基本工资表.xlsx”工作表，在F25:H26单元格区域输入需要筛选的条件。在输入条件时，需要注意条件区域的项目必须和表格的项目一致，否则不能筛选出结果。

F25 性别

	A	B	C	D	E	F	G	H	I
1	序号	姓名	性别	学历	部门	职务	基本工资	岗位津贴	合计
8	007	于顺康	女	本科	研发部	职工	¥2,800.00	¥650.00	¥3,450.00
9	008	武福贵	女	硕士	财务部	主管	¥3,500.00	¥1,500.00	¥5,000.00
10	009	张婉静	男	专科	人事部	职工	¥2,500.00	¥800.00	¥3,300.00
11	010	李宁	女	硕士	财务部	职工	¥2,500.00	¥800.00	¥3,300.00
12	011	杜贺	女	本科	销售部	职工	¥2,000.00	¥800.00	¥2,800.00
13	012	吴鑫	女	博士	研发部	职工	¥2,800.00	¥800.00	¥3,600.00
14	013	金兴	女	本科	营销部	主管	¥3,800.00	¥1,600.00	¥5,400.00
15	014	沈安坦	男	硕士	销售部	职工	¥2,000.00	¥900.00	¥2,900.00
16	015	苏新	男	专科	营销部	职工	¥2,800.00	¥1,000.00	¥3,800.00
17	016	丁兰	男	硕士	财务部	主管	¥3,500.00	¥1,600.00	¥5,100.00
18	017	王达刚	女	本科	销售部	职工	¥2,000.00	¥600.00	¥2,600.00
19	018	季珏	男	博士	营销部	职工	¥2,500.00	¥1,200.00	¥3,700.00
20	019	邱耀华	女	本科	人事部	经理	¥3,500.00	¥1,600.00	¥5,100.00
21	020	仇昌	女	硕士	营销部	职工	¥2,500.00	¥1,200.00	¥3,700.00
22	021	诸葛琨	男	本科	销售部	职工	¥2,000.00	¥600.00	¥2,600.00
23	022	唐晰	男	专科	财务部	职工	¥2,500.00	¥700.00	¥3,200.00
24									
25						性别	基本工资	岗位津贴	
26						男	>2500	>800	

输入条件

员工基本信息表　就绪　计数: 6　100%

2

然后选择表格内任意单元格，切换至“数据”选项卡，单击“排序和筛选”选项组中“高级”按钮。

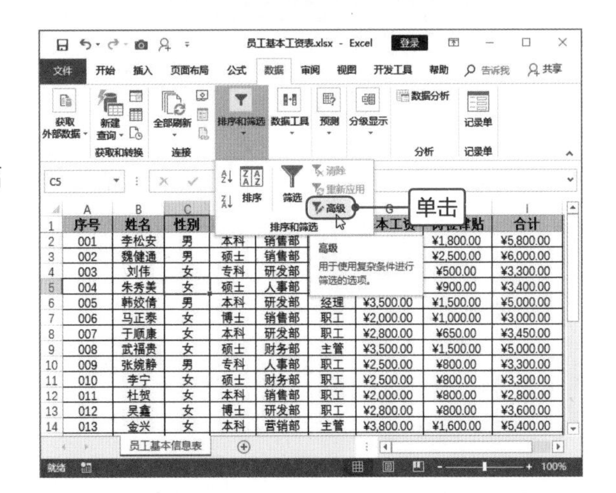

3

打开“高级筛选”对话框，可见在“列表区域”文本框中显示A1:I23单元格区域，然后单击“条件区域”右侧折叠按钮，返回工作表中选择条件区域F25:H26单元格区域。

F25 女

	A	B	C	D	E	F	G	H	I
1	序号	姓名	性别	学历	部门	职务	基本工资	岗位津贴	合计
8	007	于顺康	女	本科	研发部	职工	¥2,800.00	¥650.00	¥3,450.00
9	008	武福贵	女	硕士	财务部	主管	¥3,500.00	¥1,500.00	¥5,000.00
10	009	张婉静	男	专科	人事部	职工	¥2,500.00	¥800.00	¥3,300.00
11	010	李宁	女	硕士	财务部	职工	¥2,500.00	¥800.00	¥3,300.00
12	011	杜贺	女	本科	销售部	职工	¥2,000.00	¥800.00	¥2,800.00
13	012	吴鑫	女	博士	研发部	职工	¥2,800.00	¥800.00	¥3,600.00
14	013	金兴	女	本科	营销部	主管	¥3,800.00	¥1,600.00	¥5,400.00
15	014	沈安坦	男	硕士	销售部	职工	¥2,000.00	¥900.00	¥2,900.00
16	015	苏新	男	专科				¥1,000.00	¥3,800.00
17	016	丁兰	男	硕士				¥1,600.00	¥5,100.00
18	017	王达刚	女	本科				¥600.00	¥2,600.00
19	018	季珏	男	博士	营销部	职工	¥2,500.00	¥1,200.00	¥3,700.00
20	019	邱耀华	女	本科	人事部	经理	¥3,500.00	¥1,600.00	¥5,100.00
21	020	仇昌	女	硕士	营销部	职工	¥2,500.00	¥1,200.00	¥3,700.00
22	021	诸葛琨	男	本科	销售部	职工	¥2,000.00	¥600.00	¥2,600.00
23	022	唐晰	男	专科	财务部	职工	¥2,500.00	¥700.00	¥3,200.00
24									
25						性别	基本工资	岗位津贴	
26						男	>2500	>800	

高级筛选 - 条件区域: ? ×

员工基本信息表!$F$25:$H$26

选择

员工基本信息表

4

单击折叠按钮返回“高级筛选”对话框，保持其他选项为默认状态，单击“确定”按钮。

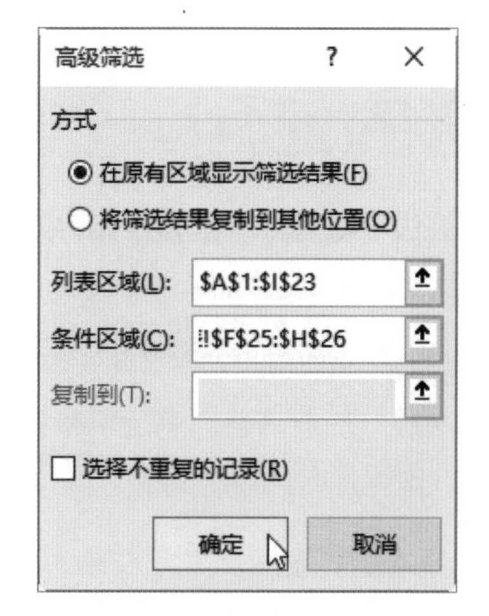

5

返回工作表中，可见在数据区域筛选出满足条件的数据信息，而且序号为连续显示。

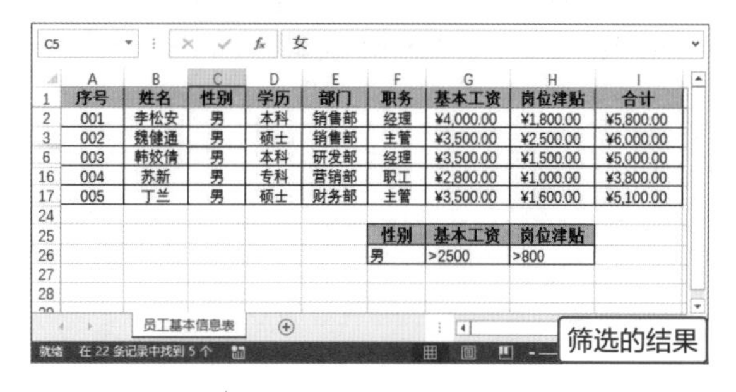

Tips 将筛选结果复制到指定位置

本案例筛选的结果是在原数据区域中显示，也可以根据需要将筛选结果复制到指定位置，而原数据区域不变。返回到步骤4中，在“高级筛选”对话框中选中“将筛选结果复制到其他位置”单选按钮，然后设置条件区域，再次单击“复制到”折叠按钮，选择A29单元格，单击“确定”按钮。

返回工作表中，可见筛选的结果复制到A29单元格处，原数据区域内容不变，但序号是原序号，不是连续的。

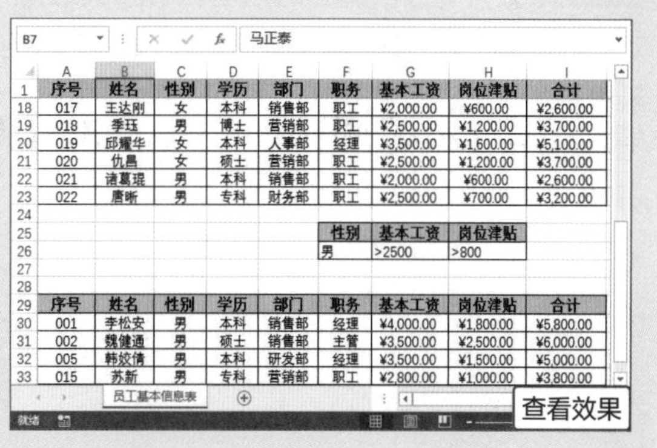

高效办公

高级筛选的应用

本小节主要介绍“高级”功能筛选出复杂条件的数据，这也是“高级”功能的优点，下面将进一步介绍高级筛选的其他应用。

● 满足其中一个条件的筛选

在本小节中应用“高级”功能筛选出满足所有条件的数据，用户也可以根据需要筛选出只满足其中一个条件的数据，也就是各条件之间是“或”关系，下面介绍具体操作方法。

步骤01 打开“员工基本工资表.xlsx”工作表，在F25:H28单元格区域输入筛选条件。在输入条件时要注意，各条件要在不同的行输入。

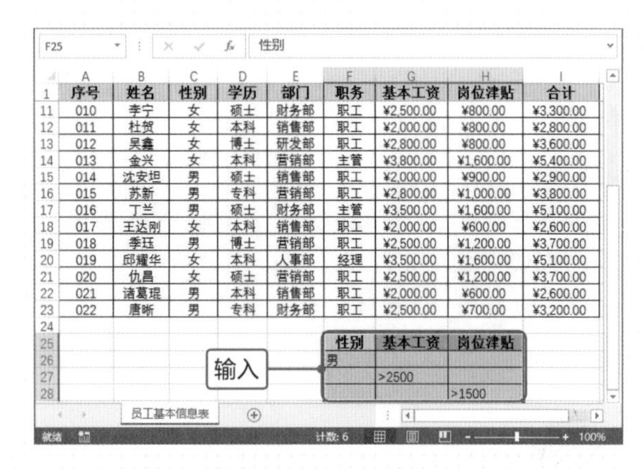

步骤02 选中表格内任意单元格，切换至“数据”选项卡，单击“排序和筛选”选项组中“高级”按钮。

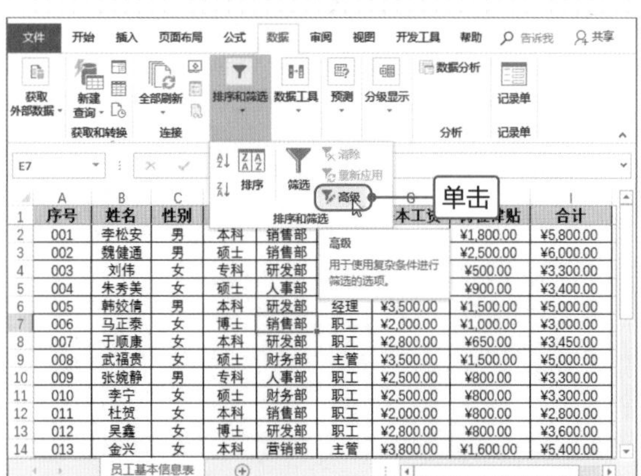

步骤03 打开“高级筛选”对话框，在“列表区域”文本框中显示A1:I23单元格区域，单击“条件区域”右侧折叠按钮，返回工作表中选中F25:H28单元格区域。

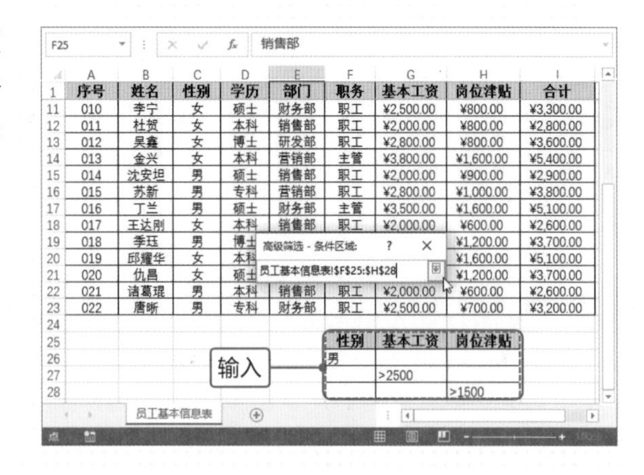

步骤04 返回“高级筛选”对话框，单击“确定”按钮。返回工作表中，可见筛选出只需要满足设置条件的其中一条的所有数据。

序号	姓名	性别	学历	部门	职务	基本工资	岗位津贴	合计
001	李松安	男	本科	销售部	经理	¥4,000.00	¥1,800.00	¥5,800.00
002	魏健通	男	硕士	销售部	主管	¥3,500.00	¥2,500.00	¥6,000.00
003	刘伟	女	专科	研发部	职工	¥2,800.00	¥500.00	¥3,300.00
005	韩姣倩	男	本科	研发部	经理	¥3,500.00	¥1,500.00	¥5,000.00
007	于顺康	女	本科	研发部	职工	¥2,800.00	¥650.00	¥3,450.00
008	武福贵	女	硕士	财务部	主管	¥3,500.00	¥1,500.00	¥5,000.00
009	张婉静	男	专科	人事部	职工	¥2,500.00	¥800.00	¥3,300.00
012	吴鑫	女	博士	研发部	职工	¥2,800.00	¥800.00	¥3,600.00
013	金兴	女	本科	营销部	主管	¥3,800.00	¥1,600.00	¥5,400.00
014	沈安坦	男	硕士	销售部	职工	¥2,000.00	¥900.00	¥2,900.00
015	苏新	男	专科	营销部	职工	¥2,800.00	¥1,000.00	¥3,800.00
016	丁兰	男	硕士	财务部	主管	¥3,500.00	¥1,600.00	¥5,100.00
018	季珏	男	博士	营销部	职工	¥2,500.00	¥1,200.00	¥3,700.00
019	邱耀华	女	本科	人事部	经理	¥3,500.00	¥1,600.00	¥5,100.00
021	诸葛琨	男	本科	销售部	职工	¥2,000.00	¥600.00	¥2,600.00
022	唐晰	男	专科	财务部	职工	¥2,500.00	¥700.00	¥3,200.00

性别	基本工资	岗位津贴
男		
	>2500	
		>1500

在 22 条记录中找到 16 个

查看筛选效果

● 删除表格中的重复项

在表格中输入大量数据时，难免会出现重复输入数据，此时用户可以使用“高级”功能将重复的数据删除，下面介绍具体操作方法。

步骤01 打开“员工基本信息表.xlsx”工作簿，可见在“员工基本信息表”工作表中总共显示24条数据。切换至“删除重复项”工作表，选中A1单元格，单击“高级”按钮。

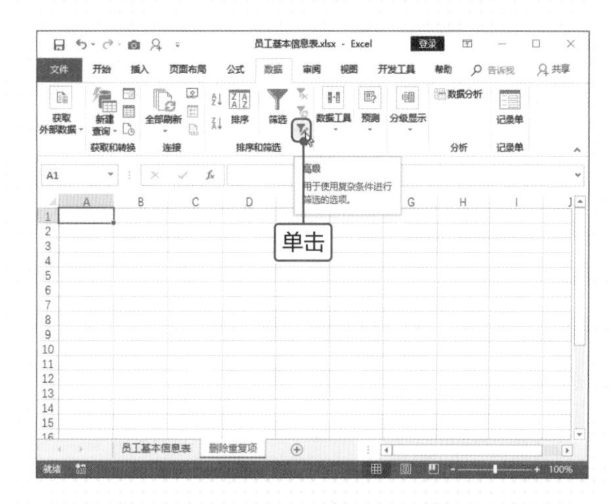

步骤02 打开“高级筛选”对话框，单击“列表区域”右侧折叠按钮，在“员工基本信息表”工作表中选中A1:I24单元格区域。

编号	姓名	性别	学历	部门	职务	手机号码	身份证号	年龄	工龄
WL001	李松安	男	本科	销售部	经理	13856236985	110112198501255203	33	7
WL002	魏健通	男	硕士	销售部	主管	14583922413	201552199312230516	25	1
WL003	刘伟	女	专科	研发部	职工	15122259532	449387199511283392	23	7
WL004	朱秀美	女	硕士	人事部	职工	14012477235	187603198608112625	32	10
WL005	韩姣倩	男	本科	研发部	经理	15785889092	246401197710283565	41	9
WL006	马正泰	女	博士	销售部	职工	15792357888	123753198001108334	38	8
WL007	于顺康	女	本科	研发部	职工	14096976514	377908198803075279	30	2
WL005	韩姣倩	男	本科	研发部	经理	15785889092	246401197710283565	41	9
WL008	武福贵	女	硕士	财务部	主管	13749949977	416409197404274525	44	1
WL009	张婉静	男	专科	人事部	职工	13710904121	214308198709285392	31	4
WL010	李宁	女	硕士	财务部	职工	15422269179	244044197106276973	47	4
WL011	杜贺	女	本科	销售部	经理	13864938115	111766199040627141	28	7
WL012	吴鑫	女	博士	研[illegible]	[illegible]	[illegible]	[illegible]47199008178051	28	4
WL013	金兴	女	本科	营[illegible]	[illegible]	[illegible]	[illegible]94198003098553	38	6
WL014	沈安坦	男	硕士	销[illegible]	[illegible]	[illegible]	[illegible]48197109021714	47	7
WL015	苏新	女	专科	营销部	职工	14258251921	333730199008051859	28	3
WL016	丁兰	男	硕士	财务部	主管	15355888468	171003198011303597	38	5
WL017	王达刚	女	本科	销售部	职工	14300929608	139804199111048935	27	3
WL018	季珏	男	博士	营销部	职工	15517765772	331550199210189828	26	9
WL019	邱耀华	女	本科	人事部	经理	14303374813	220323198804282639	30	6
WL020	仇昌	女	硕士	营销部	职工	14346910703	402676197008213708	48	7
WL021	诸葛琨	男	本科	销售部	职工	13835433941	121720198807309776	30	2
WL022	唐晰	男	专科	财务部	职工	14426596752	300604197704284529	41	8

步骤03 再次单击折叠按钮，返回“高级筛选”对话框，选中“将筛选结果复制到其他位置”单选按钮，单击“复制到”右侧折叠按钮，在“删除重复项”工作表中选中A1单元格，返回上级对话框，并勾选“选择不重复的记录”复选框。

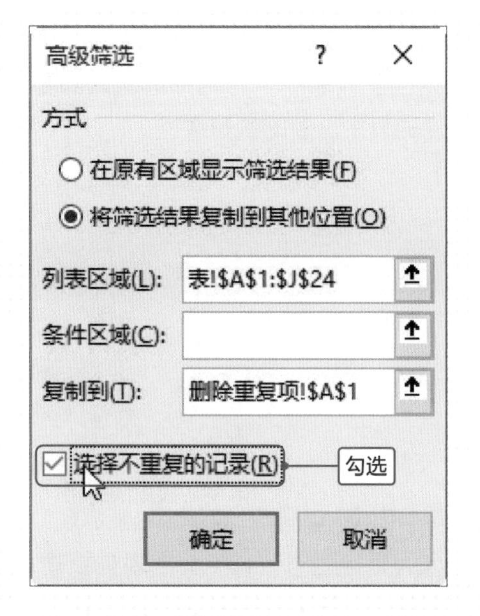

步骤04 单击“确定”按钮，即可在“删除重复项”工作表中A1单元格处显示删除重复的数据后的效果，可见显示数据为23条，即删除一条重复的数据。

编号	姓名	性别	学历	部门	职务	手机号码	身份证号	年龄	工龄
WL001	李松安	男	本科	销售部	经理	13856236985	110112198501255203	33	7
WL002	魏健通	男	硕士	销售部	主管	14583922413	201552199312230516	25	1
WL003	刘伟	女	专科	研发部	职工	15122259532	449387199511283392	23	7
WL004	朱秀美	女	硕士	人事部	职工	14012477235	187603198608112625	32	10
WL005	韩姣倩	男	本科	研发部	经理	15785889092	246401197710283565	41	9
WL006	马正泰	女	博士	销售部	职工	15792357888	123753198001108334	38	8
WL007	于顺康	女	本科	研发部	职工	14096976514	377908198803075279	30	2
WL008	武福贵	女	硕士	财务部	主管	13749949977	416409197404274525	44	1
WL009	张婉静	男	专科	人事部	职工	13710904121	214308198709285392	31	4
WL010	李宁	女	硕士	财务部	职工	15422269179	244044197106276973	47	4
WL011	杜贺	女	本科	销售部	经理	13864938115	111766199040627141	28	7
WL012	吴鑫	女	博士	研发部	职工	14692827332	269347199008178051	28	4
WL013	金兴	女	本科	营销部	职工	13706919099	309394198003098553	38	6
WL014	沈安坦	男	硕士	销售部	主管	14568098189	413048197109021714	47	7
WL015	苏新	女	专科	营销部	职工	14258251921	333730199008051859	28	3
WL016	丁兰	男	硕士	财务部	主管	15355888468	171003198011303597	38	5
WL017	王达刚	女	本科	销售部	职工	14300929608	139804199111048935	27	3
WL018	季珏	男	博士	营销部	职工	15517765772	331550199210189828	26	9
WL019	邱耀华	女	本科	人事部	经理	14303374813	220323198804282639	30	6
WL020	仇昌	女	硕士	营销部	职工	14346910703	402676197008213708	48	7
WL021	诸葛琨	男	本科	销售部	职工	13835433941	121720198807309776	30	2
WL022	唐晰	男	专科	财务部	职工	14426596752	300604197704284529	41	8

● 筛选出两个表格中的重复值

使用“高级”功能不但可以删除重复的数据，还可以将两个表格中重复的数据筛选出来，下面介绍筛选出两个表格中的重复值的操作方法。

步骤01 打开“筛选出表格中的重复数据.xlsx”工作表，选中“销售一组”表格中任意单元格，然后单击“排序和筛选”选项组中“高级”按钮。

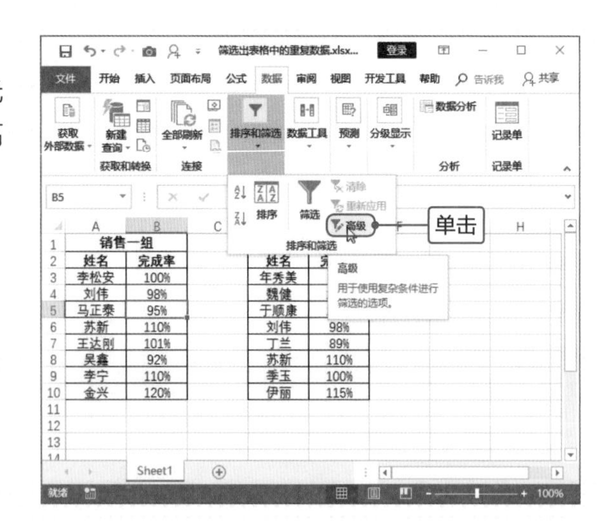

步骤02 打开“高级筛选”对话框，在“方式”选项区域中选中“将筛选结果复制到其他位置”单选按钮，设置“列表区域”为A2:B10。

高级筛选
方式
在原有区域显示筛选结果(F)
将筛选结果复制到其他位置(O)
1. 选择
列表区域(L): :1!$A$2:$B$10
2. 设置
条件区域(C):
复制到(T):
选择不重复的记录(R)
确定
取消

步骤03 然后单击“条件区域”折叠按钮，选择D2:E10单元格区域。单击“复制到”折叠按钮，在工作表中选择A12单元格，设置完成后单击“确定”按钮。

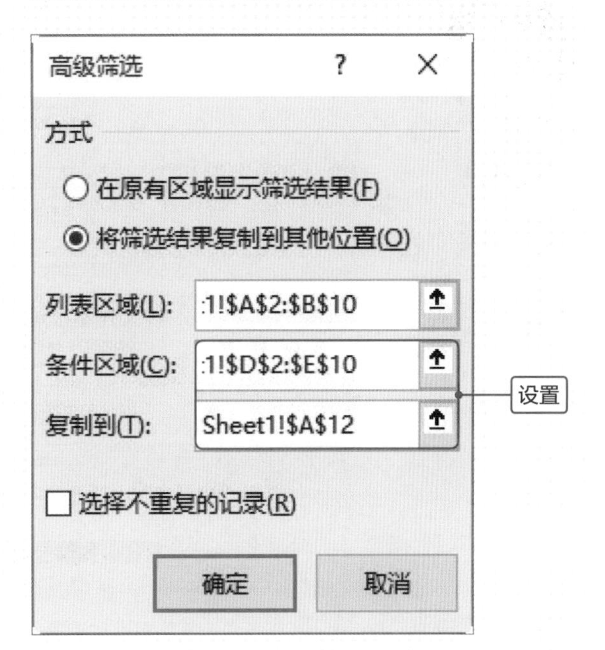

步骤04 返回工作表中，可见在A12单元格处将两个表格中重复的数据筛选出来。

	A	B	C	D	E
1	销售一组			销售二组	
2	姓名	完成率		姓名	完成率
3	李松安	100%		年秀美	90%
4	刘伟	98%		魏健	125%
5	马正泰	95%		于顺康	100%
6	苏新	110%		刘伟	98%
7	王达刚	101%		丁兰	89%
8	吴鑫	92%		苏新	110%
9	李宁	110%		季玉	100%
10	金兴	120%		伊丽	115%
11					
12	姓名	完成率			
13	刘伟	98%			
14	苏新	110%			

数据分析篇

分析家电销售统计表

每个季度末企业会对各地区不同商品的销售数量和销售金额进行汇总，然后对数据进行分析。这么重要的数据分析每次都是由历历哥亲自监督执行的，但由于工作繁忙，他将该任务交给了小蔡。小蔡明白这是历历哥对他的信任和器重，他认真统计数据，并将数据汇总在一张工作表中。为了更好地完成该任务，小蔡使用分类汇总按地区将销售数量和销售金额进行汇总。

NG!

失败案例

F102 =SUBTOTAL(9,F2:F100)

	A	B	C	D	E	F
1	序号	地区	商品类别	商品品牌	销售数量	销售金额
2	002	华北	空调	奥克斯	530	¥4,751,167.00
3	003	华北	洗衣机	海信	548	¥3,064,470.00
22	085	华北	电视	康佳	1325	¥2,032,633.00
23	088	华北	冰箱	容声	1391	¥4,871,922.00
24	094	华北	空调	志高	1424	¥3,648,009.00
25	096	华北	冰箱	海尔	1487	¥3,528,041.00
26		华北 汇总			22919	¥81,178,391.00
27	004	华东	冰箱	TCL	564	¥2,770,235.00
28	005	华东	空调	志高	572	¥2,002,771.00
48	091	华东	电视	康佳	1413	¥3,589,872.00
49	092	华东	洗衣机	美的	1416	¥4,231,177.00
50	093	华东	燃气套装	海尔	1424	¥4,116,159.00
51		华东 汇总			24084	¥80,329,425.00
52	001	华中	电视	创维	512	¥1,740,040.00
53	011	华中	冰箱	TCL	662	¥4,525,644.00
73	080	华中	洗衣机	美的	1283	¥2,913,275.00
74	083	华中	洗衣机	海尔	1305	¥1,842,756.00
75	089	华中	空调	奥克斯	1393	¥3,581,677.00
76		华中 汇总			22999	¥74,806,724.00
77	008	西南	电视	康佳	617	¥1,839,318.00
78	012	西南	洗衣机	海信	665	¥3,230,917.00
99	090	西南	电视	索尼	1395	¥2,204,708.00
100	095	西南	冰箱	小天鹅	1460	¥3,152,464.00
101		西南 汇总			24091	¥70,110,500.00
102		总计			94093	¥306,425,040.00

第1季度家电销售统计表

就绪 100%

!显示分类汇总的结果和所有数据

!按“地区”字段进汇总

!统计“销售数量”和“销售金额”的总和

经过小蔡的精心制作，并对数据进行分类汇总，报表整体效果不错，但有几处可以进一步修改。首先，只针对地区进行分类汇总，其数据分析不够详细；其次，对“销售数量”和“销售金额”进行求和，分析比较单调；最后，显示表格所有数据，不利于分析汇总结果。

MISSION! 4

在Excel中使用分类汇总功能可以对数据进行汇总分析，可以对单字段或多字段进行汇总，也可以根据用户的需要设置汇总的方式，如求和、平均值、最大值、最小值、计数、方差以及标准偏差等11种方式。分类汇总是对数据列表进行分类并计算，因此用户在使用该功能前一定要先对分类字段进行排序。

成功案例 OK!

	A	B	C	D	E	F
1	序号	地区	商品类别	商品品牌	销售数量	销售金额
2			洗衣机 平均值		847.2	
3			燃气套装 平均值		922.4	
4			空调 平均值		1114.6	
5			电视 平均值		1047.4	
6			冰箱 平均值		1108.25	
7		西南 汇总				¥70,110,500.00
8			洗衣机 平均值		1075.6	
9			燃气套装 平均值		1021.4	
10			空调 平均值		1047.6	
11			电视 平均值		824.4	
12			冰箱 平均值		788.5	
13		华中 汇总				¥74,806,724.00
14			洗衣机 平均值		1180.2	
15			燃气套装 平均值		927.8	
16			空调 平均值		1032.6	
17			电视 平均值		1052.8	
18			冰箱 平均值		779.25	
19		华东 汇总				¥80,329,425.00
20			洗衣机 平均值		1018.8	
21			燃气套装 平均值		834.6	
22			空调 平均值		864.6	
23			电视 平均值		942.8	
24			冰箱 平均值		1153.75	
25		华北 汇总				¥81,178,391.00
26			总计平均值		980.1354167	
27		总计				¥306,425,040.00

第1季度家电销售统计表　分类汇总数据 …

选定目标区域，然后按 ENTER 或选择"粘贴"　100%

对“地区”和“商品类别”字段进行汇总

统计“销售数量”的平均值的“销售金额”的总和

将分类数据复制在新工作表中方便查看

小蔡针对几点不足进行修改，修改后的表格对数据分析比较全面，而且一目了然。首先，他按照地区进行汇总，并且在相同地区中又对商品的类别进行分类汇总；其次，对“销售金额”进行求和汇总，对“销售数量”进行平均值汇总；最后，将分类汇总的结果复制到新工作表中，有利于对数据进行查看和分析。

Point 1　对数据进行排序

在对表格中数据进行分类汇总之前，首先需要对分类汇总字段进行排序操作。在本案例中，需要对两个字段进行分类汇总，所以需要对“地区”和“商品类别”两个字段进行排序。下面介绍具体操作方法。

1

打开“第1季度家电销售统计表.xlsx”工作簿，选中表格中任意单元格，切换至“数据”选项卡，单击“排序和筛选”选项组中“排序”按钮。

2

打开“排序”对话框，设置主要关键字为“地区”，次序为“升序”，然后单击“添加条件”按钮。

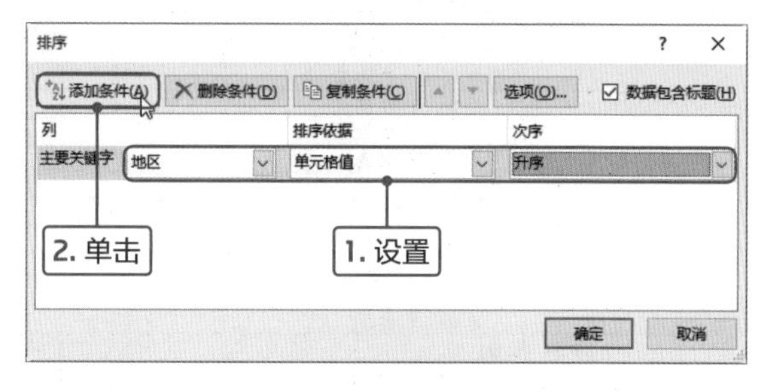

3

设置次要关键字为“商品类别”，次序为“降序”，设置完成后单击“确定”按钮。

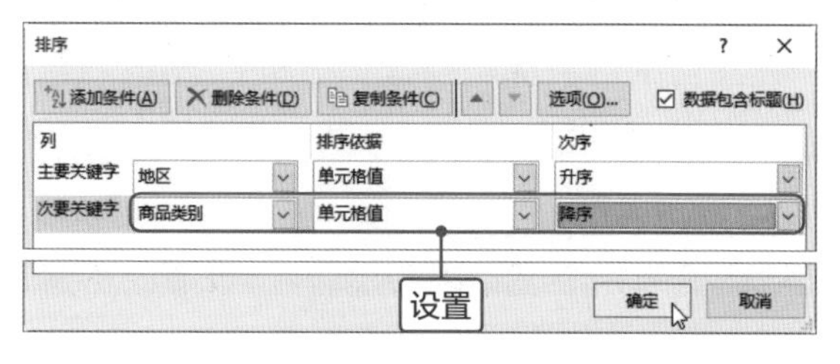

4

返回工作表中可见按“地区”字段升序排序，相同字段时再按“商品类别”降序排序。

序号	地区	商品类别	商品品牌	销售数量	销售金额
003	华北	洗衣机	海信	548	¥3,064,470.00
058	华北	洗衣机	小天鹅	1053	¥3,611,825.00
059	华北	洗衣机	美的	1057	¥2,037,770.00
072	华北	洗衣机	志高	1197	¥4,948,567.00
075	华北	洗衣机	海尔	1239	¥3,252,198.00
016	华北	燃气套装	帅康	703	¥4,172,563.00
019	华北	燃气套装	万家乐	712	¥4,295,734.00
034	华北	燃气套装	老板	851	¥2,433,849.00
044	华北	燃气套装	方太	918	¥3,391,298.00
053	华北	燃气套装	海尔	989	¥2,571,104.00
002	华北	空调	奥克斯	530	¥4,751,167.00
006	华北	空调	美的	600	¥4,082,048.00
035	华北	空调	格力	854	¥1,898,298.00
043	华北	空调	海尔	915	¥2,580,949.00
094	华北	空调	志高	1424	¥3,648,009.00
010	华北	电视	小米	621	¥3,058,698.00
031	华北	电视	海信	826	¥3,852,656.00
050	华北	电视	索尼	954	¥3,514,130.00
052	华北	电视	创维	988	¥1,817,879.00
085	华北	电视	康佳	1325	

Tips　分类汇总注意事项

在进行分类汇总前，分类的字段必须按顺序排序，否则汇总后的结果是不正确的。

Point 2 对数据进行分类汇总

对数据排序之后，用户可以进行分类汇总，本案例将对两个字段进行汇总，下面介绍具体操作方法。

1

选中表格中任意单元格，切换至“数据”选项卡，单击“分级显示”选项组中“分类汇总”按钮。

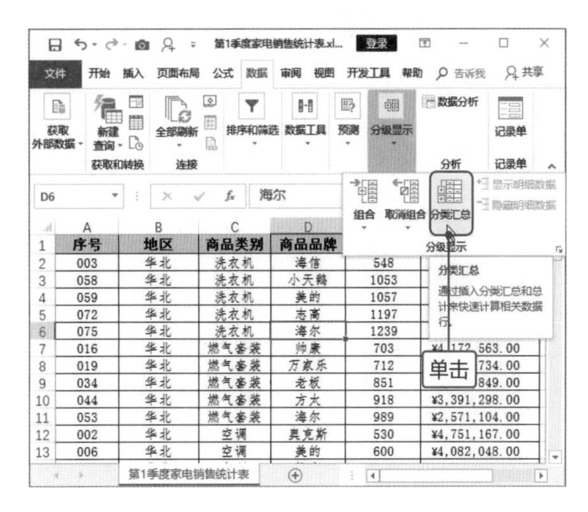

2

打开“分类汇总”对话框，设置分类字段为“地区”，汇总方式为“求和”，在“选定汇总项”列表框中勾选“销售金额”复选框，其他参数保持不变，单击“确定”按钮。

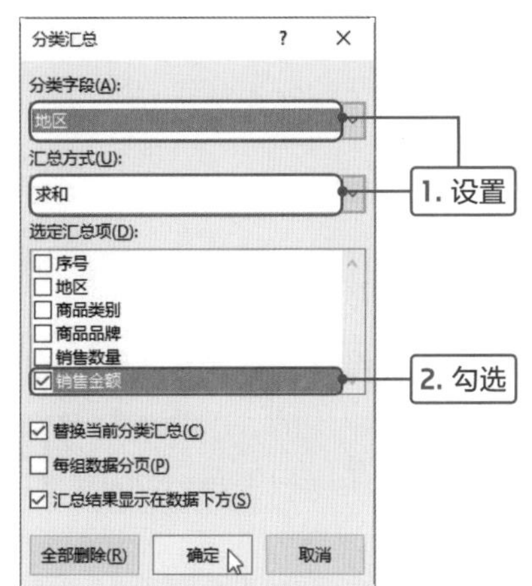

3

返回工作表中，可见相同的地区对销售金额进行汇总求和，为了展示分类效果隐藏部分信息。

F26 =SUBTOTAL(9,F2:F25)

	A	B	C	D	E	F
1	序号	地区	商品类别	商品品牌	销售数量	销售金额
24	074	西南	冰箱	TCL	1205	¥1,507,230.00
25	095	西南	冰箱	小天鹅	1460	¥3,152,464.00
26		西南 汇总				¥70,110,500.00
27	032	华中	洗衣机	小天鹅	837	¥4,077,757.00
46	073	华中	电视	海信	1203	¥1,640,454.00
47	011	华中	冰箱	TCL	662	¥4,525,644.00
48	026	华中	冰箱	容声	781	¥2,048,192.00
49	030	华中	冰箱	小天鹅	807	¥2,723,478.00
50	041	华中	冰箱	海尔	904	¥2,942,396.00
51		华中 汇总				¥74,806,724.00
52	015	华东	洗衣机	小天鹅	682	¥2,595,152.00
73	007	华东	冰箱	海尔	601	¥4,842,118.00
74	017	华东	冰箱	小天鹅	706	¥2,228,253.00
75	077	华东	冰箱	容声	1246	¥4,691,844.00
76		华东 汇总				¥80,329,425.00
77	003	华北	洗衣机	海信	548	¥3,064,470.00
90	043	华北	空调	海尔	915	¥2,580,949.00
97	027	华北	冰箱	小天鹅	784	¥4,823,147.00
98	049	华北	冰箱	TCL	953	¥2,939,436.00
99	088	华北	冰箱	容声	1391	¥4,871,922.00
100	096	华北	冰箱	海尔	1487	¥3,528,041.00
101		华北 汇总				¥81,178,391.00
102		总计				

第1季度家电销售统计表

查看分类汇总效果

Tips “分类汇总”对话框参数介绍

在“分类汇总”对话框中下部分有三个参数，参数的含义如下。

- 替换当前分类汇总：当表格中应用分类汇总，如果再次进行分类汇总，若勾选该复选框，可以覆盖已经存在的分类汇总；若取消勾选该复选框，可以在原有分类汇总基础上再次添加分类汇总。
- 每组数据分页：勾选该复选框，则在每个分类汇总后有一个分布符，在打印时每个分类汇总分别打印在一页。
- 汇总结果显示在数据下方：勾选该复选框，则分类汇总的结果显示在数据下方；若取消勾选该复选框，则结果显示在数据的上方。

4

再次选中表格中任意单元格，打开“分类汇总”对话框，设置分类字段为“商品类别”，汇总方式为“平均值”，在“选定汇总项”列表框中勾选“销售数量”复选框，取消勾选“替换当前分类汇总”复选框，单击“确定”按钮。

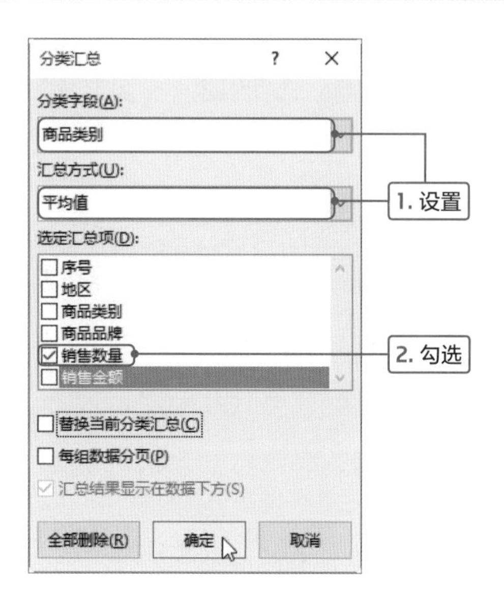

5

返回工作表中，可见在每种商品类别下方统计出该商品的销售数量的平均值。因为表格比较大无法展示所有数据，所以只展示“西南”地区的分类汇总情况。

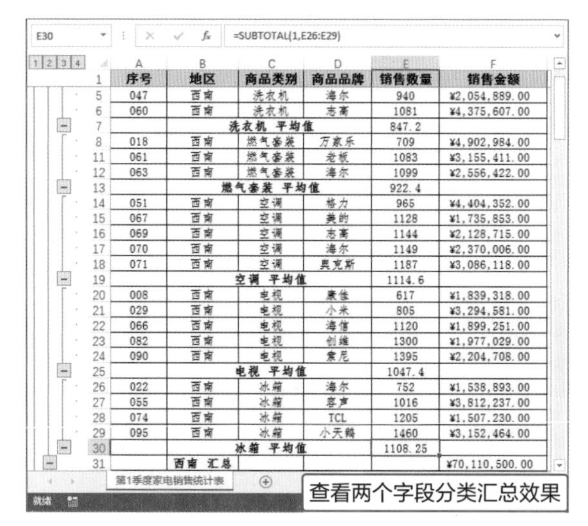
E30 =SUBTOTAL(1,E26:E29)

行	序号	地区	商品类别	商品品牌	销售数量	销售金额
5	047	西南	洗衣机	海尔	940	¥2,054,889.00
6	060	西南	洗衣机	志高	1081	¥4,375,607.00
7		洗衣机 平均值			847.2	
8	018	西南	燃气套装	万家乐	709	¥4,902,984.00
11	061	西南	燃气套装	老板	1083	¥3,155,411.00
12	063	西南	燃气套装	海尔	1099	¥2,556,422.00
13		燃气套装 平均值			922.4	
14	051	西南	空调	格力	965	¥4,404,352.00
15	067	西南	空调	美的	1128	¥1,735,853.00
16	069	西南	空调	志高	1144	¥2,128,715.00
17	070	西南	空调	海尔	1149	¥2,370,006.00
18	071	西南	空调	奥克斯	1187	¥3,086,118.00
19		空调 平均值			1114.6	
20	008	西南	电视	康佳	617	¥1,839,318.00
21	029	西南	电视	小米	805	¥3,294,581.00
22	066	西南	电视	海信	1120	¥1,899,251.00
23	082	西南	电视	创维	1300	¥1,977,029.00
24	090	西南	电视	索尼	1395	¥2,204,708.00
25		电视 平均值			1047.4	
26	022	西南	冰箱	海尔	752	¥1,538,893.00
27	055	西南	冰箱	容声	1016	¥3,812,237.00
28	074	西南	冰箱	TCL	1205	¥1.507.230.00
29	095	西南	冰箱	小天鹅	1460	¥3,152,464.00
30		冰箱 平均值			1108.25	
31		西南 汇总				¥70,110,500.00

Tips 分类汇总对应的函数

在Excel中使用“分类汇总”功能对数据进行汇总时，其实是使用SUBTOTAL函数计算结果的。例如在步骤3中的F26单元格中的公式为“=SUBTOTAL(9,F2:F25)”，其中9表格分类汇总的方式为求和，F2:F25表示求和的区域。在步骤5中E30单元格中的公式为“=SUBTOTAL(1,E26:E29)”，其中1表示分类汇总的方式为求平均值，E26:E29表示求平均值的区域。

Point 3 分级显示并复制汇总数据

对数据进行分类汇总后，用户可以对汇总的数据进行分析，但是由于表格数据比较多，不方便查看数据，此时用户可以进行分组显示，并将数据进行复制存档。下面介绍分级显示并复制汇总数据的具体操作方法。

1

如果需要隐藏西南地区洗衣机的相关数据，则选中A2:F7单元格中任意单元格，切换至“数据”选项卡，单击“分级显示”选项组中“隐藏明细数据”按钮。

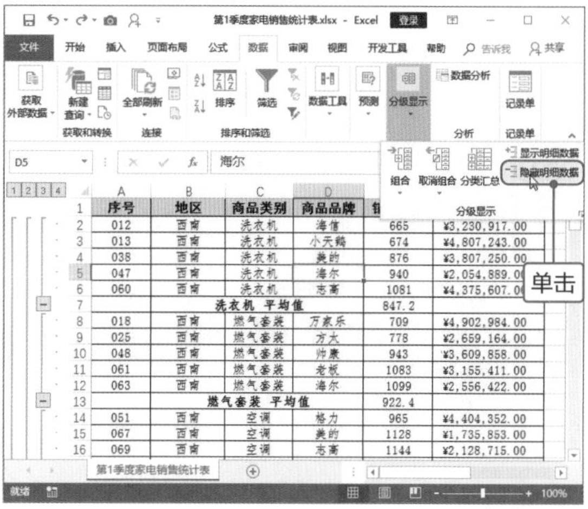

第1季度家电销售统计表.xlsx - Excel

文件 开始 插入 页面布局 公式 数据 审阅 视图 开发工具 帮助 告诉我 共享

获取外部数据 新建查询 全部刷新 排序 筛选 数据工具 预测 分级显示 数据分析 记录单

获取和转换 连接 排序和筛选 分析 记录单

组合 取消组合 分类汇总 显示明细数据 隐藏明细数据 分级显示

D5 海尔

	A	B	C	D	E	F
1	序号	地区	商品类别	商品品牌	销	
2	012	西南	洗衣机	海信	665	¥3,230,917.00
3	013	西南	洗衣机	小天鹅	674	¥4,807,243.00
4	038	西南	洗衣机	美的	876	¥3,807,250.00
5	047	西南	洗衣机	海尔	940	¥2,054,889.0
6	060	西南	洗衣机	志高	1081	¥4,375,607.0
7		洗衣机 平均值			847.2	
8	018	西南	燃气套装	万家乐	709	¥4,902,984.00
9	025	西南	燃气套装	方太	778	¥2,659,164.00
10	048	西南	燃气套装	帅康	943	¥3,609,858.00
11	061	西南	燃气套装	老板	1083	¥3,155,411.00
12	063	西南	燃气套装	海尔	1099	¥2,556,422.00
13		燃气套装 平均值			922.4	
14	051	西南	空调	格力	965	¥4,404,352.00
15	067	西南	空调	美的	1128	¥1,735,853.00
16	069	西南	空调	志高	1144	¥2,128,715.00

第1季度家电销售统计表

单击

2

返回工作表中可见西南地区所有洗衣机的信息都被隐藏，只显示其平均值。若需要显示该商品的详细信息，可以单击“分级显示”选项组中“显示明细数据”按钮，或者单击“洗衣机平均值”左侧的+按钮。

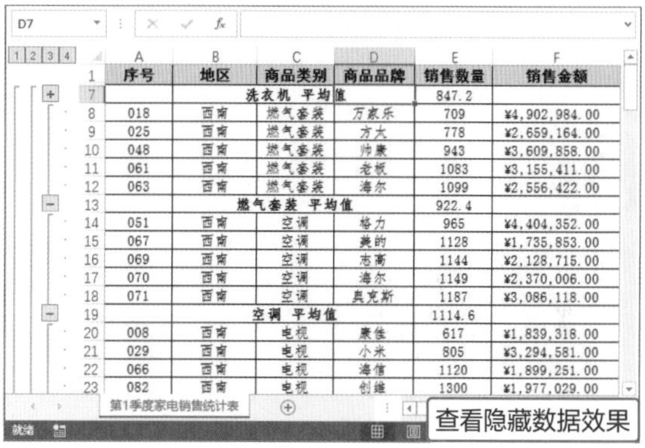

D7

	A	B	C	D	E	F
1	序号	地区	商品类别	商品品牌	销售数量	销售金额
7		洗衣机 平均值			847.2	
8	018	西南	燃气套装	万家乐	709	¥4,902,984.00
9	025	西南	燃气套装	方太	778	¥2,659,164.00
10	048	西南	燃气套装	帅康	943	¥3,609,858.00
11	061	西南	燃气套装	老板	1083	¥3,155,411.00
12	063	西南	燃气套装	海尔	1099	¥2,556,422.00
13		燃气套装 平均值			922.4	
14	051	西南	空调	格力	965	¥4,404,352.00
15	067	西南	空调	美的	1128	¥1,735,853.00
16	069	西南	空调	志高	1144	¥2,128,715.00
17	070	西南	空调	海尔	1149	¥2,370,006.00
18	071	西南	空调	奥克斯	1187	¥3,086,118.00
19		空调 平均值			1114.6	
20	008	西南	电视	康佳	617	¥1,839,318.00
21	029	西南	电视	小米	805	¥3,294,581.00
22	066	西南	电视	海信	1120	¥1,899,251.00
23	082	西南	电视	创维	1300	¥1,977,029.00

第1季度家电销售统计表

查看隐藏数据效果

3

在工作表左侧会显示数字按钮，如1、2、3等，单击不同的按钮则数据区域显示结果也不同，如单击数字3，则只显示平均值、汇总值。

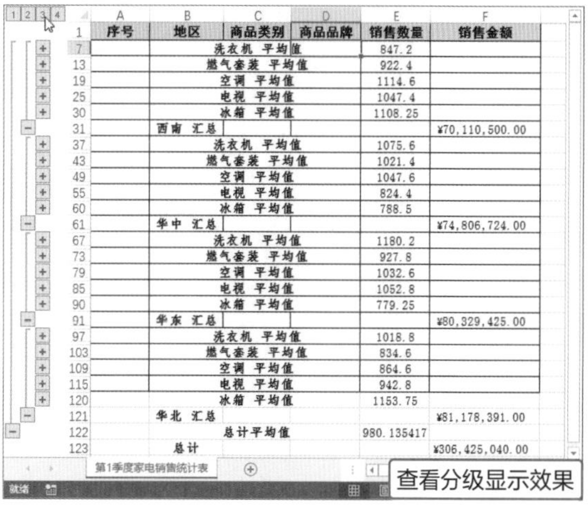

	A	B	C	D	E	F
1	序号	地区	商品类别	商品品牌	销售数量	销售金额
7		洗衣机 平均值			847.2	
13		燃气套装 平均值			922.4	
19		空调 平均值			1114.6	
25		电视 平均值			1047.4	
30		冰箱 平均值			1108.25	
31		西南 汇总				¥70,110,500.00
37		洗衣机 平均值			1075.6	
43		燃气套装 平均值			1021.4	
49		空调 平均值			1047.6	
55		电视 平均值			824.4	
60		冰箱 平均值			788.5	
61		华中 汇总				¥74,806,724.00
67		洗衣机 平均值			1180.2	
73		燃气套装 平均值			927.8	
79		空调 平均值			1032.6	
85		电视 平均值			1052.8	
90		冰箱 平均值			779.25	
91		华东 汇总				¥80,329,425.00
97		洗衣机 平均值			1018.8	
103		燃气套装 平均值			834.6	
109		空调 平均值			864.6	
115		电视 平均值			942.8	
120		冰箱 平均值			1153.75	
121		华北 汇总				¥81,178,391.00
122		总计平均值			980.135417	
123		总计				¥306,425,040.00

第1季度家电销售统计表

查看分级显示效果

4

选中分类汇总后的数据区域，切换至“开始”选项卡，单击“编辑”选项组中“查找和选择”下三角按钮，在下拉列表中选择“定位条件”选项。

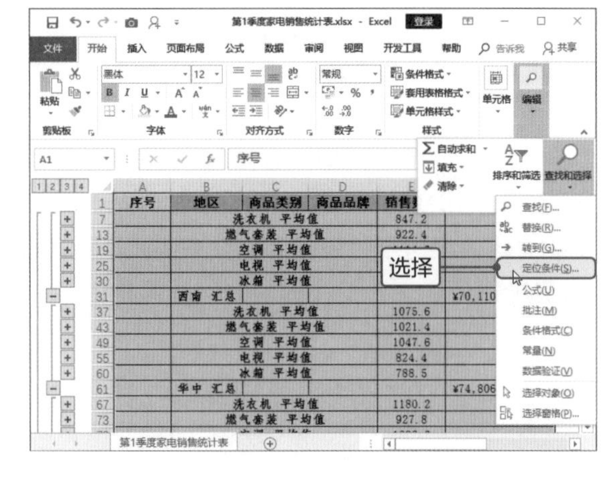

5

打开“定位条件”对话框，在“选择”选项组中选中“可见单元格”单选按钮，然后单击“确定”按钮。

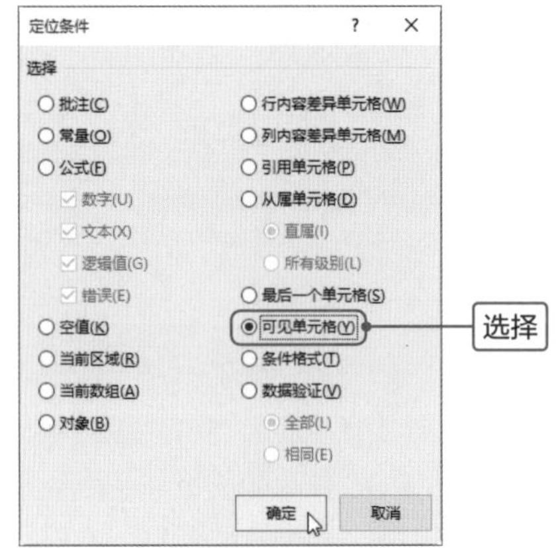

6

返回工作表中，按钮Ctrl+C组合键，可见在可见单元格的周围均显示滚动的虚线。

7

单击工作表下方“新工作表”按钮，在当前工作表右侧创建空白工作表，然后双击工作表名称，输入“分类汇总数据”。

8

在新工作表中选择A1单元格，按Ctrl+V组合键即可将分类汇总的数据粘贴到指定位置。

序号	地区	商品类别	商品品牌	销售数量	销售金额
		洗衣机 平均值		847.2	
		燃气灶具 平均值		922.4	
		空调 平均值		1114.6	
		电视 平均值		1047.4	
		冰箱 平均值		1108.25	
	西南 汇总				¥70,110,500.00
		洗衣机 平均值		1075.6	
		燃气灶具 平均值		1021.4	
		空调 平均值		1047.6	
		电视 平均值		824.4	
		冰箱 平均值		788.5	
	华中 汇总				¥74,806,724.00
		洗衣机 平均值		1180.2	
		燃气灶具 平均值		927.8	
		空调 平均值		1032.6	
		电视 平均值		1052.8	
		冰箱 平均值		779.25	
	华东 汇总				¥80,329,425.00
		洗衣机 平均值		1018.8	
		燃气灶具 平均值		834.6	
		空调 平均值		864.6	
		电视 平均值		942.8	
		冰箱 平均值		1153.75	
	华北 汇总				¥81,178,391.00
		总计平均值		980.1354167	
	总计				¥306,425,040.00

Tips 直接复制粘贴分类汇总数据

在Excel中如果直接选中分类汇总后的数据，然后按Ctrl+C组合键进行复制，再按Ctrl+V组合键进行粘贴，则会复制表格中所有信息，包括隐藏的数据。

9

操作完成后，需要对工作表进行保存。单击“文件”标签，在列表中选择“另存为”选项，在右侧选择“浏览”选项。

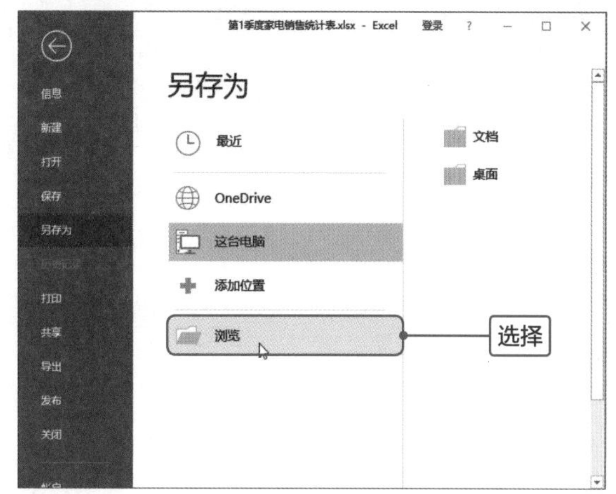

10

打开“另存为”对话框，选择工作表保存的路径，在“文件名”文本框中输入保存工作表的名称，然后单击“保存”按钮即可。

Tips 删除分类汇总

在分析完分类汇总数据后，如果想取消分类汇总，首先选中分类汇总数据中任意单元格，然后单击“分级显示”选项组中“分类汇总”按钮，在打开的“分类汇总”对话框中单击“全部删除”按钮即可。

高效办公

分类汇总的操作

本节主要介绍了“分类汇总”的相关知识，如按多字段分类汇总、复制分类汇总的结果等，下面将继续介绍按单字段分类汇总和清除分类汇总的分级显示等操作。

● 单项分类汇总

单项分类汇总就是按照一个字段进行分类汇总，下面以“地区”字段为例，分别对“销售数量”进行求平均值和求和。

步骤01 打开“第1季度家电销售统计表.xlsx”工作表，选中“地区”字段中任意单元格，然后切换至“数据”选项卡，单击“排序和筛选”选项组中“降序”按钮，即可对“地区”字段进行降序排列。

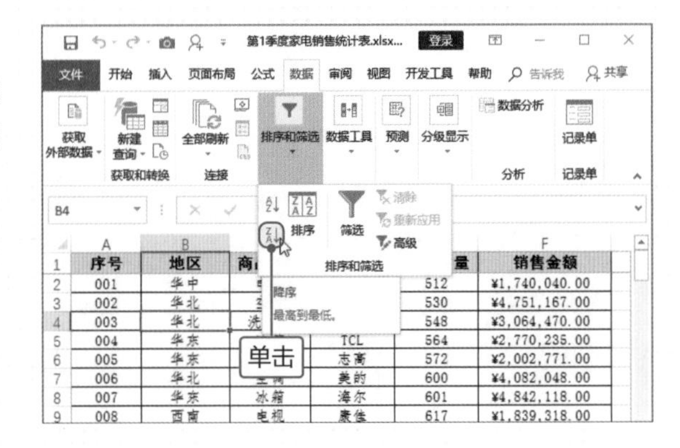

步骤02 排序完成后，单击“分级显示”选项组中“分类汇总”按钮，打开“分类汇总”对话框，设置分类字段为“地区”、汇总方式为“求和”，在“选定汇总项”列表框中勾选“销售数量”复选框，单击“确定”按钮。

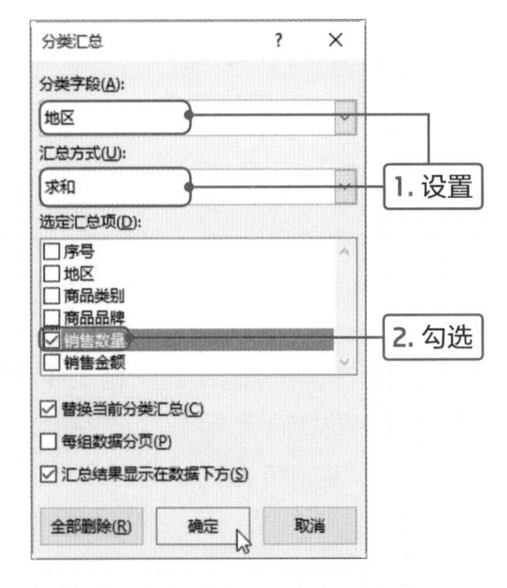

步骤03 返回工作表中，可见按地区对销售数量进行分类汇总并计算出总和。

E26 =SUBTOTAL(9,E2:E25)

	序号	地区	商品类别	商品品牌	销售数量	销售金额
21	071	西南	空调	奥克斯	1187	¥3,086,118.00
22	074	西南	冰箱	TCL	1205	¥1,507,230.00
23	082	西南	电视	创维	1300	¥1,977,029.00
24	090	西南	电视	索尼	1395	¥2,204,708.00
25	095	西南	冰箱	小天鹅	1460	¥3,152,464.00
26		西南 汇总			24091	
27	001	华中	电视	创维	512	¥1,740,040.00
46	073	华中	电视	海信	1203	¥1,640,454.00
47	078	华中	燃气套装	万家乐	1250	¥2,620,688.00
48	080	华中	洗衣机	美的	1283	¥2,913,275.00
49	083	华中	洗衣机	海尔	1305	¥1,842,756.00
50	089	华中	空调	奥克斯	1393	¥3,581,677.00
51		华中 汇总			22999	
52	004	华东	冰箱	TCL	564	¥2,770,235.00
53	005	华东	空调	志高	572	¥2,002,771.00
54	007	华东	冰箱	海尔	601	¥4,842,118.00
55	009	华东	燃气套装	万家乐	618	¥3,895,020.00
56	014	华东	燃气套装	老板	679	¥4,301,069.00
57	015	华东	洗衣机	小天鹅	682	

第1季度家电销售统计表

查看求和的效果

步骤04 再次单击“分级显示”选项组中“分类汇总”按钮，在打开的“分类汇总”对话框中设置分类字段为“地区”、汇总方式为“平均值”，勾选“销售数量”复选框，取消勾选“替换当前分类汇总”复选框，单击“确定”按钮。

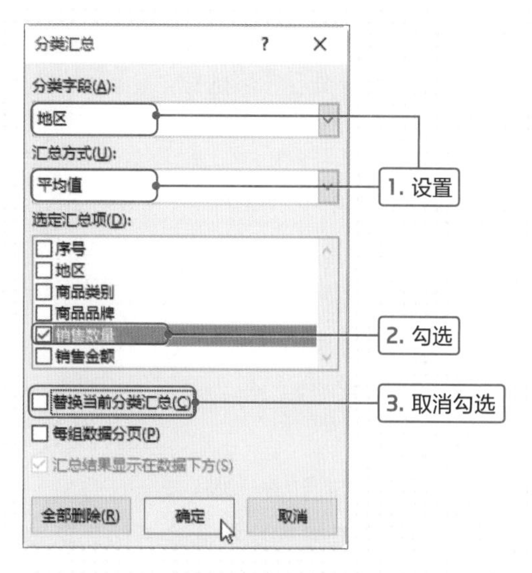

步骤05 返回工作表中，可见按照“地区”字段分别进行平均值和求和的分类汇总。通过本案例可见用户除了对多字段进行分类汇总外，还可以对同一字段多次进行分类汇。

E52 =SUBTOTAL(1,E28:E51)

	A	B	C	D	E	F
1	序号	地区	商品类别	商品品牌	销售数量	销售金额
21	071	西南	空调	奥克斯	1187	¥3,086,118.00
23	082	西南	电视	创维	1300	¥1,977,029.00
24	090	西南	电视	索尼	1395	¥2,204,708.00
25	095	西南	冰箱	小天鹅	1460	¥3,152,464.00
26		西南 平均值			1003.79167	
27		西南 汇总			24091	
28	001	华中	电视	创维	512	¥1,740,040.00
49	080	华中	洗衣机	美的	1283	¥2,913,275.00
50	083	华中	洗衣机	海尔	1305	¥1,842,756.00
51	089	华中	空调	奥克斯	1393	¥3,581,677.00
52		华中 平均值			958.291667	
53		华中 汇总			22999	
54	004	华东	冰箱	TCL	564	¥2,770,235.00
73	086	华东	电视	海信	1334	¥4,288,051.00
76	092	华东	洗衣机	美的	1416	¥4,231,177.00
77	093	华东	燃气灶具	海尔	1424	¥4,116,159.00
78		华东 平均值			1003.5	
79		华东 汇总			24084	
80	002	华北	空调	奥克斯	530	¥4,751,167.00
98	072	华北	洗衣机	志高	1197	¥4,948,567.00
102	094	华北	空调	志高	1424	¥3,648,009.00
103	096	华北	冰箱	海尔	1487	¥3,528,041.00
104		华北 平均值			954.958333	
105		华北 汇总			22919	
106		总计平均值			980.135417	
107		总计			94093	

第1季度家电销售统计表

查看分类汇总效果

● 清除分级显示

对数据进行分类汇总后，用户可以将分类汇总的分级显示清除，在工作表中只显示数据和汇总的结果。下面介绍具体的操作方法。

步骤01 打开“清除分级显示.xlsx”工作表，在表格中已经创建分类汇总，选择表格中任意单元格，切换至“数据”选项卡，单击“分级显示”选项组中“取消组合”下三角按钮，在列表中选择“清除分级显示”选项。

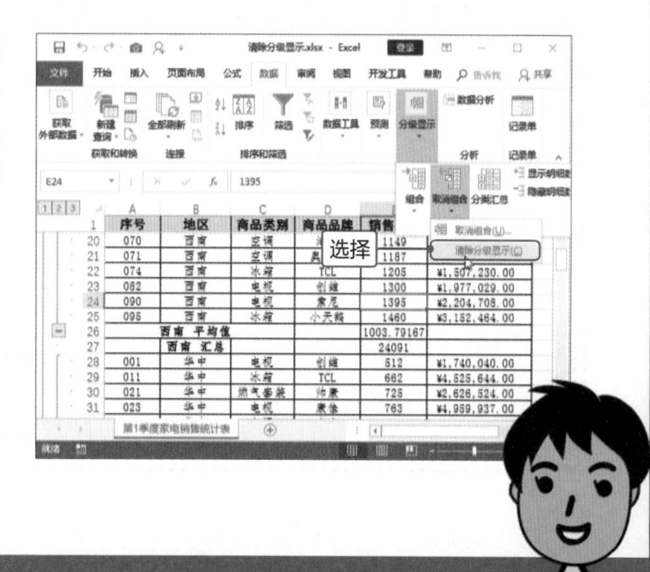

步骤02 可见在表格左侧分级按钮没有了，在表格中只显示数据和分类汇总后数据。

	A	B	C	D	E	F
1	序号	地区	商品类别	商品品牌	销售数量	销售金额
2	008	西南	电视	康佳	617	¥1,839,318.00
23	082	西南	电视	创维	1300	¥1,977,029.00
24	090	西南	电视	索尼	1395	¥2,204,708.00
25	095	西南	冰箱	小天鹅	1460	¥3,152,464.00
26		西南 平均值			1003.79167	
27		西南 汇总			24091	
28	001	华中	电视	创维	512	¥1,740,040.00
49	080	华中	洗衣机	美的	1283	¥2,913,275.00
50	083	华中	洗衣机	海尔	1305	¥1,842,756.00
51	089	华中	空调	奥克斯	1393	¥3,581,677.00
52		华中 平均值			958.291667	
53		华中 汇总			22999	
54	004	华东	冰箱	TCL	564	¥2,770,235.00
76	092	华东	洗衣机	美的	1416	¥4,231,177.00
77	093	华东	燃气套装	海尔	1424	¥4,116,159.00
78		华东 平均值			1003.5	
79		华东 汇总			24084	
80	002	华北	空调	奥克斯	530	¥4,751,167.00
101	088	华北	冰箱	容声	1391	¥4,871,922.00
102	094	华北	空调	志高	1424	¥3,648,009.00
103	096	华北	冰箱	海尔	1487	¥3,528,041.00
104		华北 平均值			954.958333	
105		华北 汇总			22919	
106		总计平均值			980.135417	
107		总计			94093	

第1季度家电销售统计表

清除分级显示效果

步骤03 细心的用户会发现执行清除分级显示操作后，在快速访问工具栏中"撤销"按钮是灰色不能使用的。如何操作才能恢复分级显示呢？首先单击"分级显示"选项组中的对话框启动器按钮。

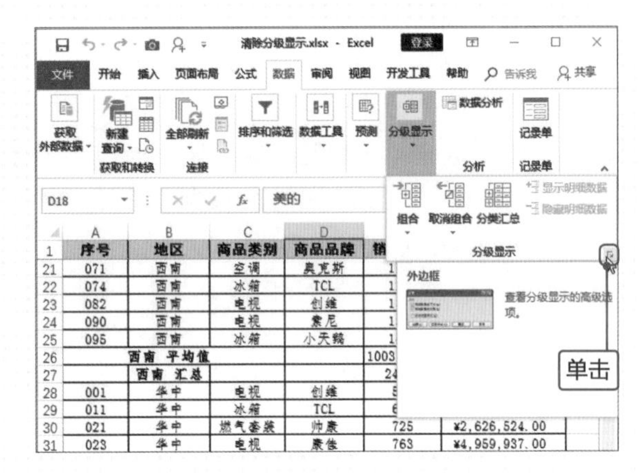

步骤04 打开"设置"对话框，保持参数不变，单击"创建"按钮，即可恢复分级显示。

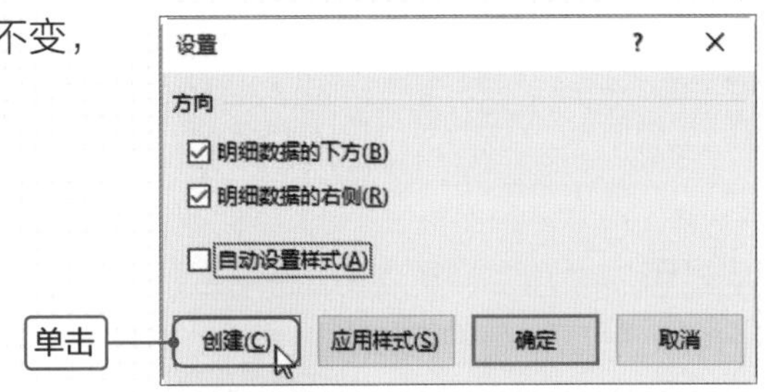

步骤05 除了上述介绍的清除分级显示外，用户还可以通过以下操作实现。

打开"清除分级显示.xlsx"工作表，单击"文件"标签，选择"选项"选项。

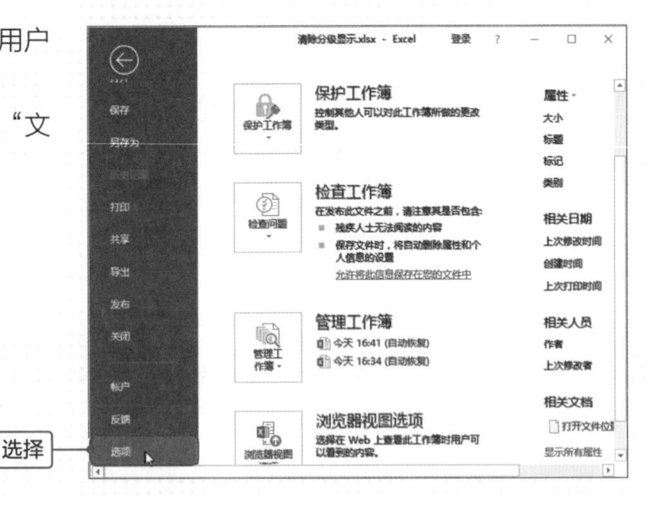

步骤06 打开“Excel选项”对话框，在左侧选择“高级”选项，在右侧“此工作表的显示选项”选项区域中取消勾选“如果应用了分级显示，则显示分级显示符号”复选框，单击“确定”按钮。

Tips **显示分级显示**

通过“Excel选项”对话框清除分级显示后，若需要恢复分级显示，只能再次打开“Excel选项”对话框，在“高级”选项面板中勾选“如果应用了分级显示，则显示分级显示符号”复选框，单击“确定”按钮。

● 分组打印分类汇总的数据

对数据进行分类汇总后，用户可以将数据分组进行打印，下面介绍具体操作方法。

步骤01 打开“第1季度家电销售统计表.xlsx”工作表，首先对“地区”字段进行排序，然后单击“分类汇总”按钮，在打开的对话框中设置分类字段为“地区”、汇总方式为“求和”，然后勾选“每组数据分页”复选框，单击“确定”按钮。

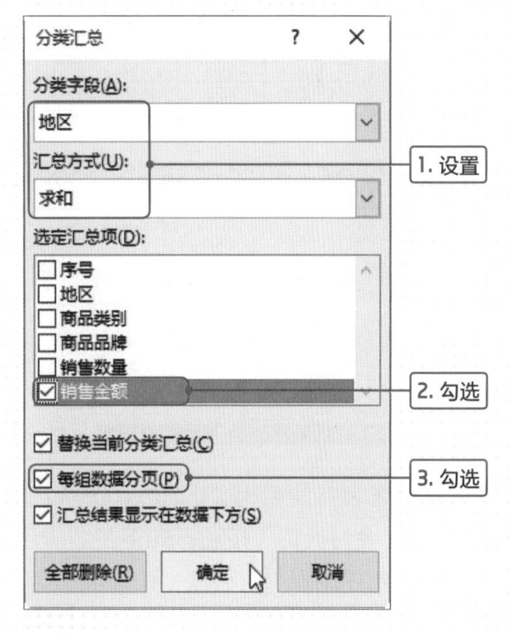

步骤02 返回工作表中，可见在每组下方都有分页符，单击“文件”标签，选择“打印”选项，在右侧的打印预览中可见每组数据分别打印在不同的纸张上。

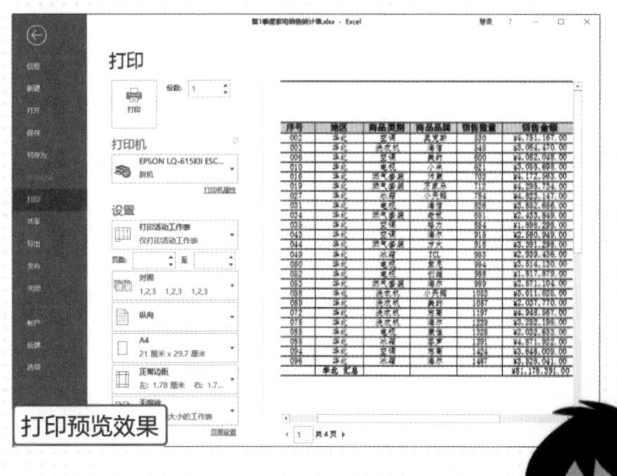

菜鸟加油站

合并计算

在Excel中对数据分析的常规功能包括排序、筛选、分类汇总和合并计算，前面已经介绍了前三种分析工具，下面将详细介绍合并计算的操作。

● 快速汇总多张明细表

在实际工作中，统计的数据并非都在同一张工作表中，如企业有多家分公司，每个公司都会上报报表，如何才能准确快速地将多张表进行汇总呢？下面介绍具体操作方法。

步骤01 打开“各地区销售统计表.xlsx”工作簿，其中包括“华北区”、“华中区”、“华东区”和“西南区”4张工作表，各地区的第一行标题是相同的，第一列商品类别的排序是不同的，如下图所示。

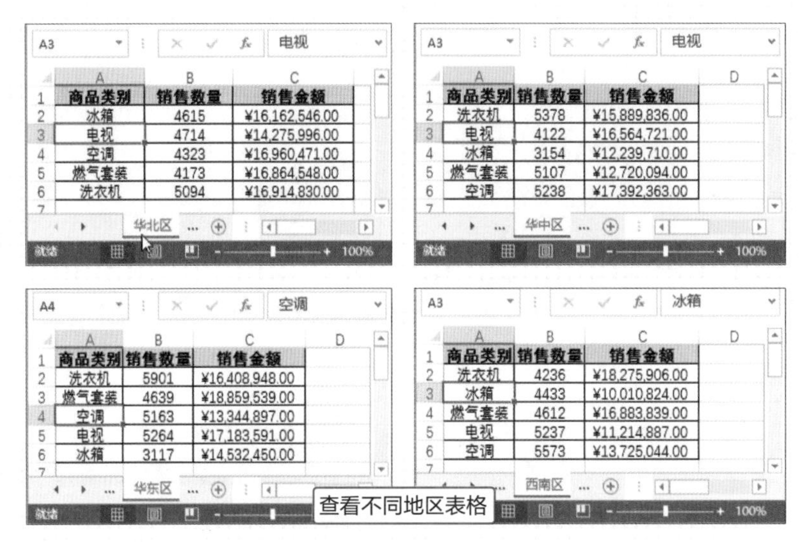

商品类别	销售数量	销售金额
冰箱	4615	¥16,162,546.00
电视	4714	¥14,275,996.00
空调	4323	¥16,960,471.00
燃气套装	4173	¥16,864,548.00
洗衣机	5094	¥16,914,830.00

商品类别	销售数量	销售金额
洗衣机	5378	¥15,889,836.00
电视	4122	¥16,564,721.00
冰箱	3154	¥12,239,710.00
燃气套装	5107	¥12,720,094.00
空调	5238	¥17,392,363.00

商品类别	销售数量	销售金额
洗衣机	5901	¥16,408,948.00
燃气套装	4639	¥18,859,539.00
空调	5163	¥13,344,897.00
电视	5264	¥17,183,591.00
冰箱	3117	¥14,532,450.00

商品类别	销售数量	销售金额
洗衣机	4236	¥18,275,906.00
冰箱	4433	¥10,010,824.00
燃气套装	4612	¥16,883,839.00
电视	5237	¥11,214,887.00
空调	5573	¥13,725,044.00

步骤02 新建工作表并命名为“汇总”，选中A1单元格，切换至“数据”选项卡，单击“数据工具”选项组中“合并计算”按钮，如下左图所示。

步骤03 打开“合并计算”对话框，设置函数为“求和”，单击“引用位置”右侧折叠按钮，如下右图所示。

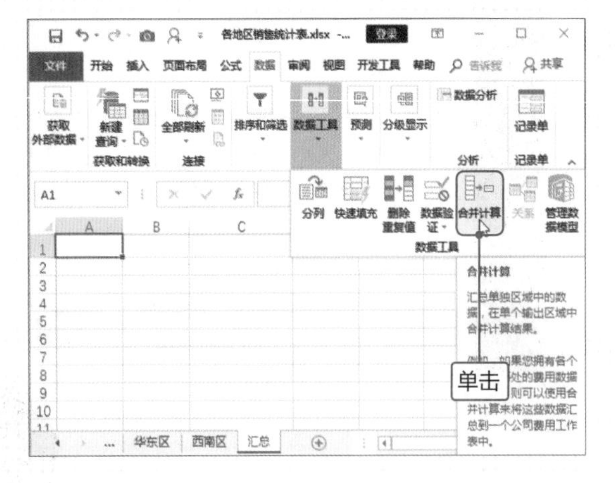

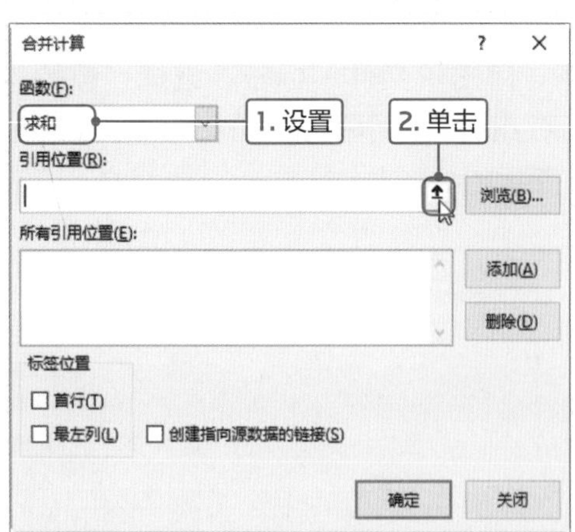

步骤04 返回工作表中，切换至“西南区”工作表，选中A1:C6单元格区域，再次单击折叠按钮，如下左图所示。

步骤05 返回“合并计算”对话框中，单击“添加”按钮，即可将引用位置添加至所有引用位置列表框中。

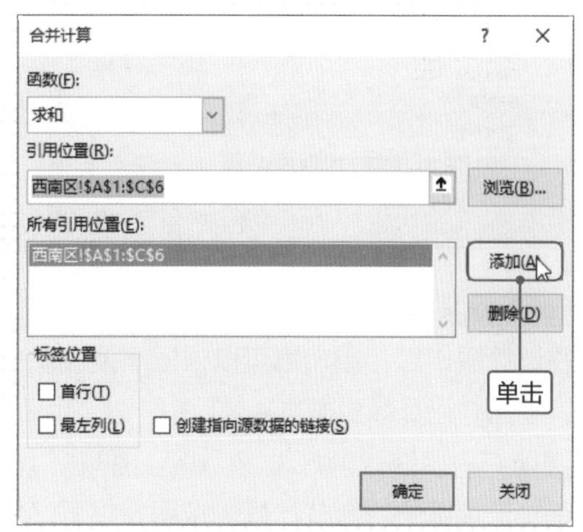

步骤06 按照相同的方法将各地区的所有数据均添加到“所有引用位置”列表框中，在“标签位置”选项组中勾选“首行”和“最左列”复选框，单击“确定”按钮，如下左图所示。

步骤07 返回工作表中，即可在A1单元格处合并4个地区的所有数据，然后适当设置单元格的格式，如下右图所示。

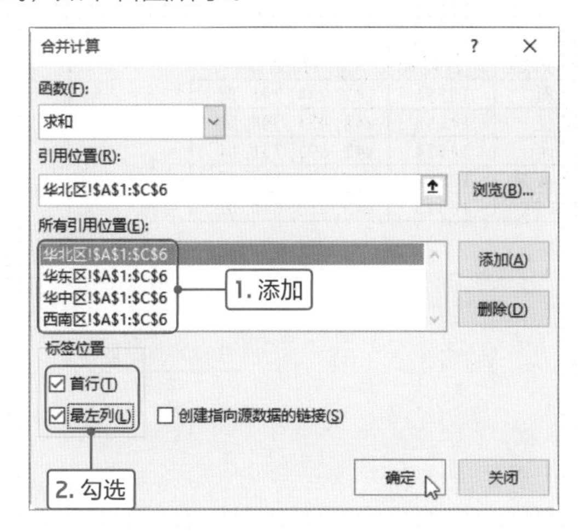

● 修改合并计算源区域

在进行合并计算后，用户可以根据需要对源区域进行修改。下面介绍具体操作。

步骤01 打开“修改合并计算的源区域.xlsx”工作簿，切换至“汇总”工作表，选中表格内任意单元格，切换至“数据”选项卡，单击“数据工具”选项组中“合并计算”按钮，打开“合并计算”对话框，在“所有引用位置”列表框中选择需要修改的源区域，然后单击折叠按钮，如下左图所示。

步骤02 自动切换至“华东区”工作表，根据需要重新选择源区域，然后返回“合并计算”对话框，单击“确定”按钮即可，如下右图所示。

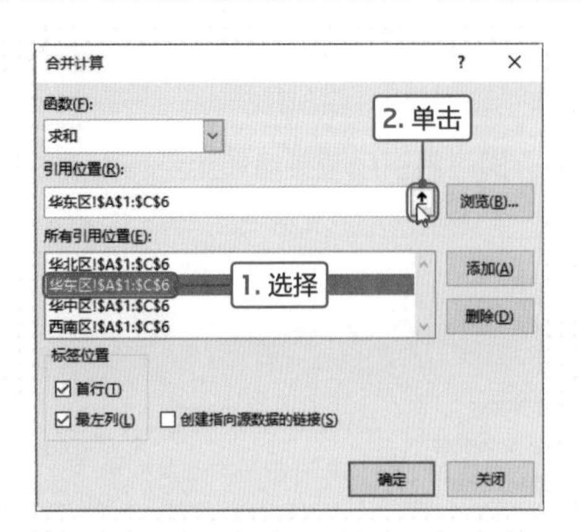

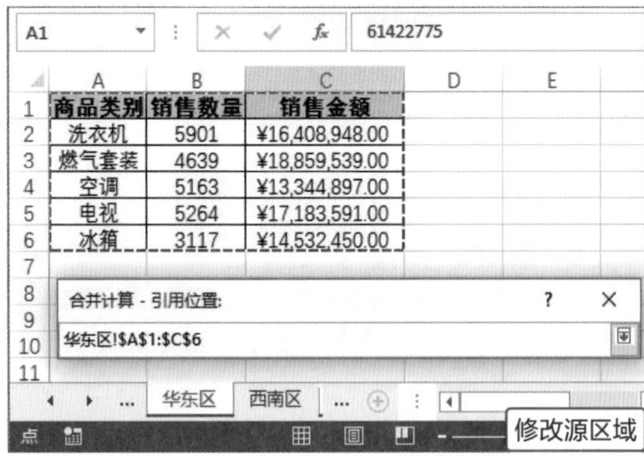

	A	B	C
1	商品类别	销售数量	销售金额
2	洗衣机	5901	¥16,408,948.00
3	燃气套装	4639	¥18,859,539.00
4	空调	5163	¥13,344,897.00
5	电视	5264	¥17,183,591.00
6	冰箱	3117	¥14,532,450.00

● 删除源区域

合并计算操作后，用户也可以根据需要删除多余的源区域。在本案例中将删除“西南区”的源区域，下面介绍具体操作方法。

步骤01 打开“删除源区域.xslx”工作簿，切换至“汇总”工作表，选中A1单元格，单击“数据工具”选项组中“合并计算”按钮，打开“合并计算”对话框，选择需要删除的源区域，如“西南区”，单击“删除”按钮，如下左图所示。

步骤02 单击“确定”按钮，返回工作表中，可见汇总的数据中已经减去“西南区”的数据，如下右图所示。

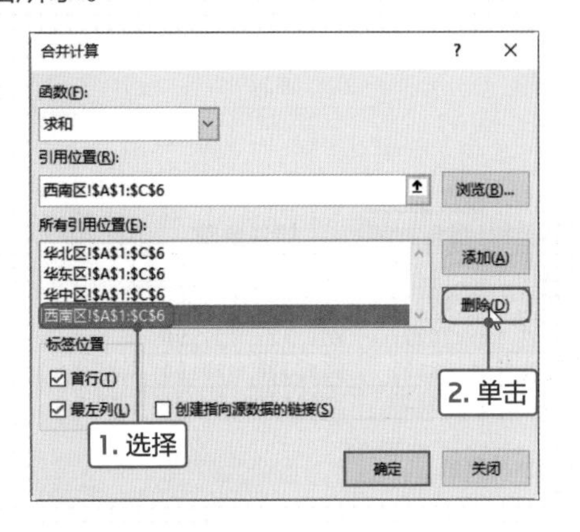

	A	B	C
1	商品类别	销售数量	销售金额
2	冰箱	10886	¥42,934,706.00
3	电视	14100	¥48,024,308.00
4	空调	14724	¥47,697,731.00
5	燃气套装	13919	¥48,444,181.00
6	洗衣机	16373	¥49,213,614.00

● 自动更新源数据

如果想进行合并计算后能够自动更新源数据，下面介绍具体操作方法。

步骤01 打开“自动更新数据.xslx”工作簿，切换至“汇总”工作表，选中A1单元格，打开“合并计算”对话框，添加对应的数据区域，然后勾选“创建指向源数据的链接”复选框，如右图所示。

步骤02 单击“确定”按钮，返回工作表中即可汇总各地区的数据，在工作表左侧显示分级显示。选中汇总数据的单元格，在编辑栏中显示SUM函数公式，如下左图所示。

步骤03 单击工作表左侧分级显示的2按钮，展示隐藏的数据，选择展开的数据所在单元格，在编辑栏中即可显示数据的引用，如下右图所示。

	A	B	C	D
1			销售数量	销售金额
6	冰箱		15319	¥52,945,530.00
11	电视		19337	¥59,239,195.00
16	空调		20297	¥61,422,775.00
21	燃气套装		18531	¥65,328,020.00
26	洗衣机		20609	¥67,489,520.00

C3　=华东区!$B$6　编辑栏

	A	B	C	D
1			销售数量	销售金额
2		自动更新源数据	4615	¥16,162,546.00
3		自动更新源数据	3117	¥14,532,450.00
4		自动更新源数据	3154	¥12,239,710.00
5		自动更新源数据	4433	¥10,010,824.00
6	冰箱		15319	¥52,945,530.00
7		自动更新源数据	4714	¥14,275,996.00
8		自动更新源数据	5264	¥17,183,591.00
9		自动更新源数据	4122	¥16,564,721.00
10		自动更新源数据	5237	¥11,214,887.00
11	电视		19337	¥59,239,195.00
12		自动更新源数据	4323	¥16,960,471.00
13		自动更新源数据	5163	¥13,344,897.00
14		自动更新源数据	5238	¥17,392,363.00

汇总　展开隐藏数据

步骤04 切换至“西南区”工作表，将洗衣机的销售数量修改为3500，如下左图所示。

步骤05 返回“汇总”工作表，可见洗衣机销售数量由20609变为19873，即在合并计算后自动更新源数据并计算出新的结果，如下右图所示。

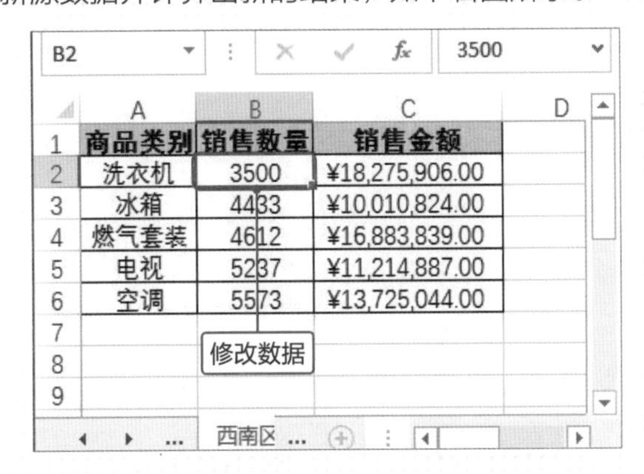

	A	B	C
1	商品类别	销售数量	销售金额
2	洗衣机	3500	¥18,275,906.00
3	冰箱	4433	¥10,010,824.00
4	燃气套装	4612	¥16,883,839.00
5	电视	5237	¥11,214,887.00
6	空调	5573	¥13,725,044.00

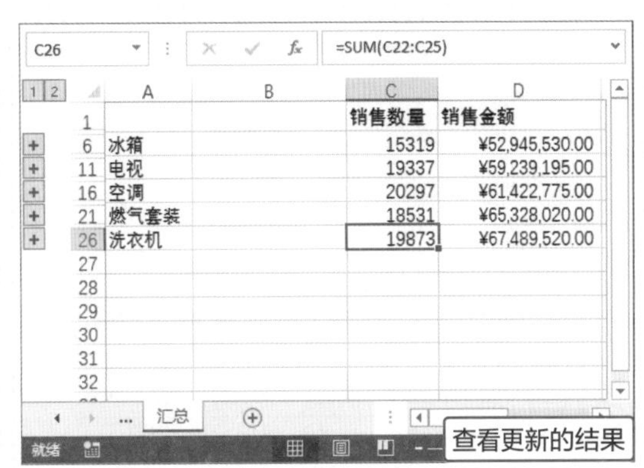

	A	B	C	D
1			销售数量	销售金额
6	冰箱		15319	¥52,945,530.00
11	电视		19337	¥59,239,195.00
16	空调		20297	¥61,422,775.00
21	燃气套装		18531	¥65,328,020.00
26	洗衣机		19873	¥67,489,520.00

● 使用合并计算核对多表之间的数值

使用合并计算功能还可以对两个报表中的数据进行比较，下面介绍具体操作方法。

步骤01 打开“使用合并计算核对多表之间的数值.xslx”工作簿，包含两次销量统计的数据，其中第5列的标题不同，如下图所示。

G16

	A	B	C	D	E
1	序号	地区	商品类别	商品品牌	销售数量1
2	001	华中	电视	创维	512
3	002	华北	空调	奥克斯	530
4	003	华北	洗衣机	海信	548
5	004	华东	冰箱	TCL	564
6	005	华东	空调	志高	572
7	006	华北	空调	美的	600
8	007	华东	冰箱	海尔	601
9	008	西南	电视	康佳	617
10	009	华东	燃气套装	万家乐	618
11	010	华北	电视	小米	621
12	011	华中	冰箱	TCL	662
13	012	西南	洗衣机	海信	665
14	013	西南	洗衣机	小天鹅	674
15	014	华东	燃气套装	老板	679
16	015	华东	洗衣机	小天鹅	682
17	016	华北	燃气套装	帅康	703
18	017	华东	冰箱	小天鹅	706
19	018	西南	燃气套装	万家乐	709
20	019	华北	燃气套装	万家乐	712
21	020	华东	电视	小米	718
22	021	华中	燃气套装	帅康	725

销量统计表1

E22　725

	A	B	C	D	E
1	序号	地区	商品类别	商品品牌	销售数量2
2	001	华中	电视	创维	512
3	002	华北	空调	奥克斯	529
4	003	华北	洗衣机	海信	548
5	004	华东	冰箱	TCL	564
6	005	华东	空调	志高	572
7	006	华北	空调	美的	600
8	007	华东	冰箱	海尔	600
9	008	西南	电视	康佳	617
10	009	华东	燃气套装	万家乐	618
11	010	华北	电视	小米	621
12	011	华中	冰箱	TCL	662
13	012	西南	洗衣机	海信	665
14	013	西南	洗衣机	小天鹅	674
15	014	华东	燃气套装	老板	679
16	015	华东	洗衣机	小天鹅	682
17	016	华北	燃气套装	帅康	703
18	017	华东	冰箱	小天鹅	706
19	018	西南	燃气套装	万家乐	709
20	019	华北	燃气套装	万家乐	712
21	020	华东	电视	[illegible]	[illegible]
22	021	华中	[illegible]	[illegible]	[illegible]

销量统计表2　查看两个表格数据

步骤02 新建工作表并命名为“核对”，选中A1单元格，切换至“数据”选项卡，单击“数据工具”选项组中“合并计算”按钮，如下左图所示。

步骤03 打开“合并计算”对话框，分别添加两次销量统计的数据，并勾选“首行”和“最左列”复选框，单击“确定”按钮，如下右图所示。

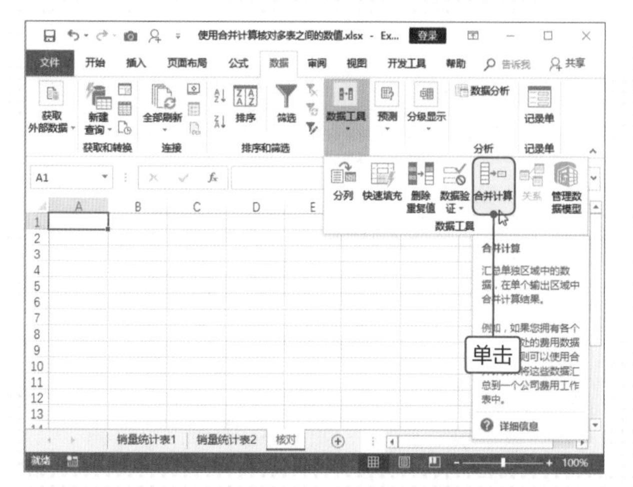

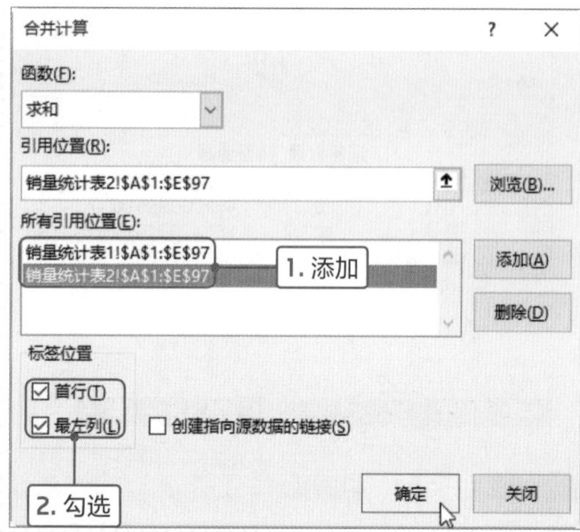

步骤04 因为两个表格首行的销售数量标题不一致，所以不能进行合并计算，完善表格，选中G2单元格并输入“=E2=F2”公式，如下左图所示。

步骤05 按Enter键执行计算，选中G2单元格，将光标移至该单元格右下角变为黑色十字形状时双击，将公式向下填充，可见结果为FALSE的表示两次统计结果不一致，结果为TRUE表示两次结果相同，如下右图所示。

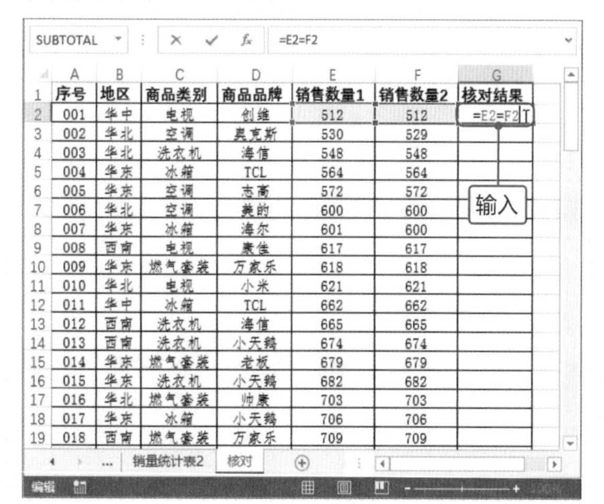

序号	地区	商品类别	商品品牌	销售数量1	销售数量2	核对结果
001	华中	电视	创维	512	512	=E2=F2
002	华北	空调	奥克斯	530	529	
003	华北	洗衣机	海信	548	548	
004	华东	冰箱	TCL	564	564	
005	华东	空调	志高	572	572	
006	华北	空调	美的	600	600	
007	华东	冰箱	海尔	601	600	
008	西南	电视	康佳	617	617	
009	华东	燃气套装	万家乐	618	618	
010	华北	电视	小米	621	621	
011	华中	冰箱	TCL	662	662	
012	西南	洗衣机	海信	665	665	
013	西南	洗衣机	小天鹅	674	674	
014	华东	燃气套装	老板	679	679	
015	华东	洗衣机	小天鹅	682	682	
016	华北	燃气套装	帅康	703	703	
017	华东	冰箱	小天鹅	706	706	
018	西南	燃气套装	万家乐	709	709	

序号	地区	商品类别	商品品牌	销售数量1	销售数量2	核对结果
001	华中	电视	创维	512	512	TRUE
002	华北	空调	奥克斯	530	529	FALSE
003	华北	洗衣机	海信	548	548	TRUE
004	华东	冰箱	TCL	564	564	TRUE
005	华东	空调	志高	572	572	TRUE
006	华北	空调	美的	600	600	TRUE
007	华东	冰箱	海尔	601	600	FALSE
008	西南	电视	康佳	617	617	TRUE
009	华东	燃气套装	万家乐	618	618	TRUE
010	华北	电视	小米	621	621	TRUE
011	华中	冰箱	TCL	662	662	TRUE
012	西南	洗衣机	海信	665	665	TRUE
013	西南	洗衣机	小天鹅	674	674	TRUE
014	华东	燃气套装	老板	679	679	TRUE
015	华东	洗衣机	小天鹅	682	682	TRUE
016	华北	燃气套装	帅康	703	703	TRUE
017	华东	冰箱	小天鹅	706	706	TRUE
018	西南	燃气套装	万家乐	709	709	TRUE

G3 =E3=F3

查看核对的结果

数据计算篇

数据的计算是Excel非常强大的功能，计算功能主要依赖公式和函数。使用公式和函数可以轻松地对复杂的数据进行准确、快速的运算，从而提高工作效率和准确率。用户如果需要进一步提升Excel的操作能力，势必要提高运算能力，可见数据计算的重要性。Excel为用户提供了10多种函数类型，如文本函数、数学与三角函数、日期与时间函数、统计函数、查找与引用函数，以及财务函数等。

本章通过车间生产统计表和员工档案两张工作表介绍不同类型函数的含义和应用，主要涉及文本函数、数学与三角函数、统计函数等。

数据计算篇

制作车间生产统计表

企业决定对工厂车间员工生产连杆进行分析，对第1季度的生产数据进行采集，通过对数据进行分析计算了解员工的生产能力。万能的历历哥又一次接受企业安排的任务，但由于工作太多，他安排了小蔡负责此项任务。小蔡思考再三决定分别计算员工的第1季度的生产总数和总的生产数量，并根据计算的数据对员工进行排名，从而分析员工的生产能力。小蔡使用函数进行各项计算。

NG! 失败案例

G11 =D11+E11+F11

	A	B	C	D	E	F	G	H
1	员工编号	员工姓名	车间	1月	2月	3月	生产总数	排名
11	SY010	张婉静	二车间	21129	21040	22466	64635	20
12	SY011	李宁	一车间	27291	27057	20218	74566	7
13	SY012	杜贺	二车间	28442	28353	20348	77143	5
14	SY013	吴鑫	一车间	24037	23856	23138	71031	12
15	SY014	金兴	一车间	26065	25976	22921	74962	6
16	SY015	沈安坦	三车间	25302	25213	20929	71444	10
17	SY016	苏新	三车间	27022	26788	24989	78799	1
18	SY017	丁兰	一车间	26660	26426	21145	74231	8
19	SY018	王达刚	三车间	20241	20060	23159	63460	23
20	SY019	季珏	三车间	25893	25804	20786	72483	9
21	SY020	邱耀华	二车间	21063	20829	23887	65779	16
22	SY021	仇昌	一车间	28931	28842	20874	78647	2
23	SY022	诸葛琨	二车间	22838	22604	20518	65960	15
24	SY023	唐晰	三车间	21225	20991	22640	64856	19
25						总数	1620652	
26								

连杆生产数量

就绪 100%

!使用公式计算生产总数

!计算所有员工的生产数量

!使用RANK函数进行排名

小蔡在对车间生产统计表数据进行计算时很正确，但是还有进一步修改的空间。首先，计算员工生产总数时，使用公式计算，这样比较烦琐，特别是数据庞大时；其次，使用RANK函数对员工的生产总数进行排名，效果比较单调；最后，统计出所有员工的生产数量，该数据很难体现员工的能力。

MISSION!
1

使用Excel中的函数基本可以满足各行各业的计算需求。使用函数计算数据可以提高工作效率，使工作事半功倍。在车间生产统计表中，使用SUM函数、AVERAGEIF函数和PERCENTRANK函数分别计算出生产总数、各车间的平均值和员工战绩，这对分析员工的生产能力有很大的帮助。

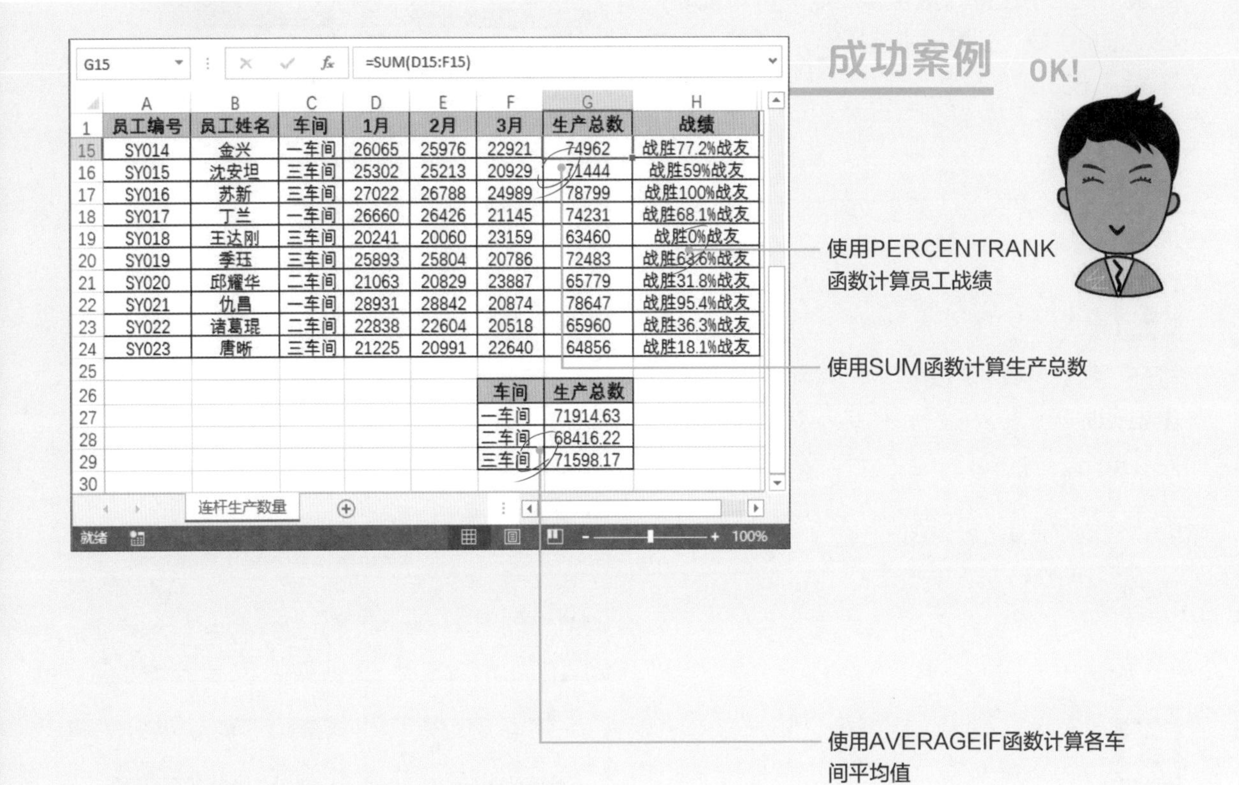

G15 =SUM(D15:F15)

	A	B	C	D	E	F	G	H
1	员工编号	员工姓名	车间	1月	2月	3月	生产总数	战绩
15	SY014	金兴	一车间	26065	25976	22921	74962	战胜77.2%战友
16	SY015	沈安坦	三车间	25302	25213	20929	71444	战胜59%战友
17	SY016	苏新	三车间	27022	26788	24989	78799	战胜100%战友
18	SY017	丁兰	一车间	26660	26426	21145	74231	战胜68.1%战友
19	SY018	王达刚	三车间	20241	20060	23159	63460	战胜0%战友
20	SY019	季珏	三车间	25893	25804	20786	72483	战胜63.6%战友
21	SY020	邱耀华	二车间	21063	20829	23887	65779	战胜31.8%战友
22	SY021	仇昌	一车间	28931	28842	20874	78647	战胜95.4%战友
23	SY022	诸葛琨	二车间	22838	22604	20518	65960	战胜36.3%战友
24	SY023	唐晰	三车间	21225	20991	22640	64856	战胜18.1%战友

车间	生产总数
一车间	71914.63
二车间	68416.22
三车间	71598.17

经过对表格数据的重新计算，可见表格数据更能体现员工生产能力，还能激励员工的工作情绪。首先，使用SUM函数快速计算生产总数；其次，使用PERCENTRANK函数计算员工战绩，更能激励员工；最后，使用AVERAGEIF函数分别统计各车间员工的平均生产数量，更直观地表现员工能力。

Point 1 计算员工的总生产数量

当表格创建完成之后，用户可以使用函数对数据进行计算。在本案例中使用SUM函数快速计算出每个员工的生产总数，下面介绍具体操作方法。

1

打开“车间生产统计表.xslx”工作表，选中G2单元格，然后单击编辑栏中“插入函数”按钮，打开“插入函数”对话框，在“或选择类别”列表中选择“数学与三角函数”选项，在“选择函数”列表框中选择SUM函数，单击“确定”按钮。

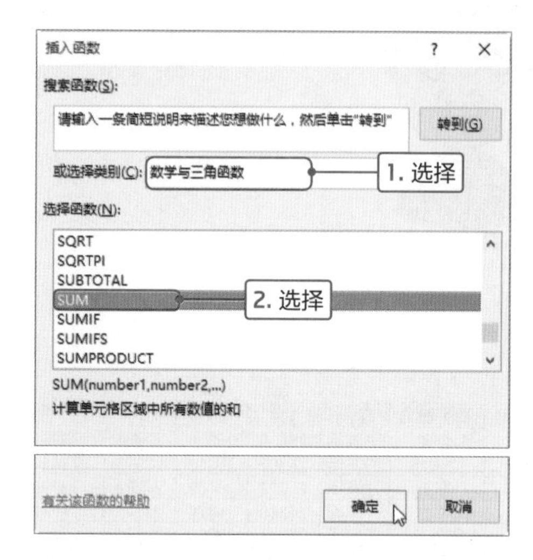

2

打开“函数参数”对话框，在Number1文本框中自动显示“D2:F2”，保持不变，单击“确定”按钮。

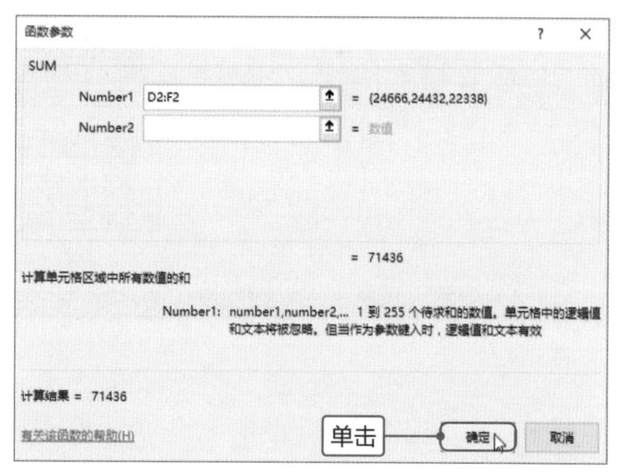

3

返回工作表中，可见在G2单元格显示计算结果，将该单元格中的公式向下填充至G24单元格中，并计算出每个员工的生产总数。

员工编号	员工姓名	车间	1月	2月	3月	生产总数
SY001	李松安	一车间	24666	24432	22338	71436
SY002	魏健通	二车间	20728	20547	22967	64242
SY003	刘伟	二车间	26451	26362	24475	77288
SY004	朱秀美	一车间	20591	20357	24046	64994
SY005	韩姣倩	三车间	29307	29073	20167	78547
SY006	马正泰	二车间	21873	21692	20140	63705
SY007	于顺康	二车间	24429	24248	21263	69940
SY008	韩姣倩	二车间	21575	21486	23993	67054
SY009	武福贵	一车间	20846	20612	23992	65450
SY010	张婉静	二车间	21129	21040	22466	64635
SY011	李宁	一车间	27291	27057	20218	74566
SY012	杜贺	二车间	28442	28353	20348	77143
SY013	吴鑫	一车间	24037	23856	23138	71031
SY014	金兴	一车间	26065	25976	22921	74962
SY015	沈安坦	三车间	25302	25213	20929	71444
SY016	苏新	三车间	27022	26788	24989	78799
SY017	丁兰	一车间	26660	26426	21145	74231
SY018	王达刚	三车间	20241	20060	23	

Tips 使用公式计算生产总数

在本案例中使用SUM函数快速计算出员工的生产总数，用户也可以使用公式计算，在G2单元格中输入“=D2+E2+F2”公式，然后按Enter键执行计算，最后把公式向下填充即可。

Point 2 统计员工的战绩

为每位员工计算完生产总量后，企业为了激励员工工作的积极性，还会为员工进行战绩排名。在本案例中，使用PERCENTRANK函数计算员工的百分比排名，下面介绍具体操作方法。

1

在H列添加“战绩”列，选中H2单元格，输入“=PERCENTRANK($G$2:$G$24,G2)”公式，按Enter键执行计算。结果表示G2单元格中的数值在G2:G24单元格区域中百分比的排位。

H2 =PERCENTRANK($G$2:$G$24,G2)

	A	B	C	D	E	F	G	H
1	员工编号	员工姓名	车间	1月	2月	3月	生产总数	战绩
2	SY001	李松安	一车间	24666	24432	22338	71436	0.545
3	SY002	魏健通	二车间	20728	20547	22967	64242	
4	SY003	刘伟	二车间	26451	26362	24475	77288	
5	SY004	朱秀美	一车间	20591	20357	24046	64994	
6	SY005	韩姣倩	三车间	29307	29073	20167	78547	
7	SY006	马正泰	二车间	21873	21692	20140	63705	
8	SY007	于顺康	二车间	24429	24248	21263	69940	
9	SY008	韩姣倩	二车间	21575	21486	23993	67054	
10	SY009	武福贵	一车间	20846	20612	23992	65450	
11	SY010	张婉静	二车间	21129	21040	22466	64635	
12	SY011	李宁	一车间	27291	27057	20218	74566	
13	SY012	杜贺	二车间	28442	28353	20348	77143	
14	SY013	吴鑫	一车间	24037	23856	23138	71031	
15	SY014	金兴	一车间	26065	25976	22921	74962	
16	SY015	沈安坦	三车间	25302	25213	20929	71444	
17	SY016	苏新	三车间	27022	26788	24989	78799	
18	SY017	丁兰	一车间	26660	26426	21145	74231	

计算结果

连杆生产数量

2

选中H2单元格，双击填充柄向下填充公式至H24单元格，结果表现为小数形式。选中G2:G24单元格区域，按Ctrl+1组合键打开“设置单元格格式”对话框，在“数字”选项卡中选择“百分比”选项，设置“小数位数”为2，单击“确定”按钮。

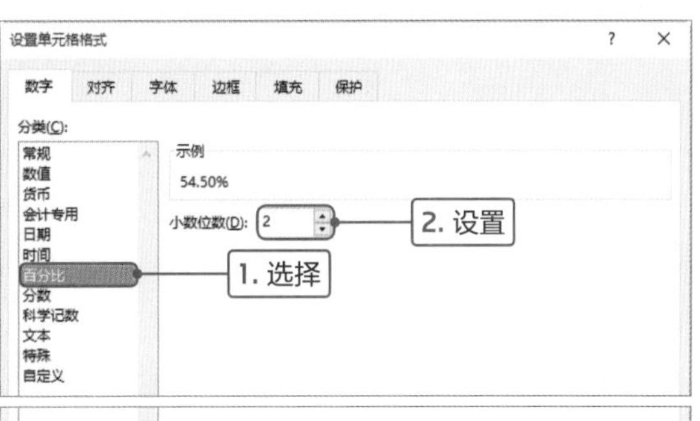

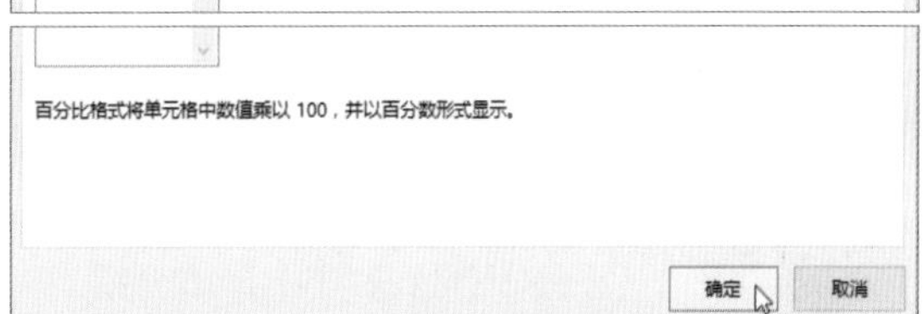

3

返回工作表中，可见小数转换为百分比的形式显示。如H2单元格显示54.50%，表示该员工在所有员工中排名为54.50%。

H2 =PERCENTRANK($G$2:$G$24,G2)

	A	B	C	D	E	F	G	H
1	员工编号	员工姓名	车间	1月	2月	3月	生产总数	战绩
2	SY001	李松安	一车间	24666	24432	22338	71436	54.50%
3	SY002	魏健通	二车间	20728	20547	22967	64242	9.00%
4	SY003	刘伟	二车间	26451	26362	24475	77288	86.30%
5	SY004	朱秀美	一车间	20591	20357	24046	64994	22.70%
6	SY005	韩姣倩	三车间	29307	29073	20167	78547	90.90%
7	SY006	马正泰	二车间	21873	21692	20140	63705	4.50%
8	SY007	于顺康	二车间	24429	24248	21263	69940	45.40%
9	SY008	韩姣倩	二车间	21575	21486	23993	67054	40.90%
10	SY009	武福贵	一车间	20846	20612	23992	65450	27.20%
11	SY010	张婉静	二车间	21129	21040	22466	64635	13.60%
12	SY011	李宁	一车间	27291	27057	20218	74566	72.70%
13	SY012	杜贺	二车间	28442	28353	20348	77143	81.80%
14	SY013	吴鑫	一车间	24037	23856	23138	71031	50.00%
15	SY014	金兴	一车间	26065	25976	22921	74962	77.20%
16	SY015	沈安坦	三车间	25302	25213	20929	71444	59.00%
17	SY016	苏新	三车间	27022	26788	24989	78799	100.00%
18	SY017	丁兰	一车间	26660	26426	21145	74231	68.10%
19	SY018	王达刚	三车间	20241	20060	23159	63460	0.00%
20	SY019	季珏	三车间	25893	25804	20786	7248	

查看计算结果

连杆生产数量

Tips **计算员工的排名**

在本案例中也可以使用RANK函数计算员工的排名，在I2单元格中输入“=RANK(G2,$G$2:$G$24)”公式，然后将公式向下填充至I24单元格，即可显示所有员工的排名。

I2 =RANK(G2,$G$2:$G$24)

	A	B	C	D	E	F	G	I
1	员工编号	员工姓名	车间	1月	2月	3月	生产总数	排名
2	SY001	李松安	一车间	24666	24432	22338	71436	11
3	SY002	魏健通	二车间	20728	20547	22967	64242	21
4	SY003	刘伟	二车间	26451	26362	24475	77288	4
5	SY004	朱秀美	一车间	20591	20357	24046	64994	18
6	SY005	韩姣倩	三车间	29307	29073	20167	78547	3
7	SY006	马正泰	二车间	21873	21692	20140	63705	22
8	SY007	于顺康	二车间	24429	24248	21263	69940	13
9	SY008	韩姣倩	二车间	21575	21486	23993	67054	14
10	SY009	武福贵	一车间	20846	20612	23992	65450	17
11	SY010	张婉静	二车间	21129	21040	22466	64635	20
12	SY011	李宁	一车间	27291	27057	20218	74566	7
13	SY012	杜贺	二车间	28442	28353	20348	77143	5
14	SY013	吴鑫	一车间	24037	23856	23138	71031	12
15	SY014	金兴	一车间	26065	25976	22921	74962	6
16	SY015	沈安坦	三车间	25302	25213	20929	71444	10
17	SY016	苏新	三车间	27022	26788	24989	78799	1
18	SY017	丁兰	一车间	26660	26426	21145		

连杆生产数量

查看员工排名

选中H2单元格，按F2功能键在编辑栏中将公式修改为“="战胜"&PERCENTRANK($G$2:$G$24,G2)*100&"%"&"战友"”，按钮Enter键执行计算。

SUM 友"

	A	B	C	D	E	F	G	H
1	员工编号	员工姓名	车间	1月	2月	3月	生产总数	战绩
2	SY001	李松安	一车间	24666	24432	22338	71436	="战胜"&PERCENTRANK($G$2:$G$24,G2)*100&"%"&"战友"
3	SY002	魏健通	二车间	20728	20547	22967	64242	
4	SY003	刘伟	二车间	26451	26362	24475	77288	
5	SY004	朱秀美	一车间	20591	20357	24046	64994	
6	SY005	韩姣倩	三车间	29307	29073	20167	78547	90.90%
7	SY006	马正泰	二车间	21873	21692	20140	63705	4.50%
8	SY007	于顺康	二车间	24429	24248	21263	69940	45.40%
9	SY008	韩姣倩	二车间	21575	21486	23993	67054	
10	SY009	武福贵	一车间	20846	20612	23992	65450	
11	SY010	张婉静	二车间	21129	21040	22466	64635	13.60%
12	SY011	李宁	一车间	27291	27057	20218	74566	72.70%
13	SY012	杜贺	二车间	28442	28353	20348	77143	81.80%
14	SY013	吴鑫	一车间	24037	23856	23138	71031	50.00%
15	SY014	金兴	一车间	26065	25976	22921	74962	77.20%
16	SY015	沈安坦	三车间	25302	25213	20929	71444	59.00%
17	SY016	苏新	三车间	27022	26788	24989	78799	100.00%
18	SY017	丁兰	一车间	26660	26426	21145	74231	68.10%
19	SY018	王达刚	三车间	20241	20060	23159	63460	0.00%
20	SY019	季珏	三车间	25893	25804	20786	72483	63.60%

连杆生产数量

修改公式

5

将公式向下填充至H25单元格，显示所有员工的战绩。百分比的数值越大说明该员工的排名越靠前，如为100%时表示该员工为第1名。

H2 ="战胜"&PERCENTRANK($G$2:$G$24,G2)*100&"%"&"战

	A	B	C	D	E	F	G	H
1	员工编号	员工姓名	车间	1月	2月	3月	生产总数	战绩
2	SY001	李松安	一车间	24666	24432	22338	71436	战胜54.5%战友
3	SY002	魏健通	二车间	20728	20547	22967	64242	战胜9%战友
4	SY003	刘伟	二车间	26451	26362	24475	77288	战胜86.3%战友
5	SY004	朱秀美	一车间	20591	20357	24046	64994	战胜22.7%战友
6	SY005	韩姣倩	三车间	29307	29073	20167	78547	战胜90.9%战友
7	SY006	马正泰	二车间	21873	21692	20140	63705	战胜4.5%战友
8	SY007	于顺康	二车间	24429	24248	21263	69940	战胜45.4%战友
9	SY008	韩姣倩	二车间	21575	21486	23993	67054	战胜40.9%战友
10	SY009	武福贵	一车间	20846	20612	23992	65450	战胜27.2%战友
11	SY010	张婉静	二车间	21129	21040	22466	64635	战胜13.6%战友
12	SY011	李宁	一车间	27291	27057	20218	74566	战胜72.7%战友
13	SY012	杜贺	二车间	28442	28353	20348	77143	战胜81.8%战友
14	SY013	吴鑫	一车间	24037	23856	23138	71031	战胜50%战友
15	SY014	金兴	一车间	26065	25976	22921	74962	战胜77.2%战友
16	SY015	沈安坦	三车间	25302	25213	20929	71444	战胜59%战友
17	SY016	苏新	三车间	27022	26788	24989	78799	战胜100%战友
18	SY017	丁兰	一车间	26660	26426	21145	74231	战胜68.1%战友
19	SY018	王达刚	三车间	20241	20060	23159	63460	战胜0%战友
20	SY019	季珏	三车间	25893	25804	20786	724	

连杆生产数量

显示员工战绩

Tips **PERCENTRANK函数介绍**

该函数返回数值在一个数据集中的百分比排位。

表达式：PERCENTRANK(array,x,significance)

参数含义：Array表示用于定义相对位置的数组或包含数值的区域；X表示在数组中需要计算排位的数值；Significance表示返回百分比值的有效位数，如果省略则保留3位小数。

Tips **RANK函数介绍**

RANK函数返回一个数字在数字列表中的排位。

表达式：RANK (number,ref,order)

参数含义：Number表示需要计算排名的数值，或者数值所在的单元格；Ref是数字列表数组或引用；Order表示排名的方式，1表示升序，0表示降序。

Point 3 完善表格并定义名称

在使用函数计算数据时，经常需要引用固定的某单元格、单元格区域或常量等，此时用户可为其定义名称，然后在函数参数中直接输入名称即可。在使用名称计算数据时不需要考虑单元格的引用，避免出现错误，下面介绍具体操作方法。

1

选择表格内任意单元格，切换至“视图”选项卡，单击“窗口”选项组中“冻结窗格”下三角按钮，在列表中选择“冻结首行”选项。

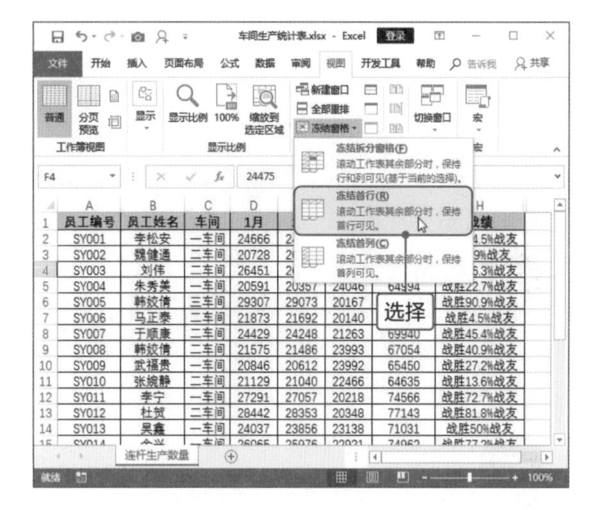

2

返回工作表，向下拖动垂直滚动条，可见首行标题栏始终显示。然后在F26:G29单元格区域中完善表格，并设置单元格格式。

3

选中C2:C24单元格区域，切换至“公式”选项卡，单击“定义的名称”选项组中“定义名称”按钮。

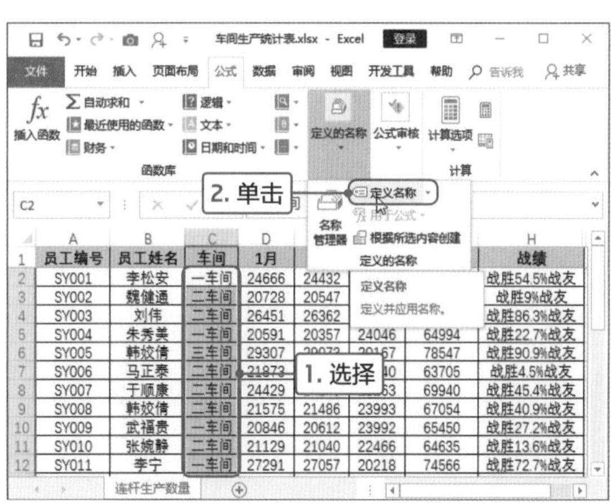

Tips 定义名称注意事项

在定义名称的时候，不能使用空格，使用字母时必须要区分大小写，而且名称长度最多为255个字符。在使用字母时不能将C、c、R和r用作名称。

打开“新建名称”对话框，在“名称”文本框中输入“车间”，然后单击“确定”按钮，即可完成该单元格区域的命名。

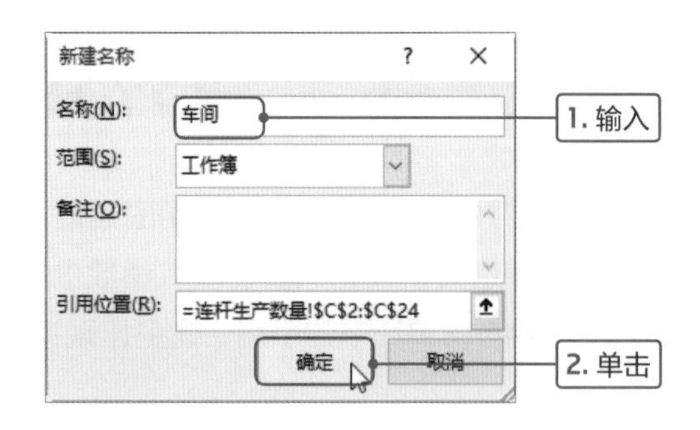

选中G2:G24单元格区域，在名称框中输入“生产总数”，然后按Enter键确认，即可完成该区域的命名。

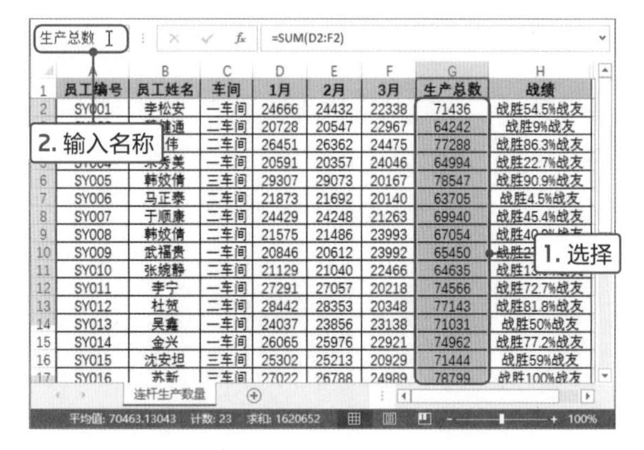

Tips 使用名称框定义注意事项

使用名称框定义的范围是工作簿级别，定义的单元格或单元格区域为绝对引用。

Tips 根据所选内容创建名称

除了本小节介绍的两种定义名称的方法外，还可以根据所选内容创建。

选择B2:G24单元格区域，单击“定义的名称”选项组中“根据所选内容创建”按钮，打开“根据所选内容创建名称”对话框，勾选“首行”和“最左列”复选框，单击“确定”按钮。

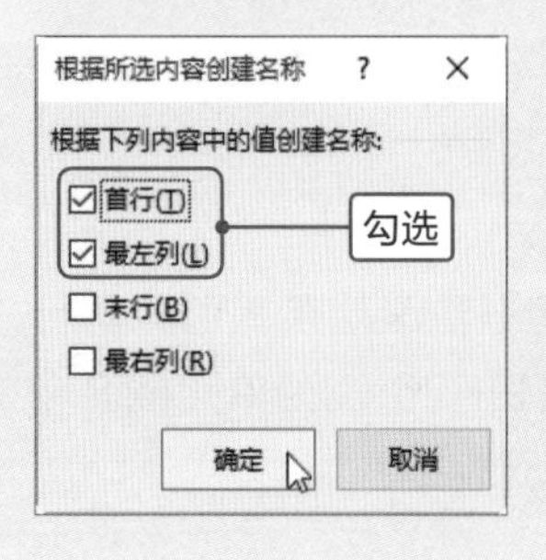

返回工作表中，在名称框中输入“刘伟”，然后按Enter键，则自动选择C4:G4单元格区域。

若在名称框中输入“朱秀美 生产总数”，注意在人名和列名中间要有空格，然后按Enter键，则自动选择G5单元格，即朱秀美的生产总数所在的单元格。

Point 4 计算各车间的平均生产总数

在对数据进行分析时，平均值是经常计算的数值之一。本案例中各车间的人数不同，如果计算总数不能比较员工的生产能力，所以需要计算各车间的平均生产总数，下面介绍具体操作方法。

1

选择G27单元格，然后单击编辑栏中“插入函数”按钮。

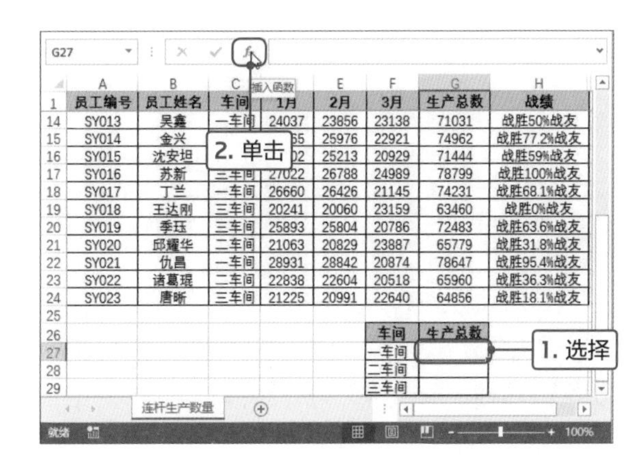

2

打开“插入函数”对话框，在“或选择类别”列表中选择“统计”选项，在“选择函数”列表框中选择AVERAGEIF函数，单击“确定”按钮。

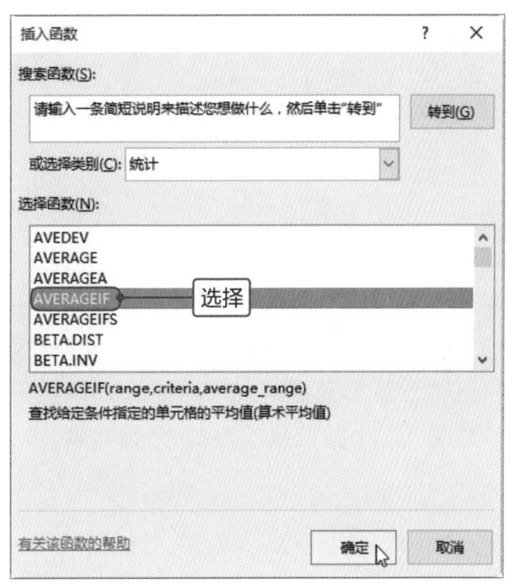

3

打开“函数参数”对话框，然后在Range文本框中输入“车间”，在Criteria文本框中输入“F27”，在Average_range文本中输入“生产总数”，然后单击“确定”按钮。

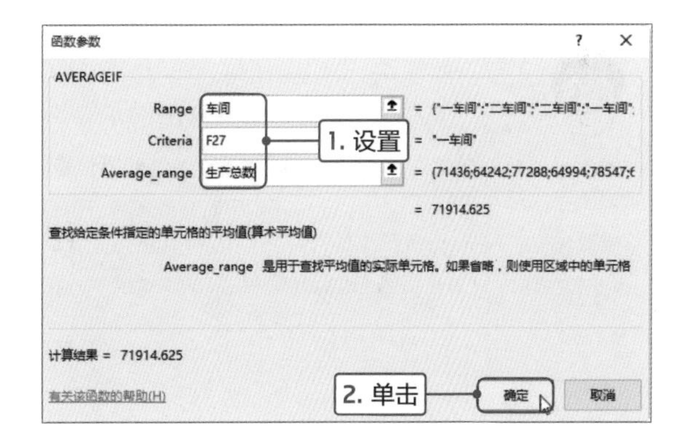

4

返回工作表中，即可查看G27单元格中第一车间平均生产总数。

G27 =AVERAGEIF(车间,F27,生产总数)

	A	B	C	D	E	F	G	H
1	员工编号	员工姓名	车间	1月	2月	3月	生产总数	战绩
13	SY012	杜贺	二车间	28442	28353	20348	77143	战胜81.8%战友
14	SY013	吴鑫	一车间	24037	23856	23138	71031	战胜50%战友
15	SY014	金兴	一车间	26065	25976	22921	74962	战胜77.2%战友
16	SY015	沈安坦	三车间	25302	25213	20929	71444	战胜59%战友
17	SY016	苏新	三车间	27022	26788	24989	78799	战胜100%战友
18	SY017	丁兰	一车间	26660	26426	21145	74231	战胜68.1%战友
19	SY018	王达刚	三车间	20241	20060	23159	63460	战胜0%战友
20	SY019	季珏	三车间	25893	25804	20786	72483	战胜63.6%战友
21	SY020	邱耀华	二车间	21063	20829	23887	65779	战胜31.8%战友
22	SY021	仇昌	一车间	28931	28842	20874	78647	战胜95.4%战友
23	SY022	诸葛琨	二车间	22838	22604	20518	65960	战胜36.3%战友
24	SY023	唐晰	三车间	21225	20991	22640	64856	战胜18.1%战友
25								
26						车间	生产总数	
27						一车间	71914.625	
28						二车间		
29						三车间		
30								

连杆生产数量

查看一车间平均生产总数

5

选中G28单元格，输入“=AVERAGEIF(车间,F28,生产总数)”公式，其中部分参数使用定义的名称，按Enter键执行计算。

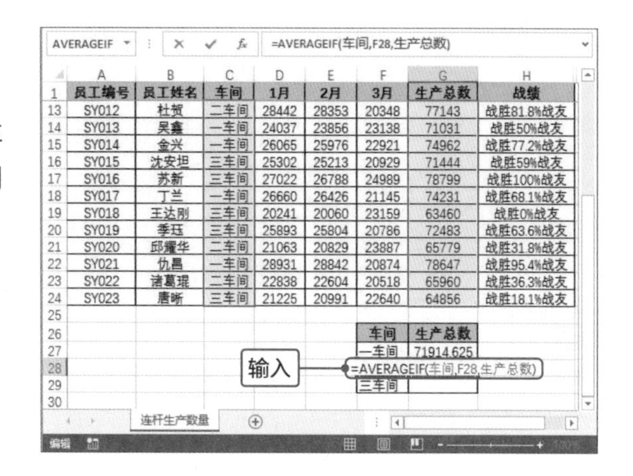

6

然后将公式向下填充，即可计算三个车间员工的平均生产总量。然后选中G27:G29单元格区域，打开“设置单元格格式”对话框，设置分类为“数值”，“小数位数”为2，查看效果。

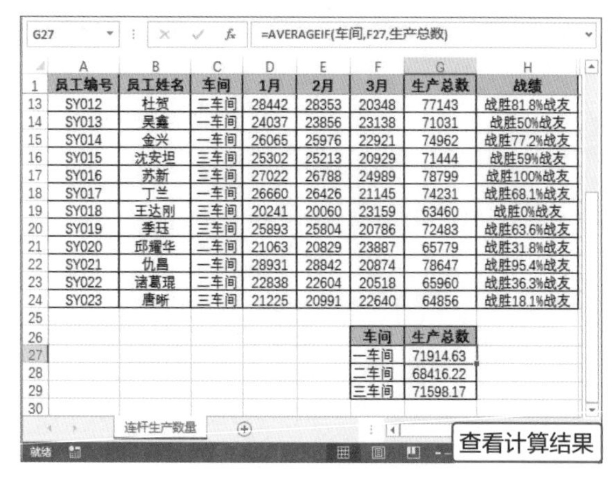

Tips AVERAGEIF函数介绍

AVERAGEIF函数返回某区域内满足指定条件的所有单元格的平均值。

表达式：AVERAGEIF(range, criteria, average_range)

参数含义：Range表示需要计算平均值的单元格或者单元格区域，包含数字或数字的名称、数组或单元格的引用；Ctateria表示计算平均值时指定的条件；Average_range表示计算平均值的实际单元格，若省略，将使用range参数。

高效办公

单元格的引用和管理名称

在本案例中，使用PERCENTRANK函数计算员工战绩时，其中第一个参数为$G$2:$G$24，表示绝对引用。在Excel中对单元格的引用主要包括三种，即相对引用、绝对引用和混合引用。本案例还介绍定义名称的方法，以及如何管理这些名称。

● 相对引用

相对引用是公式中单元格的引用随着公式所在单元格的位置变化而变化。下面介绍具体操作方法。

步骤01 打开“年度海尔家电销售表.xlsx”工作表，选中F2单元格，然后输入“=E2*D2”公式，按Enter键计算出该产品的销售金额。

AVERAGEIF　=E2*D2

	A	B	C	D	E	F
1	编号	商品名称	商品型号	销售数量	销售单价	销售金额
2	JD001	海尔电视	48k5	609	¥2,399.00	=E2*D2
3	JD002	海尔空调	KFR-35GW	864	¥2,899.00	
4	JD003	海尔洗衣机	XQG70-B10866	817	¥1,899.00	
5	JD004	海尔冰箱	BCD-216SDN	245	¥1,799.00	
6	JD005	海尔电视	32EU3000	426	¥1,299.00	
7	JD006	海尔洗衣机	XQB70-LM1269	123	¥999.00	
8	JD007	海尔冰箱	BCD-258WDPM	569	¥2,899.00	
9	JD008	海尔电视	LS55A51	613	¥3,799.00	
10	JD009	海尔空调	KFR-72LW	493	¥8,999.00	
11	JD010	海尔洗衣机	EG8012B	468	¥2,699.00	
12	JD011	海尔电视	LS42A51	517	¥2,599.00	
13	JD012	海尔空调	KFR-50LW	838	¥5,399.00	
14	JD013	海尔电视	40A3	399	¥1,999.00	
15	JD014	海尔洗衣机	EG8012HB	560	¥4,299.00	
16	JD015	海尔冰箱	BCD-452WDPF	656	¥3,399.00	
17	JD016	海尔电视	55A5J	256	¥3,799.00	
18	JD017	海尔电视	40DH6000	911	¥6,900.00	

输入

Sheet1

步骤02 将F2单元格中公式向下填充至F35单元格，并计算出结果。选中F4单元格，在编辑栏中可见单元格的引用发生变化。

F4　=E4*D4

	A	B	C	D	E	F
1	编号	商品名称	商品型号	销售数量	销售单价	销售金额
2	JD001	海尔电视	48k5	609	¥2,399.00	¥1,460,991.00
3	JD002	海尔空调	KFR-35GW	864	¥2,899.00	¥2,504,736.00
4	JD003	海尔洗衣机	XQG70-B10866	817	¥1,899.00	¥1,551,483.00
5	JD004	海尔冰箱	BCD-216SDN	245	¥1,799.00	¥440,755.00
6	JD005	海尔电视	32EU3000	426	¥1,299.00	¥553,374.00
7	JD006	海尔洗衣机	XQB70-LM1269	123	¥999.00	¥122,877.00
8	JD007	海尔冰箱	BCD-258WDPM	569	¥2,899.00	¥1,649,531.00
9	JD008	海尔电视	LS55A51	613	¥3,799.00	¥2,328,787.00
10	JD009	海尔空调	KFR-72LW	493	¥8,999.00	¥4,436,507.00
11	JD010	海尔洗衣机	EG8012B	468	¥2,699.00	¥1,263,132.00
12	JD011	海尔电视	LS42A51	517	¥2,599.00	¥1,343,683.00
13	JD012	海尔空调	KFR-50LW	838	¥5,399.00	¥4,524,362.00
14	JD013	海尔电视	40A3	399	¥1,999.00	¥797,601.00
15	JD014	海尔洗衣机	EG8012HB	560	¥4,299.00	¥2,407,440.00
16	JD015	海尔冰箱	BCD-452WDPF	656	¥3,399.00	¥2,229,744.00
17	JD016	海尔电视	55A5J	256	¥3,799.00	¥972,544.00
18	JD017	海尔电视	40DH6000	911	¥6,900	¥6,285,900.00

Sheet1

查看相对引用效果

● 绝对引用

绝对引用和相对引用是对立的，即公式所在的单元格发生改变时，引用的单元格不随之变化。在计算员工的战绩时，选中H4单元格，可见第一个参数是不发生变化的。

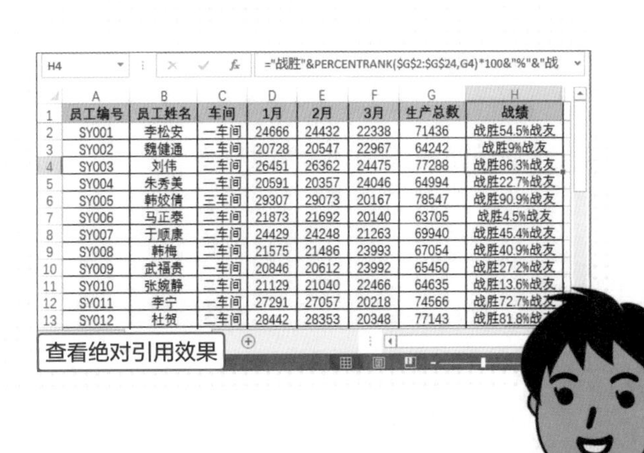

H4　="战胜"&PERCENTRANK($G$2:$G$24,G4)*100&"%"&"战

	A	B	C	D	E	F	G	H
1	员工编号	员工姓名	车间	1月	2月	3月	生产总数	战绩
2	SY001	李松安	一车间	24666	24432	22338	71436	战胜54.5%战友
3	SY002	魏健通	二车间	20728	20547	22967	64242	战胜9%战友
4	SY003	刘伟	二车间	26451	26362	24475	77288	战胜86.3%战友
5	SY004	朱秀美	一车间	20591	20357	24046	64994	战胜22.7%战友
6	SY005	韩姣倩	三车间	29307	29073	20167	78547	战胜90.9%战友
7	SY006	马正泰	二车间	21873	21692	20140	63705	战胜4.5%战友
8	SY007	于顺康	二车间	24429	24248	21263	69940	战胜45.4%战友
9	SY008	韩梅	二车间	21575	21486	23993	67054	战胜40.9%战友
10	SY009	武福贵	一车间	20846	20612	23992	65450	战胜27.2%战友
11	SY010	张婉静	二车间	21129	21040	22466	64635	战胜13.6%战友
12	SY011	李宁	一车间	27291	27057	20218	74566	战胜72.7%战
13	SY012	杜贺	二车间	28442	28353	20348	77143	战胜81.8%战

查看绝对引用效果

●混合引用

混合引用是指相对引用和绝对引用相结合的形式，即在单元格引用时包括相对行绝对列或绝对行相对列，其中相对的行或列会发生变化，而绝对的列或行不变。

步骤01 打开“混合引用.xlsx”工作表，选中E3单元格，然后输入“=$D3*(1-E$2)”公式，按Enter键执行计算。

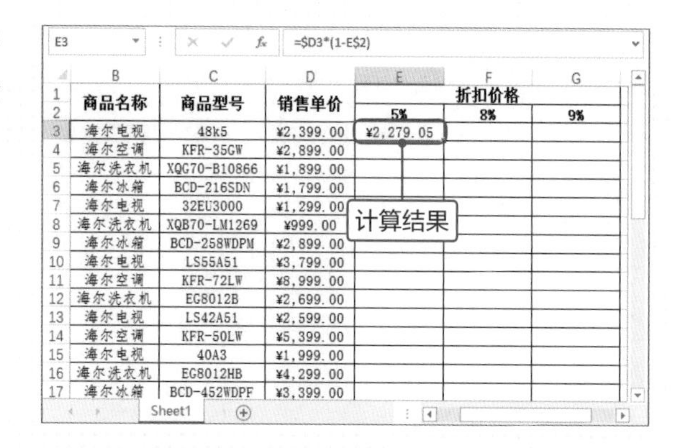

Tips 设置绝对符号

通常使用F4功能键添加绝对符号，按F4功能键的次数不同绝对的行或列也不同。按一次F4键表示绝对列和绝对行；按两次F4键表示相对列和绝对行；按三次F4键表示绝对列和相对行；按四次F4键表示相对列和相对行。

步骤02 然后将E3单元格的公式向右填充至G3单元格，再将E3:G3单元格区域的公式向下填充。选中F4单元格，可见在混合引用中带绝符号的行或列没有变化，其他相对引用的行或列发生变化。

F4 =$D4*(1-F$2)

	B	C	D	E	F	G
1	商品名称	商品型号	销售单价	折扣价格		
2				5%	8%	9%
3	海尔电视	48k5	¥2,399.00	¥2,279.05	¥2,219.08	¥2,183.09
4	海尔空调	KFR-35GW	¥2,899.00	¥2,754.05	¥2,681.58	¥2,638.09
5	海尔洗衣机	XQG70-B10866	¥1,899.00	¥1,804.05	¥1,756.58	¥1,728.09
6	海尔冰箱	BCD-216SDN	¥1,799.00	¥1,709.05	¥1,664.08	¥1,637.09
7	海尔电视	32EU3000	¥1,299.00	¥1,234.05	¥1,201.58	¥1,182.09
8	海尔洗衣机	XQB70-LM1269	¥999.00	¥949.05	¥924.08	¥909.09
9	海尔冰箱	BCD-258WDPM	¥2,899.00	¥2,754.05	¥2,681.58	¥2,638.09
10	海尔电视	LS55A51	¥3,799.00	¥3,609.05	¥3,514.08	¥3,457.09
11	海尔空调	KFR-72LW	¥8,999.00	¥8,549.05	¥8,324.08	¥8,189.09
12	海尔洗衣机	EG8012B	¥2,699.00	¥2,564.05	¥2,496.58	¥2,456.09
13	海尔电视	LS42A51	¥2,599.00	¥2,469.05	¥2,404.08	¥2,365.09
14	海尔空调	KFR-50LW	¥5,399.00	¥5,129.05	¥4,994.08	¥4,913.09
15	海尔电视	40A3	¥1,999.00	¥1,899.05	¥1,849.08	¥1,819.09
16	海尔洗衣机	EG8012HB	¥4,299.00	¥4,084.05	¥3,976.58	¥3,912.09
17	海尔冰箱	BCD-452WDPF	¥3,399	¥3,229.05		

Sheet1

查看混合引用效果

●管理名称

定义的名称主要通过“名称管理器”对话框进行管理。在对话框中可以查看工作表中所有的名称，并且可以对名称进行编辑或删除。

打开定义名称的工作表，切换到“公式”选项卡，单击“定义的名称”选项组中“名称管理器”按钮，即可打开“名称管理器”对话框，单击相应的按钮即可进行管理操作。

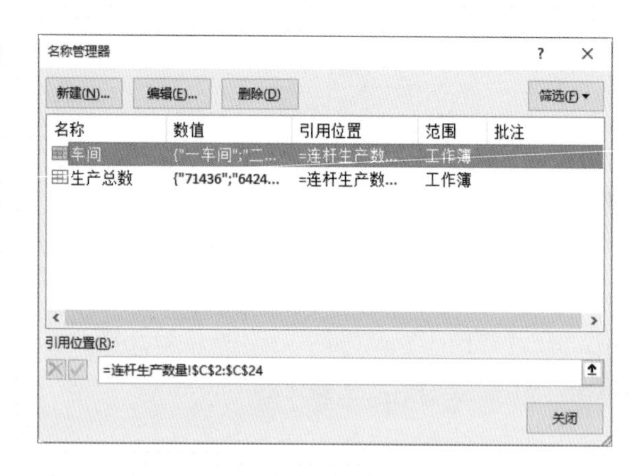

单击“删除”按钮即可删除选中的名称。单击“新建”按钮，在打开的“新建名称”对话框中可以新建名称。单击“编辑”按钮，在打开的“编辑名称”对话框中可以对名称进行编辑。

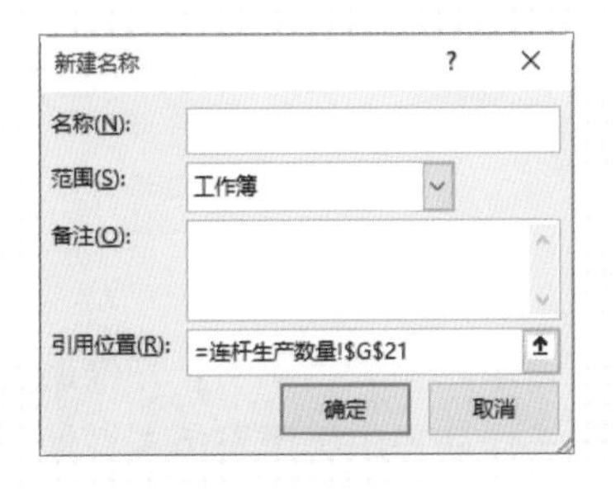

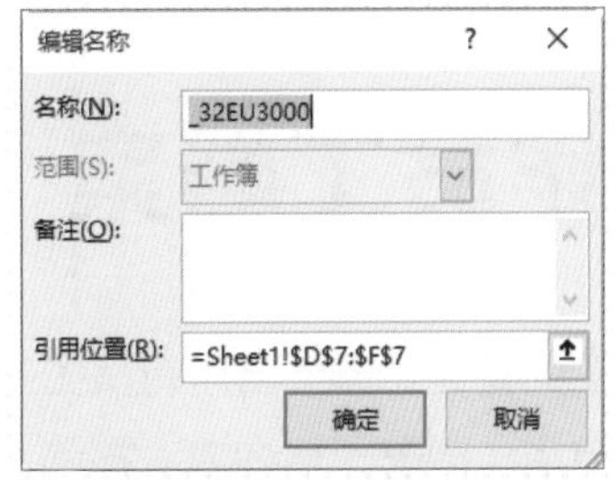

● 查看工作表中所有名称的信息

需要逐个查看名称的引用位置时，使用“名称管理器”对话框很不方便，此时可以使用“粘贴名称”功能将所有名称粘贴在工作表指定的位置。

步骤01 打开“查看工作表中所有的名称信息.xlsx”工作表，选中A37单元格，切换至“公式”选项卡，单击“定义的名称”选项组中“用于公式”下三角按钮，在列表中选择“粘贴名称”选项。

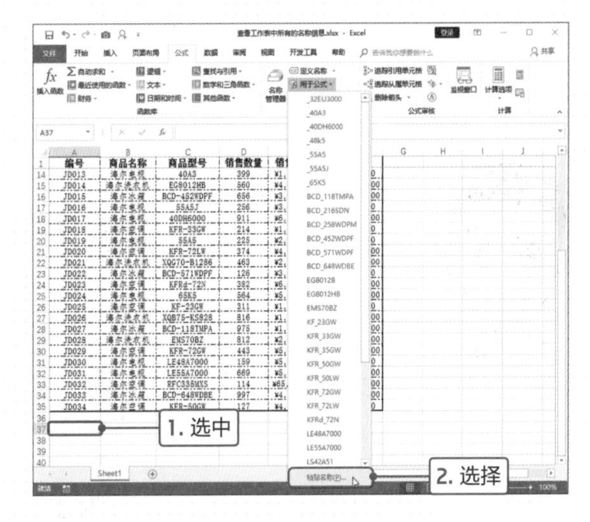

步骤02 打开“粘贴名称”对话框，单击“粘贴列表”按钮。

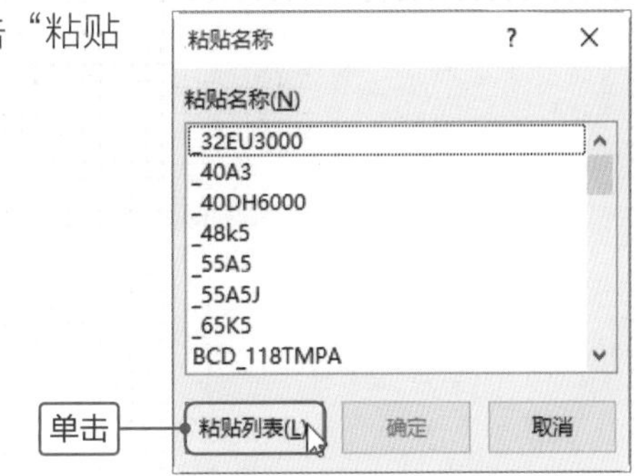

步骤03 返回工作表中，即可在选中单元格处粘贴工作表所有的名称和该名称引用的位置。在A列显示名称，在B列显示名称的引用位置。

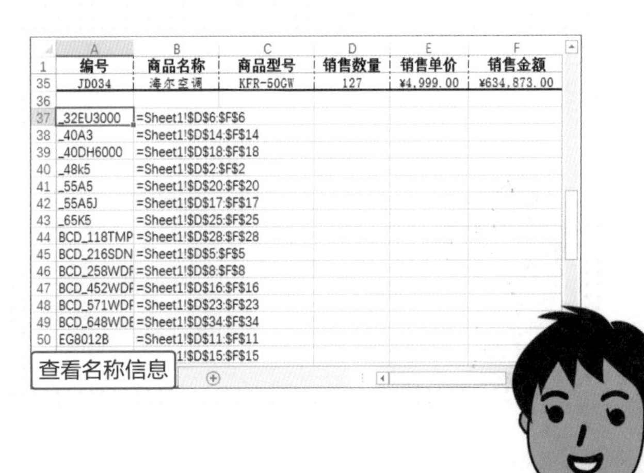

数据计算篇

制作员工档案

企业为了加强对员工的管理，需要将所有员工的信息录入员工档案中，并根据需要计算出相关的数据，以方便企业招用、调配、培训或考核等。该工作还是由历历哥负责，他想把员工档案信息做得更详细。他召集同事一起讨论如何制作详细员工档案，小蔡领会到历历哥的意图，便自告奋勇承担制作员工档案的任务。小蔡从人事部门收集员工的信息，然后开始制作档案。

NG! 失败案例

J4 =DATE(MID(G4,7,4),MID(G4,11,2),MID(G4,13,2))

员工档案

当前日期 2018-9-10 星期一

姓名	性别	学历	部门	手机号码	身份证号	入职日期	工龄	出生日期
李松安	男	本科	销售部	13856236985	110112198501255203	2005-07-01	13	1985-1-25
魏健通	男	硕士	销售部	14583922413	201552199312230516	2016-02-15	2	1993-12-23
刘伟	女	专科	研发部	15122259532	449387199511283392	2016-10-25	1	1995-11-28
朱秀美	女	硕士	人事部	14012477235	187603198608112625	2017-01-02	1	1986-8-11
韩姣倩	男	本科	研发部	15785889092	246401197710283565	1999-12-10	18	1977-10-28
马正泰	女	博士	销售部	15792357888	123753198001108334	2004-05-16	14	1980-1-10
于顺康	女	本科	研发部	14096976514	377908198803075279	2013-05-06	5	1988-3-7
韩姣倩	男	本科	研发部	15785889092	246401197710283565	2000-03-15	18	1977-10-28
武福贵	女	硕士	财务部	13749949977	416409197404274525	1998-10-15	19	1974-4-27
张婉静	男	专科	人事部	13710904121	214308198709285392	2009-03-20	9	1987-9-28
李宁	女	硕士	财务部	15422269179	244044197106276973	1998-12-25	19	1971-6-27
杜贺	女	本科	销售部	13[illegible]64938115	111766199040627141	2015-05-03	3	1993-6-1
吴鑫	女	博士	研发部	14[illegible]92827332	269347199008178051	2016-04-25	2	1990-8-17
金兴	女	本科	营销部	13706919099	309394198003098553	2008-07-09	10	1980-3-9
沈安坦	男	硕士	销售部	14568098189	413048197109021714	1999-08-15	18	1971-9-2
苏新	女	专科	营销部	14258251921	333730199008051859	2017-11-20	0	1990-8-5
丁兰	男	硕士	财务部	15355888468	171003198011303597	2015-10-02	2	1980-11-30
王达刚	女	本科	销售部	14300929608	139804199111048935	2016-02-23	2	1991-11-4
季珏	男	博士	营销部	15517765772	331550199210189828	2017-11-26	0	1992-10-18
邱耀华	女	本科	人事部	14303374813	220323198804282639	2010-12-12	7	1988-4-28
仇昌	女	硕士	营销部	14346910703	402676197008213708	1995-05-06	23	1970-[illegible]-21
诸葛琨	男	本科	销售部	13835433941	121720198807309776	2011-05-07	7	1988-7-30
唐晰	男	专科	财务部	14426596752	300604197704284529	2003-05-06	15	1977-4-28

员工档案

!直接输入员工的联系方式

!计算出员工工龄的年数

!计算出员工的出生日期

小蔡在制作员工档案时，员工的信息输入很全面，但是存在几点不足之处。首先，显示完整的员工联系方式，容易导致员工的信息泄密；其次，在计算员工的工龄时，只计算出年数，结果不是很精确；最后，计算出员工的出生日期，不便于统计员工的退休情况。

员工档案计录员工的详细信息，包括姓名、性别、学历、部门、联系方式、身份证号、入职日期等。通过员工档案可以更好地管理员工，如招用、考核、任用等。在制作员工档案时，可以使用函数计算相关数据，如员工的工龄、退休日期；还可以隐藏部分数据，起到保护员工个人信息的作用。在本案例中，使用文本函数和日期函数计算出员工的相关信息。

成功案例 OK!

K4 =DATE(MID(H4,7,4)+IF(MOD(MID(H4,17,1),2)=0,55,60),MID(H4,11,2),MID(H4,13,2)-1)

员工档案

当前日期 2018-9-10 星期一

姓名	性别	学历	部门	联系方式	身份证号	入职日期	工龄	退休日期
李松安	男	本科	销售部	1385623****	110112198501255203	2005-07-01	13年2个月9天	2040-1-24
魏健通	男	硕士	销售部	1458392****	201552199312230516	2016-02-15	2年6个月26天	2053-12-22
刘伟	女	专科	研发部	1512225****	449387199511283392	2016-10-25	1年10个月16天	2055-11-27
朱秀美	女	硕士	人事部	1401247****	187603198608112625	2017-01-02	1年8个月8天	2041-8-10
韩姣倩	男	本科	研发部	1578588****	246401197710283565	1999-12-10	18年9个月0天	2032-10-27
马正泰	女	博士	销售部	1579235****	123753198001108334	2004-05-16	14年3个月25天	2040-1-9
于顺康	女	本科	研发部	1409697****	377908198803075279	2013-05-06	5年4个月4天	2048-3-6
韩姣倩	男	本科	研发部	1578588****	246401197710283565	2000-03-15	18年5个月26天	2032-10-27
武福贵	女	硕士	财务部	1374994****	416409197404274525	1998-10-15	19年10个月26天	2029-4-26
张婉静	男	专科	人事部	1371090****	214308198709285392	2009-03-20	9年5个月21天	2047-9-27
李宁	女	硕士	财务部	1542226****	244044197106276973	1998-12-25	19年8个月16天	2031-6-26
杜贺	女	本科	销售部	1386493****	111766199040627141	2015-05-03	3年4个月7天	2048-5-31
吴鑫	女	博士	研发部	1469282****	269347199008178051	2016-04-25	2年4个月16天	2050-8-16
金兴	女	本科	营销部	1370691****	309394198003098553	2008-07-09	10年2个月1天	2040-3-8
沈安坦	男	硕士	销售部	1456809****	413048197109021714	1999-08-15	19年0个月26天	2031-9-1
苏新	女	专科	营销部	1425825****	333730199008051859	2017-11-20	0年9个月21天	2050-8-4
丁兰	男	硕士	财务部	1535588****	171003198011303597	2015-10-02	2年11个月8天	2040-11-29
王达刚	女	本科	销售部	1430092****	139804199111048935	2016-02-23	2年6个月18天	2051-11-3
季珏	男	博士	营销部	1551776****	331550199210189828	2017-11-26	0年9个月15天	2047-10-17
邱耀华	女	本科	人事部	1430337****	220323198804282639	2010-12-12	7年8个月29天	2048-4-27
仇昌	女	硕士	营销部	1434691****	402676197008213708	1995-05-06	23年4个月4天	2025-8-20
诸葛琨	男	本科	销售部	1383543****	121720198807309776	2011-05-07	7年4个月3天	2048-7-29
唐晰	男	专科	财务部	1442659****	300604197704284529	2003-05-06	15年4个月4天	2032-4-27

员工档案

计算员工的退休日期

计算员工的工龄

隐藏员工联系方式的后4位

小蔡通过对员工档案中的数据重新计算，使员工的信息更加精确，并且有效保护了员工的部分信息。首先，使用REPLACE函数将员工联系方式的后4位数用星号代替；其次，使用DATEDIF函数计算出员工准确的工龄，包括年月日；最后，计算出员工的退休日期，企业可以提前安排相关事宜。

Point 1 手机号后 4 位显示为星号

人事部门在统计员工的档案时，为了保证员工某些信息不被泄露，可以将其替换为指定的符号。在本案例中，可以将员工的联系方式的后4位用星号（*）代替，下面介绍具体操作方法。

1

打开“员工档案.xlsx”工作表，在F列右侧插入一列，在G3单元格中输入“联系方式”。选中G4单元格，切换至“公式”选项卡，单击“函数库”选项组中“文本”下三角按钮，在列表中选择REPLACE函数。

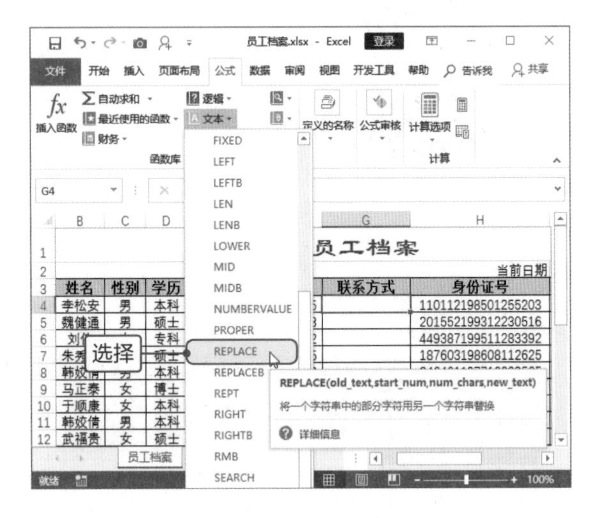

2

打开“函数参数”对话框，在Old_text文本框中输入“F4”，在Start_num文本框中输入“8”，在Num_chars文本框中输入“4”，然后在New_text文本框中输入“****”，单击“确定”按钮。

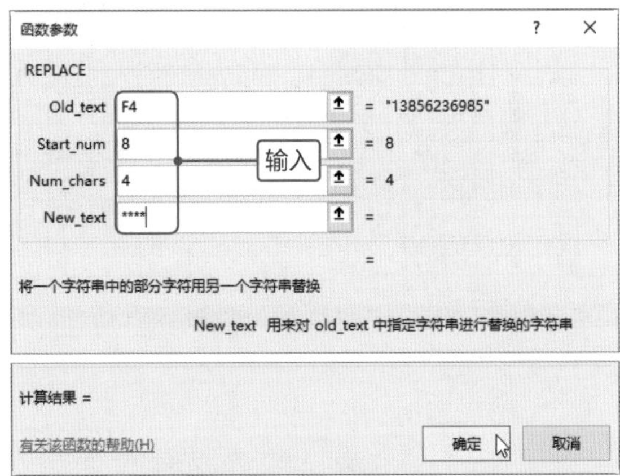

3

返回工作表中，在G4单元格中显示F4单元格中的手机号码，但是后4位数据被星号替换。

=REPLACE(F4,8,4,"****")

员工档案

当前日期

姓名	性别	学历	部门	手机号码	联系方式	身份证号
李松安	男	本科	销售部	13856236985	1385623****	110112198501255203
魏健通	男	硕士	销售部	14583922413		201552199312230516
刘伟	女	专科	研发部	15122259532		449387199511283392
朱秀美	女	硕士	人事部	14012477235		187603198608112625
韩姣倩	男	本科	研发部	15785889092		246401197710283565
马正泰	女	博士	销售部	15792357888		123753198001108334
于顺康	女	本科	研发部	14096976514		377908198803075279
韩姣倩	男	本科	研发部	15785889092		246401197710283565
武福贵	女	硕士	财务部	13749949977		416409197404274525
张婉静	男	专科	人事部	13710904121		214308198709285392
李宁	女	硕士	财务部	15422269179		244044197106276973
杜贺	女	本科	销售部	13864938115		111766199040627141
吴鑫	女	博士	研发部	14692827332		269347199008178051
金兴	女	本科	营销部	13706919099		309394198003098553
沈安坦	男	硕士	销售部	14568098189		413048197109021714
苏新	女	专科	营销部	14258251921		

Tips 删除文本

使用REPLACE函数替换文本时，如果将New_text参数设置为空值，则表示将指定的字符删除。

REPLACE函数介绍

REPLACE函数使用新字符串替换指定位置和数量的旧字符。

表达式：REPLACE(old_text,start_num,num_chars，new_text)

参数含义：Old_text表示需要替换的字符串；Start_num表示替换字符串的开始位置；Num_chars表示从指定位置替换字符的数量；New_text表示需要替换Old_text的文本。

4

将G4单元格中的公式向下填充，即可完成为所有员工手机号码替换的操作。选择F列并右击，在快捷菜单中选择“隐藏”命令。

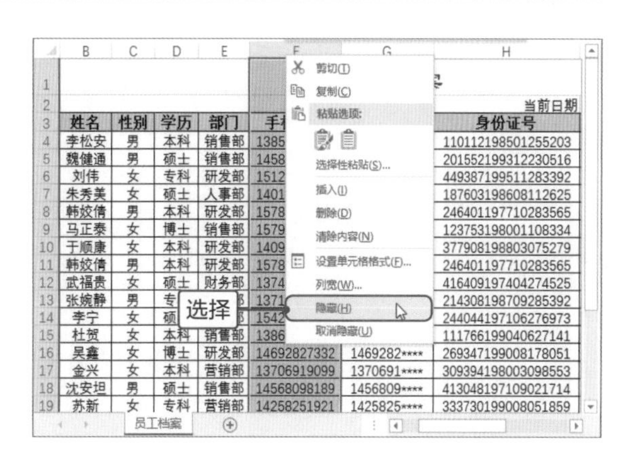

5

返回工作表中，F列被隐藏，员工档案工作表中联系方式信息只显示后4位被替换为星号的手机号码。

G7 =REPLACE(F7,8,4,"****")

员工档案

当前日期

编号	姓名	性别	学历	部门	联系方式	身份证号
WL001	李松安	男	本科	销售部	1385623****	110112198501255203
WL002	魏健通	男	硕士	销售部	1458392****	201552199312230516
WL003	刘伟	女	专科	研发部	1512225****	449387199511283392
WL004	朱秀美	女	硕士	人事部	1401247****	187603198608112625
WL005	韩姣倩	男	本科	研发部	1578588****	246401197710283565
WL006	马正泰	女	博士	销售部	1579235****	123753198001108334
WL007	于顺康	女	本科	研发部	1409697****	377908198803075279
WL005	韩姣倩	男	本科	研发部	1578588****	246401197710283565
WL008	武福贵	女	硕士	财务部	1374994****	416409197404274525
WL009	张婉静	男	专科	人事部	1371090****	214308198709285392
WL010	李宁	女	硕士	财务部	1542226****	244044197106276973
WL011	杜贺	女	本科	销售部	1386493****	111766199040627141
WL012	吴鑫	女	博士	研发部	1469282****	269347199008178051
WL013	金兴	女	本科	营销部	1370691****	309394198003098553
WL014	沈安坦	男	硕士	销售部	1456809****	413048197109021714
WL015	苏新	女	专科	营销部	1425825****	[illegible]

员工档案

查看隐藏后的效果

6

下面还需要对工作表设置保护，以免其他人员通过取消隐藏操作获取隐藏列的信息。选中任意单元格，切换至“审阅”选项卡，在“保护”选项组中单击“保护工作表”按钮。

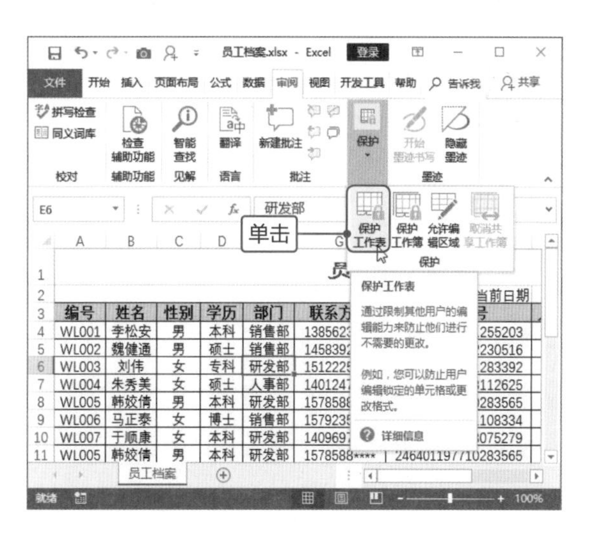

7

打开“保护工作表”对话框，本列在“取消工作表保护时使用的密码”文本框中输入“666666”作为密码，保持其他参数不变，单击“确定”按钮。

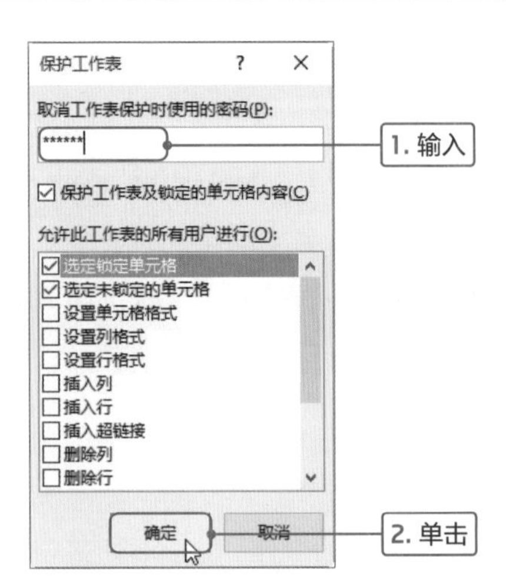

8

打开“确认密码”对话框，在“重新输入密码”文本框中再次输入“666666”，然后单击“确定”按钮。

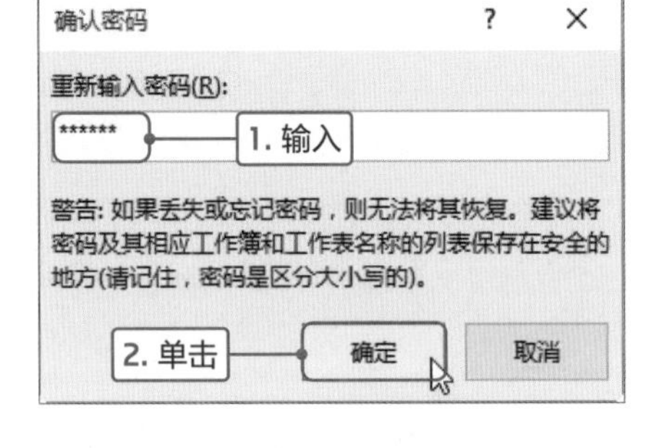

9

返回工作表中，选中E列和G列并右击，可见在快捷菜单中“取消隐藏”命令不可用。

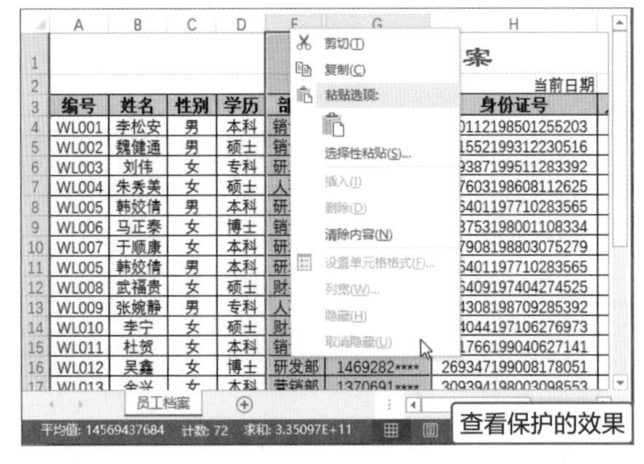

Tips 使用SUBSTITUTE函数替换文本

除了本案例介绍的REPLACE函数替换文本外，还可以使用SUBSTITUTE函数替换文本。在G4单元格中输入“=SUBSTITUTE(F4,MID(F4,8,4),"****")”公式，然后按Enter键执行计算即可。在使用SUBSTITUTE函数替换文本时，其中第二个参数是使用MID函数提取需要被替换的文本。

=SUBSTITUTE(F4,MID(F4,8,4),"****")　输入公式

员工档案

当前日期

姓名	性别	学历	部门	手机号码	联系方式	身份证号
李松安	男	本科	销售部	13856236985	1385623****	110112198501255203
魏健通	男	硕士	销售部	14583922413		201552199312230516
刘伟	女	专科	研发部	15122259532		449387199511283392
朱秀美	女	硕士	人事部	14012477235		187603198608112625
韩姣倩	男	本科	研发部	15785889092		246401197710283565
马正泰	女	博士	销售部	15792357888		123753198001108334
于顺康	女	本科	研发部	14096976514		377908198803075279
韩姣倩	男	本科	研发部	15785889092		246401197710283565
武福贵	女	硕士	财务部	13749949977		416409197404274525
张婉静	男	专科	人事部	13710904121		214308198709285392
李宁	女	硕士	财务部	15422269179		244044197106276973
杜贺	女	本科	销售部	13864938115		111766199040627141
吴鑫	女	博士	研发部	14692827332		269347199008178051
金兴	女	本科	营销部	13706919099		309394198003098553

Point 2 计算日期和星期值

在员工档案中需要显示制表的当前日期以及星期值。下面介绍使用TODAY函数和WEEKDAY函数计算日期和星期值的方法。

1

首先计算当前日期，选择I2单元格，输入“=TODAY()”公式，按Enter键执行计算。

I2 =TODAY()

员工档案

当前日期 2018-9-10

部门	联系方式	身份证号	入职日期	工龄	退休日期
销售部	1385623****	110112198501255203	2005-07-01		
销售部	1458392****	201552199312230516	2016-02-15		
研发部	1512225****	449387199511283392	2016-10-25		
人事部	1401247****	187603198608112625	2017-01-02		
研发部	1578588****	246401197710283565	1999-12-10		
销售部	1579235****	123753198001108334	2004-05-16		
研发部	1409697****	377908198803075279	2013-05-06		
研发部	1578588****	246401197710283565	2000-03-15		
财务部	1374994****	416409197404274525	1998-10-15		
人事部	1371090****	214308198709285392	2009-03-20		
财务部	1542226****	244044197106276973	1998-12-25		
销售部	1386493****	111766199040627141	2015-05-03		
研发部	1469282****	269347199008178051	2016-04-25		

Tips TODAY函数介绍

TODAY函数返回当前电脑系统的日期。表达式为TODAY()。

2

选中J2单元格，输入“=WEEKDAY (I2,2)”公式，按Enter键即可显示当前星期值。显示数字1，表示当前日期为星期一。

J2 =WEEKDAY(I2,2)

员工档案

当前日期 2018-9-10 1

学历	部门	联系方式	身份证号	入职日期	工龄	退休日期
本科	销售部	1385623****	110112198501255203	2005-07-01		
硕士	销售部	1458392****	201552199312230516	2016-02-15		
专科	研发部	1512225****	449387199511283392	2016-10-25		
硕士	人事部	1401247****	187603198608112625	2017-01-02		
本科	研发部	1578588****	246401197710283565	1999-12-10		
博士	销售部	1579235****	123753198001108334	2004-05-16		
本科	研发部	1409697****	377908198803075279	2013-05-06		
本科	研发部	1578588****	246401197710283565	2000-03-15		
硕士	财务部	1374994****	416409197404274525	1998-10-15		
专科	人事部	1371090****	214308198709285392	2009-03-20		
硕士	财务部	1542226****	244044197106276973	1998-12-25		
本科	销售部	1386493****	111766199040627141	2015-05-03		
博士	研发部	1469282****	269347199008178051	2016-04-25		

计算星期值

Tips WEEKDAY函数介绍

WEEKDAY函数返回指定日期为星期几的数值，默认情况下返回的值为1时表示星期日，7表示星期六，以此类推。

表达式：WEEKDAY(serial_number，return_type)

参数含义：Serial_number表示需要返回日期数的日期；Return_type表示确定返回值类型的数字。

3

然后对公式进行修改，使用TEXT函数转换为星期，修改为“=TEXT(WEEKDAY(I2,2),"aaaa")”，按Enter键执行计算，可见显示“星期日”。

J2 =TEXT(WEEKDAY(I2,2),"aaaa")

员工档案

当前日期 2018-9-10 星期日

学历	部门	联系方式	身份证号	入职日期	工龄	退休日期
本科	销售部	1385623****	110112198501255203	2005-07-01		
硕士	销售部	1458392****	201552199312230516	2016-02-15		
专科	研发部	1512225****	449387199511283392	2016-10-25		
硕士	人事部	1401247****	187603198608112625	2017-01-02		
本科	研发部	1578588****	246401197710283565	1999-12-10		
博士	销售部	1579235****	123753198001108334	2004-05-16		
本科	研发部	1409697****	377908198803075279	2013-05-06		
本科	研发部	1578588****	246401197710283565	2000-03-15		
硕士	财务部	1374994****	416409197404274525	1998-10-15		
专科	人事部	1371090****	214308198709285392	2009-03-20		
硕士	财务部	1542226****	244044197106276973	1998-12-25		
本科	销售部	1386493****	111766199040627141	2015-05-03		
博士	研发部	1469282****	269347199008178051	2016-04-25		

修改公式

Tips **为什么结果有差别**

因为使用WEEKDAY函数是美国的星期表示方法，即星期日为1，星期一为2……但中国的习惯为星期一为1，星期二为2……二者相差一天。所以只需要将WEEKDAY函数的第二个参数修改为1即可。

将WEEKDAY函数第二个参数修改为1，然后按Enter键执行计算，即可显示“星期一”。

Tips **TEXT函数介绍**

TEXT函数表示将数值转换为按指定数值格式表示的文本。

表达式：TEXT(value,format_text)

参数含义：value为数值、计算结果为数值的公式或对包含数值的单元格的引用；format_text表示指定格式代码，使用双引号括起来。

下面介绍关于日期的格式代码。

格式代码	函数公式	格式符号的意义	返回值
yyyy	=TEXT("2018/9/10","yyyy")	将公历用4位数表示年份	2018
yy	=TEXT("2018/9/10","yy")	将公历用2位数表示年份	18
m	=TEXT("2018/9/10","m")	将日期的“月”用数字表示（1~12）	9
mm	=TEXT("2018/9/10","mm")	将日期的“月”用2位数表示（01~12）	09
mmm	=TEXT("2018/9/10","mmm")	将日期的“月”用英文表示（Jan-Dec）	Sep
mmmm	=TEXT("2018/9/10","mmmm")	将日期的“月”用英文表示（January-December）	September
d	=TEXT("2018/9/10","d")	将日期的“日”用数字表示	10
dd	=TEXT("2018/9/10","dd")	将日期的“日”用2位数表示	10
ddd	=TEXT("2018/9/10","ddd")	将日期以星期英文表示（Sun-Sat）	Mon
dddd	=TEXT("2018/9/10","dddd")	将日期以星期英文表示（Sunday-Saturday）	Monday
aaa	=TEXT("2018/9/10","aaa")	将日期的星期用汉字表示（日-六）	一
aaaa	=TEXT("2018/9/10","aaaa")	将日期的星期用汉字表示（星期日-星期六）	星期一

Point 3 计算员工的工龄

在员工档案中需要计算出员工的工龄，即从入职该企业的日期到今天之间间隔的年数、月数和天数。下面介绍使用DATEDIF函数计算员工工龄的方法。

1

选中J4单元格，切换至“公式”选项卡，单击“函数库”选项组中“文本”下三角按钮，在列表中选择CONCATENATE函数。

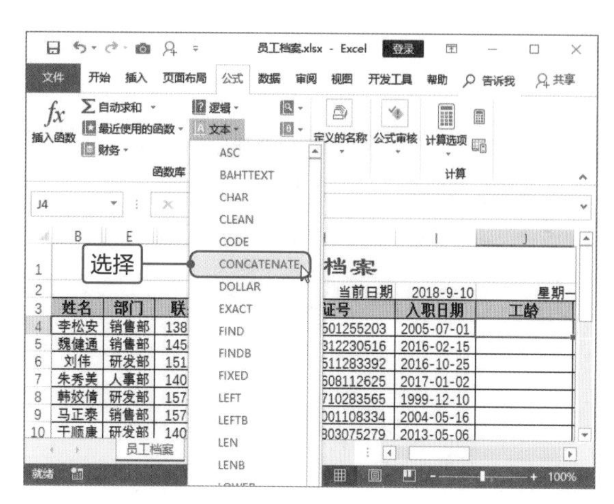

2

打开“函数参数”对话框，在Text1文本框中输入“DATEDIF(I4,$I$2,"y")”，在Text2文本框中输入主“年”，在Text3文本框中输入“DATEDIF(I4,$I$2,"ym")”，在Text4文本框中输入“个月”，在Text5文本框中输入“DATEDIF(I4,$I$2,"md")”，然后单击“确定”按钮。

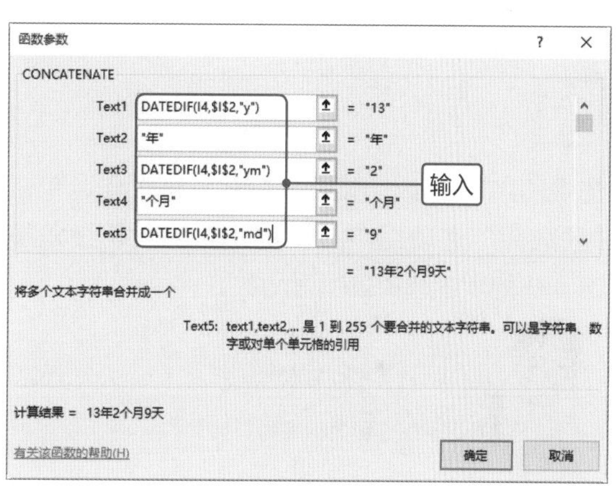

3

返回工作表中，查看筛选结果，并在I22单元格中计算出满足条件的总分。此处如果使用SUM函数，计算结果是所有员工的成绩的总和。

Tips CONCATENATE函数介绍

CONCATENATE函数将多个字符进行合并。

表达式：CONCATENATE(text1, text2, ...)

参数含义：Text1、Text2表示需要合并的文本或数值，也可以是单元格的引用，数量最多为255个。

Point 4 计算员工的退休日期

在员工档案中，还需管理员工的退休日期，方便企业提前做好工作安排。下面介绍使用DATE、MID、MOD和IF函数计算员工退休日期的具体操作方法。

1

选择K4:K26单元格区域，切换至“开始”选项卡，单击“数字”选项组中“数字格式”下三角按钮，在下拉列表中选择“短日期”选项。

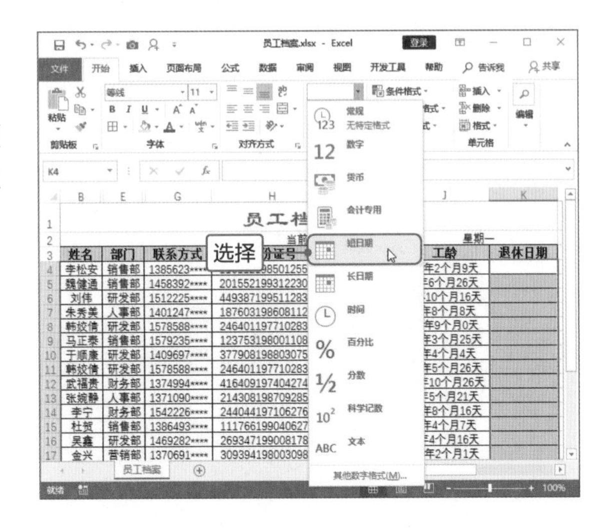

2

选中K4单元格，切换至“公式”选项卡，单击“函数库”选项组中“日期和时间”下三角按钮，在列表中选择DATE函数。

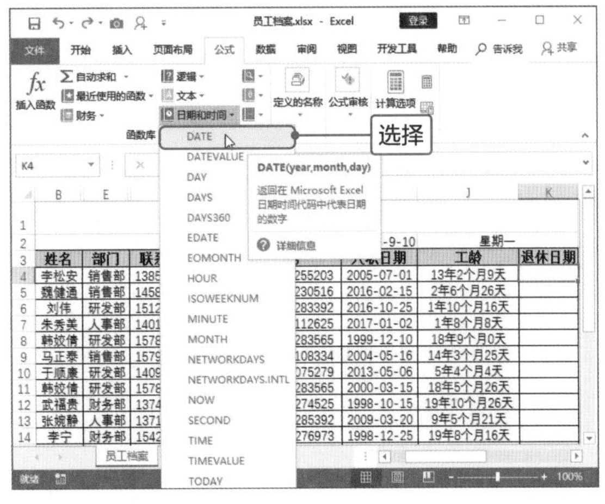

DATE函数介绍

DATE函数返回指定日期的序列号。

表达式：DATE(year,month,day)

参数含义：year为4位数字，表示年份；month表示每年中的月份；day表示天数，为正整数或负整数。

3

打开“函数参数”对话框，在Year文本框中输入“MID(H4,7,4)+IF(MOD(MID(H4,17,1),2)=0,55,60)”，在Month文本框中输入“MID(H4,11,2)”，在Day文本框中输入“MID(H4,13,2)-1”，然后单击“确定”按钮。

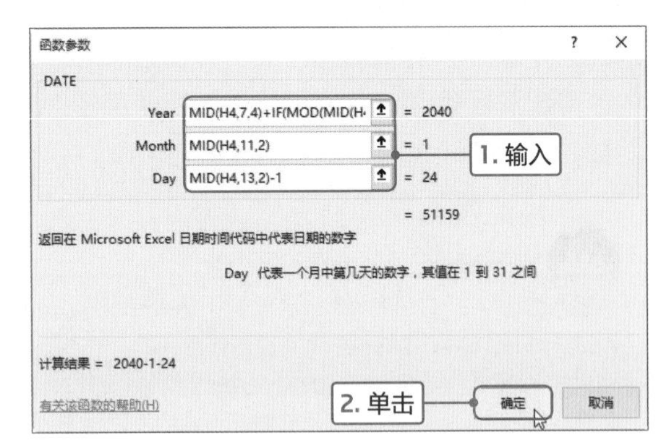

Tips IF函数介绍

IF函数根据指定的条件来判断真（TRUE）或假（FALSE），根据逻辑计算的真假值，从而返回相应的内容。

表达式：IF(logical_test,value_if_true,value_if_false)

参数含义：Logical_test表示公式或表达式，其计算结果为TRUE或者FALSE；Value_if_true为任意数据，表示logical_test求值结果为TRUE时返回的值，该参数若为字符串时需加上双引号；Value_if_false为任意值，表示logical_test结果为FALSE时返回的值。

返回工作表中，计算出该员工的退休日期为“2040-1-24”，然后将公式向下填充即可。

K4　=DATE(MID(H4,7,4)+IF(MOD(MID(H4,17,1),2)=0,55,60),MID(H4,11,2),MID(

员工档案

当前日期　2018-9-10　星期一

姓名	部门	联系方式	身份证号	入职日期	工龄	退休日期
李松安	销售部	1385623****	110112198501255203	2005-07-01	13年2个月9天	2040-1-24
魏健通	销售部	1458392****	201552199312230516	2016-02-15	2年6个月26天	2053-12-22
刘伟	研发部	1512225****	449387199511283392	2016-10-25	1年10个月16天	2055-11-27
朱秀美	人事部	1401247****	187603198608112625	2017-01-02	1年8个月8天	2041-8-10
韩姣倩	研发部	1578588****	246401197710283565	1999-12-10	18年9个月0天	2032-10-27
马正泰	销售部	1579235****	123753198001108334	2004-05-16	14年3个月25天	2040-1-9
于顺康	研发部	1409697****	377908198803075279	2013-05-06	5年4个月4天	2048-3-6
韩姣倩	研发部	1578588****	246401197710283565	2000-03-15	18年5个月26天	2032-10-27
武福贵	财务部	1374994****	416409197404274525	1998-10-15	19年10个月26天	2029-4-26
张婉静	人事部	1371090****	214308198709285392	2009-03-20	9年5个月21天	2047-9-27
李宁	财务部	1542226****	244044197106276973	1998-12-25	19年8个月16天	2031-6-26
杜贺	销售部	1386493****	111766199040627141	2015-05-03	3年4个月7天	2048-5-31
吴鑫	研发部	1469282****	269347199008178051	2016-04-25	2年4个月16天	2050-8-16
金兴	营销部	1370691****	309394198003098553	2008-07-09	10年2个月1天	2040-3-8
沈安坦	销售部	1456809****	413048197109021714	1999-08-15	19年0个月26天	2031-9-1
苏新	营销部	1425825****	333730199008051859	2017-11-20	0年9个月21天	2050-8-4
丁兰	财务部	1535588****	171003198011303597	2015-10-02	2年11个月8天	2040-11-29
王达刚	销售部	1430092****	139804199111048935	2016-02-23	2年6个月18天	2051-11-3
季珏	营销部	1551776****	331550199210189828	2017-11-26	[illegible]	[illegible]
[illegible]	人事部	1430337****	220323198804282639	2010-12-12	[illegible]	[illegible]

员工档案

查看计算结果

Tips 公式解析

计算完员工的退休日期后，选中K4单元格，在编辑栏中显示公式为“=DATE(MID(H4,7,4)+IF(MOD(MID(H4,17,1),2)=0,55,60),MID(H4,11,2),MID(H4,13,2)-1)”。公式很长，其实只要理解该公式的原理就简单了。如果是女员工，那么就在出生日期的年数上加55，如果是男员工则加60，然后再分别从身份证号码中提取出生年、月、日，最后使用DATE函数将参数转换为日期格式即可。

其中，第一个参数为MID(H4,7,4)+IF(MOD(MID(H4,17,1),2)=0,55,60)，含义为使用MID函数从身份证号码中提取第17位数字，使用MOD函数判断提取数是偶数还是奇数，使用IF函数判断如果是偶数则返回55，如果是奇数则返回60，然后使用MID函数提取身份证号码中的出生年份，最后加上IF函数的返回数值。

第二个参数为MID(H4,11,2)，含义为使用MID函数从身份证号码中提取出生的月份。

第三个参数为MID(H4,13,2)-1，含义为使用MID函数从身份证号码中提取出生的天数并减去1天。

最后，使用DATE函数将三个参数转换为日期格式。

Tips MOD函数介绍

MOD函数返回两数相除的余数，结果的符号与除数相同。

表达式：MOD(number,divisor)

参数含义：number表示被除数；divisor表示除数，如divisor参数为零，则返回错误值#DIV/0!。

Tips MID函数介绍

MID函数用于返回字符串中从指定位置开始的指定数量的字符。表达式：MID(text, start_num, num_chars)

参数含义：Text表示需要提取字符串的文本，可以是单元格引用或指定文本。Start_num表示需要提取字符的位置，即从左起第几位开始截取。Num_chars表示从Text中指定位置提取字符的数量，若Num_chars为负数，则返回#VALUE!错误值；若Num_chars为0，则返回空值；若省略Num_chars，则显示该函数输入参数太少。

根据身份证号码计算出相关数据

每个合法的公民都有唯一的身份证号码，身份证号码表达很多信息，1~2位数字表示省、自治区或直辖市的代码，3~4位数字表示地级市、自治州的代码，5~6位表示县、区的代码，7~14位表示出生日期，15~16位数表示派出所码，17位表示性别，最后一位表示检验码。下面介绍通过身份证号码计算出员工的出生日期、年龄、性别和生肖的方法。

● 计算员工的出生日期

身份证号码中第7~14位表示出生日期的年月日，如果通过身份证号码计算出生日期，只需分别提取出年月日相关的数字，下面介绍具体操作方法。

步骤01 打开“计算员工的出生日期.xlsx”工作表，选中J4单元格，输入计算员工出生日期的公式“=DATE(MID(G4,7,4),MID(G4,11,2),MID(G4,13,2))”。

员工档案

姓名	部门	手机号码	身份证号	入职日期	工龄	出生日期
			当前日期	2018-9-10		星期一
李松安	销售部	13856236985	110112198501255203	2005-07-01	13	=DATE(MID(G4,7,4),MID(G4,11,2),MID(G4,13,2))
魏健通	销售部	14583922413	201552199312230516	2016-02-15	2	
刘伟	研发部	15122259532	449387199511283392	2016-10-25	1	
朱秀美	人事部	14012477235	187603198608112625	2017-01-02	1	
韩姣倩	研发部	15785889092	246401197710283565	1999-12-10	18	
马正泰	销售部	15792357888	123753198001108334	2004-05-16	14	
于顺康	研发部	14096976514	377908198803075279	2013-05-06	5	
韩姣倩	研发部	15785889092	246401197710283565	2000-03-15	18	
武福贵	财务部	13749949977	416409197404274525	1998-10-15	19	
张婉静	人事部	13710904121	214308198709285392	2009-03-20	9	
李宁	财务部	15422269179	244044197106276973	1998-12-25	19	
杜贺	销售部	13864938115	111766199040627141	2015-05-03	3	
吴鑫	研发部	14692827332	269347199008178051	2016-04-25	2	
金兴	营销部	13706919099	309394198003098553	2008-07-09	10	
沈安坦	销售部	14568098189	413048197109021714	1999-08-15	18	
苏新	营销部	14258251921	333730199008051859	2017-11-20	0	
丁兰	财务部	15355888468	171003198011303597	2015-10-02	2	

员工档案

步骤02 按Enter键执行计算，即可计算出员工的出生日期为“1985-1-25”，然后核实身份证号码中的第7~14位数字。

员工档案

姓名	部门	手机号码	身份证号	入职日期	工龄	出生日期
			当前日期	2018-9-10		星期一
李松安	销售部	13856236985	110112198501255203	2005-07-01	13	1985-1-25
魏健通	销售部	14583922413	201552199312230516	2016-02-15	2	
刘伟	研发部	15122259532	449387199511283392	2016-10-25	1	
朱秀美	人事部	14012477235	187603198608112625	2017-01-02	1	
韩姣倩	研发部	15785889092	246401197710283565	1999-12-10	18	
马正泰	销售部	15792357888	123753198001108334	2004-05-16	14	
于顺康	研发部	14096976514	377908198803075279	2013-05-06	5	
韩姣倩	研发部	15785889092	246401197710283565	2000-03-15	18	
武福贵	财务部	13749949977	416409197404274525	1998-10-15	19	
张婉静	人事部	13710904121	214308198709285392	2009-03-20	9	
李宁	财务部	15422269179	244044197106276973	1998-12-25	19	
杜贺	销售部	13864938115	111766199040627141	2015-05-03	3	
吴鑫	研发部	14692827332	269347199008178051	2016-04-25	2	
金兴	营销部	13706919099	309394198003098553	2008-07-09	10	
沈安坦	销售部	14568098189	413048197109021714	1999-08-15	18	
苏新	营销部	14258251921	333730199008051859	2017-11-20	0	[illegible]
丁兰	财务部	15355888468	171003198011303597	2015-10-		[illegible]

员工档案

步骤03 选中J4单元格，将光标移到该单元格的右下角，变为黑色十字时，按住鼠标左键向下拖曳到J26单元格，即可完成公式的填充并计算出所有员工的出生日期。

J5 =DATE(MID(G5,7,4),MID(G5,11,2),MID(G5,13,2))

员工档案

姓名	部门	手机号码	身份证号	入职日期	工龄	出生日期
			当前日期	2018-9-10		星期一
李松安	销售部	13856236985	110112198501255203	2005-07-01	13	1985-1-25
魏健通	销售部	14583922413	201552199312230516	2016-02-15	2	1993-12-23
刘伟	研发部	15122259532	449387199511283392	2016-10-25	1	1995-11-28
朱秀美	人事部	14012477235	187603198608112625	2017-01-02	1	1986-8-11
韩姣倩	研发部	15785889092	246401197710283565	1999-12-10	18	1977-10-28
马正泰	销售部	15792357888	123753198001108334	2004-05-16	14	1980-1-10
于顺康	研发部	14096976514	377908198803075279	2013-05-06	5	1988-3-7
韩姣倩	研发部	15785889092	246401197710283565	2000-03-15	18	1977-10-28
武福贵	财务部	13749949977	416409197404274525	1998-10-15	19	1974-4-27
张婉静	人事部	13710904121	214308198709285392	2009-03-20	9	1987-9-28
李宁	财务部	15422269179	244044197106276973	1998-12-25	19	1971-6-27
杜贺	销售部	13864938115	111766199040627141	2015-05-03	3	1993-6-1
吴鑫	研发部	14692827332	269347199008178051	2016-04-25	2	1990-8-17
金兴	营销部	13706919099	309394198003098553	2008-07-09	10	1980-3-9
沈安坦	销售部	14568098189	413048197109021714	1999-08-15	18	1971-9-2
苏新	营销部	14258251921	333730199008051859	2017-11-20	0	1990-8-5
丁兰	财务部	15355888468	17100319801130359			

员工档案

查看计算的出生日期

●计算员工的年龄

用户可以通过身份证号码计算出员工的年龄，计算原理为用当前日期的年数减去提取的身份证号码中年数。下面介绍计算员工年龄的方法。

步骤01 打开“计算员工的年龄.xlsx”工作表，在J3单元格输入“年龄”，并完善表格。选中J4单元格，输入计算员工年龄的公式“=YEAR(TODAY())-VALUE(MID(G4,7,4))”。

DATE　=YEAR(TODAY())-VALUE(MID(G4,7,4))

员工档案

当前日期　2018-9-10

姓名	部门	手机号码	身份证号	入职日期	出生日期	年龄
李松安	销售部	13856236985	110112198501255203	2005-07-01	1985-1-25	=YEAR(TODAY())-VALUE(MID(G4,7,4))
魏健通	销售部	14583922413	201552199312230516	2016-02-15	1993-12-23	
刘伟	研发部	15122259532	449387199511283392	2016-10-25	1995-11-28	
朱秀美	人事部	14012477235	187603198608112625	2017-01-02	1986-8-11	
韩姣倩	研发部	15785889092	246401197710283565	1999-12-10	1977-10-28	
马正泰	销售部	15792357888	123753198001108334	2004-05-16	1980-1-10	
于顺康	研发部	14096976514	377908198803075279	2013-05-06	1988-3-7	
韩姣倩	研发部	15785889092	246401197710283565	2000-03-15	1977-10-28	
武福贵	财务部	13749949977	416409197404274525	1998-10-15	1974-4-27	
张婉静	人事部	13710904121	214308198709285392	2009-03-20	1987-9-28	
李宁	财务部	15422269179	244044197106276973	1998-12-25	1971-6-27	
杜贺	销售部	13864938115	111766199040627141	2015-05-03	1993-6-1	
吴鑫	研发部	14692827332	269347199008178051	2016-04-25	1990-8-17	
金兴	营销部	13706919099	309394198003098553	2008-07-09	1980-3-9	
沈安坦	销售部	14568098189	413048197109021714	1999-08-15	1971-9-2	
苏新	营销部	14258251921	333730199008051859	2017-11-20	1990-8-5	
丁兰	财务部	15355888468	171003198011303597	2015-10-02	1980-11-30	

员工档案

输入

步骤02 按Enter键执行计算，即可计算出员工的年龄为33。

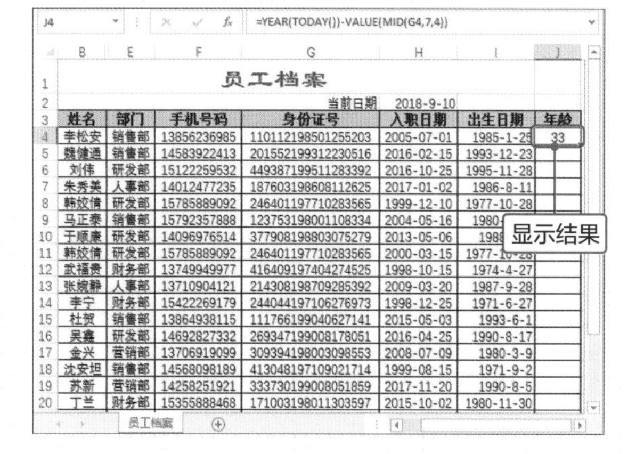
J4　=YEAR(TODAY())-VALUE(MID(G4,7,4))

员工档案

当前日期　2018-9-10

姓名	部门	手机号码	身份证号	入职日期	出生日期	年龄
李松安	销售部	13856236985	110112198501255203	2005-07-01	1985-1-25	33
魏健通	销售部	14583922413	201552199312230516	2016-02-15	1993-12-23	
刘伟	研发部	15122259532	449387199511283392	2016-10-25	1995-11-28	
朱秀美	人事部	14012477235	187603198608112625	2017-01-02	1986-8-11	
韩姣倩	研发部	15785889092	246401197710283565	1999-12-10	1977-10-28	
马正泰	销售部	15792357888	123753198001108334	2004-05-16	1980	
于顺康	研发部	14096976514	377908198803075279	2013-05-06	198	
韩姣倩	研发部	15785889092	246401197710283565	2000-03-15	1977-	
武福贵	财务部	13749949977	416409197404274525	1998-10-15	1974-4-27	
张婉静	人事部	13710904121	214308198709285392	2009-03-20	1987-9-28	
李宁	财务部	15422269179	244044197106276973	1998-12-25	1971-6-27	
杜贺	销售部	13864938115	111766199040627141	2015-05-03	1993-6-1	
吴鑫	研发部	14692827332	269347199008178051	2016-04-25	1990-8-17	
金兴	营销部	13706919099	309394198003098553	2008-07-09	1980-3-9	
沈安坦	销售部	14568098189	413048197109021714	1999-08-15	1971-9-2	
苏新	营销部	14258251921	333730199008051859	2017-11-20	1990-8-5	
丁兰	财务部	15355888468	171003198011303597	2015-10-02	1980-11-30	

员工档案

Tips 公式解析

在本案例中使用YEAR函数提取当前日期的年数，使用MID函数提取身份证号码中的年数，再使用VALUE函数将年数转换为数值，并进行相减，即可计算出员工的年龄。

步骤03 将公式向下填充至J26单元格，即可计算出所有员工的年龄。

J5　=YEAR(TODAY())-VALUE(MID(G5,7,4))

员工档案

当前日期　2018-9-10

姓名	部门	手机号码	身份证号	入职日期	出生日期	年龄
李松安	销售部	13856236985	110112198501255203	2005-07-01	1985-1-25	33
魏健通	销售部	14583922413	201552199312230516	2016-02-15	1993-12-23	25
刘伟	研发部	15122259532	449387199511283392	2016-10-25	1995-11-28	23
朱秀美	人事部	14012477235	187603198608112625	2017-01-02	1986-8-11	32
韩姣倩	研发部	15785889092	246401197710283565	1999-12-10	1977-10-28	41
马正泰	销售部	15792357888	123753198001108334	2004-05-16	1980-1-10	38
于顺康	研发部	14096976514	377908198803075279	2013-05-06	1988-3-7	30
韩姣倩	研发部	15785889092	246401197710283565	2000-03-15	1977-10-28	41
武福贵	财务部	13749949977	416409197404274525	1998-10-15	1974-4-27	44
张婉静	人事部	13710904121	214308198709285392	2009-03-20	1987-9-28	31
李宁	财务部	15422269179	244044197106276973	1998-12-25	1971-6-27	47
杜贺	销售部	13864938115	111766199040627141	2015-05-03	1993-6-1	28
吴鑫	研发部	14692827332	269347199008178051	2016-04-25	1990-8-17	28
金兴	营销部	13706919099	309394198003098553	2008-07-09	1980-3-9	38
沈安坦	销售部	14568098189	413048197109021714	1999-08-15	1971-9-2	47
苏新	营销部	14258251921	333730199008051859	2017-11-20	1990-8-5	28
丁兰	财务部	15355888468	171003198011303597	2015-10		

员工档案

查看计算的年龄

Tips VALUE函数介绍

VALUE函数将代表数字的文本转换为数字。

表达式：VALUE(text)

参数含义：text表示需要转换成数值的文本字符串。

Tips YEAR函数介绍

YEAR函数返回指定日期的年份，返回年份值是整数，其范围是1900~9999。

表达式：YEAR(serial_number)

参数含义：serial_number表示需要提取年份的日期值，如果该参数是日期格式以外的文本，则返回#VALUE!错误值。

● 计算员工的性别

在身份证号码中第17位表示性别，男性用奇数表示，女性用偶数表示。用户可以使用函数提取员工性别。下面介绍计算员工性别的具体操作方法。

步骤01 打开“计算员工的性别.xlsx”工作表，选中C4单元格，单击编辑栏中“插入函数”按钮，打开“插入函数”对话框，选择IF函数，单击“确定”按钮。

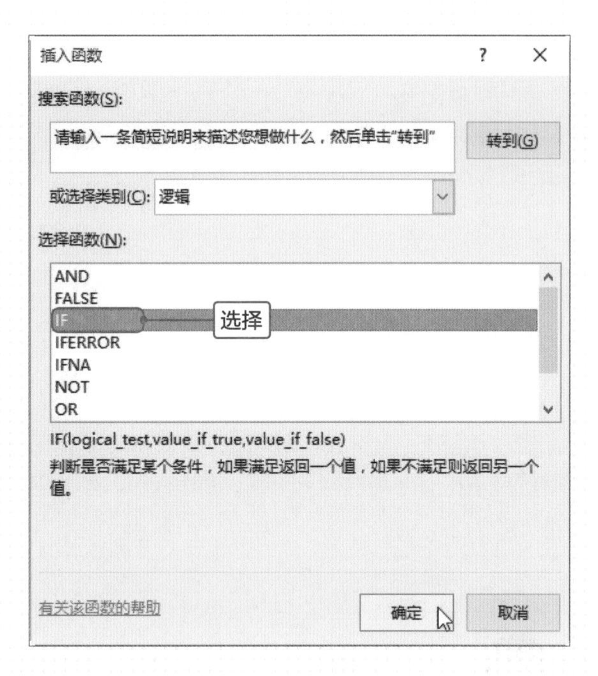

步骤02 打开“函数参数”对话框，在Logical_test文本框中输入“MOD(MID(G4,17,1),2)=1”，在Value_if_true文本框中输入“男”，在Value_if_false文本框中输入“女”，单击“确定”按钮。

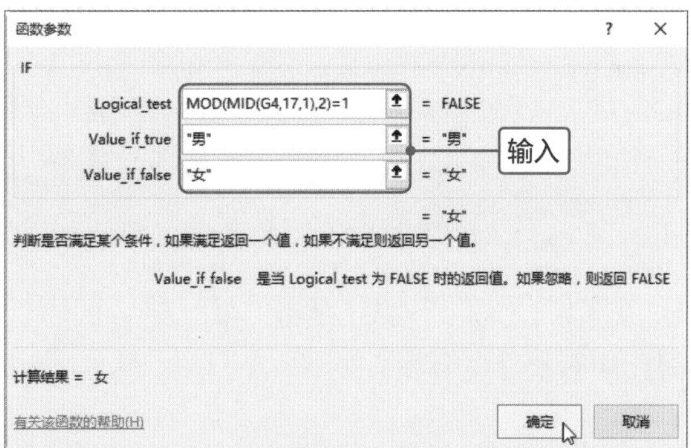

步骤03 返回工作表中，即可计算该员工的性别为“女”。然后将公式向下填充至C26单元格，即可计算出所有员工的性别。

C4 =IF(MOD(MID(G4,17,1),2)=1,"男","女")

员工档案

当前日期 2018-9-10

姓名	性别	学历	部门	手机号码	身份证号	入职日期
李松安	女	本科	销售部	13856236985	110112198501255203	2005-07-01
魏健通	男	硕士	销售部	14583922413	201552199312230516	2016-02-15
刘伟	男	专科	研发部	15122259532	449387199511283392	2016-10-25
朱秀美	女	硕士	人事部	14012477235	187603198608112625	2017-01-02
韩姣倩	女	本科	研发部	15785889092	246401197710283565	1999-12-10
马正泰	男	博士	销售部	15792357888	123753198001108334	2004-05-16
于顺康	男	本科	研发部	14096976514	377908198803075279	2013-05-06
韩姣倩	女	本科	研发部	15785889092	246401197710283565	2000-03-15
武福贵	女	硕士	财务部	13749949977	416409197404274525	1998-10-15
张婉静	男	专科	人事部	13710904121	214308198709285392	2009-03-20
李宁	男	硕士	财务部	15422269179	244044197106276973	1998-12-25
杜贺	女	本科	销售部	13864938115	111766199040627141	2015-05-03
吴鑫	男	博士	研发部	14692827332	269347199008178051	2016-04-25
金兴	男	本科	营销部	13706919099	309394198003098553	2008-07-09
沈安坦	男	硕士	销售部	14568098189	413048197109021714	1999-08-15
苏新	男	专科	营销部	14258251921	333730199008051859	2017-11-20
丁兰	男	[illegible]士	财务部	15355888468	171003198011303597	2015-10-02

查看计算员工性别的结果

公式解析

在“=IF(MOD(MID(G4,17,1),2)=1,"男","女")”公式中，首先使用MID函数提取身份证号码中第17位数字，然后再使用MOD函数判断提取的数字的奇偶性，最后使用IF函数判断结果是男还是女。

● 计算员工的生肖

生肖也称作属相，包括鼠、牛、虎、兔、龙、蛇、马、羊、猴、鸡、狗、猪。下面介绍根据身份证号码计算员工生肖的方法。

步骤01 打开“计算员工的生肖.xlsx”工作表，选中D4单元格，然后单击编辑栏中“插入函数”按钮，在打开的对话框中选择MID函数，单击“确定”按钮。

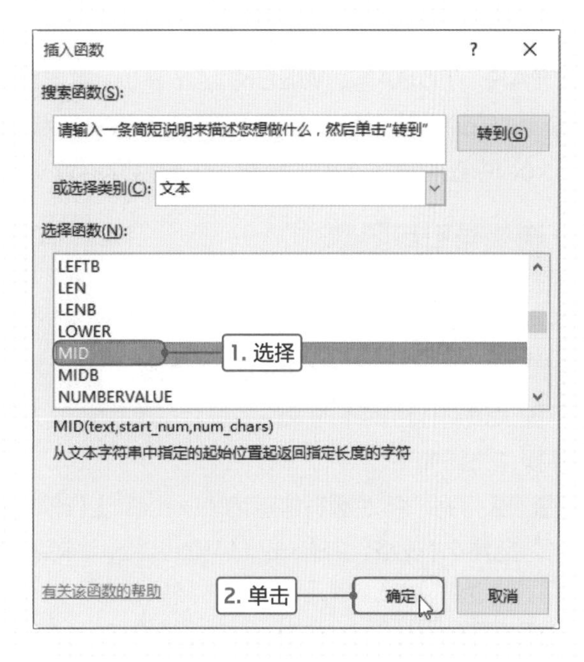

步骤02 打开“函数参数”对话框，在Text文本框中输入“鼠牛虎兔龙蛇马羊猴鸡狗猪”，在Start_num文本框中输入“MOD(MID(H4,7,4)-4,12)+1”，在Num_chars文本框中输入1，单击“确定”按钮。

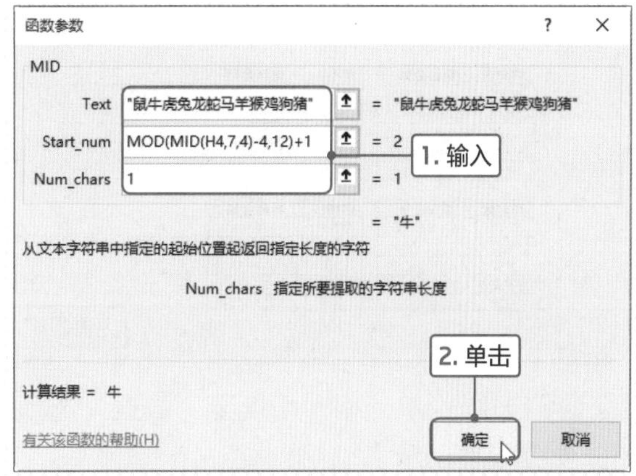

步骤03 返回工作表中，可见在D4单元格中显示员工属相为“牛”。将公式向下填充至D26单元格，即可计算出所有员工的生肖。

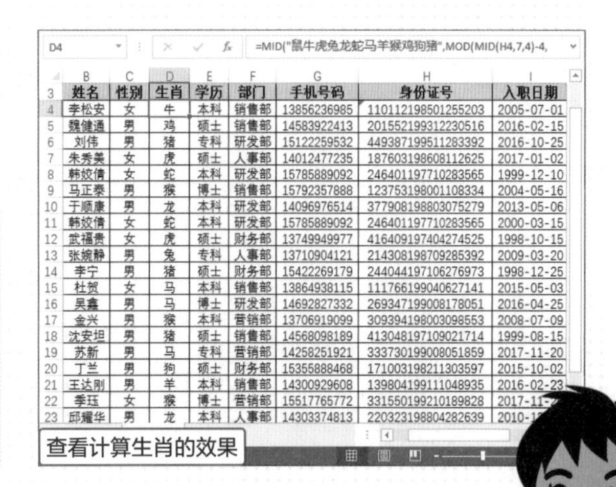

3	姓名	性别	生肖	学历	部门	手机号码	身份证号	入职日期
4	李松安	女	牛	本科	销售部	13856236985	110112198501255203	2005-07-01
5	魏健通	男	鸡	硕士	销售部	14583922413	201552199312230516	2016-02-15
6	刘伟	男	猪	专科	研发部	15122259532	449387199511283392	2016-10-25
7	朱秀美	女	虎	硕士	人事部	14012477235	187603198608112625	2017-01-02
8	韩姣倩	女	蛇	本科	研发部	15785889092	246401197710283565	1999-12-10
9	马正泰	男	猴	博士	销售部	15792357888	123753198001108334	2004-05-16
10	于顺康	男	龙	本科	研发部	14096976514	377908198803075279	2013-05-06
11	韩姣倩	女	蛇	本科	研发部	15785889092	246401197710283565	2000-03-15
12	武福贵	女	虎	硕士	财务部	13749949977	416409197404274525	1998-10-15
13	张婉静	男	兔	专科	人事部	13710904121	214308198709285392	2009-03-20
14	李宁	男	猪	硕士	财务部	15422269179	244044197106276973	1998-12-25
15	杜贺	女	马	本科	销售部	13864938115	111766199040627141	2015-05-03
16	吴鑫	男	马	博士	研发部	14692827332	269347199008178051	2016-04-25
17	金兴	男	猴	本科	营销部	13706919099	309394198003098553	2008-07-09
18	沈安坦	男	猪	硕士	销售部	14568098189	413048197109021714	1999-08-15
19	苏新	男	马	专科	营销部	14258251921	333730199008051859	2017-11-20
20	丁兰	男	狗	硕士	财务部	15355888468	171003198211303597	2015-10-02
21	王达刚	男	羊	本科	销售部	14300929608	139804199111048935	2016-02-23
22	季珏	女	猴	博士	营销部	15517765772	331550199210189828	2017-11-
23	邱耀华	男	龙	本科	人事部	14303374813	220323198804282639	2010-1

查看计算生肖的效果

Tips 公式解析

在本案例的D4单元格中显示公式为“=MID("鼠牛虎兔龙蛇马羊猴鸡狗猪",MOD(MID(H4,7,4)-4,12)+1,1)”，首先使用MID函数从身份证号码中提取出生年份，根据计算生肖的方法使用MOD计算出余数，最后使用MID函数提取生肖即可。

菜鸟加油站

查找与引用函数和财务函数

本章介绍了文本函数（如TEXT、CONCATENATE和REPLACE等）、日期与时间函数（如YEAR、TODAY、WEEKDAY等）、数学和三角函数（如SUM、SUMIF和SUBTOTAL等）、统计函数（如AVERAGEIF、RANK和PERCENTRANK等）和逻辑函数（如IF）。在Excel中还有很多类型的函数，下面将介绍查找与引用函数和财务函数的用法。

● 查找与引用函数

查找与引用函数是Excel重要函数之一，该类型函数在进行函数分析时使用比较频繁，可以查找工作表中的数值或单元格的位置。

（1）VLOOKUP和INDIRECT函数

下面通过制作查询不同表格中符合条件的数值为例介绍VLOOKUP和INDIRECT函数的应用，具体操作方法如下。

步骤01 打开“各地区销售查询表.xlsx”工作簿，按照“华北区”、“华中区”、“华东区”和“西南区”创建4个表格，并在G2:H4单元格区域中完善表格，如下左图所示。

步骤02 选择A1:B6单元格区域，然后在名称框中输入“华北区”，按Enter键完成该区域的命名。按照相同的方法分别对其他地区进行命名，如下右图所示。

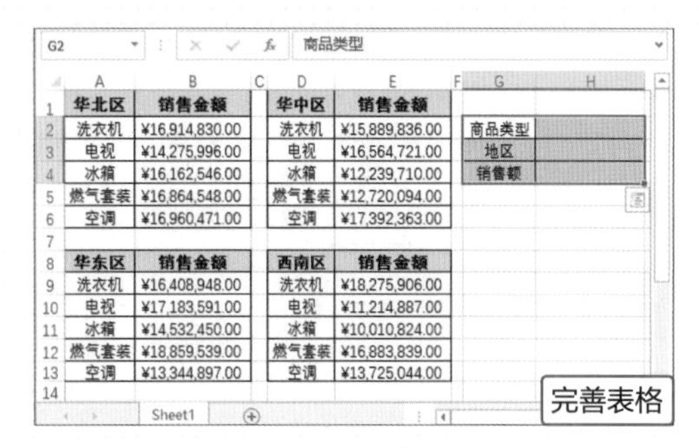

步骤03 选中H2单元格，切换至“数据”选项卡，单击“数据工具”选项组中“数据验证”按钮，如下左图所示。

步骤04 打开“数据验证”对话框，在“设置”选项卡中设置“允许”为“序列”，单击“来源”右侧折叠按钮，在工作表中选择D2:D6单元格区域，返回上级对话框，单击“确定”按钮，如下右图所示。

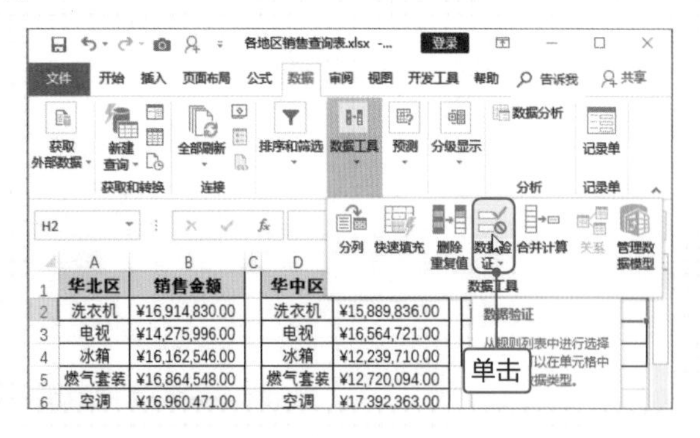

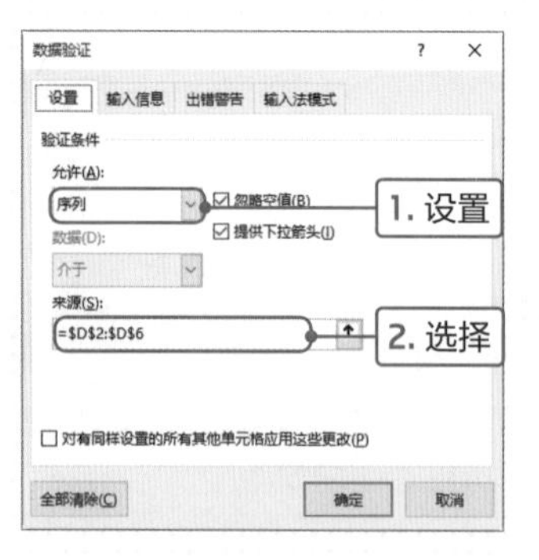

步骤05 返回工作表中，切换至“西南区”工作表，选中A1:C6单元格区域，再次单击折叠按钮，如下左图所示。

步骤06 选中H4单元格，然后输入“=VLOOKUP(H2,INDIRECT(H3),2,FALSE)”公式，则显示#REF!错误值，原因是H2和H3单元格为空值，如下右图所示。

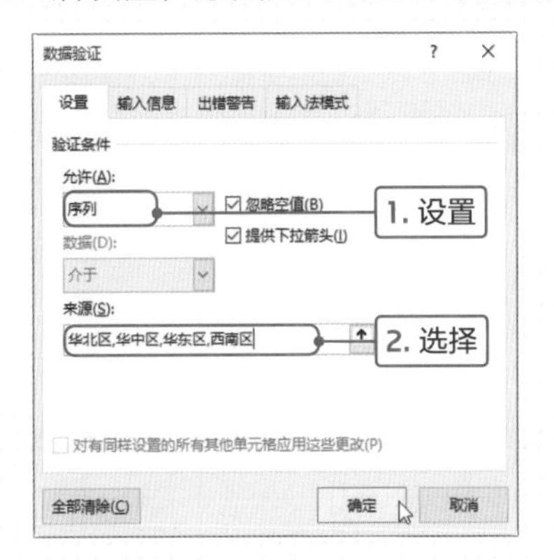

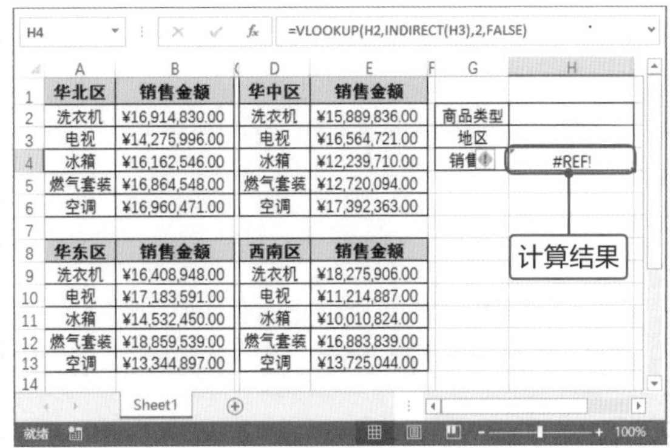

步骤07 将H4单元格中公式修改为“=IFERROR(VLOOKUP(H2,INDIRECT(H3),2,FALSE),"请输入相关信息")”，然后按Enter键执行计算，则结果为“请输入相关信息”，如下左图所示。

步骤08 分别单击H2和H3单元格右侧下三角按钮，在列表中选择相应信息，则在H4单元格中自动查询到结果，如下右图所示。

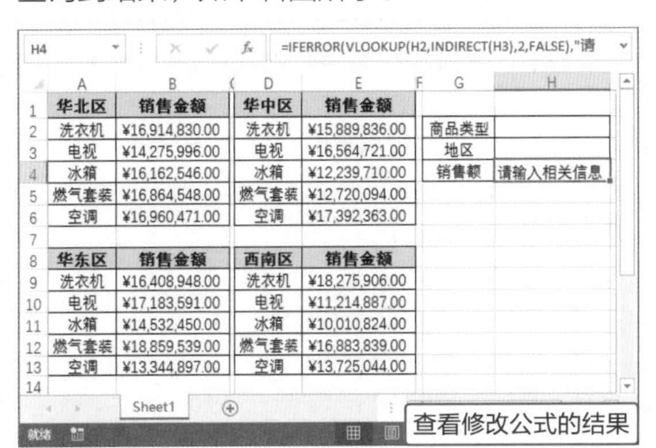

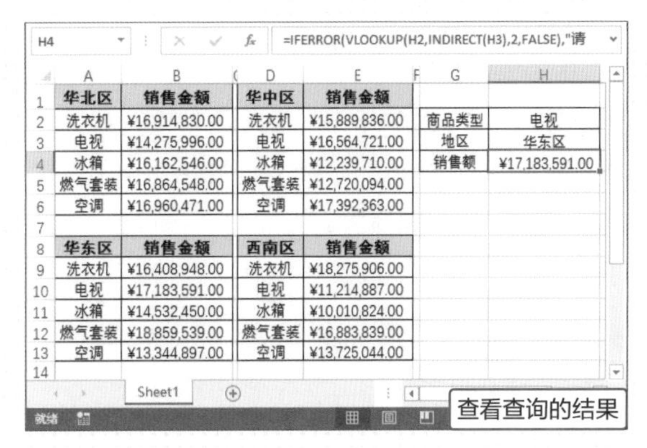

Tips VLOOKUP函数简介

VLOOKUP函数在单元格区域的首列查找指定的数值，返回该区域的相同行中任意指定的单元格中的数值。

表达式：VLOOKUP(lookup_value,table_array,col_index_num,range_lookup)

参数含义：Lookup_value表示需要在数据表第一列中进行查找的数值，可以为数值、引用或文本字符串；Table_array表示在其中查找数据的数据表，可以引用区域或名称，数据表的第一列中的数值可以是文本、数字或逻辑值；Col_index_num为table_array中待返回的匹配值的列序号；Range_lookup为一逻辑值。

Tips INDIRECT函数简介

INDIRECT函数返回指定单元格引用的内容。

表达式：INDIRECT(ref_text,a1)

参数含义：Ref_text表示对单元格的引用，可以包含A1样式的引用、R1C1样式的引用、定义为引用的名称或对文本字符串单元格的引用；A1为逻辑值，指明ref_text的引用类型。

（2）OFFSET和MATCH函数

通过计算各商品类别的销售金额为例介绍OFFSET函数的应用。使用该函数统计数据时，各商品的类别的数量必须一样，如冰箱为16条，其他电视、空调、洗衣机和燃气套装也必须为16条信息。下面介绍具体操作方法。

步骤01 打开“家电销售统计表.xlsx”工作簿，选择“商品类别”中任意单元格，切换至“数据”选项卡，单击“排序和筛选”选项组中“升序”按钮，如下左图所示。

步骤02 选中H2单元格，输入“=SUM(OFFSET($E$1,MATCH(G2,$B$2:$B$81,0),,16))”公式，如下右图所示。

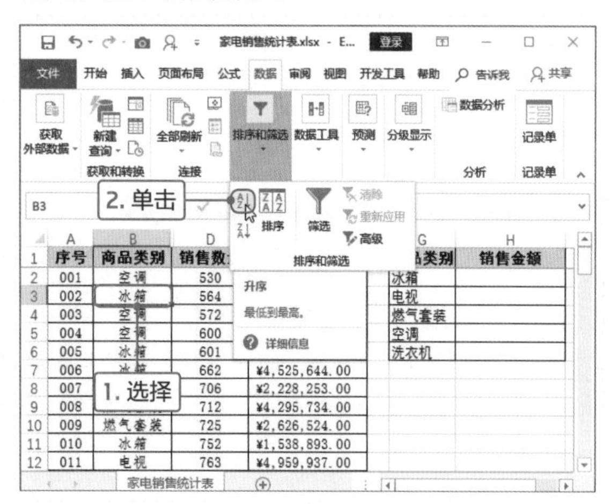

步骤03 按Enter键执行计算，然后将公式向下填充至H6单元格，即可计算出各商品类别的销售总金额，如右图所示。

Tips **OFFSET函数简介**

OFFSET函数返回单元格或单元格区域中指定行数和列数区域的引用。

表达式：OFFSET(reference,rows,cols,height,width)

参数含义：Reference作为偏移量参照系的单元格或单元格区域；Rows表示以Reference为准向上或向下偏移的行数；Cols表示以Reference为准向左或向右偏移的列数；Height表示指定偏移进行引用的行数；Width表示指定偏移进行引用的列数。

Tips **MATCH函数简介**

MATCH函数返回指定数值在指定区域中的位置。

表达式：MATCH(lookup_value, lookup_array, match_type)

参数含义：Lookup_value表示需要查找的值，可以为数值或对数字、文本或逻辑值的单元格引用；Lookup_array表示包含所要查找数值的连续的单元格区域；Match_type表示查询的指定方式，为-1、0或者1。

● 财务函数

财务函数也是Excel中比较重要的函数之一，它可以方便地对财务数据进行核算。下面主要从投资、本金和利息三方面的计算介绍财务函数。

（1）PV函数

使用PV函数可以计算出投资的现值，从而对投资项目是否盈利进行判断，下面介绍PV函数的使用方法。

步骤01 打开“投资分析表.xlsx”工作簿，选择B4单元格，然后输入“=PV(B3/12,C3*12,-D3)”公式，按Enter键计算出投资现值，如下左图所示。

步骤02 然后选择B5单元格，输入“=IF(B4>A3,"该项目值得投资",IF(B4=A3,"继续考察该项目","该项目不值得投资"))”公式，按Enter键判断该项目是否值得投资，显示结果为“该项目值得投资”，如下右图所示。

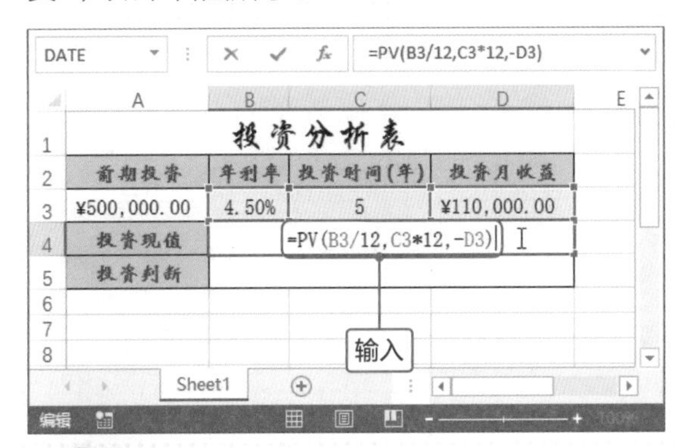

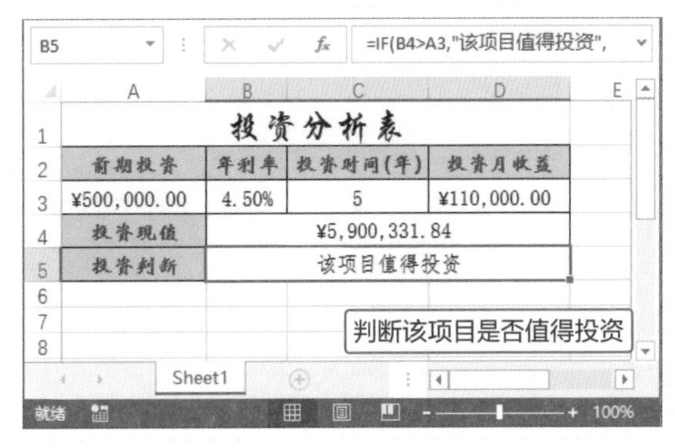

Tips **PV函数简介**

PV函数返回投资的现值，现值为一系列未来付款的值的和。

表达式：PV(rate,nper,pmt,[fv],[type])

参数含义：rate表示各期利率，是必需的；nper表示总投资（或贷款）期，也就是该项投资的付款期总数；pmt表示各期所支付的金额；fv为未来值，或最后一次支付后希望得到的现金余额；type表示各期付款时间是在期初还是期末，0或省略为期末，1为期初。

（2）IPMT和PPMT函数

在财务函数中还可以计算本金和利息，本案例通过计算每月应还房贷介绍本金和利息的计算方法，具体操作如下。

步骤01 打开“购房贷款明细表.xlsx”工作簿，选中E2单元格，然后输入“=-PPMT($B$3/12,D2,$B$4*12,$B$2)”公式，按Enter键即可计算出第1个月应还款的本金，如下左图所示。

步骤02 选择F2单元格，然后输入“=-IPMT($B$3/12,D2,$B$4*12,$B$2)”公式，按Enter键即可计算出第1个月还款的利息，如下右图所示。

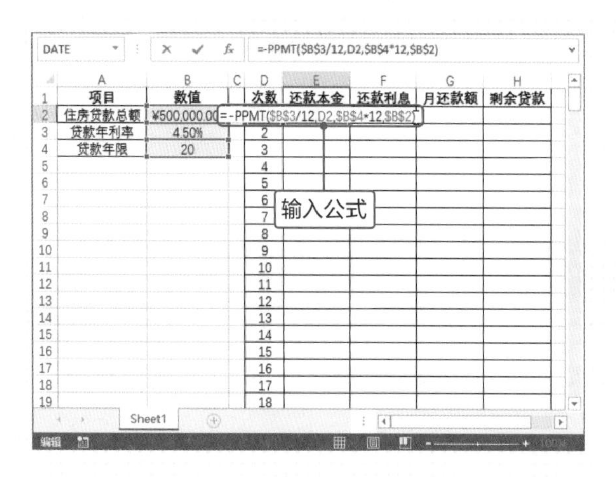

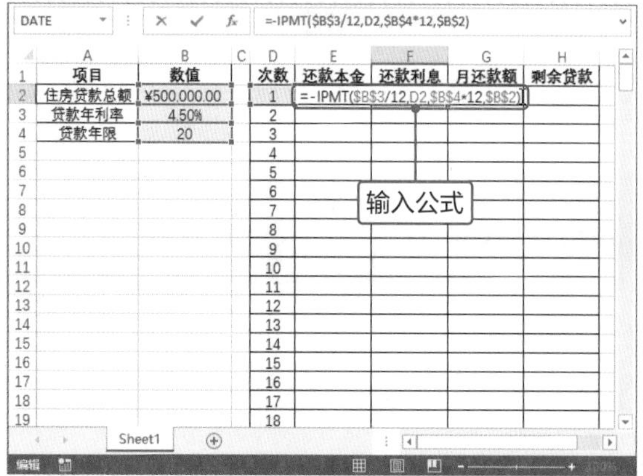

步骤03 选中G2单元格，然后输入“=E2+F2”公式，按Enter键即可计算出第1个月应还款额。再选择H2单元格，输入“=$B$2-SUM($E$2:E2)”公式，按Enter键即可计算剩余贷款的金额，如下左图所示。

步骤04 选中E2:H2单元格区域，将公式向下填充至H241单元格，可见还款240个月后剩余贷款刚好为0。为了展示效果隐藏部分数据，如下右图所示。

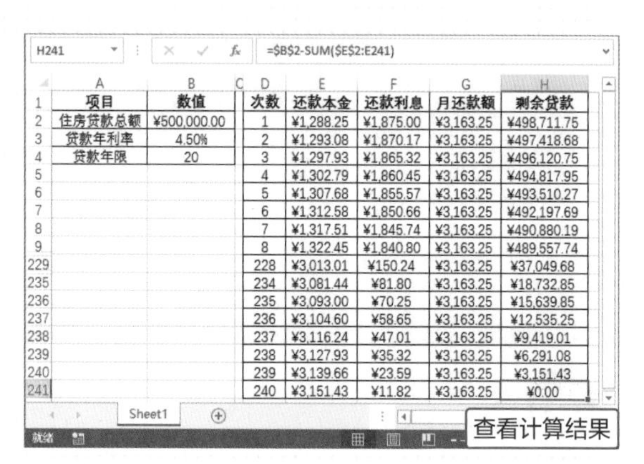

Tips **IPMT函数简介**

IPMT函数基于固定利率及等额分期付款方式，返回给定期数内对投资的利息偿还额。

表达式：IPMT(rate,per,nper,pv,fv,type)

参数含义：Rate表示各期利率；Per表示用于计算其利息数额的期数，在1至nper之间；Nper表示年金付款总数；Pv表示现值或本金；Fv表示未来值，结束时的余额；Type表示各期的付款时间是期初还是期末，用数字0和1表示。

Tips **PPMT函数简介**

PPMT函数基于固定利率及等额分期付款方式，返回投资在给定期间的本金偿还额。

表达式：PPMT(rate,per,nper,pv,fv,type)

参数含义：Rate表示各期利率；Per表示用于计算其利息数额的期数，在1至nper之间；Nper表示年金付款总数；Pv表示现值或本金；Fv表示未来值，结束时的余额；Type表示各期的付款时间是期初还是期末，用数字0和1表示。

数据可视化篇

数据的可视化其实是将Excel中的数据用图表的形式展示出来，从而直观地将信息传递给浏览者。使用图表展示数据，不但可以吸引浏览者，还可以让浏览者更深刻地理解数据的含义，因为人们对图形的理解和记忆远远胜过数据。Excel为用户提供了10多种图表类型，如柱形图、饼图、折线图、面积图、XY散点图、树状图、股价图、旭日图和直方图等。

本章主要通过5个任务由浅入深介绍图表的应用，从图表的创建到添加图表元素，再到复合图表的创建，最后介绍图表结合控件的应用，让读者循序渐近地学习图表的相关知识。

数据可视化篇

制作各地区销售比例图

企业决定按照6个地区为单位对汽车的销售数量进行统计，并对数据进行展示，分析各地区的销售能力。历历哥是此项工作的负责人，他与助手小蔡商量如何完成该工作，小蔡领会这项工作的意图后，迅速打开电脑根据收集的数据开始工作。他按地区统计年销量，并对各地区进行销量排名。

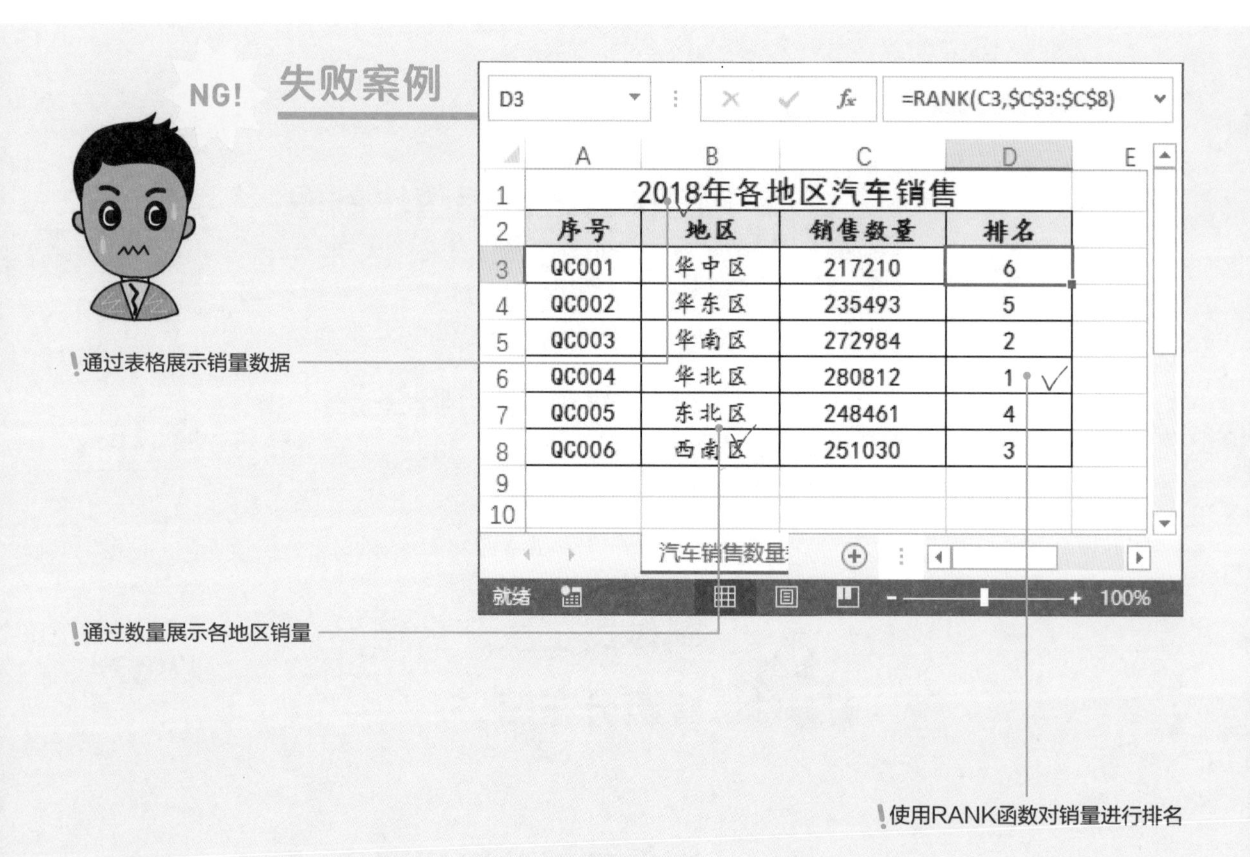

2018年各地区汽车销售

序号	地区	销售数量	排名
QC001	华中区	217210	6
QC002	华东区	235493	5
QC003	华南区	272984	2
QC004	华北区	280812	1
QC005	东北区	248461	4
QC006	西南区	251030	3

小蔡使用Excel统计数据，并对数据排名，可以清楚展示相关数据，但是给浏览者的印象不是很深刻。通过实际销售的数据展示销量，因为数据多，相差不是很大，所以数据对浏览者也没什么吸引力。通过对各地区进行排名，来展示不同地区的销售能力，但这个排名不能准确表达地区的销售能力。

MISSION! 1

图表可以将数据直观地展示出来，能给浏览者留下深刻的印象，因为人们对图形的理解和记忆能力远远胜过文字和数据。本案例在分析各地区的汽车销售情况时，使用了饼图，可以直观、简洁地显示各地区的销量的比例，而且还可以分析出数据的分布状况。本案例通过添加数据标签显示比例的值。

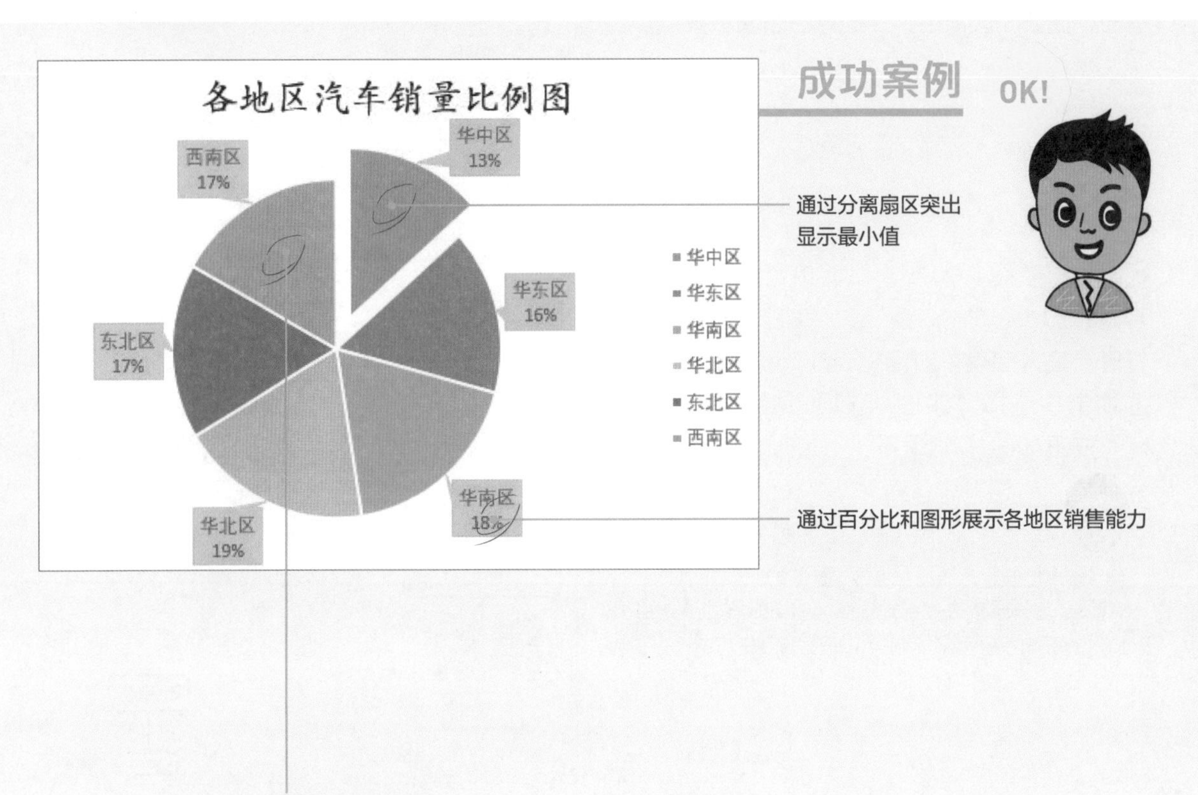

经过小蔡进一步修改，数据展示更直观、生动、不死板。他通过创建饼图更形象地展示数据，使用数据图形化；然后为各地区添加数据标签，并显示各地区所占的百分比，再配合各扇区的大小比例充分展示各地区的销售能力；将比例最小的扇区分离出来，以便更直观地分析数据。

Point 1 创建饼图

饼图主要用于显示每个值占总值的比例情况，一般适用只有一个数据系列的情况，并且所有数值均为正值。在本案例中只包括销售数量数据系列，下面介绍创建饼图的具体操作方法。

1

打开“各地区销量比较.xslx”工作簿，选中B2:C8单元格区域，切换至“插入”选项卡，单击“图表”选项组中“推荐的图表”按钮。

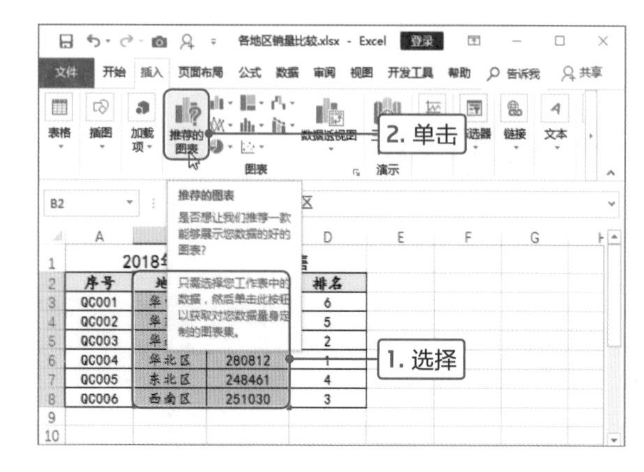

2

打开“插入图表”对话框，在“推荐的图表”选项卡中选择“饼图”选项，然后单击“确定”按钮。

Tips “插入图表”对话框

在“插入图表”对话框中包含“推荐的图表”和“所有图表”选项卡，在“所有图表”选项卡中包括Excel提供的所有图表类型，用户可以根据需要进行选择。

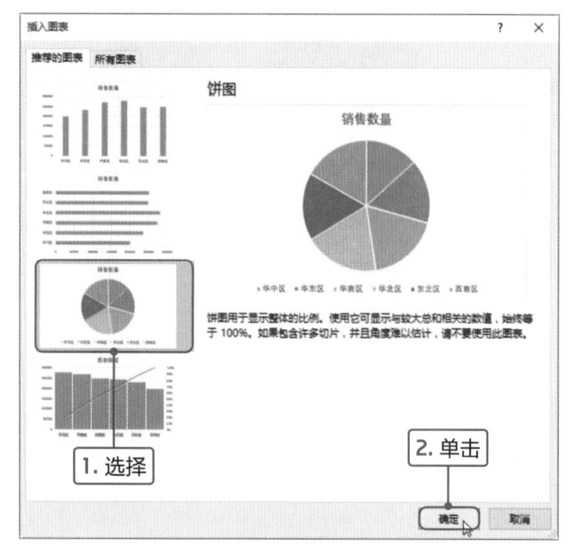

3

返回工作表中，插入二维饼图，各扇区用不同颜色表示，下方显示各种颜色代表的地区。

Tips 插入饼图的其他方法

首先选择B2:C8单元格区域，切换至“插入”选项卡，单击“图表”选项组中“插入饼图或圆环图”下三角按钮，在列表中选择合适的饼图即可。

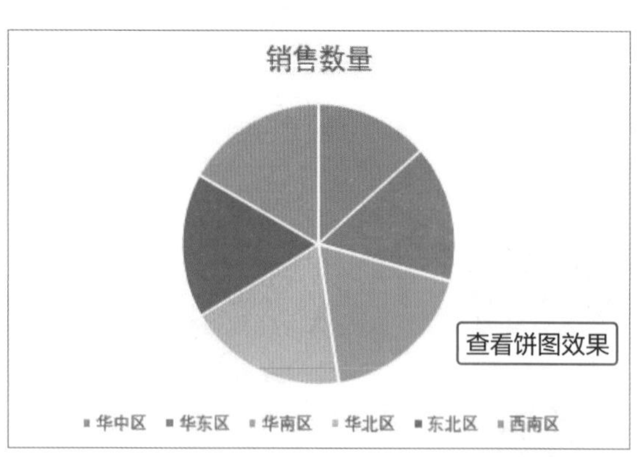

Point 2 添加并设置数据标签

为数据添加饼图后，默认情况下是不显示各地区的比例的，用户可以通过添加数据标签并进行相关设置显示比例值。下面介绍为饼图添加数据标签并设置显示样式的具体操作方法。

1

选择插入的饼图，切换至“图表工具-设计”选项卡，单击“图表布局”选项组中“添加图表元素”下三角按钮，在列表中选择“数据标签>数据标签外”选项。

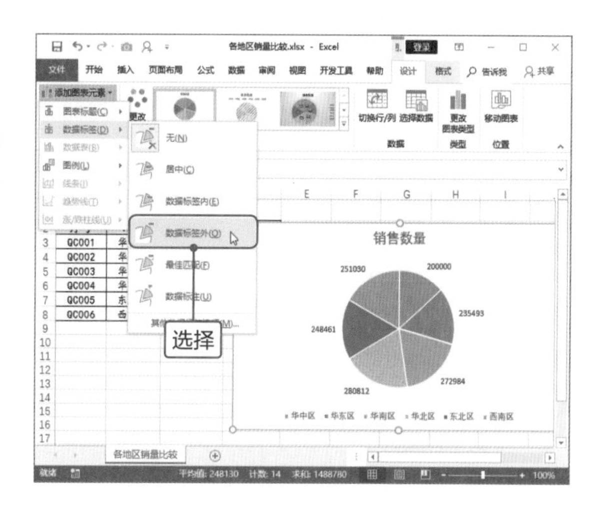

2

可见在各扇区外显示该地区的销售数量的值。选择添加的数据标签并右击，在快捷菜单中选择“设置数据标签格式”命令。

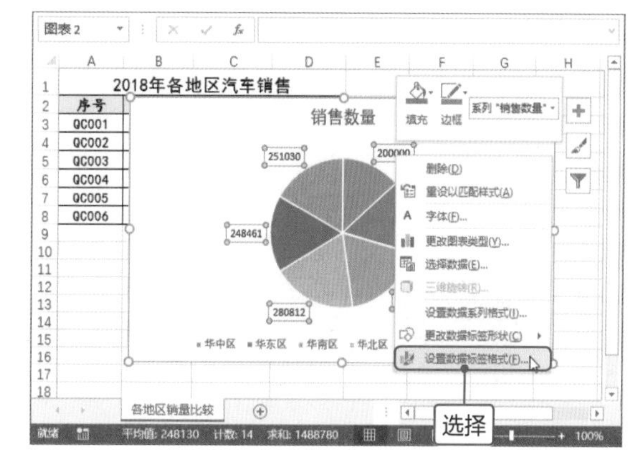

3

弹出“设置数据标签格式”导航窗格，在“标签选项”选项区域中取消勾选“值”复选框，勾选“类别名称”和“百分比”复选框。

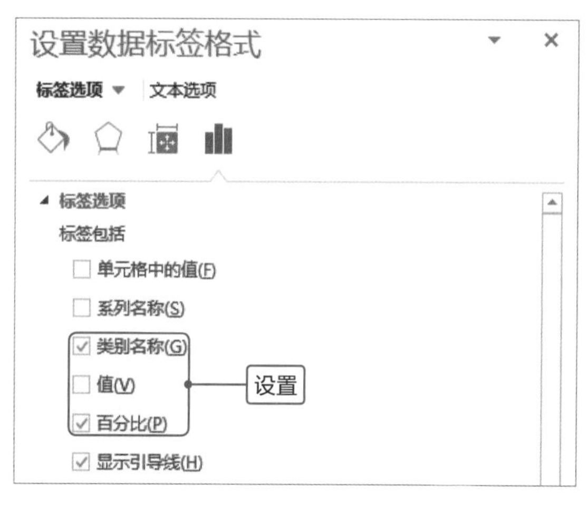

Tips 打开“设置数据标签格式”导航窗格的其他方法

选中图表，切换至“图表工具-设计”选项卡，单击“图表布局”选项组中“添加图表元素”下三角按钮，在列表中选择“数据标签>其他数据标签选项”选项，即可打开“设置数据标签格式”导航窗格。

4

保持数据标签为选中状态，切换至“图表工具-格式”选项卡，单击“插入形状”选项组中“更改形状”下三角按钮，在列表中选择“对话气泡:矩形”形状。

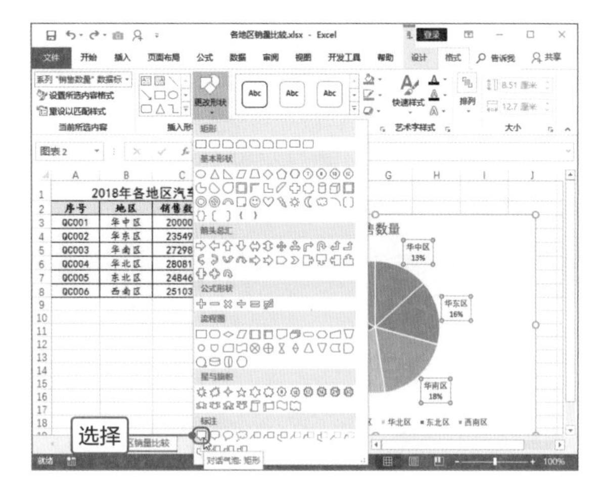

5

再次打开“设置数据标签格式”导航窗格，切换至“填充与线条”选项卡，在“填充”选项区域中选中“纯色填充”单选按钮，单击“颜色”选项右侧的下三角按钮，在列表中选择合适的颜色。

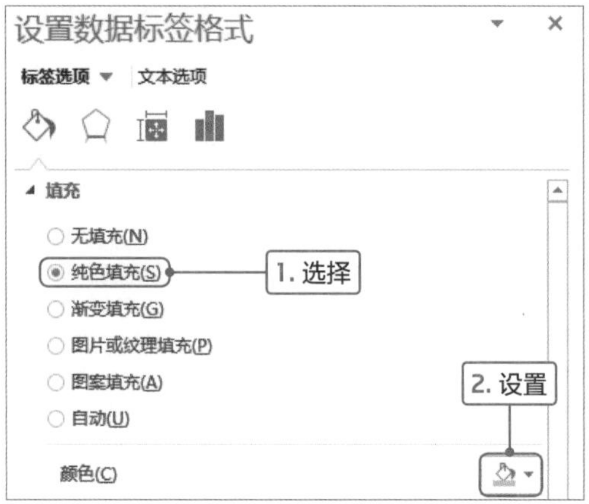

6

选中图表，切换至“图表工具-设计”选项卡，单击“图表布局”选项组中“添加图表元素”下三角按钮，在展开的列表中选择“图例>右侧”选项。

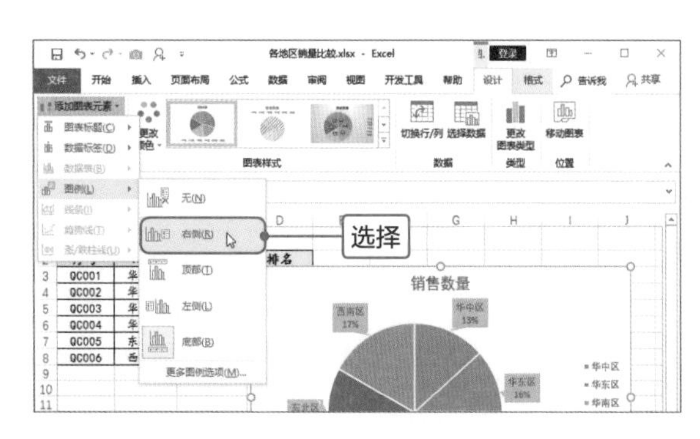

7

选中图表的标题框并输入标题为“各地区汽车销量比例图”，然后在“开始”选项卡的“字体”选项组中设置文字的格式。

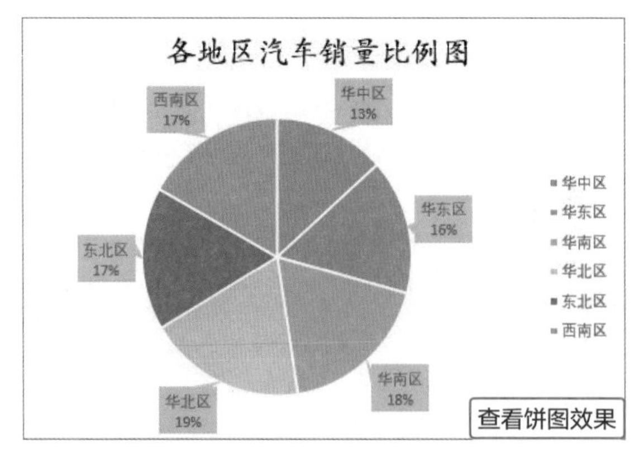

Point 3 分离扇区以突出显示

插入饼图之后，各扇区是紧密连接在一起的，为了突出某部分可将其中一个扇区分离出来。本案例将比例最小的华中区扇区分离出来，下面介绍具体操作方法。

1

双击“华中区”扇区，选中该扇区并右击，在快捷菜单中选择“设置数据点格式”选项。

2

打开“设置数据点格式”导航窗格，在“系列选项”选项区域中设置“点分离”为20%。

3

返回工作表中，可见华中区的扇区分离出来。然后两次单击“华中区”的数据标签，将其向下拖曳使其不覆盖标题。

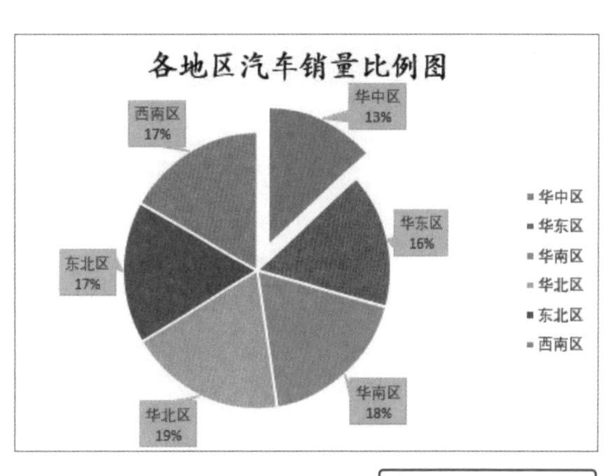

查看分离扇区的效果

Tips 手动分离扇区

也可以采用手动拖曳的方法分离扇区，双击“华中区”扇区，然后按住鼠标左键不放向外拖曳至合适的位置，释放鼠标即可。

如果单击一次扇区，然后向外拖曳，即可将所有扇区等比例缩小。

高效办公

设置饼图中扇区的颜色

在Excel中插入饼图后，各扇区的颜色为默认的蓝色、橙色、灰色、金色、绿色，用户可以根据需要设置饼图中各扇区的颜色。

● 快速设置扇区的颜色

Excel预设有各数据系列的颜色，包括彩色和单色两部分，用户可以直接套用。下面介绍具体操作方法。

步骤01 打开“快速设置扇区的颜色.xlsx”工作表，选中图表，切换至“图表工具-设计”选项卡，单击“图表样式”选项组中“更改颜色”下三角按钮。

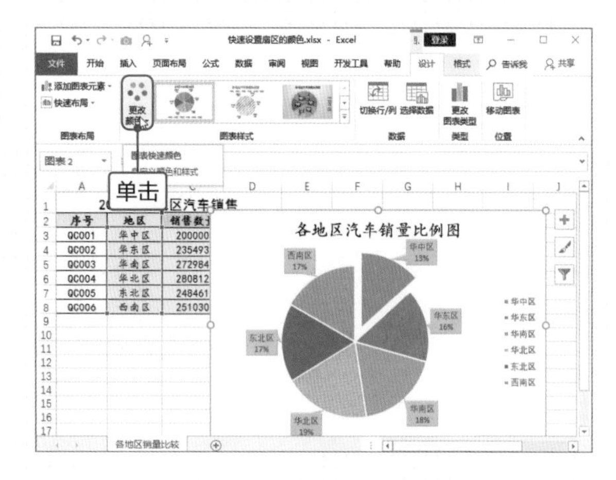

步骤02 在下拉列表的“彩色”区域中选择“彩色调色板3”选项，可见饼图中各扇区的颜色发生了变化。

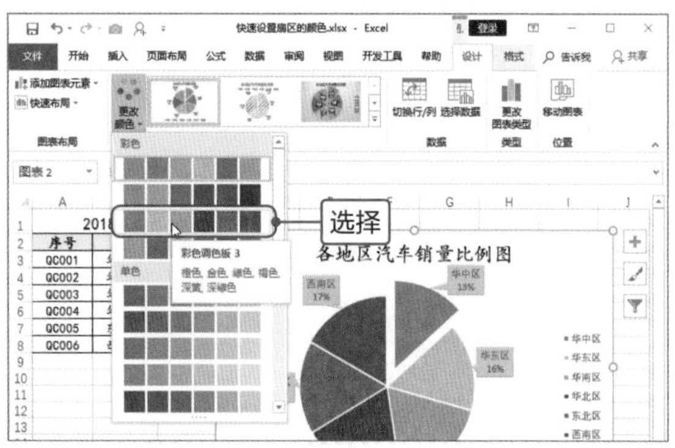

步骤03 若在下拉列表的“单色”选项区域中选择“单色调色板2”选项，可见饼图中从第一个扇区至最后扇区颜色由深到浅显示。

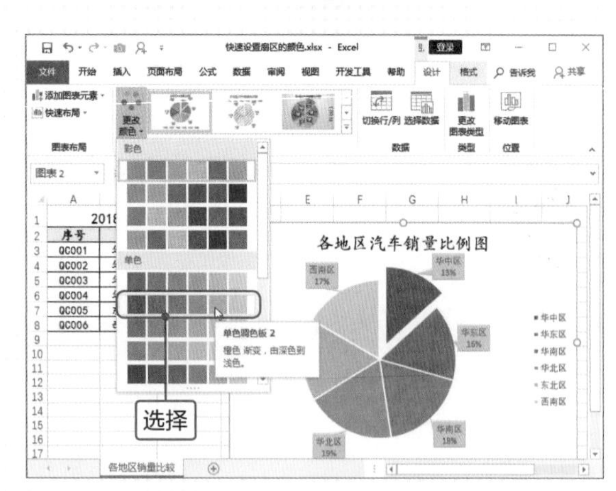

● 自定义扇区的颜色

用户可以根据需要分别自定义扇区的颜色，也可以设置扇区的边框。下面以设置“华中区”扇区的颜色和边框为例介绍具体操作方法。

步骤01 打开“自定义扇区的颜色.xlsx”工作表，双击“华中区”扇区，选中该扇区并右击，在快捷菜单中选择“设置数据点格式”命令，打开“设置数据点格式”导航窗格，切换至“填充与线条”选项卡，在“填充”选项区域中选中“纯色填充”单选按钮，设置颜色为红色。

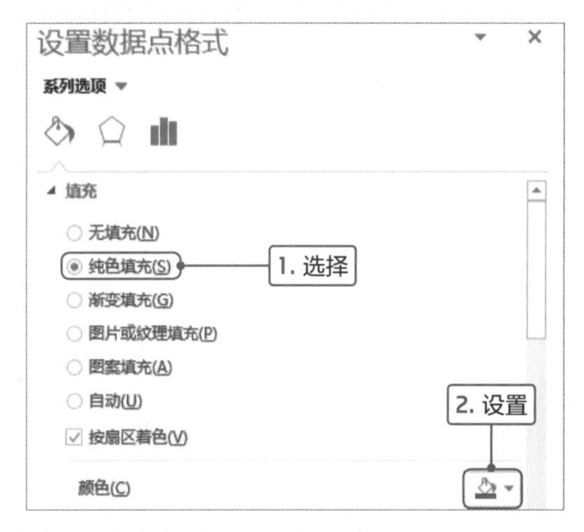

步骤02 返回工作表中，可见“华中区”扇区的颜色变为红色，其他扇区的颜色不变。

各地区汽车销量比例图

查看设置扇区颜色的效果

步骤03 返回“设置数据点格式”导航窗格，在“边框”选项区域中选中“实线”单选按钮，设置颜色为紫色，线宽为“1.5磅”。

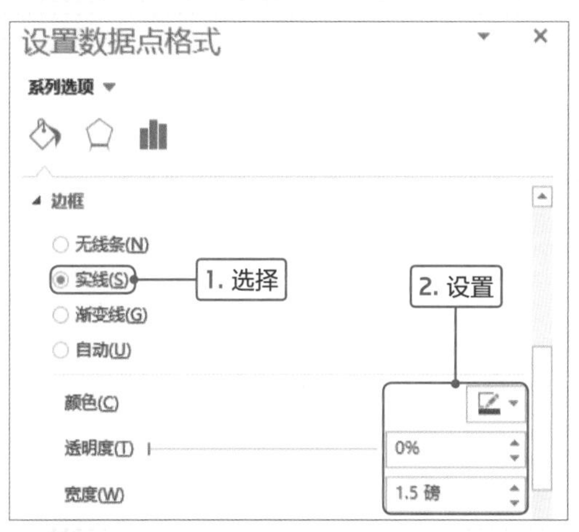

步骤04 设置完成后关闭导航窗格，可见选中扇区添加边框的效果。

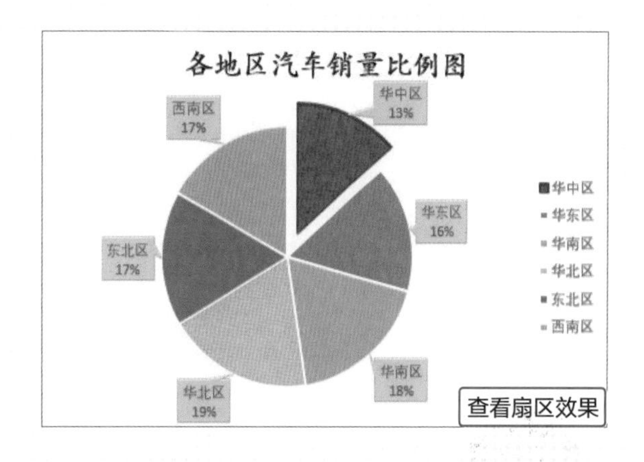

查看扇区效果

设置边框的类型

在“设置数据点格式”导航窗格中用户还可以设置边框的类型，单击“复合类型”、“短划线类型”下三角按钮，在列表中选择合适的选项即可。

数据可视化篇

制作转向横拉杆生产销量图

2018年前三个季度已经过去，企业为了统计数据并迎接第四季度，需要将前三季度的数据统计并张贴出来让员工查看。历历哥总结之前的经验，打算将数据以图表的形式展示出来，便于员工更清楚地查看数据。历历哥把想法阐述给小蔡后，小蔡接受这项艰巨的任务，他决定使用柱形图将三个生产小组的前三个季度数据制作成图表，然后再添加数据标签显示各生产小组生产数量。

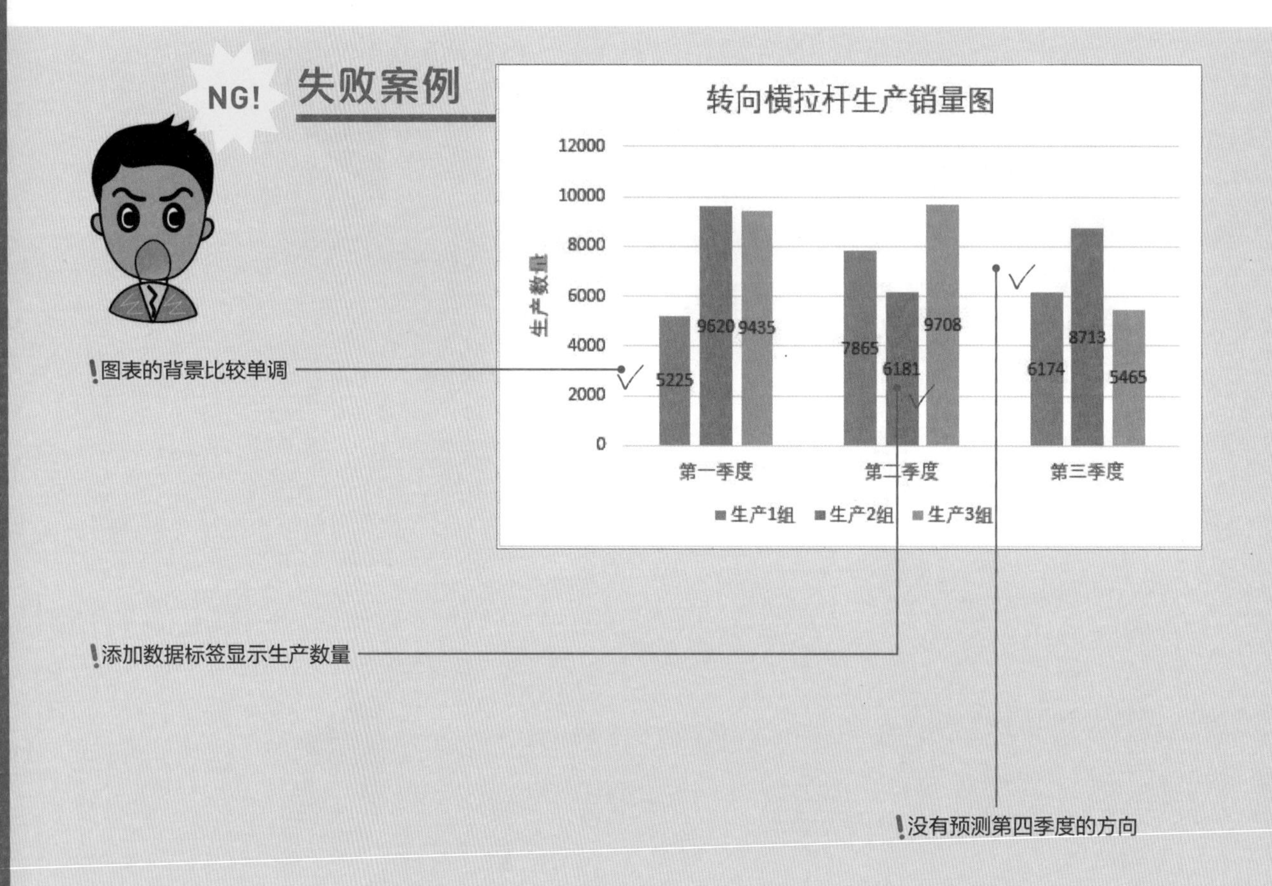

小蔡选择柱形图是正确的，但是他制作的图表太过单调，没有吸引力。首先，为数据系列添加数据标签显示各小组的生产数量，显得不整齐、不正式；其次，没有对第四季度的产量进行预测，不能激发员工生产积极性；最后，没有设置图表背景，这样的图表缺乏美感。

MISSION! 2

柱形图主要用于显示一段时间内数据的变化情况，是常用的图表类型之一。柱形图通常沿横坐标轴组织类别，沿纵坐标轴组织数值。柱形图包括7个子类型，如“簇状柱形图”、“堆积柱形图”和“百分比堆积柱形图”等。本案例将插入簇状柱形图，为了更有条理地展示各生产小组的生产数量，再为柱形图添加数据表。最后为了图表的美观，为其应用形状样式。

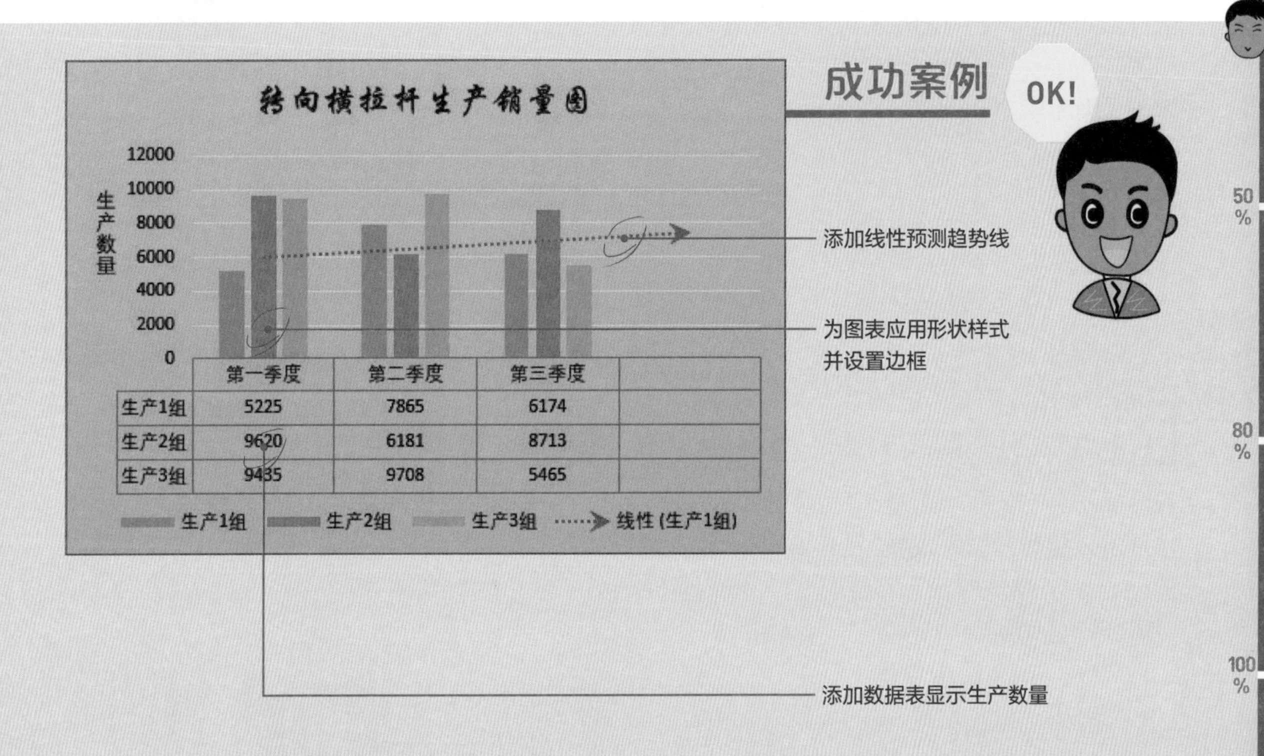

	第一季度	第二季度	第三季度	
生产1组	5225	7865	6174	
生产2组	9620	6181	8713	
生产3组	9435	9708	5465	

小蔡根据图表中不足之处进行相应的修改，修改后的图表美观大方，能更清晰、有条理地展示数据。首先，添加数据表，在每个季度下方清楚地显示各生产小组的产量；其次，为生产1组添加线性预测趋势线，预测第四季度的产量；最后，为图表应用形状样式，设置底纹和边框，使用图表更加美观。

Point 1 插入柱形图并添加趋势线

本案例需要展示三个生产小组前三个季度的生产数量，柱形图是最好的选择。插入柱形图和插入饼图的方法一样，然后再添加线性预测趋势线预测第四季度的产量。下面介绍具体操作方法。

1

打开“转向横拉杆生产统计表.xlsx”工作表，选择表格内任意单元格，打开“插入图表”对话框，切换至“所有图表”选项卡，选择“柱形图”选项，在右侧选择“簇状柱形图”，然后单击“确定”按钮。

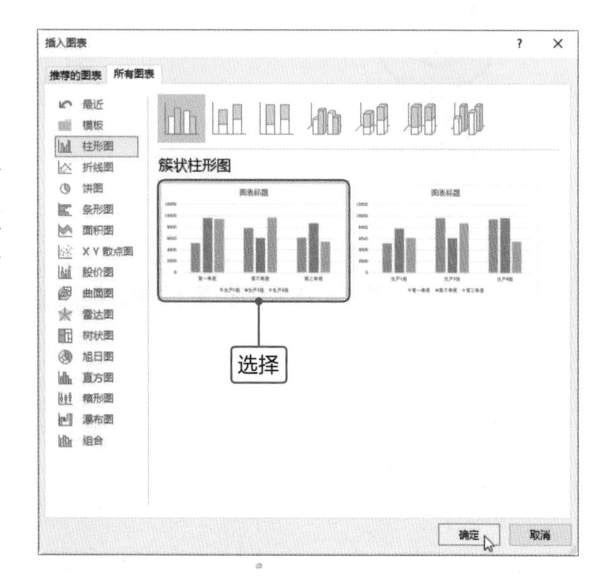

2

选择插入的柱形图，切换至“图表工具-设计”选项卡，单击“图表布局”选项组中“添加图表元素”下三角按钮，在展开的列表中选择“趋势线>线性预测”选项。

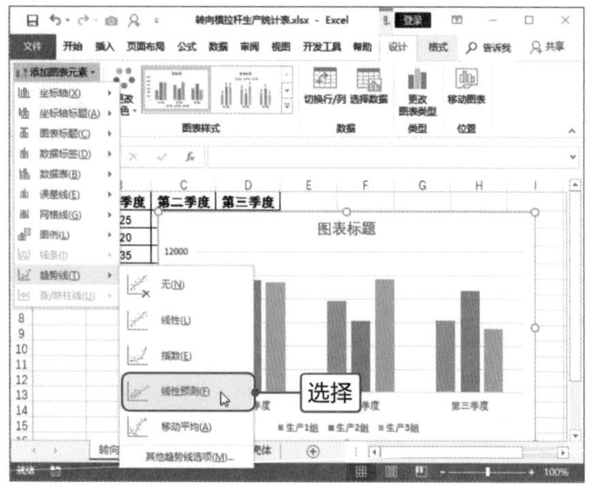

3

打开“添加趋势线”对话框，在“添加基于系列的趋势线”列表框中选择“生产1组”，单击“确定”按钮。

4

返回工作表中，可见在图表上添加蓝色的虚线，并向上延伸，说明预计生产1组未来的生产数量会增加。

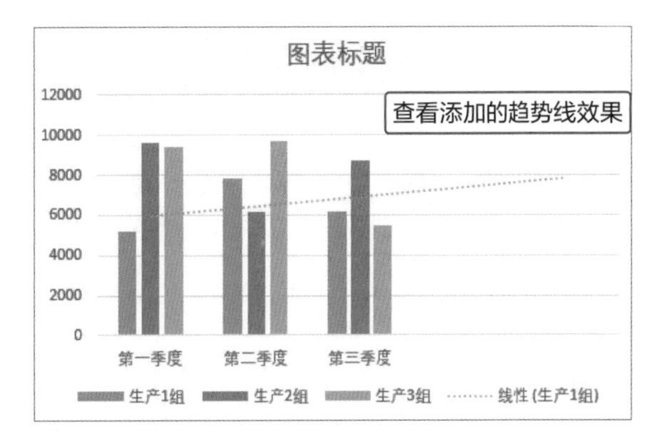

5

双击添加的趋势线，打开“设置趋势线格式”导航窗格，在“趋势预测”选项区域中设置“前推”为1。

6

切换至“填充与线条”选项卡，在“线条”选项区域中设置线条的颜色为红色，单击“结尾箭头类型”下三角按钮，在列表中选择“燕尾箭头”，在“结尾箭头粗细”列表中选择“右箭头9”选项。

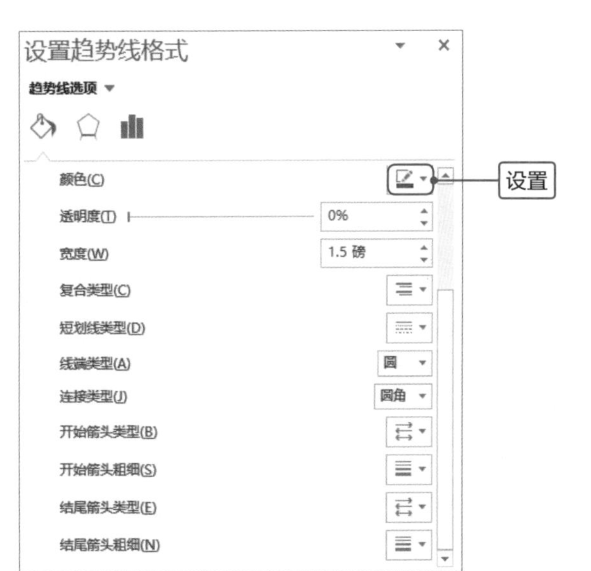

7

关闭该导航窗格，返回工作表中查看设置趋势线格式的效果。

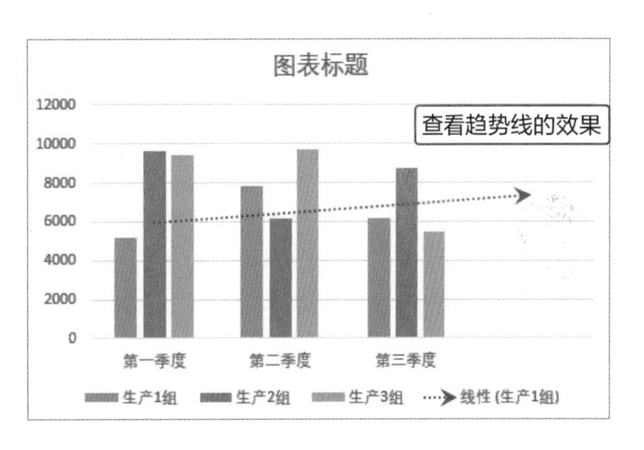

Tips　趋势线的种类

在Excel中趋势线主要包括线性、指数、线性预测、移动平均、多项式和乘幂等几种。

Point 2 添加数据表和标题

当图表创建完成后，默认情况下是不显示数据表和纵横坐标轴标题的，用户可以根据需要进行添加。下面介绍添加数据表和纵坐标轴标题的方法。

1

选中图表，单击右侧“图表元素”按钮，在列表中单击“数据表”右侧三角按钮，在列表中选择“无图例项标示”选项，即可在横坐标轴下方添加数据表。

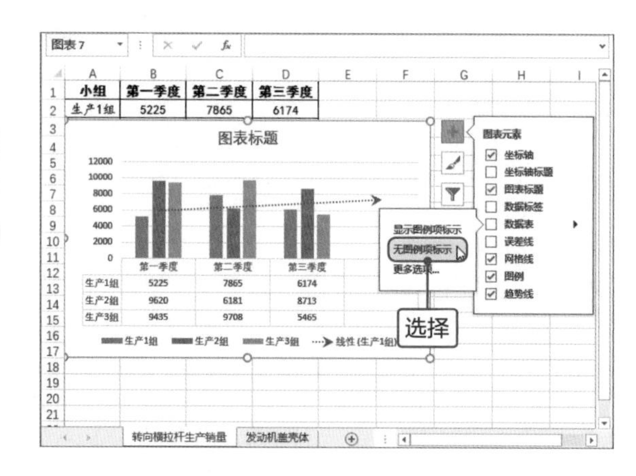

2

选中添加的数据表并右击，在弹出的快捷菜单中选择“设置模拟运算表格式”命令，在打开的导航窗格的“填充与线条”选项卡的“边框”选项区域选中“实线”单选按钮，并设置颜色为深绿色。

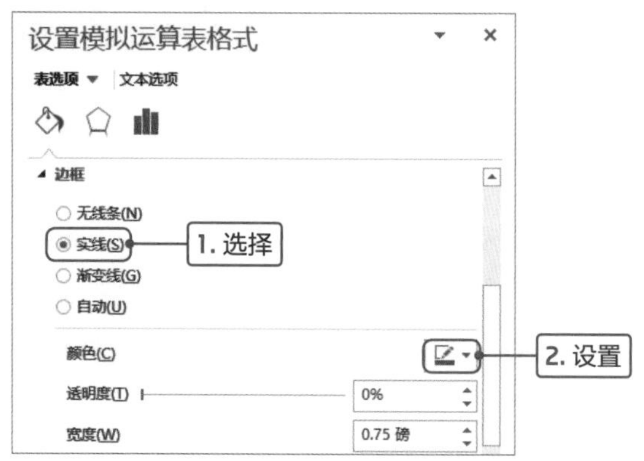

3

然后再次单击“图表元素”按钮，在列表中选择“坐标轴标题>主要纵坐标轴”选项，然后输入标题。

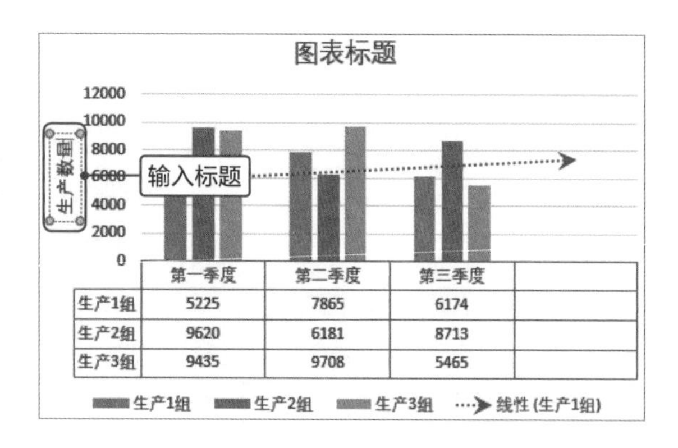

Tips 链接图表的标题

在Excel中可以将图表的标题或坐标轴的标题与单元格链接，并显示单元格中的内容，这样图表会随着单元格内容的变化而变化。

首先需要选中某标题框，在编辑栏中输入“=”，然后选中需要链接的单元格，按Enter键确认即可。

4

双击添加的纵坐标轴标题，打开“设置坐标轴标题格式”导航窗格，在“大小与属性”选项卡中单击“文字方向”下三角按钮，在列表中选择“竖排”选项。

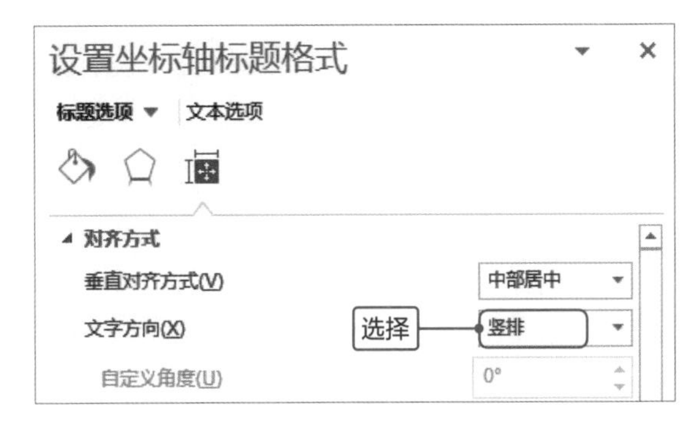

5

保持坐标轴标题为选中状态，切换至“开始”选项卡，然后在“字体”选项组中设置字体的格式。

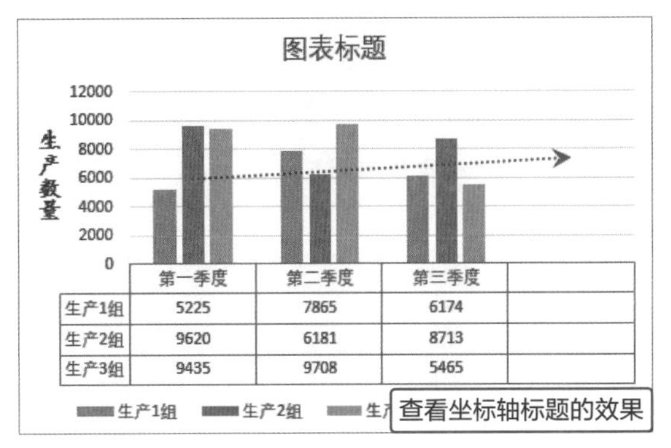

	第一季度	第二季度	第三季度	
生产1组	5225	7865	6174	
生产2组	9620	6181	8713	
生产3组	9435	9708	5465	

Tips 为坐标轴标题添加边框和底纹

添加坐标轴标题后，除了设置文字的方向、大小、字体等属性外，还可以设置标题框的边框和底纹。

选中坐标轴标题并双击，打开“设置坐标轴标题格式”导航窗格，在“填充与线条”选项卡的“填充”选项区域中设置填充。

设置坐标轴标题格式
标题选项 文本选项
填充
无填充(N)
纯色填充(S)
1. 选择
渐变填充(G)
图片或纹理填充(P)
图案填充(A)
自动(U)
颜色(C)
2. 设置

在“边框”选项区域中设置边框的颜色为红色，宽度为“1磅”，设置完成后关闭该导航窗格，查看设置填充和边框后的效果。

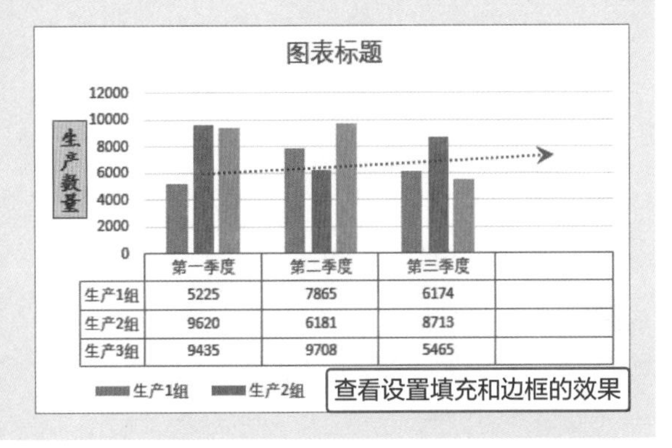

	第一季度	第二季度	第三季度	
生产1组	5225	7865	6174	
生产2组	9620	6181	8713	
生产3组	9435	9708	5465	

Point 3 为图表应用形状样式

创建图表后，默认情况下图表是无填充和无边框的，用户可以为图表应用形状样式快速美化图表，下面介绍具体操作方法。

1

选中图表，切换至“图表工具-格式”选项卡，单击“形状样式”选项组中“其他”按钮，在展开的列表中选择“细微效果-绿色，强调颜色6”选项。

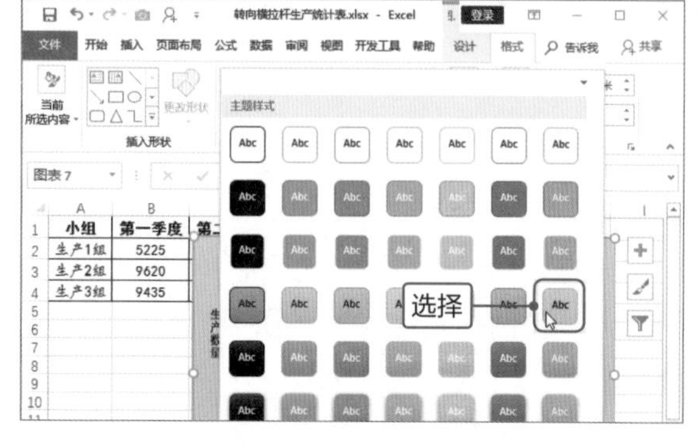

2

单击“形状样式”选项组中“形状轮廓”下三角按钮，在列表中选择“粗细>1磅”选项。再次单击“形状轮廓”下三角按钮，在列表中设置颜色为红色。

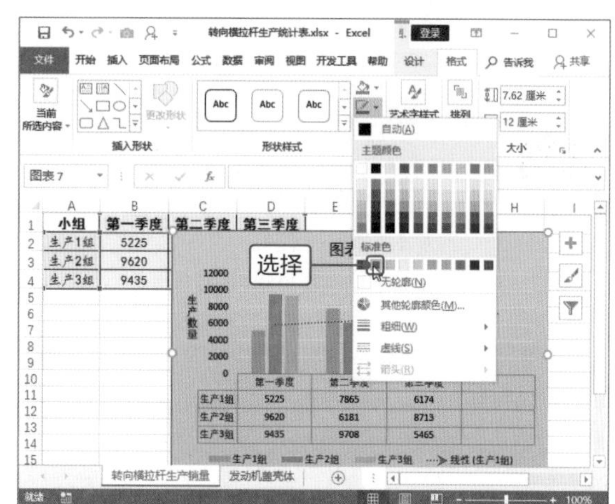

3

返回工作表中，可见表格应用了选中的形状样式，并添加了边框。然后在图表标题框中输入“转向横拉杆生产销量图”标题，并设置字体的格式。

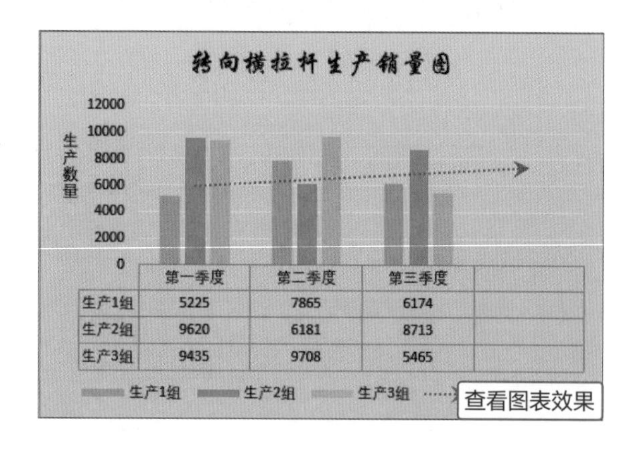

Tips 调整图表的大小

可根据需要调整图表的大小，第一种方法是选中图表，将光标移至四周控制点上，按住鼠标左键进行拖曳即可。第二种方法是选中图表，切换至“图表工具-格式”选项卡，在“大小”选项组中设置图表的高度和宽度的值即可。

高效办公

三维图表

在图表的实际应用中，三维图表比二维图表能更直观展示数据。常用的三维图表包括三维柱形图和三维饼图，下面以三维柱形图为例介绍具体操作。

●将二维图表转换为三维图表

为数据创建二维图表后，为了更好地展示数据，用户还可以将其转换为三维图表。下面以将簇状柱形图转换为三维柱形图为例介绍具体操作方法。

步骤01 打开“将二维图表转换为三维图表.xlsx”工作表，选中创建的簇状柱形图，切换至“图表工具-设计”选项卡，单击“类型”选项组中“更改图表类型”按钮。

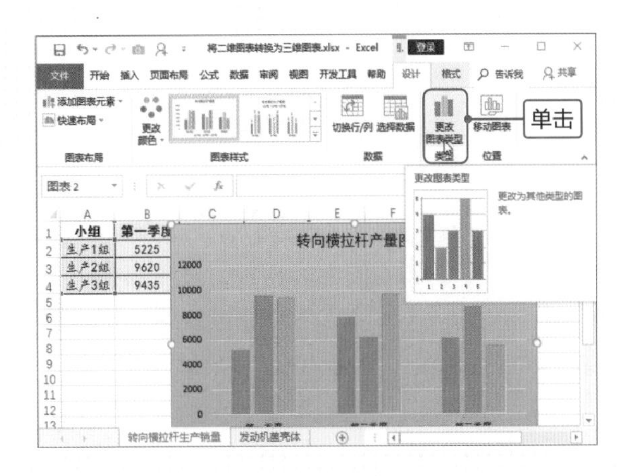

步骤02 打开“更改图表类型”对话框，选择“三维柱形图”图表类型，然后单击“确定”按钮。

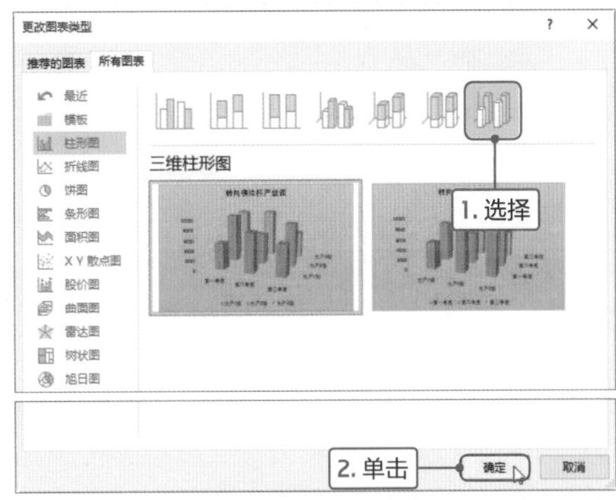

Tips 插入三维柱形图

也可以直接插入三维柱形图，选择数据区域任意单元格，打开“插入图表”对话框，在“所有图表”选项卡中选择“柱形图”选项，然后在右侧区域选择“三维柱形图”即可。

步骤03 返回工作表中，可见簇状柱形图转换为三维柱形图，在三维柱形图中显示三个坐标轴，分别在XYZ三个维度上，而且各数据系列均为立体的柱形。

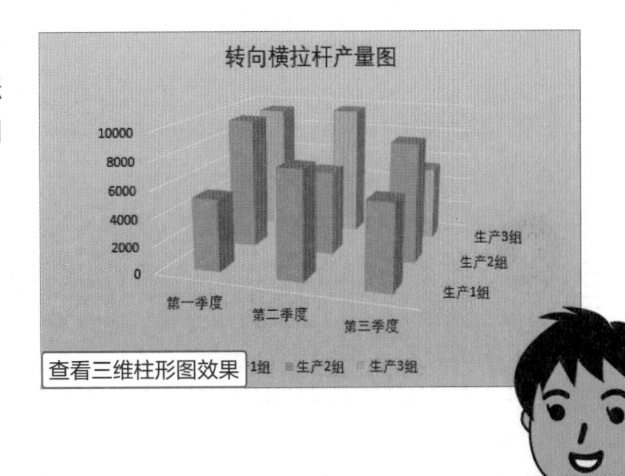

查看三维柱形图效果

● 设置旋转三维柱形图

创建三维图表后，用户可以通过调整X旋转、Y旋转或深度的值对其进行旋转操作，下面介绍具体的操作方法。

步骤01 打开"设置旋转三维柱形图.xlsx"工作表，选中创建的三维柱形图的图表区域，切换至"图表工具-格式"选项卡，单击"当前所选内容"选项组中"设置所选内容格式"按钮。

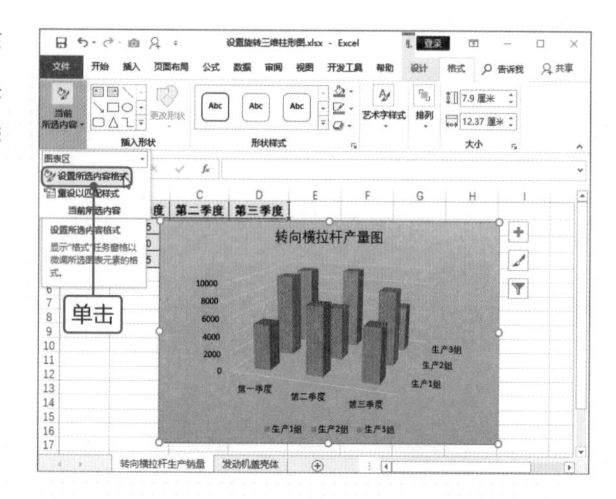

步骤02 打开"设置图表区格式"导航窗格，切换至"效果"选项卡，在"三维旋转"选项区域中设置"X旋转"为25°、"Y旋转"为20°、"透视"为5°。

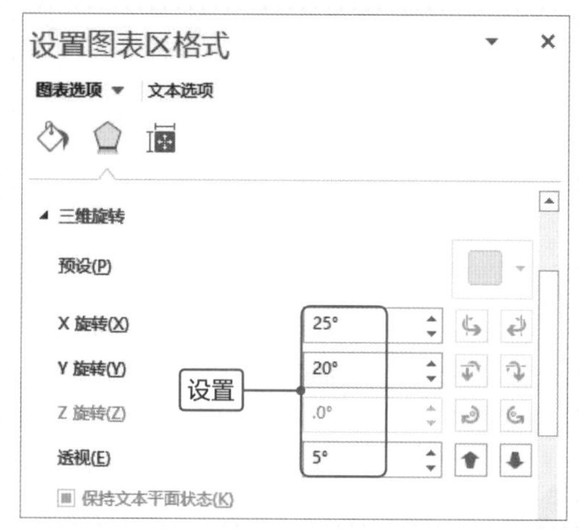

步骤03 返回工作表中，可见三维柱形图进行相应的旋转，使各数据系列均显示出来。

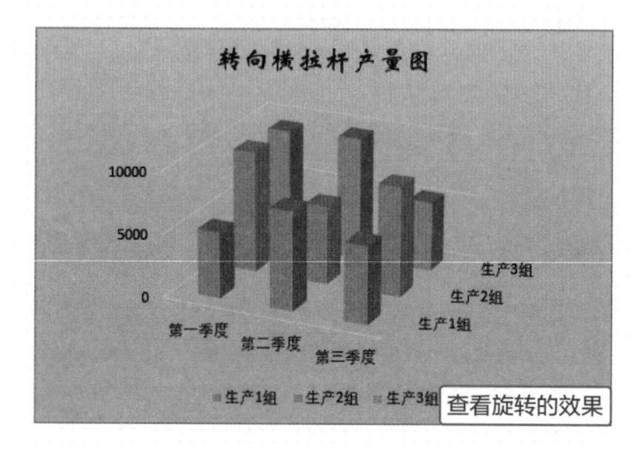

Tips 为三维图表添加图表元素

为三维图表添加图表元素和为二维图表添加元素的操作方法是一样的，只是添加的元素有所不同，例如，添加坐标轴或坐标轴标题时，在子列表中多了"深度"选项。

●填充三维柱形图

三维图表的背景包括背面墙、侧面墙和基底三部分，填充的方法是相同的，下面以填充背面墙为例介绍具体的操作方法。

步骤01 打开“填充三维柱形图.xlsx”工作表，选择三维图表中“背面墙”并右击，在快捷菜单中选择“设置背面墙格式”选项。

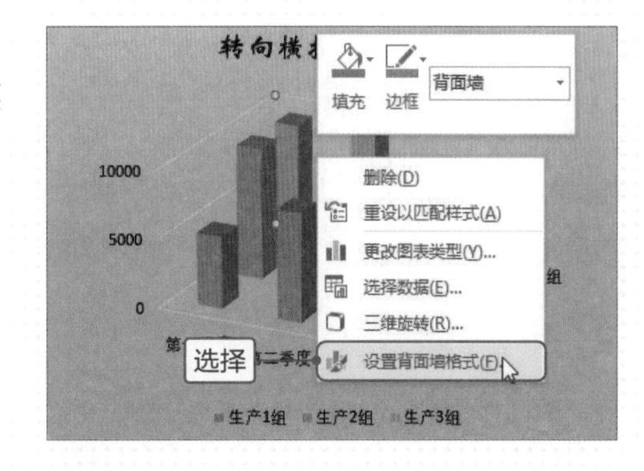

步骤02 打开“设置背景墙格式”导航窗格，在“填充与线条”选项区域中选中“图案填充”单选按钮，在“图案”选项区域中选择合适的图案，并设置“前景”和“背景”的颜色。

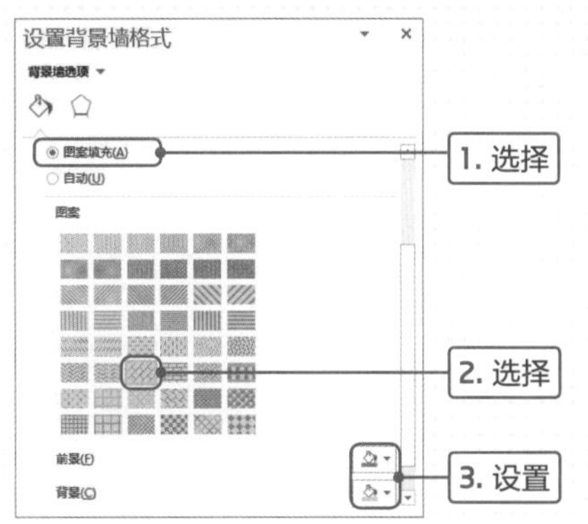

步骤03 返回工作表中，可见背景墙被填充设置的图案。用户可以按照相同的方法填充侧面墙和基底，此处不再赘述。

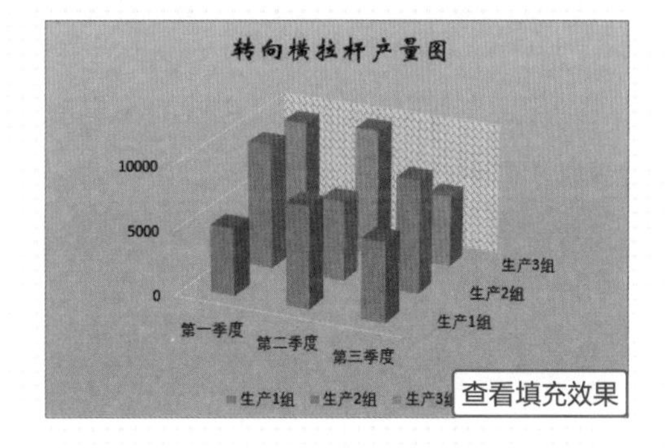

Tips 设置渐变填充

如果需要设置背景为渐变，只需在“填充”选项区域中选中“渐变填充”单选按钮，选择渐变光圈上的滑块，单击“颜色”下三角按钮，在列表中选择合适的颜色。用户可以拖曳滑块调整渐变的位置。

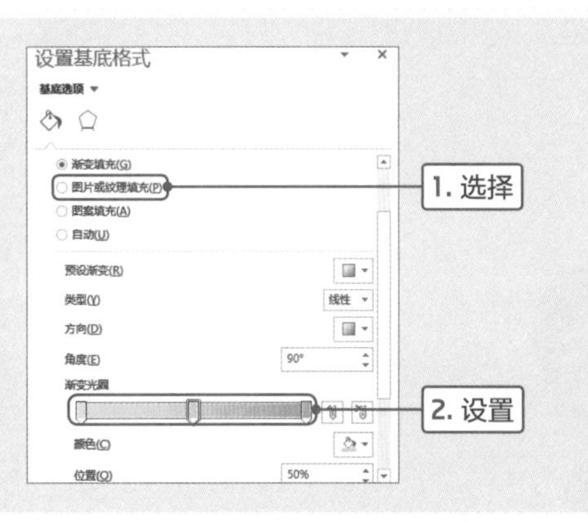

数据可视化篇

制作员工生产合格品等级分布图

企业为了统计一线员工生产合格品数量的分布，决定以员工最近一周的生产合格品数量作为分析的依据，从而分析员工生产水平的能力。历历哥召集部门的所有员工研究讨论实施方案，表现最活跃的当属小蔡，最后此项任务交由小蔡负责。小蔡集思广益想制作出数据全面、突出特点，而且美观的图表，最后他选择了柱形图。他根据之前学过的图表相关知识开始制作柱形图。

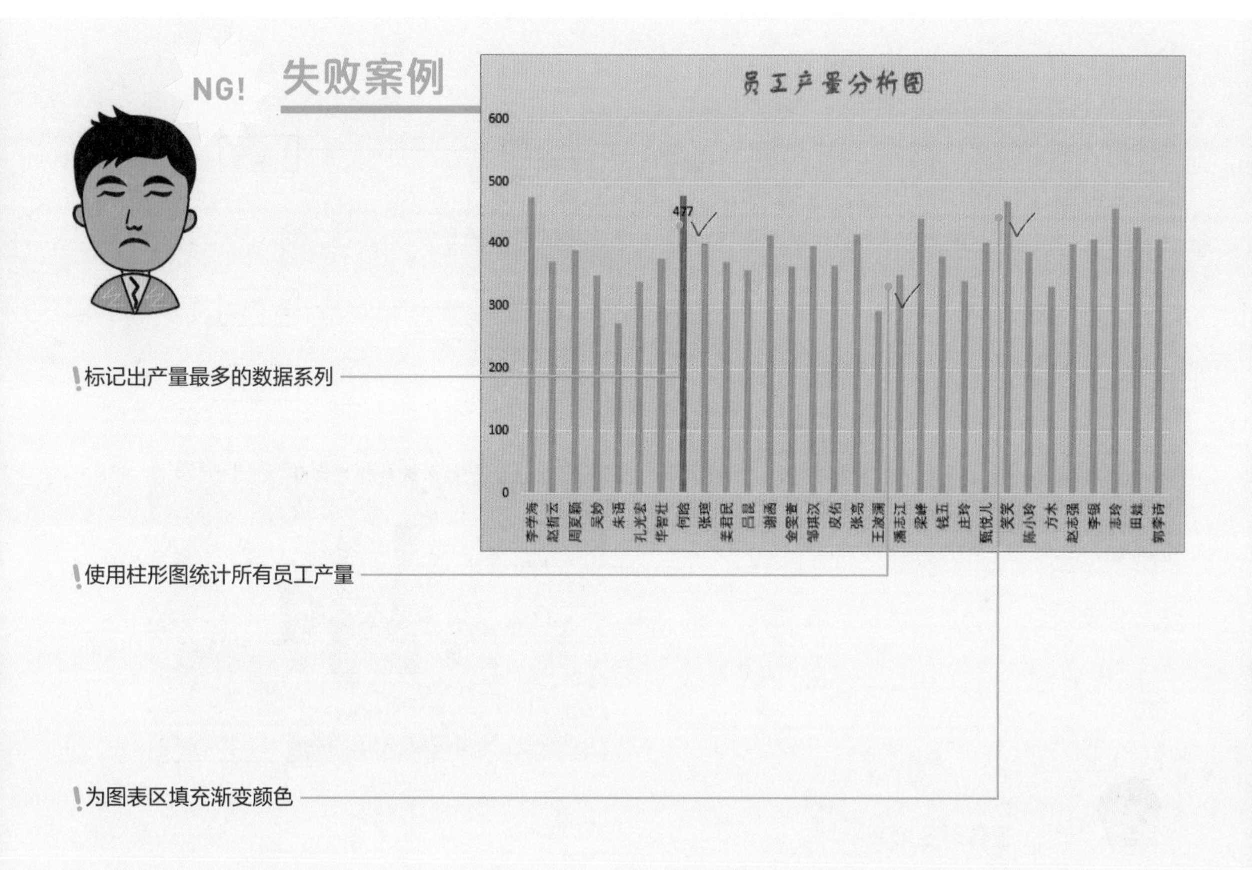

小蔡统计所有员工一周产量后，将员工和产量制作成柱形图，图表整体的数据信息比较多，让浏览者眼花缭乱；他还标记出产量最大的员工的数据系列，但该数据不能体现员工的生产能力；在美化图表时，为图表填充渐变的颜色，显得比较单调。

MISSION! 3

直方图也称频率分布图，主要用于展示数据的分组分布情况，常用于分析数据在各个区间分布比例，便于查看数据的分散程度和趋势。直方图显示不同高度的柱形，通过其高度表示频数的分布情况。在本案例中，按员工一周生产合格品的数量统计不同的等级的人数，从而显示各等级分布情况。

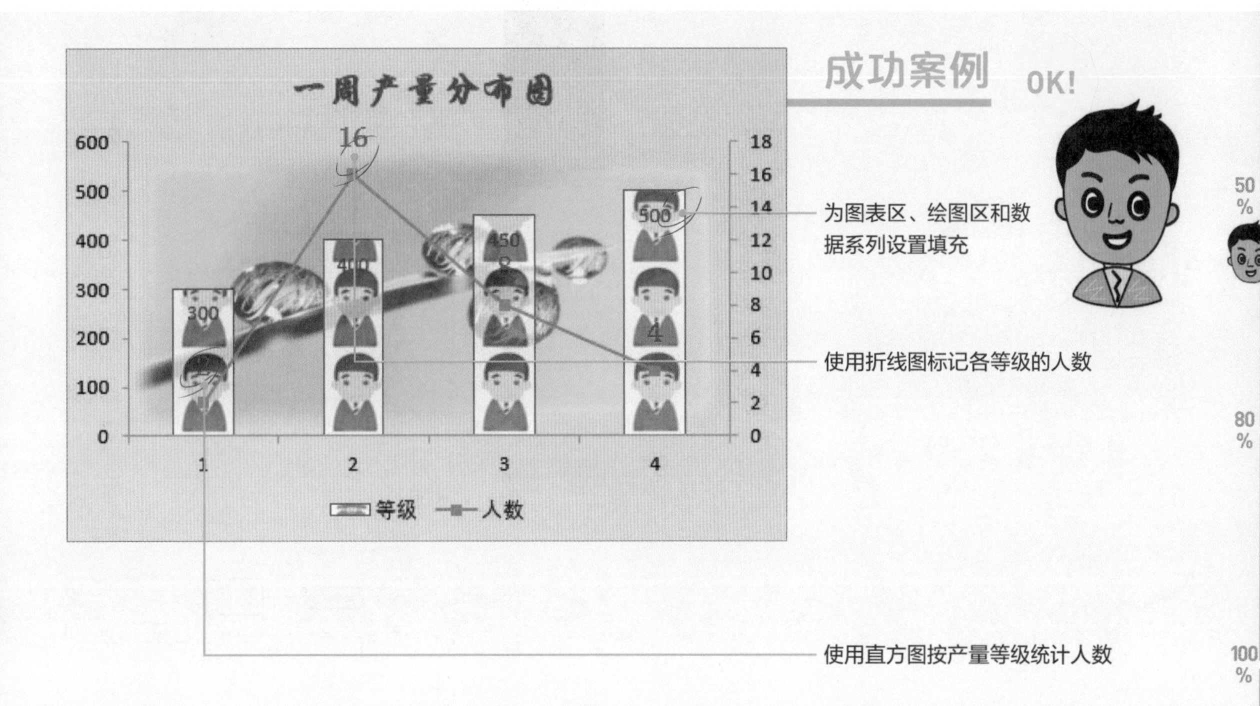

小蔡彻底明白企业统计产量的用意后对图表进行修改，他采用直方图，从整体上看数据不多，但是很清楚地展示出员工的产量分布情况；他为图表添加折线系列，可以直观展示各等级的人数；他对图表进一步美化，如对图表区、绘图区以及数据系列都进行了美化。

Point 1 添加“数据分析”功能

在Excel中如果使用直方图统计数据分布，首先必须在功能区添加“数据分析”功能，也就是添加“分析工具库”加载项，下面介绍具体操作方法。

1

打开“员工一周生产统计表.xlsx”工作表，单击“文件”标签，选择“选项”选项。

2

打开“Excel选项”对话框，选择“加载项”选项，然后单击右侧面板中的“转到”按钮。

3

打开“加载宏”对话框，在“可用加载宏”列表框中勾选“分析工具库”复选框，单击“确定”按钮。

操作完成后即可完成“数据分析”功能的添加，返回工作表中，切换至“数据”选项卡，在“分析”选项组中即显示“数据分析”按钮。

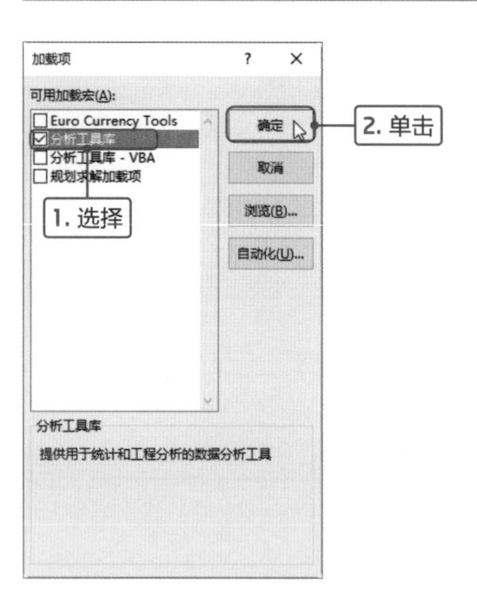

Point 2 插入直方图

当“数据分析”功能添加后，还需要设置数据的等级，然后就可以插入直方图了。插入直方图的方法和插入其他图表的方法不同，下面介绍具体的操作方法。

1

在I1:I5单元格区域中设置总量等级，用于统计各等级的数量。切换至“数据”选项卡，单击“分析”选项组中“数据分析”按钮。

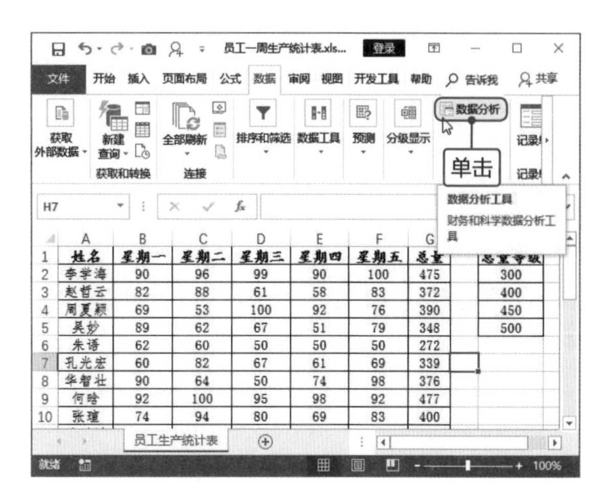

2

稍等片刻即可打开“数据分析”对话框，在“分析工具”列表框中选择“直方图”选项，单击“确定”按钮。

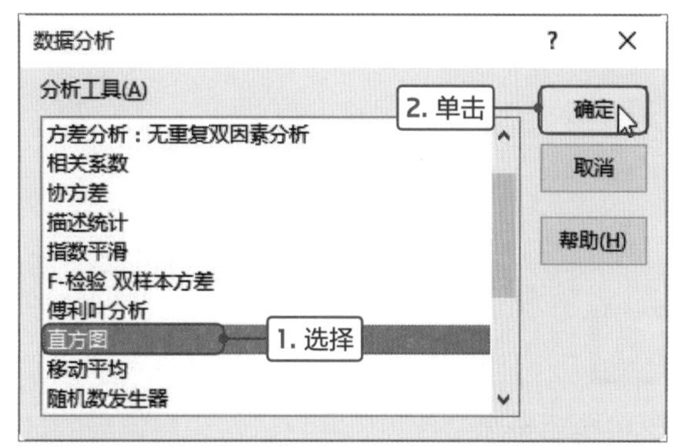

3

打开“直方图”对话框，在“输入”选项区域中单击“输入区域”右侧的折叠按钮。

Tips 累积百分率

在“直方图”对话框中，设置完输入区域和接收区域后，若勾选“累积百分率”复选框，则会根据接收区域的等级统计累积百分比。

4

返回工作表中，选择G2:G31单元格区域，然后再次单击折叠按钮。按照相同的方法设置“接收区域”为I2:I5单元格区域。

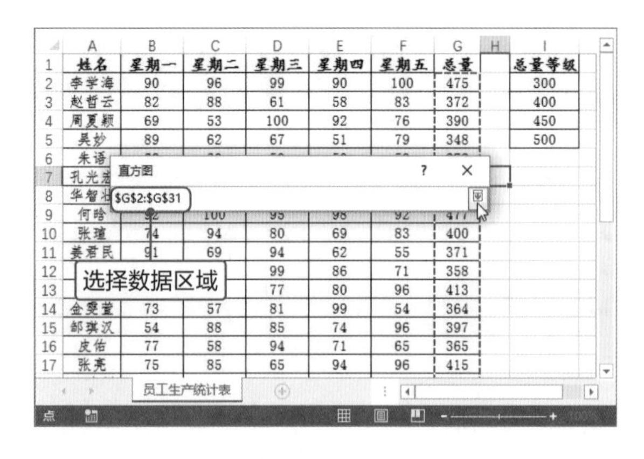

5

返回“直方图”对话框，勾选“图表输出”复选框，然后单击“确定”按钮。

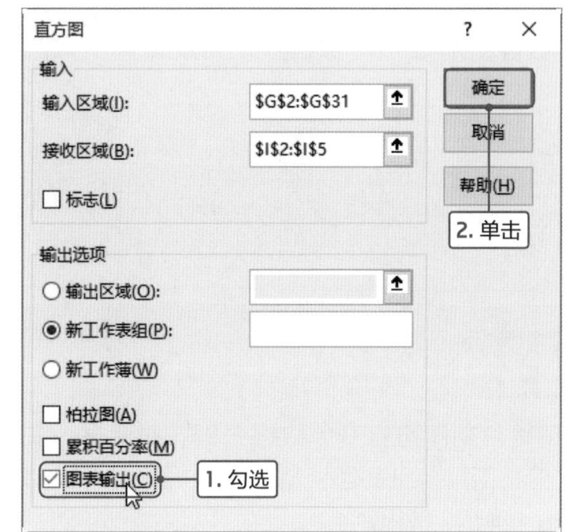

6

可见自动新建工作表，并显示各总量等级的数量，还显示直方图图表。

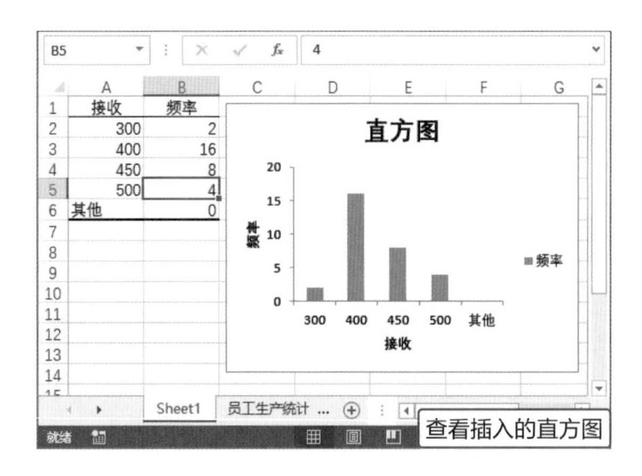

Tips **直方图中数据的含义**

在新工作表中，除了创建图表外还包括数据区域，下面对数据的含义进行介绍。B2单元格中的数字2表示总量小300的员工人数，B3单元格中的数字16表示总量大于等于300小于400的员工人数，B4单元格中数字8表示总量大于等于400小于450的员工人数，B5单元格中数字4表示总量大于等于450小于500的员工人数，B6单元格中的数字0表示大于等于500的员工人数。

Point 3 添加数据并修改图表类型

直方图创建完成后，为了更清晰地展示数据分布情况，还需要添加相应的数据区域，并对添加的数据系列进行设置，再更改数据系列为合适的类型，下面介绍具体操作方法。

1

选中创建的直方图，切换至“图表工具-设计”选项卡，单击“数据”选项组中“选择数据”按钮。

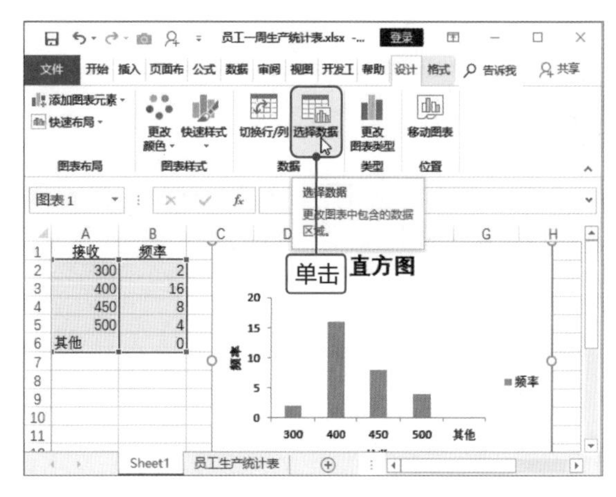

2

打开“选择数据源”对话框，单击“图表数据区域”折叠按钮，在工作表中选择A2:B5单元格区域。

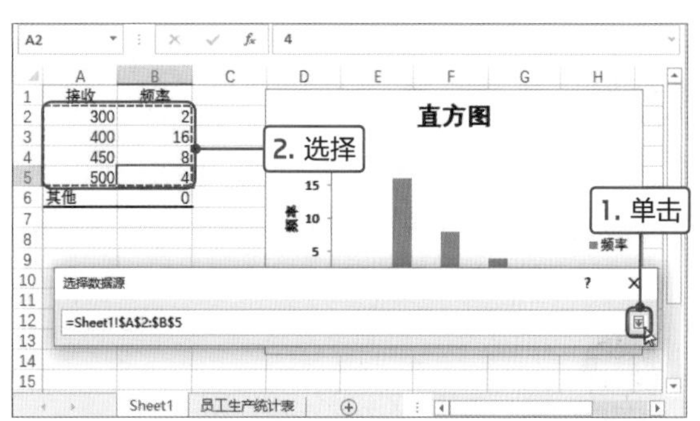

3

单击折叠按钮，返回“选择数据源”对话框，在“图例项(系列)”选项区域中选择“系列1”，然后单击“编辑”按钮。

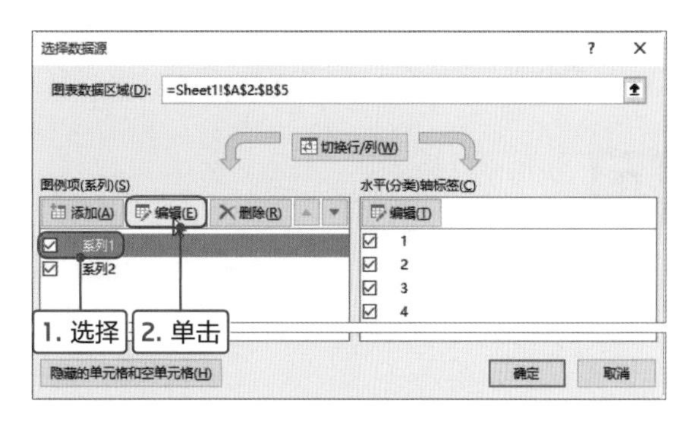

4

打开“编辑数据系列”对话框，在“系列名称”文本框中输入“等级”，然后单击“确定”按钮。

5

按照相同的方法设置“系列2”的名称为“人数”，返回“选择数据源”对话框，单击“确定”按钮。

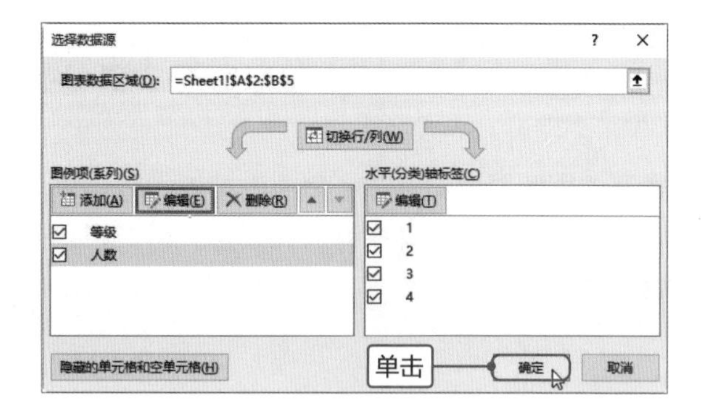

6

选择添加的数据系列并右击，在快捷菜单中选择“设置数据系列格式”选项。

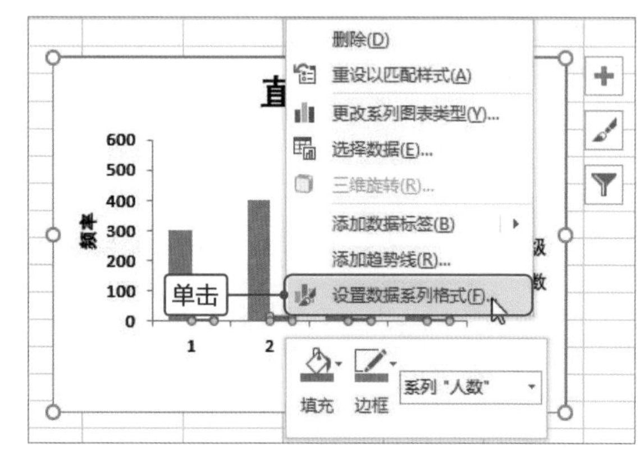

7

打开“设置数据系列格式”导航窗格，在“系列选项”选项区域选中“次坐标轴”单选按钮。

Tips 设置次坐标轴的作用

将“人数”数据系列设置为次坐标轴后，可以让该系列在直方图中显示更明显，即出现两个纵坐标轴。

8

返回工作表中，可见“人数”数据系列发生变化，右击该系列，在快捷菜单中选择“更改系列图表类型”选项。

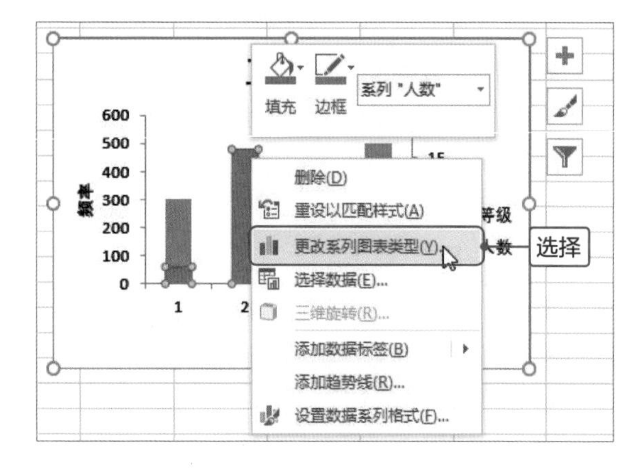

9

打开“更改图表类型”对话框，单击“人数”右侧下三角按钮，在列表中选择“带数据记的折线图”选项，单击“确定”按钮。

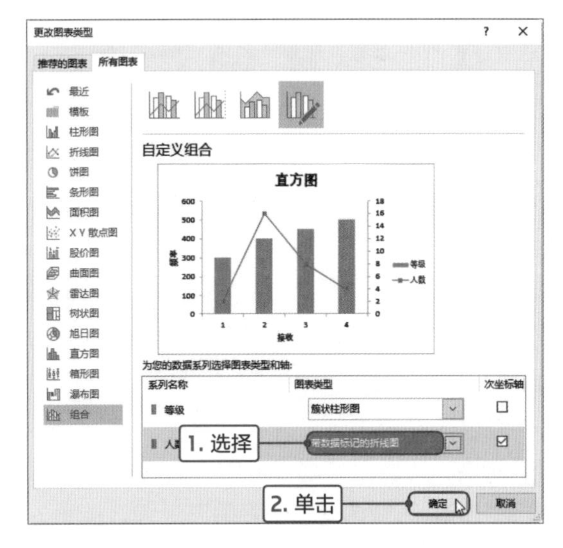

10

返回工作表中，可见“人数”数据系列由柱形图更改为折线图。

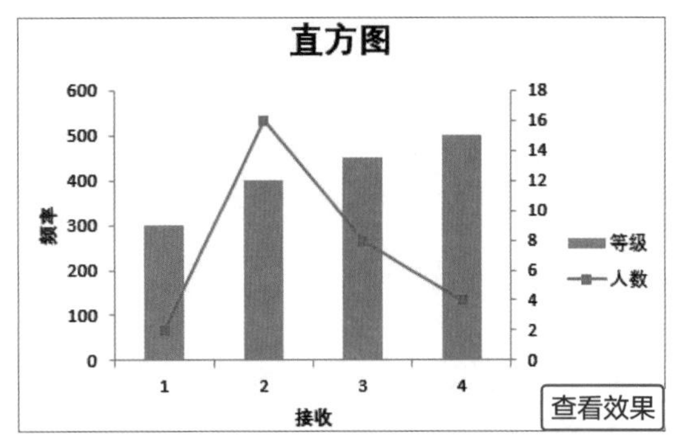

11

选择折线图，切换至“图表工具-设计”选项卡，单击“添加图表元素”下三角按钮，在列表中选择“数据标签>上方”选项，即可为折线图添加数据标签。

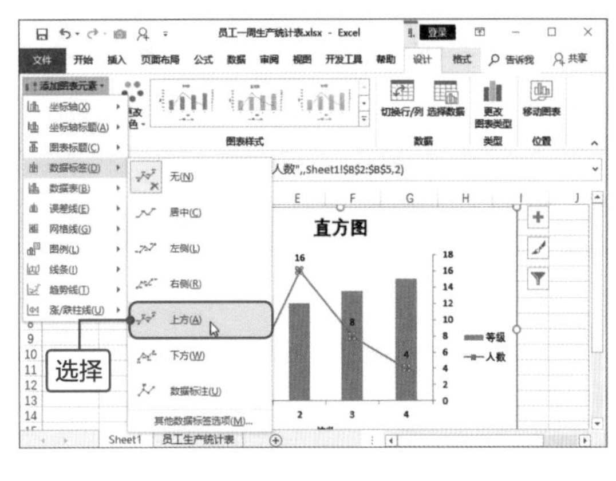

12

按照相同的方法为柱形图添加数据标签，最后在标题框中输入图表标题，并设置文字的格式。

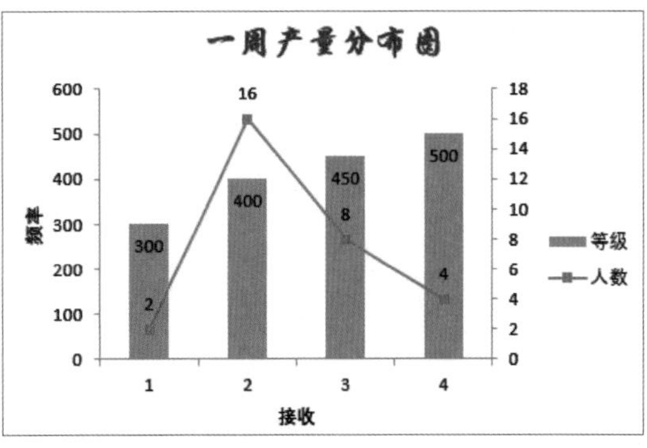

Point 4 美化直方图

直方图创建完成后，用户可以对其进一步美化，使其更吸引浏览者的眼球。在本案例中主要对图表的绘图区、图表区以及数据系列等进行美化，下面介绍具体操作方法。

1

选中图表区并双击，打开“设置图表区格式”导航窗格，切换至“填充与线条”选项卡，在“填充”选项区域选中“渐变填充”单选按钮，并设置渐变参数。

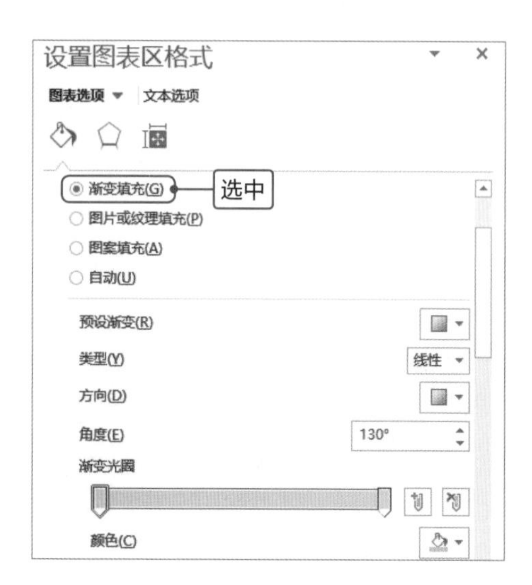

2

设置完成后，返回工作表中可见图表区填充设置的渐变颜色。

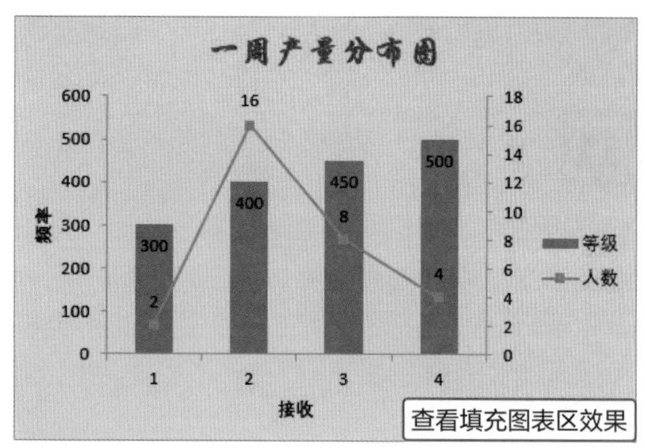

3

选中绘图区，在“设置绘图区格式”导航窗格中选中“图片或纹理填充”单选按钮，然后单击“文件”按钮。

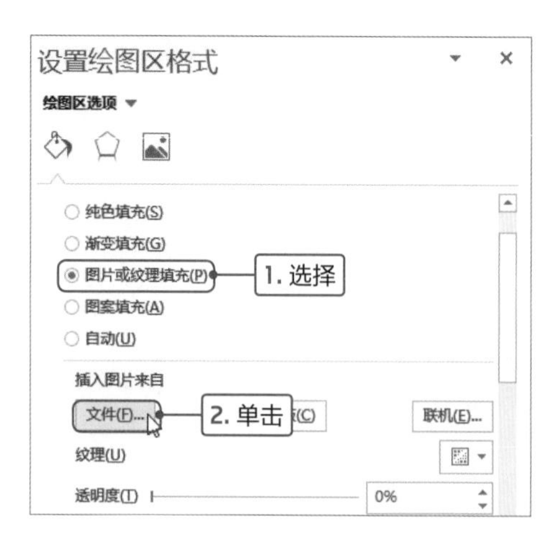

4

打开“插入图片”对话框，选择合适的图片，然后单击“插入”按钮。

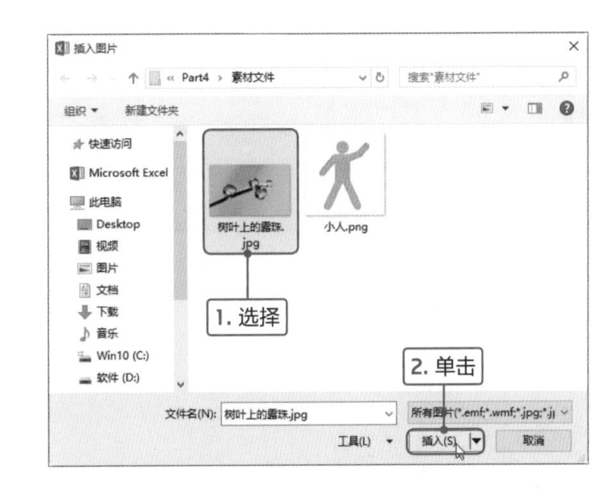

5

返回工作表中，可见绘图区填充选中的图片，但是绘图区的图片与图表区连接处比较生硬，下面再设置柔化边缘。

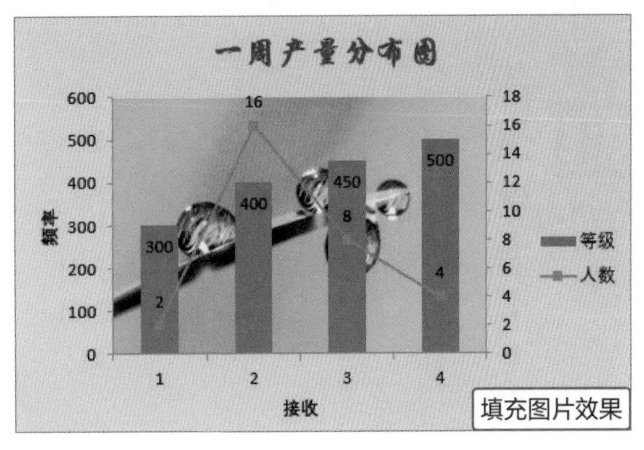

6

在“设置绘图区格式”导航窗格中切换至“效果”选项卡，在“柔化边缘”选项区域设置柔化大小为“10磅”。

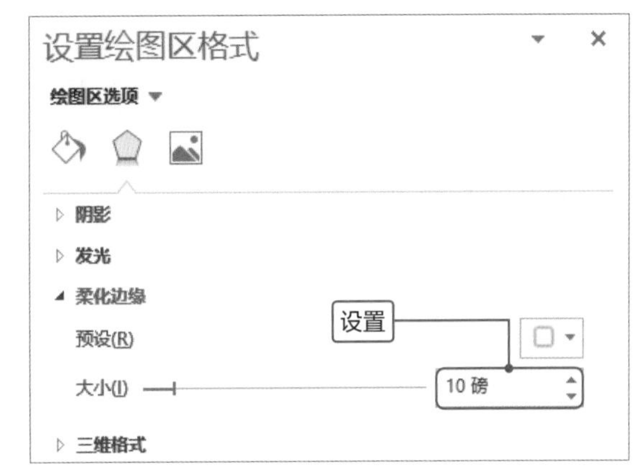

7

设置完成后，再设置图片的透明度为30%，可见图片的边缘产生虚化的效果，使用其过渡更自然。

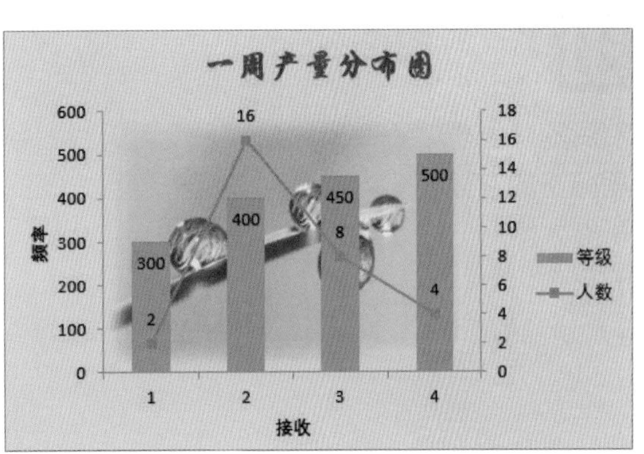

8

按照相同的方法为数据系列填充指定的图片，设置“透明度”为30%，选中“层叠”单选按钮。

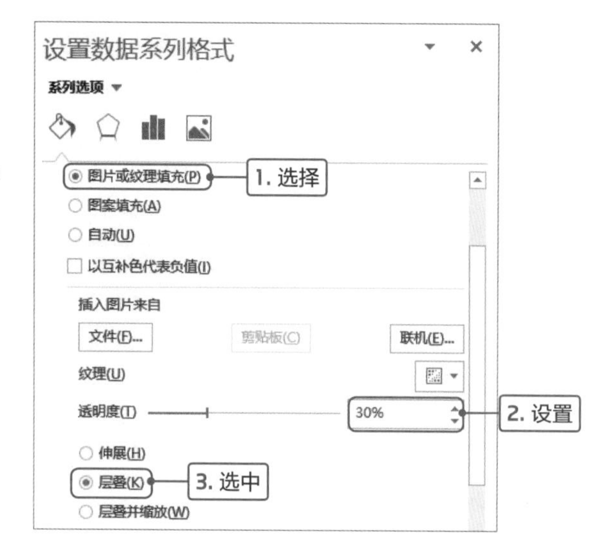

9

在“边框”选项区域中选中“实线”单选按钮，设置颜色为红色，宽度为“1磅”。

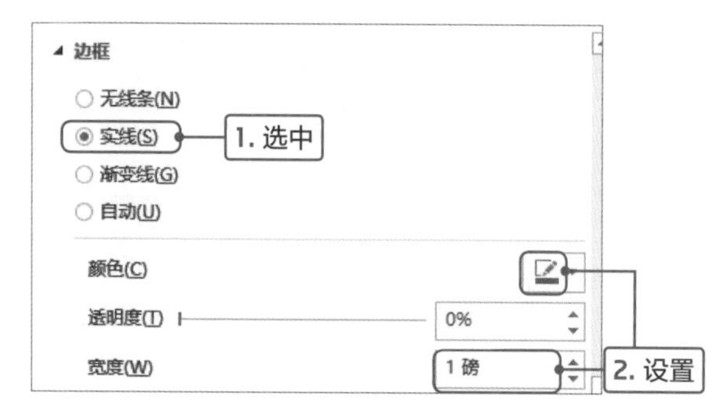

10

设置完成后，可见数据系列填充人物并层叠显示，数据系列的边框为红色实线。

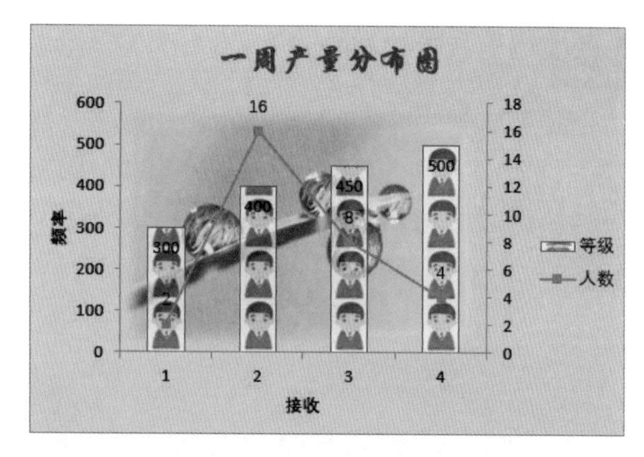

11

然后删除图表中不需要的元素，设置折线图数据标签的字体格式，设置完成后查看直方图的最终效果。

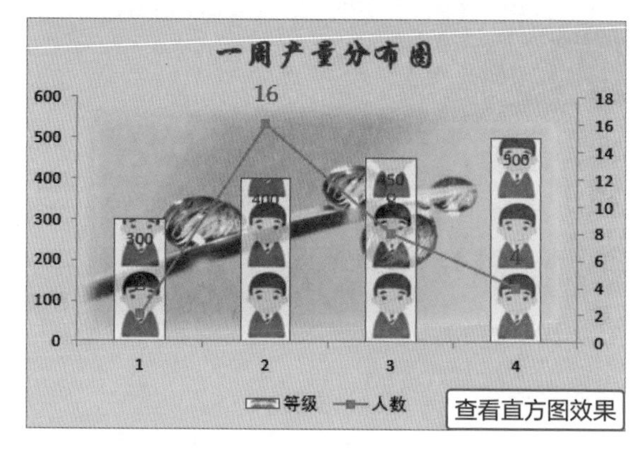

网格线的基本操作

在图表中添加网格线有助于比较各数据系列所在位置的值。用户可以启用或隐藏网格线，还可以对其进行编辑操作。

● 添加网格线

图表包括四种网格线，分别为主轴主要水平网格线、主轴主要垂直网格线、主轴次要水平网格线和主轴次要垂直网格线，用户可以根据需要添加相应的网格线，下面介绍具体操作方法。

步骤01 打开“添加网格线.xlsx”工作表，选中图表，切换至“图表工具-设计”选项卡，单击“图表布局”选项组中“添加图表元素”下三角按钮，在列表中选择“网格线>主轴主要水平网格线”选项，即可添中主要水平网格线。

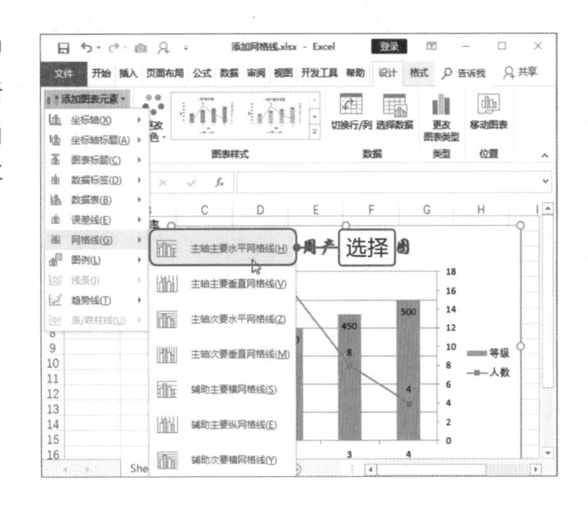

步骤02 按照相同的方法添加“主轴主要垂直网格线”和“主轴次要水平网格线”。

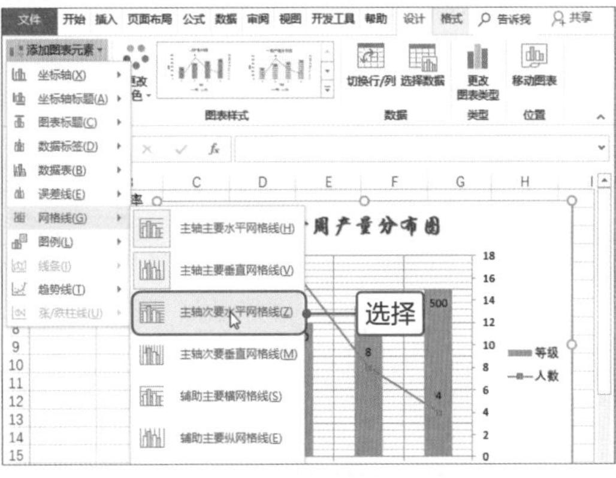

辅助网格线

在本案例中，“网格线”列表中包含辅助网格线相关选项，是因为在图表中除了主坐标轴外，还包括次要坐标轴。

步骤03 添加完成后，可见图表中添加相应的网格线，可以更清楚地查看柱形数据系列值。

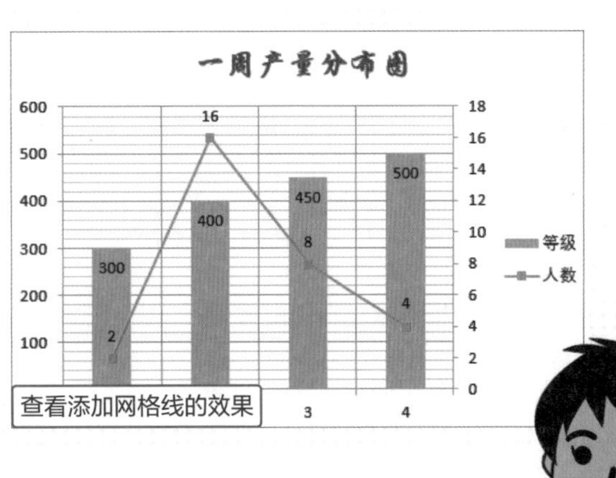

查看添加网格线的效果

● 设置网格线的格式

添加的网格线默认情况下是灰色的，主要网格线比次要网格线稍粗点，用户可以根据需要对网格线进行设置，下面介绍具体操作方法。

步骤01 打开“设置网格线的格式.xlsx”工作表，选中添加的主轴主要水平网格线并右击，在快捷菜单中选择“设置网格线格式”选项。

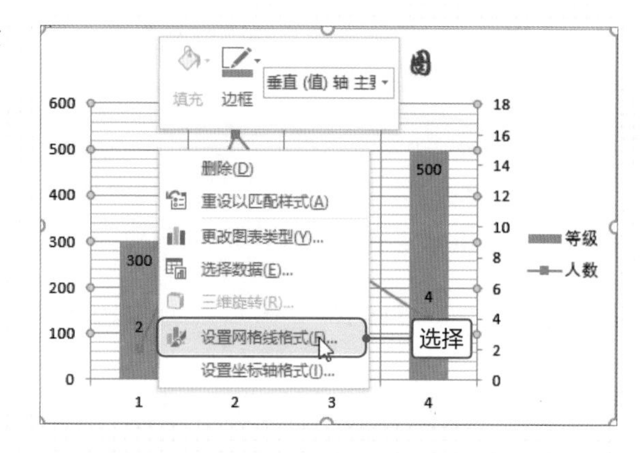

步骤02 打开“设置主要网格线格式”导航窗格，在“线条”选项区域中选中“实线”单选按钮，设置颜色为线色，宽度为“1磅”。

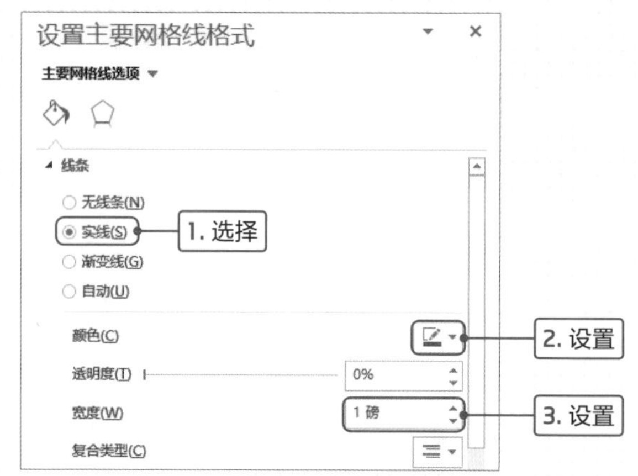

步骤03 返回工作表中，可见主轴主要水平网格线应用了设置的效果。

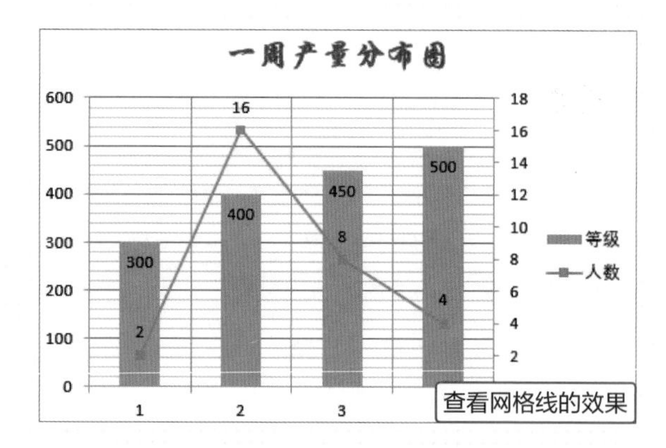

Tips 打开“设置主要网格格式”导航窗格的方法

除了本案例中介绍的打开“设置主要网格格式”导航窗格的方法外，用户还可以通过以下方法打开该窗格。

- 方法1：选择网格线，单击“添加图表元素”下三角按钮，在列表中选择“更多网格线选项”选项。
- 方法2：选择图表，单击“图表元素”按钮，在列表中单击“网格线”右侧三角按钮，在列表中选择“更多选项”选项。
- 方法3：选择需要设置的网格线并双击。

步骤04 选择次要水平网格线，在“设置次要网格线格式”导航窗格中选择“渐变线”单选按钮，设置渐变光圈上各色块的颜色，设置渐变类型为“线性”，角度为“180°”。

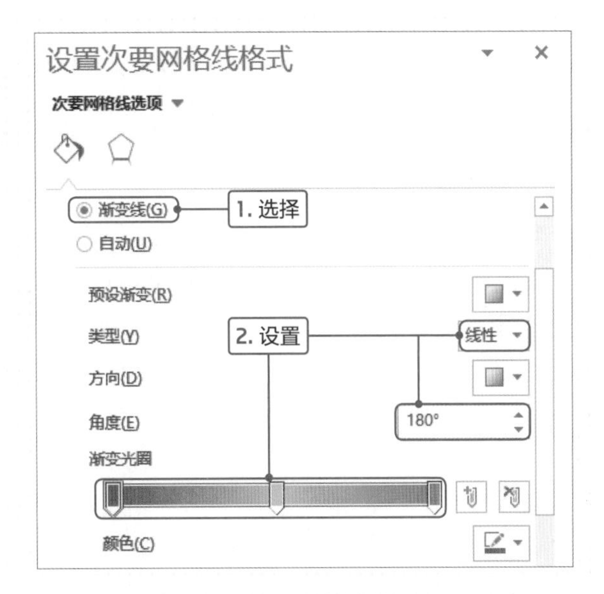

步骤05 设置完次要网格线格式后，可见应用设置的渐变颜色。

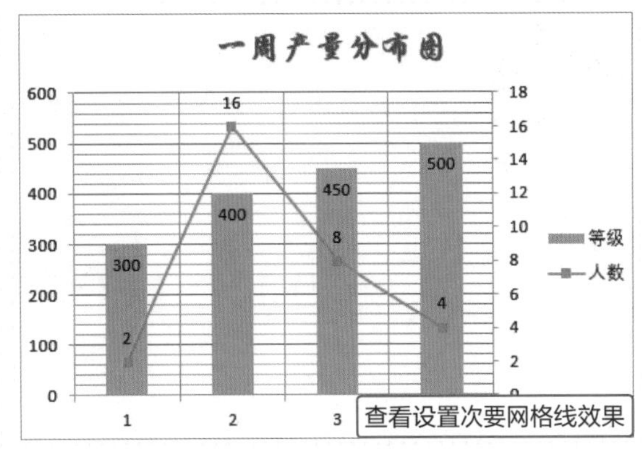

步骤06 按照相同的方法自行设置主轴主要垂直网格线的格式。在设置网格线时，用户可以为网格线设置带箭头的网格线。

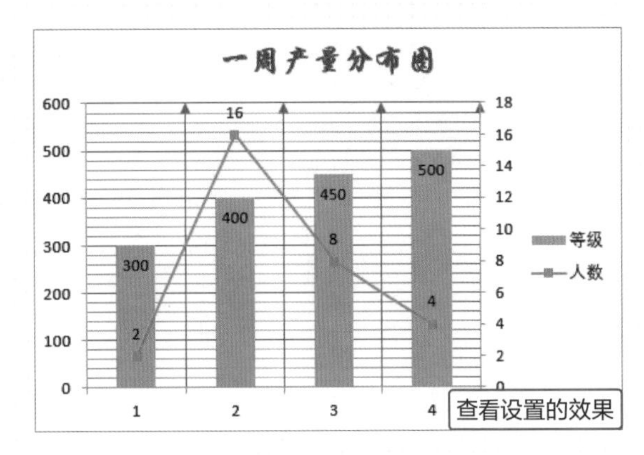

Tips 删除网格线

如果需要删除网格线，可以通过以下方法删除。

- 方法1：选择需要删除的网格线，单击“添加图表元素”下三角按钮，在列表中选择相应的选项。
- 方法2：选择图表，单击“图表元素”按钮，在列表中单击“网格线”右侧三角按钮，在列表中选择相应的选项。
- 方法3：选择需要删除的网格线，直接按Delete键即可。

数据可视化篇

制作各部分年度费用分析图

一年一度的年终总结，需要展示企业各种财政收入以及费用支出，历历哥想按照不同部门展示费用的比例，同时还要达到形象、直观、美观的效果。他问小蔡有什么建议。小蔡分析企业的部门比较多，仅生产部就有四个，如果使用饼图则数据展示得不够直观，可以尝试使用复合图表。历历哥很赞成小蔡的提议，于是就让小蔡负责该工作，他把收集的数据转交给小蔡进行处理。

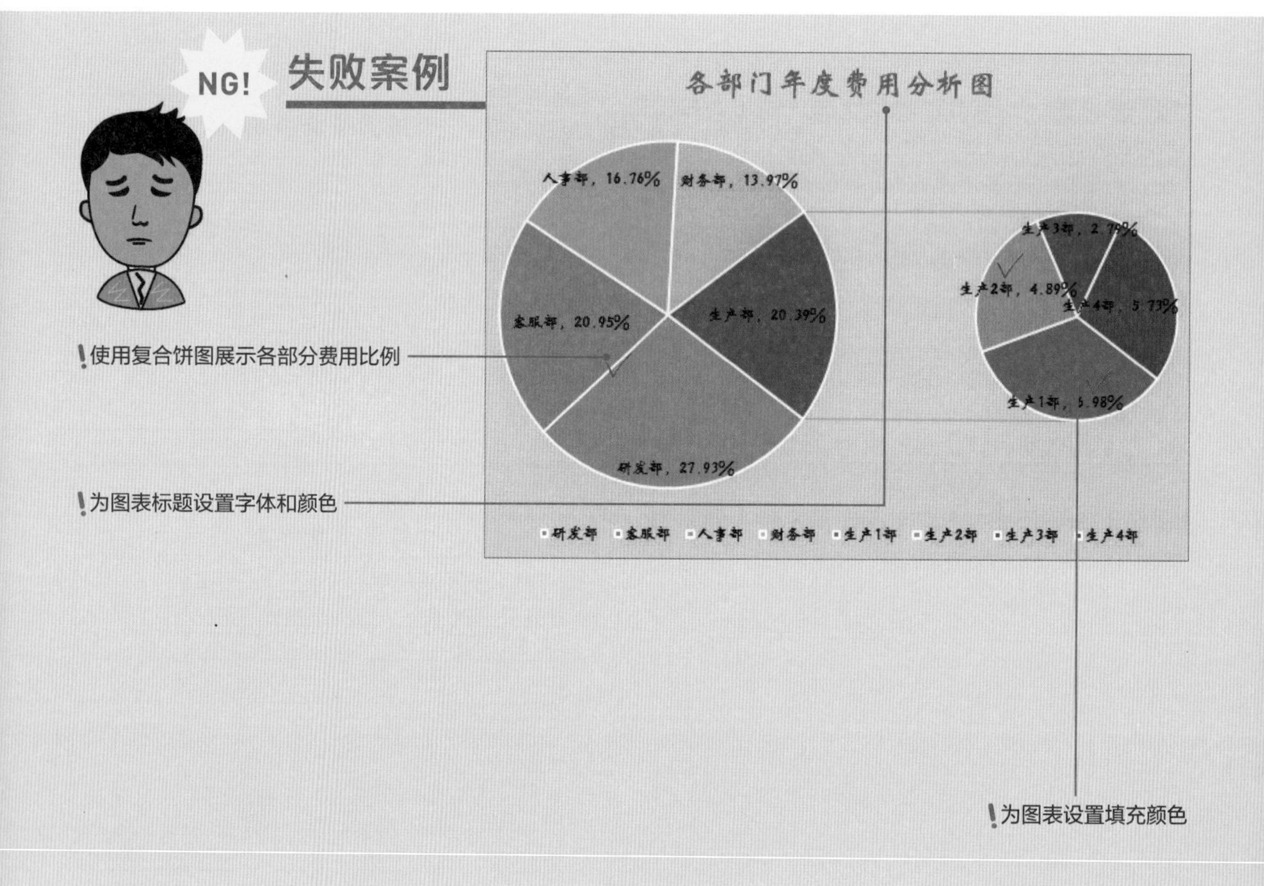

小蔡根据历历哥给他的数据制作复合饼图，该图表有效地展示了数据，但是单一的饼图显得比较单调，不够吸引眼球；图表的标题仅设置了字体和颜色，显得不够丰富；在美化图表时，只是填充了颜色，图表整体效果不够炫酷。

复合图表是指由不同图表类型的数据系列组成的图表。在所有图表类型中，只有饼图中包含复合图表，如复合饼图和复合条饼图，用户可以在“插入图表”对话框的“组合”选项中设置复合图表。在本案例中，将介绍使用“组合”功能将两种图表进行组合，从而制作出更加灵活、美观的复合图表。

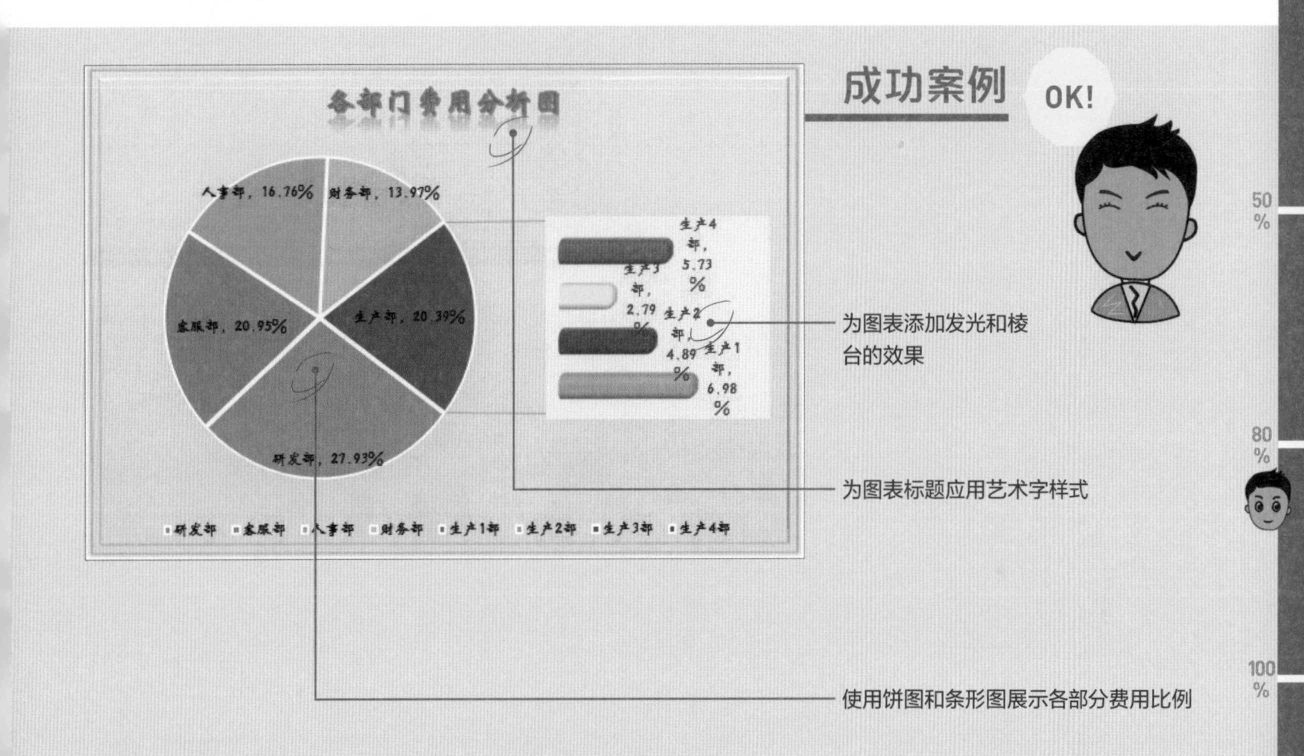

小蔡对图表中不足之处进一步进行修改，将第二绘图区的饼图换成条形图，并美化条形图，使图表整体效果更加吸睛；为图表的标题设置艺术字效果，并设置颜色等，使其起到画龙点睛的作用；为图表添加发光和棱台的效果，使画面更加丰富、炫酷。

Point 1 插入复合条饼图

Excel中除包含常用的图表外还包含一些复合图表，其插入方法都差不多，只是需要进行设置，合理分配各数据系列的分布。本案例介绍插入复合条饼图的具体操作方法。

1

打开“年度费用统计表.xlsx”工作表，按住Ctrl键分别选中A1:A10和C1:C10单元格区域，切换至“插入”选项卡，单击“推荐的图表”按钮。

2

打开“插入图表”对话框，切换至“所有图表”选项卡，选择“饼图”选项，在右侧面板中选择“复合条饼图”图表类型，单击“确定”按钮。

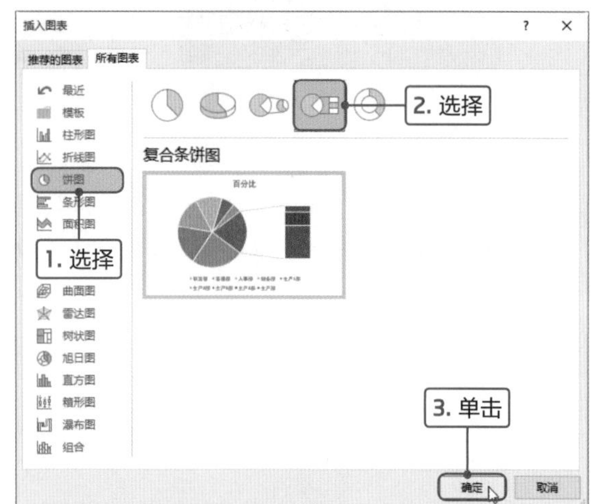

3

返回工作表中，查看插入的复合条饼图，可见右侧条形图中不是想要显示的数据。

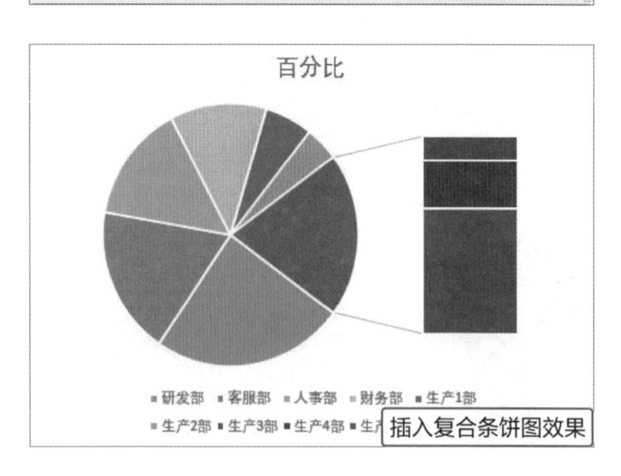

插入复合条饼图效果

Tips 复合条饼图数据系列默认分配

在Excel中插入复合条饼图后，第二绘图区默认显示三个数据系列，是选择数据区域的最后三条。

4

选择图表中任意数据系列并右击，在快捷菜单中选择“设置数据系列格式”选项。

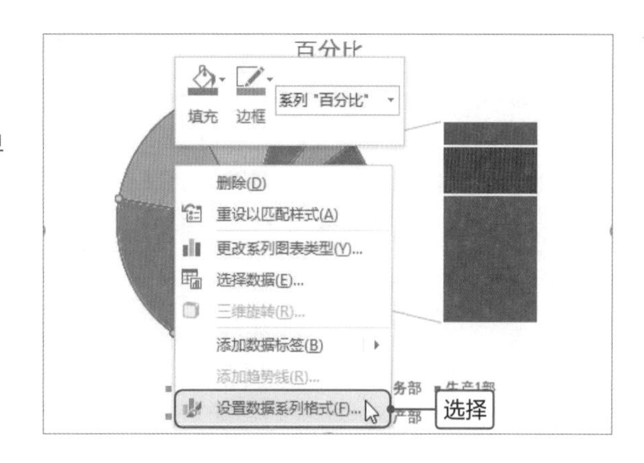

5

打开“设置数据系列格式”导航窗格，在“系列选项”选项区域中设置“第二绘图区中的值”为4，第二绘图区大小为60%。

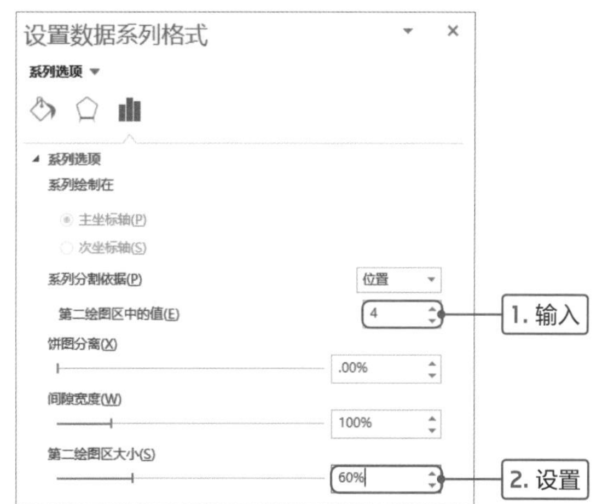

Tips 设置第二绘图区的值

在本案例中，在第二绘图区需要展示“生产1部”到“生产4部”四个部门费用，所以需要设置为4。

6

设置完成后，返回图表中可见在第二绘图区显示四个数据系列，其大小比默认稍小点。

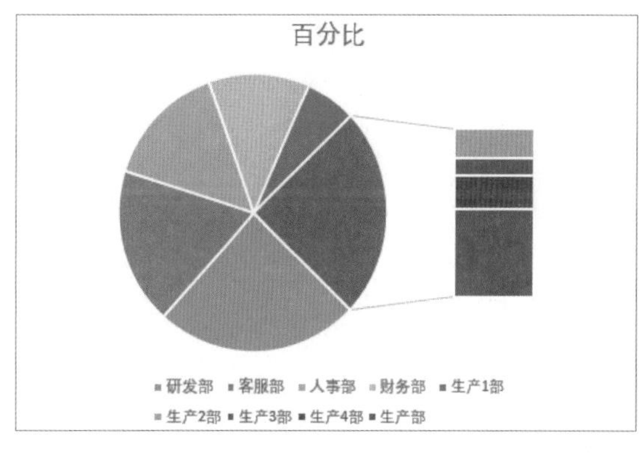

7

选择任意数据系列，在编辑栏中将“=SERIES(年度费用表!$C$1,年度费用表!$A$2:$A$10,年度费用表!$C$2:$C$10,1)”公式中的$C$2:$C$10修改为$C$2:$C$9，按Enter键确认。可见在第二绘图区中显示四个生产部的数据。

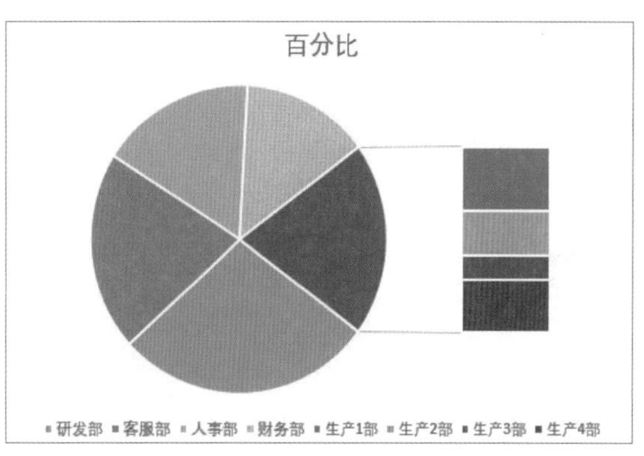

Point 2 为图表设置效果

之前介绍了美化图表的相关操作，如填充颜色、图片等，用户还可以为图表应用形状效果，如发光、棱台、阴影等效果。下面以添中发光和棱台效果为例介绍具体操作方法。

1

选中图表，切换至“图表工具-格式”选项卡，单击“形状样式”选项组中“其他”按钮，在列表中选择“细微效果-金色,强调颜色4”形状样式。

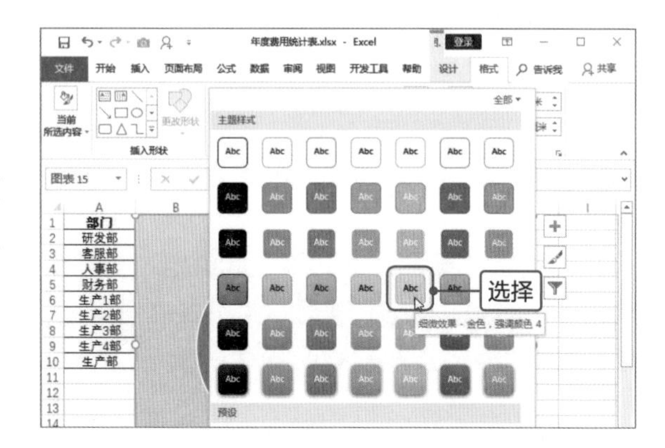

2

可见图表应用了选中的形状样式。单击“形状样式”选项组中“形状效果”下三角按钮，在展开的列表中选择“发光>发光:5磅;橙色,主题色2”选项。

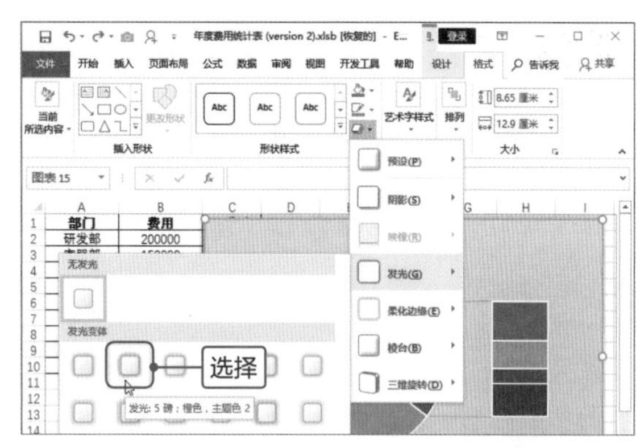

3

可见图表的四周表现出橙色发光的效果。

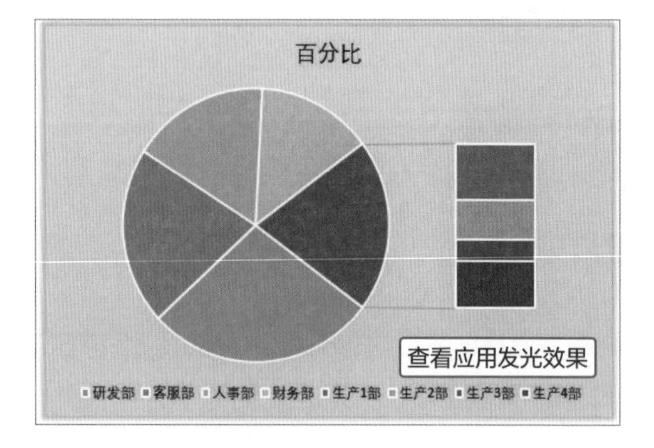

Tips 设置发光的颜色

用户可根据需要设置发光的颜色，再次单击“形状效果”下三角按钮，在列表中选择“发光>其他亮色”选项，在打开的颜色面板中选择合适的发光颜色即可。

Tips 隐藏工作表中的网格线

在Excel中有时为了展示图表的效果需要将网格线隐藏，选择工作表中任意单元格，切换至“视图”选项卡，在“显示”选项组中取消勾选“网格线”复选框即可。

4

保持图表为选中状态，再次单击“形状效果”下三角按钮，在列表中选择“棱台>十字形”选项。

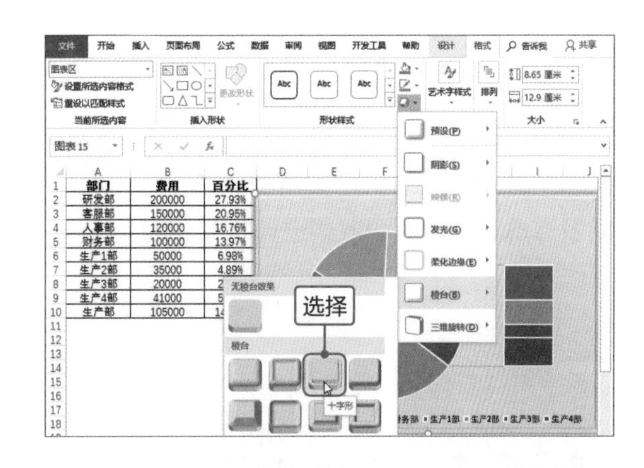

5

设置完成后，查看为图表设置发光和棱台的效果。用户可以根据需要设置其他效果。

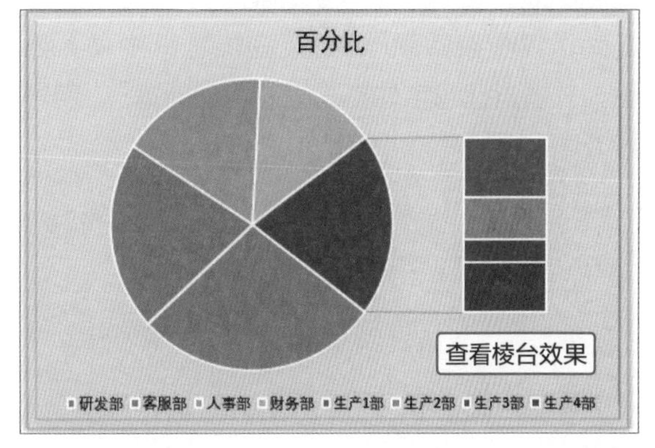

Tips 进一步设置棱台效果

为图表应用“棱台”效果后，用户可以进一步设置，单击“形状效果”下三角按钮，在列表中选择“棱台>三维选项”选项，打开“设置图表区格式”导航窗格，在“效果”选项卡的“三维格式”选项区域中可以设置“顶部棱台”和“底部棱台”的宽度和高度，还可以设置材料和光源。

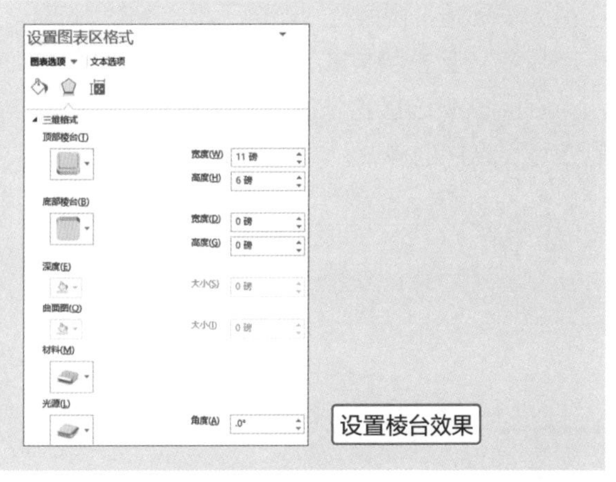

6

根据之前所学的知识为图表添加数据标签，并显示类别名称。然后将第二绘图区中四个数据标签删除。

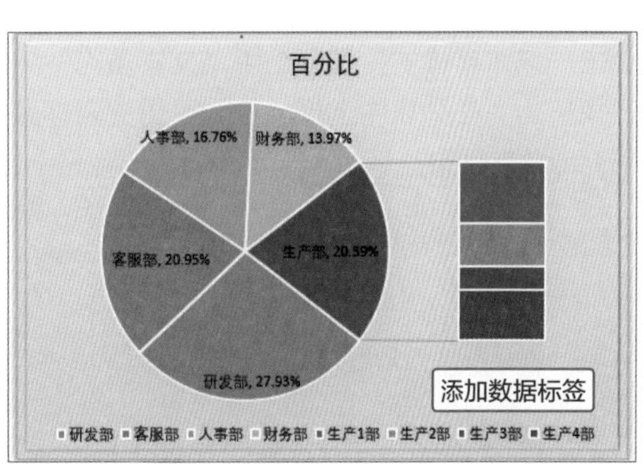

Point 3 为标题设置艺术字样式

在Excel中提供了20种艺术字样式，用户可以直接套用，对文字进行美化，还可以设置填充、轮廓和效果进自定义设置。下面介绍为图表标题设置艺术字样式的操作方法。

1

选择图表，在“字体”选项组中设置文字的格式为“汉仪魏碑简”，然后在标题框中输入标题，并设置标题字体格式为“华文新魏”，字号为18。

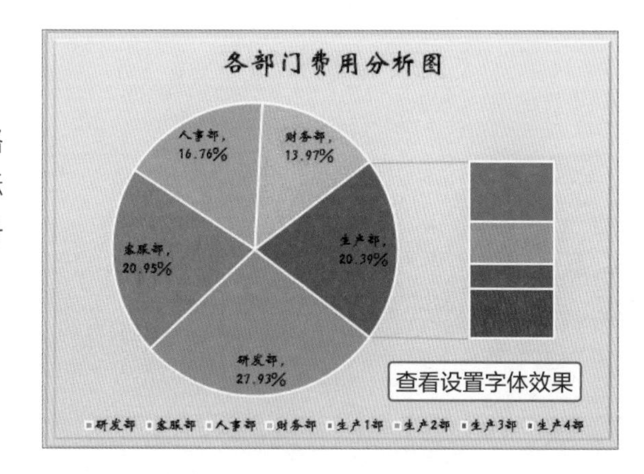

2

选择图表标题，切换至“图表工具-格式”选项卡，单击“艺术字样式”选项组中“其他”按钮，在列表中选择合适的艺术字样式，可见标题应用了选中的样式。

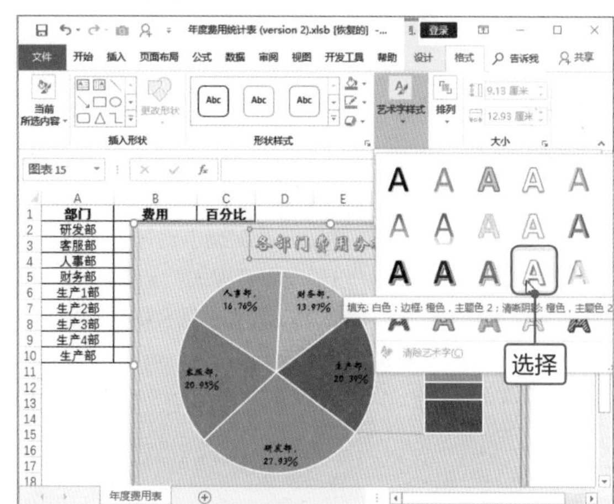

3

单击“艺术字样式”选项组中“文本填充”下三角按钮，在列表中选择绿色，可见图表标题填充绿色的效果。

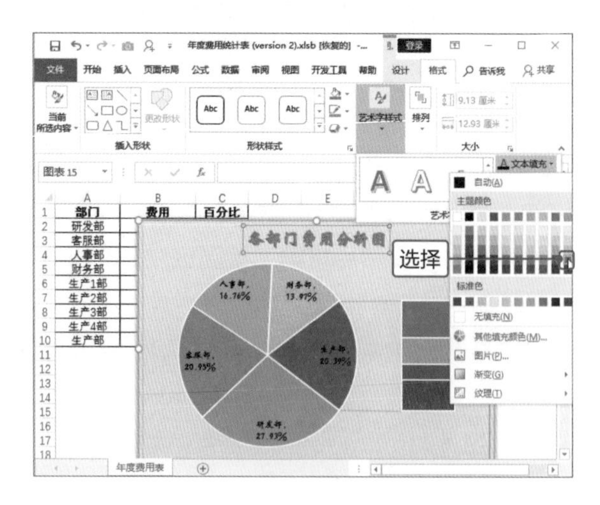

4

在“艺术字样式”选项组中单击“文本效果”下三角按钮，在列表中选择“映像>紧密映像：接触”选项，可见图表标题应用映像效果。

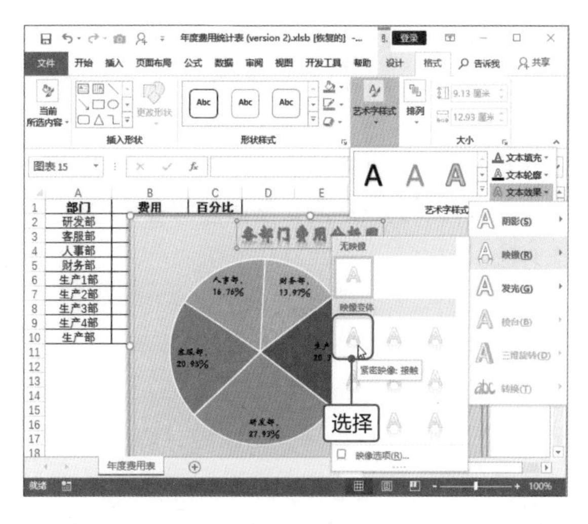

5

再次单击“文本效果”下三角按钮，在列表中选择“映像>映像选项”选项，打开“设置图表标题格式”导航窗格，在“文字效果”选项卡中设置“透明度”为50%、“大小”为60%、“模糊”和“距离”均为2磅。

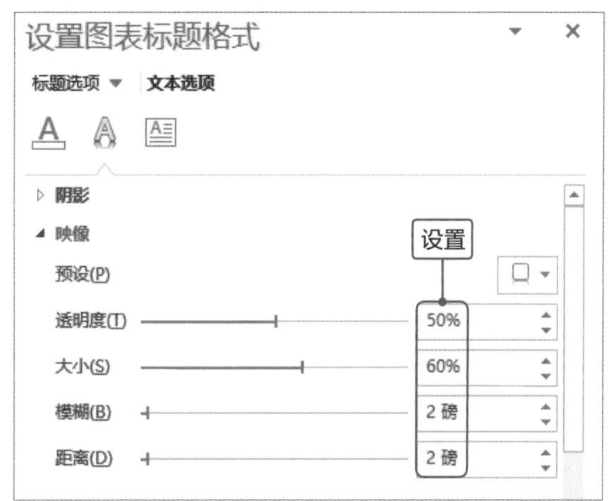

6

设置完成后，查看图表标题应用映像效果。在“文本效果”列表中还包含“阴影”、“发光”等选项，用户可以根据需要进行选择并设置。

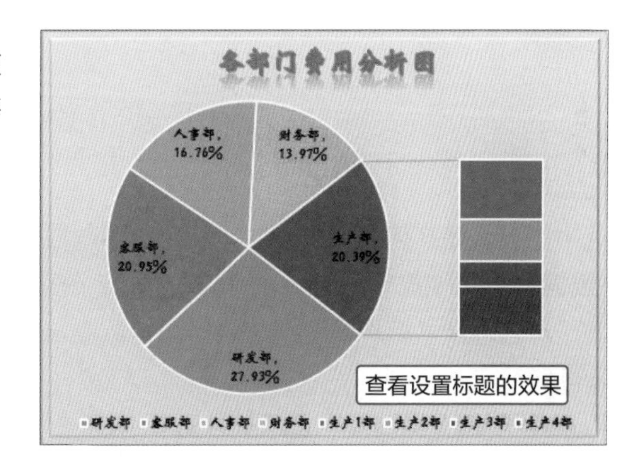

Tips **设置标题框的填充和边框**

为标题文字设置艺术样式后，用户也可以根据需要设置标题框的填充和边框，在步骤5中“设置图表标题格式”导航窗格中单击标题选项，然后在“填充”和“边框”选项区域中设置填充和边框。

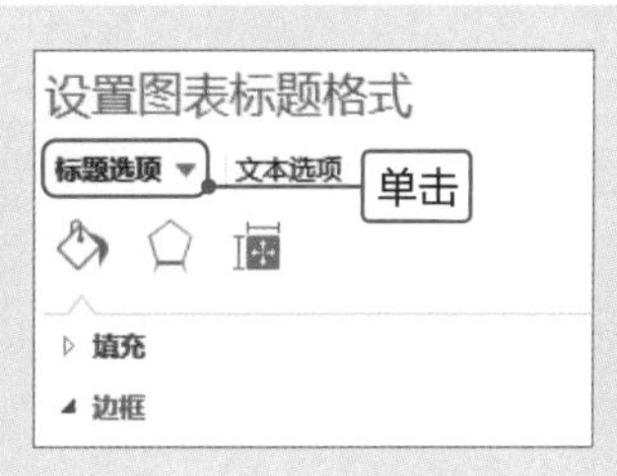

Point 4 插入条形图

插入条形图的操作方法和柱形图、饼图的方法一样。在本案例中需要将第二绘图区的图表替换为条形图，所以还需要为四个生产部创建条形图，下面介绍具体操作方法。

1

选中A6:A9和C6:C9单元格区域，切换至“插入”选项卡，在“图表”选项组中单击“插入柱形图或条形图”下三角按钮，在列表中选择“三维簇状条形图”图表类型。

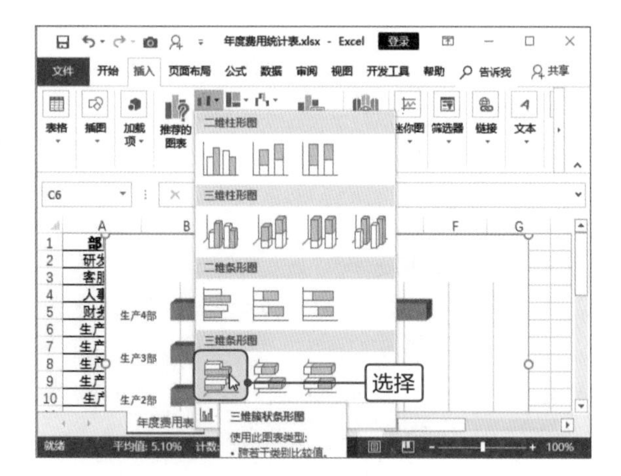

2

返回工作表中可见插入条形图。选中图表标题框，按Delete键将其删除。然后按照相同的方法将纵坐标轴、横坐标轴和主轴主要垂直网格线删除。

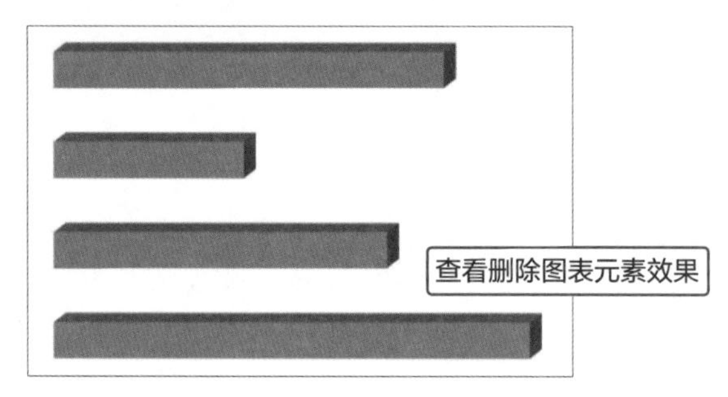

3

选中任意数据系列并右击，在快捷菜单中选择“设置数据系列格式”选项，在打开的导航窗格的“系列选项”选项区域中设置“间隙宽度”为80%。

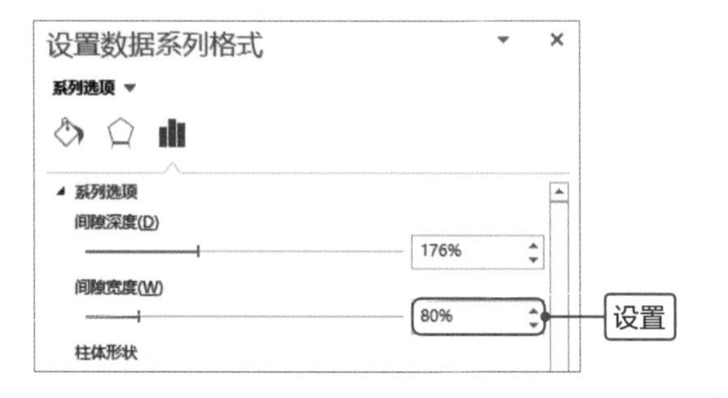

4

返回工作表中可见条形图的数据系列变粗，数据系列之间的间隙变小。然后为数据系列添加数据标签，并显示类别名称。

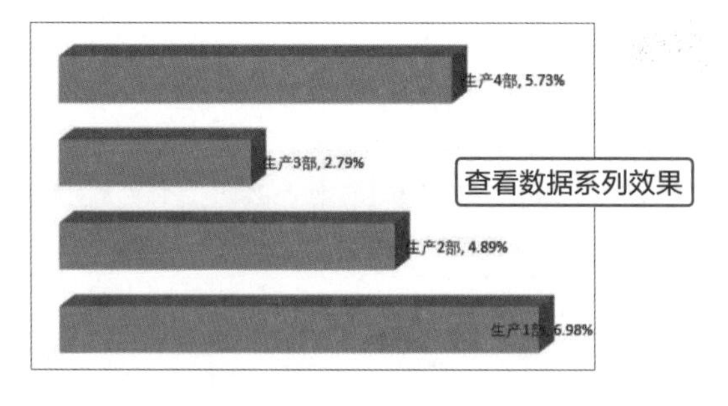

Point 5 美化条形图

条形图创建完后，为了使其更加美观，还需要对数据系列和图表进行适当美化。下面介绍具体操作方法。

1

双击数据系列，打开“设置数据系列格式”导航窗格，切换至“效果”选项卡，在“三维格式”选项区域中设置顶部棱台为“斜面”，然后设置材料为“柔边缘”。

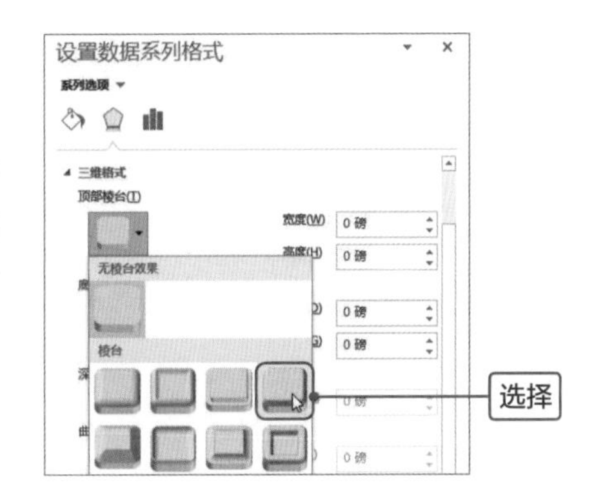

2

返回工作表，可见条形图应用设置的棱台效果。

Tips 设置柱体形状

插入三维簇状条形图时，默认为“箱形”，可以在“设置数据系列格式”导航窗格的“柱体形状”选项区域设置，如“完整棱锥”、“部分棱锥”、“圆柱形”等。

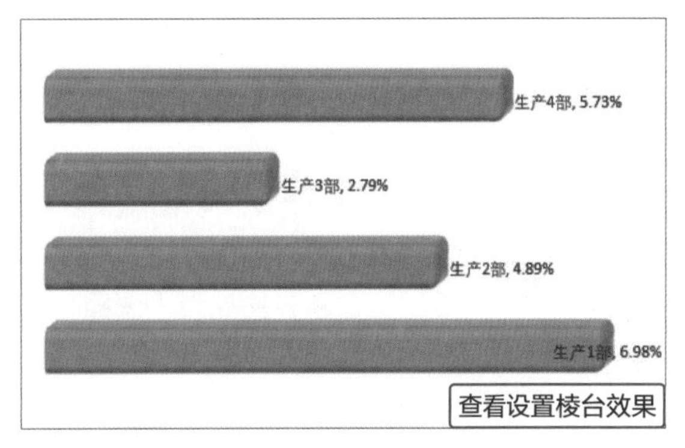

查看设置棱台效果

3

单击任意数据系列，选中该数据系列后并双击，打开“设置数据点格式”导航窗格，在“填充与线条”选项卡中设置填充颜色。按照相同的方法为其他数据系列填充不同的颜色。

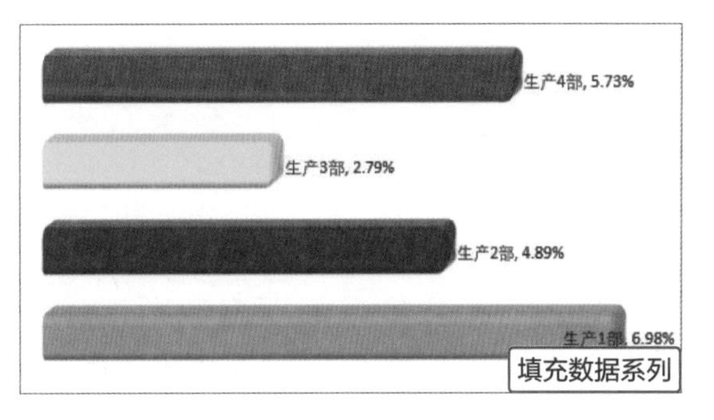

填充数据系列

4

选中图表区，在导航窗格中设置无填充，选中绘图区并设置纯色填充，用户可以根据实际情况设置颜色。

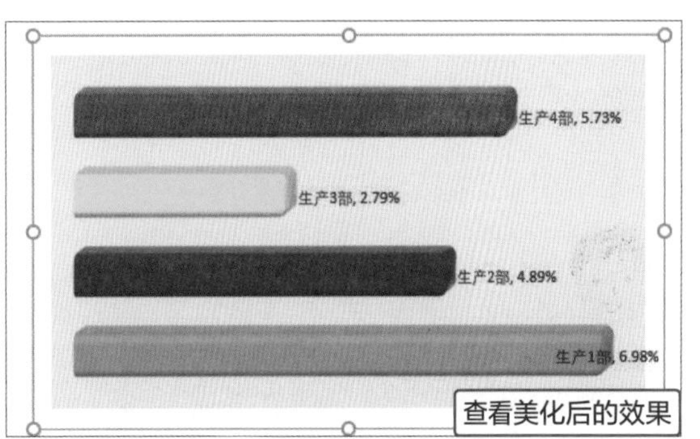

查看美化后的效果

Point 6 组合图表

组合图表就是将两个或两个以上图表进行组合，可同时移动或设置相关格式。本案例中饼图和条形图制作完成，现在只需将其组合即可，下面介绍具体操作方法。

1

选中条形图，在“字体”选项组中设置字体格式和条饼图一致。然后适当缩小条形图，使用刚好覆盖条饼图中第二绘图区的图表。

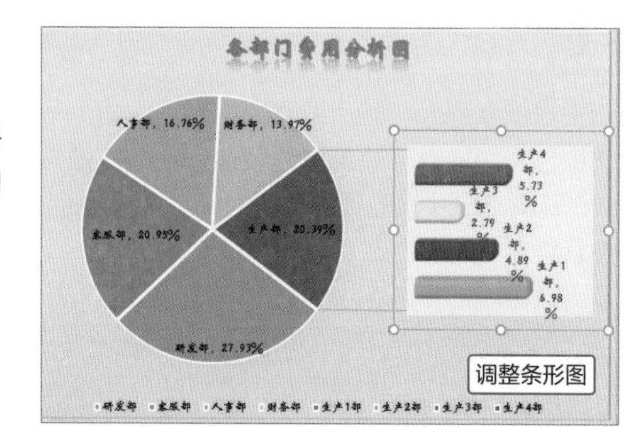

2

按住Ctrl键同时选中两个图表，切换至“绘图工具-格式”选项卡，单击“排列”选项组中“组合”下三角按钮，在展开的列表中选择“组合”选项。

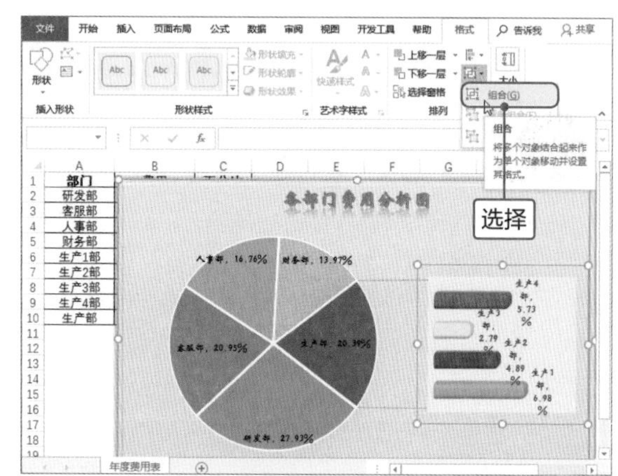

3

可见两个图表组合在一起，用户可以移动或设置相关格式，然后适当调整条形图中数据标签的大小和位置。组合后选中图表，在功能区不显示“图表工具”相关选项卡，而显示“绘图工具”选项。

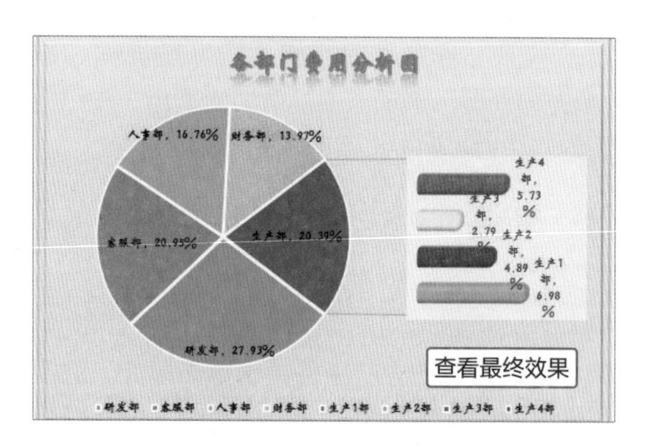

Tips **取消组合**

如果需要取消组合图表，选中需要取消的图表，切换至“绘图工具-格式”选项卡，在“排列”选项组中单击“组合”按钮，在列表中选择“取消组合”选项即可。

图表的基本操作

图表创建完成后用户可以根据需要对图表进行编辑操作，如调整图表的大小、移动图表、复制图表等操作。

●移动图表

当创建图表时，默认情况下图表和数据源是在同一工作表中，用户可以根据需要进行移动图表，下面介绍具体操作方法。

步骤01 打开“移动图表.xlsx”工作簿，在“年度费用表”工作表中选中图表，切换至“图表工具-设计”选项卡，单击“位置”选项组中“移动图表”按钮。

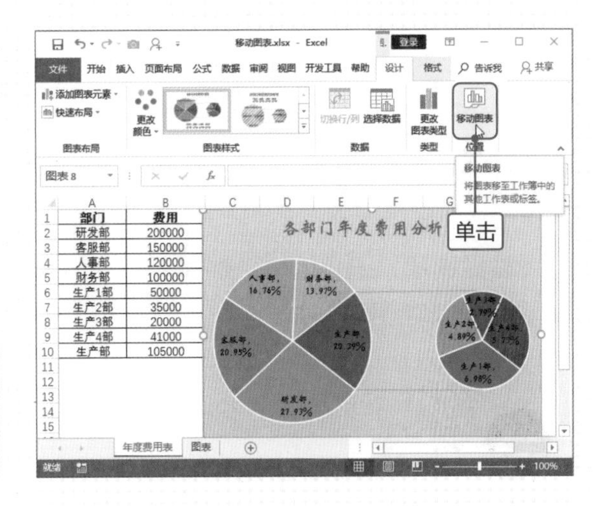

Tips 快捷命令移动图表

也可以选中图表并右击，在快捷菜单中选择“移动图表”选项。

步骤02 打开“移动图表”对话框，选中“对象位于”单选按钮，然后单击右侧下三角按钮，在列表中选择需要移动至的工作表名称。

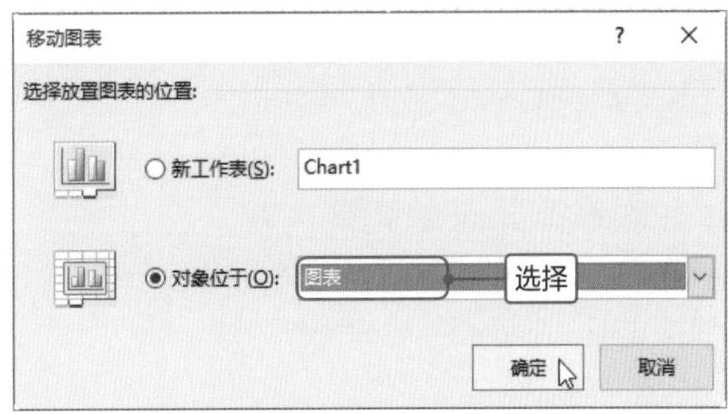

步骤03 单击“确定”按钮，即可将“年度费用表”工作表中图表移至“图表”工作表中，原图表不存在。

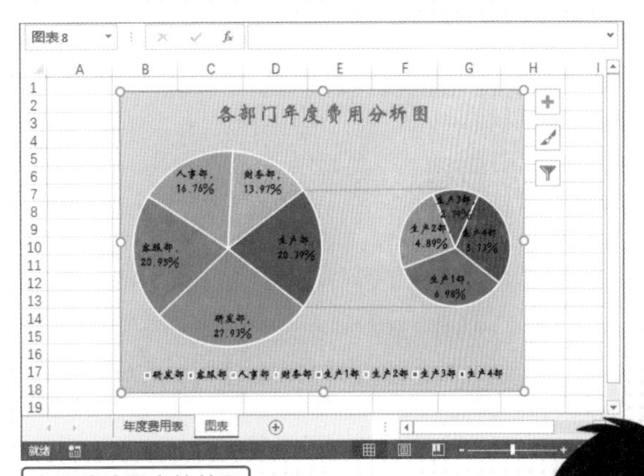

查看移动图表的效果

Tips 将图表移至新工作表中

也可以将图表移至新工作表中，在“移动图表”对话框中选择“新工作表”单选按钮，然后在右侧文本框中输入工作表的名称，或保持默认名称，然后单击“确定”按钮即可。

两种方法移动图表后，图表和源数据保持链接关系，即修改数据源后，图表中的数据也会随之变化。

● 将图表转换为图片

图表创建完成后，可以将图表转换为图片，转换后图表中的数据不会随源数据变化而变化。下面介绍使用复制功能将图表转换为图片的操作方法。

步骤01 打开“将图表转换为图片.xlsx”工作簿，在“年度费用表”工作表中选中图表并右击，在快捷菜单中选择“复制”选项。

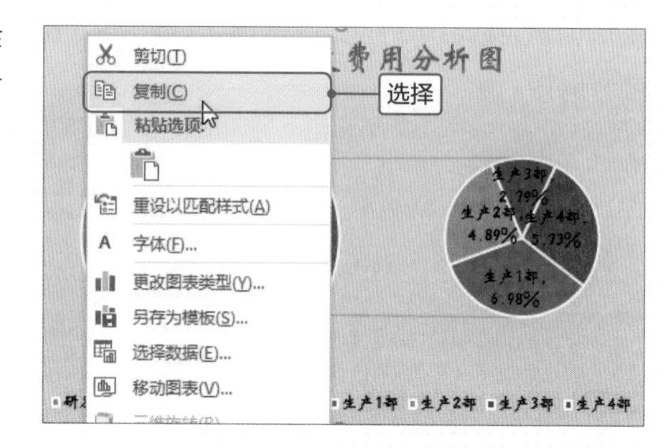

步骤02 切换至“将图表转换为图片”工作表，选择图片放置的位置，然后右击，在快捷菜单的“粘贴选项”选项区域中选择“图片”选项，即可将图表转换为图片。

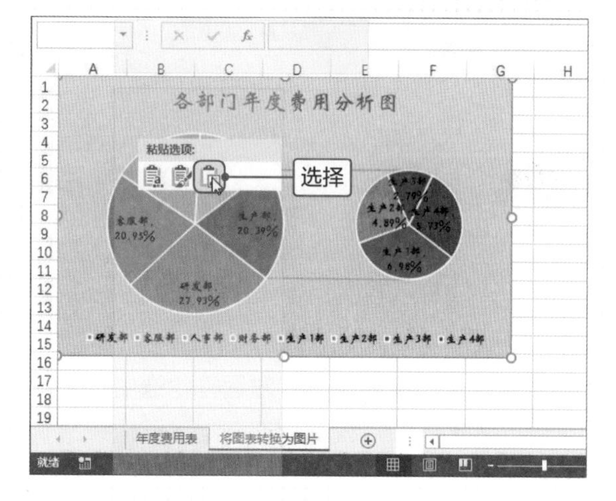

Tips 转换为图片后的特征

将图表转换为图片后，不再具有图表的特征了，选中转换后的图片，在功能区显示“绘图工具”选项卡，而且当源数据变化时，图片不会更新。

● 在图表上显示单元格内容

用户可以在图表上显示指定单元格的内容，如在图表中显示纵坐标轴的单位，此时需要通过文本框来实现，下面介绍具体操作方法。

步骤01 打开“在图表上显示单元格内容.xlsx”工作表，在E2单元格中输入“单位:万”文本，然后切换至“插入”选项卡，单击“文本”选项组中“文本框”下三角按钮，在列表中选择“绘制横排文本框”选项。

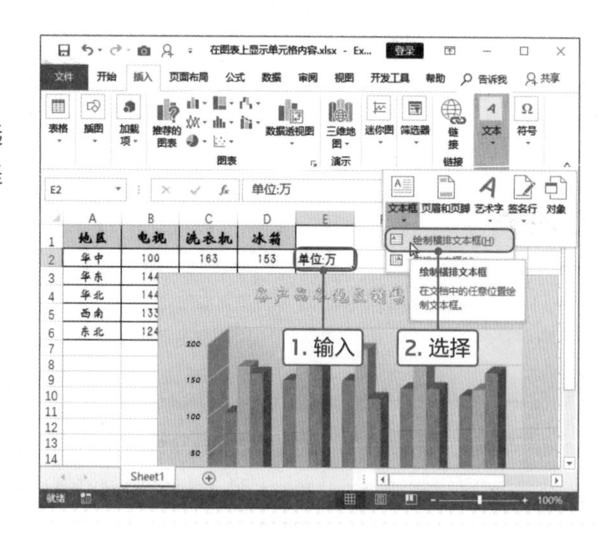

步骤02 然后在纵坐标轴的上方绘制文本框，选中文本框，在编辑栏中输入“=”，再选择E2单元格，按Enter键确认，即可在文本框中显示选中单元格的内容。

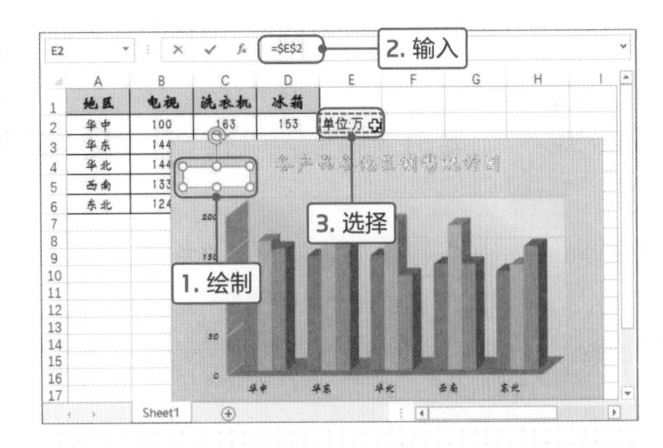

步骤03 选中文本框，切换至“绘图工具-格式”选项卡，单击“形状样式”选项组中“形状填充”下三角按钮，在列表中选择“无填充”选项，在“形状轮廓”列表中设置轮廓的颜色和粗细。

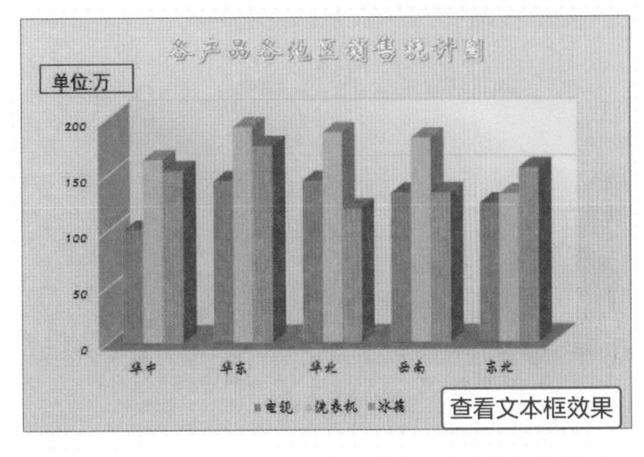

步骤04 选中文本框，在“插入形状”选项组中单击“编辑形状”下三角按钮，在列表中选择“更改形状”选项，在子列表中选择“对话气泡:矩形”形状。

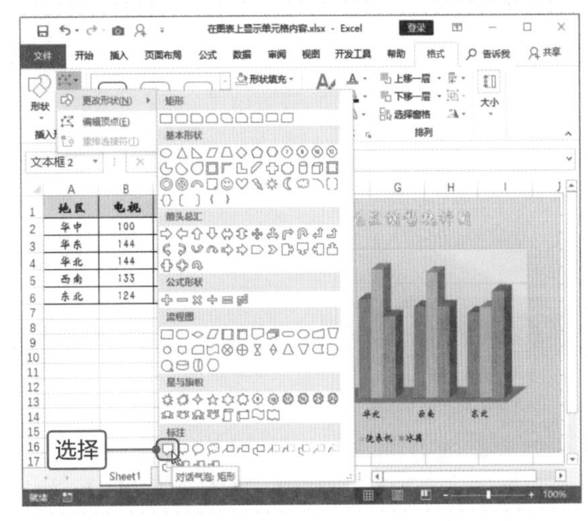

步骤05 然后适当调整形状的位置和大小，拖曳黄色的控制点调整形状。最后再选择形状内文字，在“字体”选项组中设置字体格式，使其与图表文字一致。

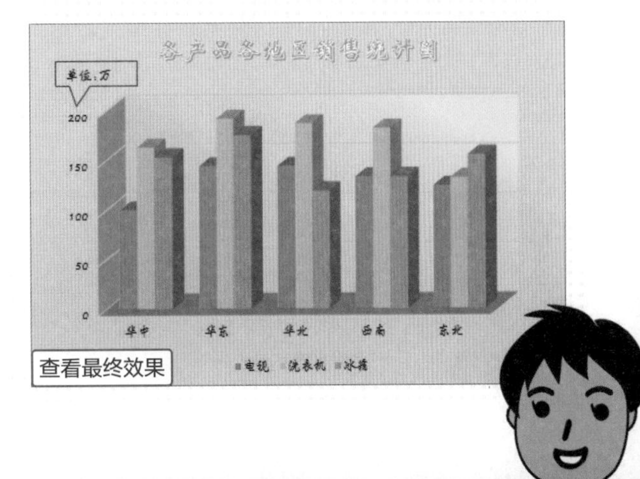

数据可视化篇

制作动态的图表

年底将至，历历哥打算对五个生产部门按季度统计生产数量的情况，并将数据清晰明了地展示给员工。他把这项重要的任务交给小蔡，小蔡认真统计历历哥给他的数据，决定使用柱形图展示各季度不同生产部门的数据，然后再对图表进行一定的美化操作，如使用艺术字、填充背景等。小蔡信心十足地开始工作了。

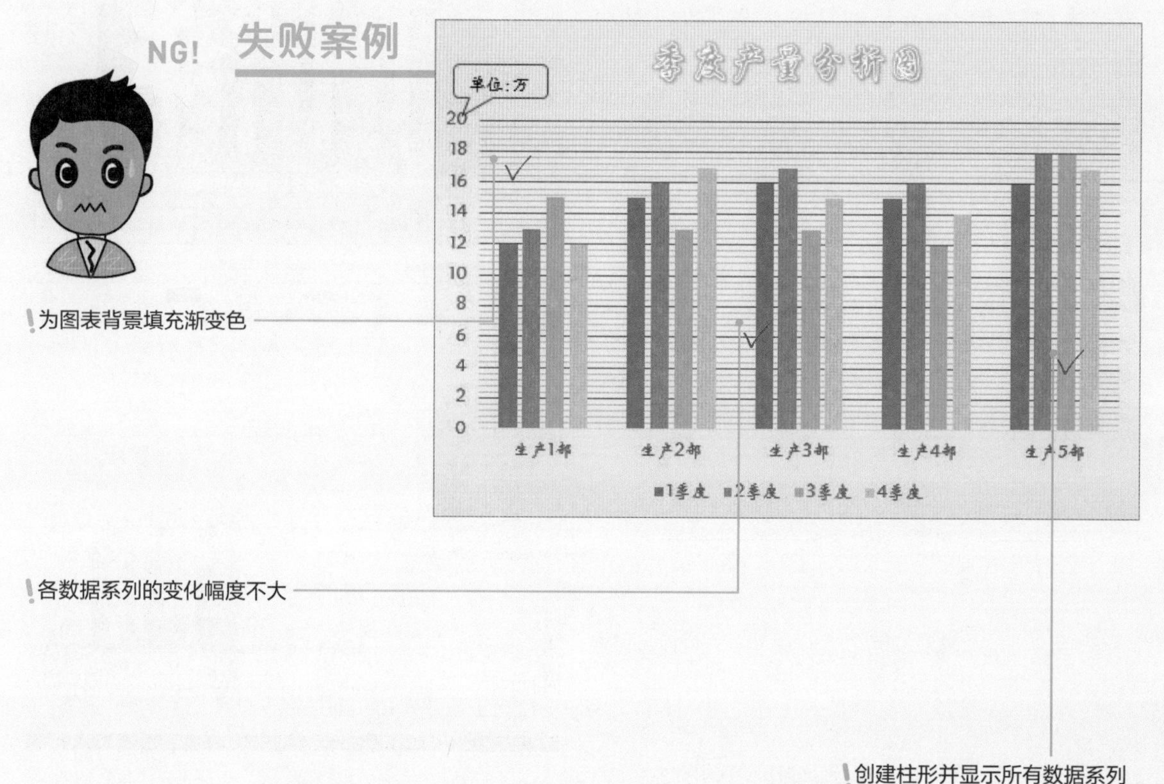

小蔡根据分析制作图表，为图表设置渐变填充，再加上数据系列的颜色，但使图表整体太花哨；其次，各生产部门的产量差不多，使用柱形图展示效果不是很明显；最后，使用柱形图静态地展示所有数据，不利于分析个别数据。

MISSION!
5

在Excel中可以将图表和相关的控件结合使用，从而创建出动态的图表，对于分析部分数据十分有效。在Excel中的控件包括按钮、组合框、列表框和滚动条等，本案例将以复选框为例介绍动态图表的创建方法。因为各生产部门产量差别不大，所以使用柱形图时还需要对纵坐标轴的数值进行设置。

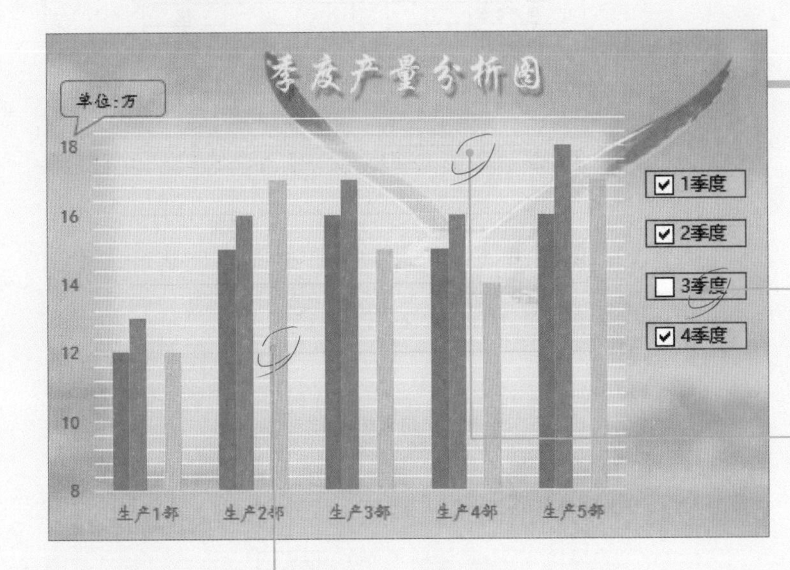

成功案例

OK!

通过复选框控件动态显示图表

为图表添加图片背景，设置绘图区渐变填充

设置纵坐标轴数值，数据系列变化幅度增大

小蔡对图表进一步设置，为图表添加图片背景，为绘图区添加渐变色，但适当弱化渐变色，使图表整体风格一致；其次，通过设置纵坐标轴的数值，使各数据系列变化幅度增大；最后，将图表和复选框控件进行结合，可以动态分析数据。

Point 1 插入复选框并设置链接

需要使用复选框控制图表的显示内容时，可以在工作表中插入复选框，并设置与其链接的单元格，然后通过函数设置显示的数值，下面介绍插入复选框和设置链接的操作方法。

1

打开“季度生产销量统计表.xlsx”工作表，在B9:E9单元格中输入TRUE，创建辅助数据。

季度生产销量统计表

	1季度	2季度	3季度	4季度
生产1部	12	13	17	12
生产2部	9	19	11	8
生产3部	8	17	13	19
生产4部	15		12	11
生产5部	9		18	20
	TRUE	TRUE	TRUE	TRUE

输入

2

切换至“开发工具”选项卡，单击“控件”选项组中“插入”下三角按钮，在列表中选择“复选框(窗体控件)”。

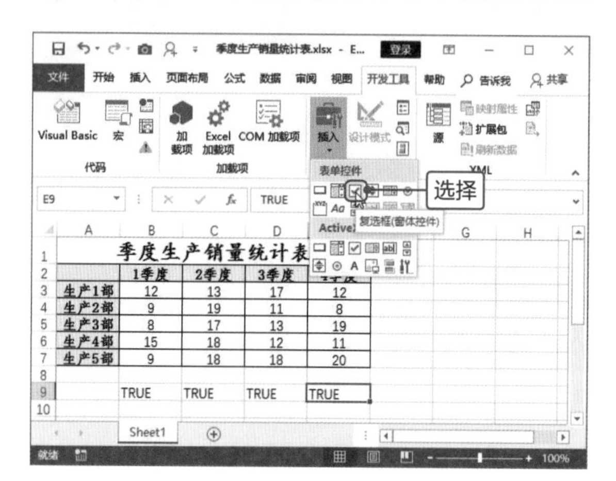

3

此时光标变为十字形状，在A10单元格中按住鼠标左键进行拖曳绘制复选框，通过控制点调整复选框的大小。

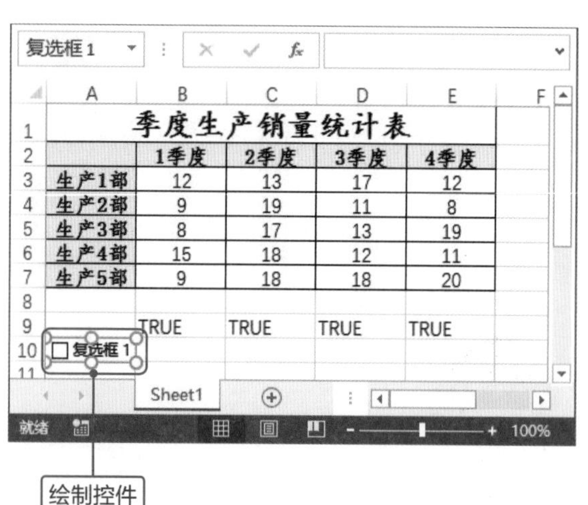

Tips 添加“开发工具”选项卡

如果Excel中没有显示“开发工具”选项卡，可以通过以下方法添加。单击“文件”标签，选择“选项”选项，打开“Excel选项”对话框，在左侧选择“自定义功能区”选项，在右侧勾选“开发工具”复选框，单击“确定”按钮即可。

4

将复选框命名为“1季度”，然后右击复选框控件，在弹出的快捷菜单中选择“设置控件格式”选项。

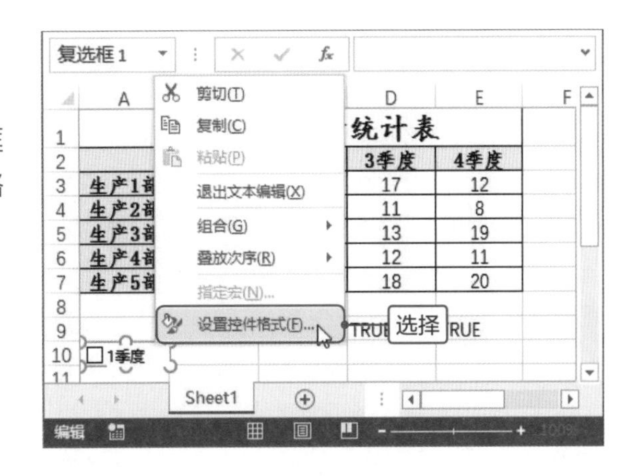

5

打开“设置控件格式”对话框，切换至“控制”选项卡，单击“单元格链接”折叠按钮。

Tips 直接输入链接的单元格

如果用户清楚需要链接的单元格，可以在“单元格链接”文本框中直接输入引用的单元格。

6

返回工作表中，选中B9单元格，再次单击折叠按钮，即可返回“设置控件格式”对话框。

Tips 选择链接单元格的原则

在设置复选框时，单元格链接应选择对应的辅助数据所在单元格，本案例中是按照季度添加复选框的，所以应选择季度所对应的单元格。

7

切换至“颜色与线条”选项卡，在“填充”选项区域中单击“颜色”右侧下三角按钮，在打开的颜色面板中选择合适的颜色，在“线条”选项区域设置线条的颜色、样式和粗细，设置完成后单击“确定”按钮。

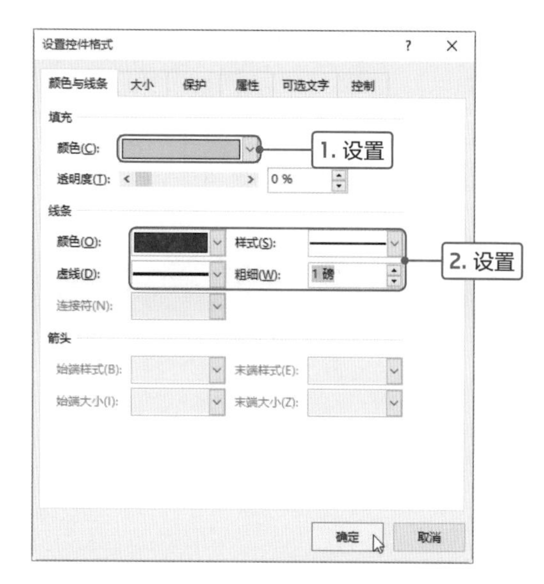

8

返回工作表中，当复选框未被选中时，B9单元格中显示FALSE，若选中该复选框，B9单元格中则显示TRUE。

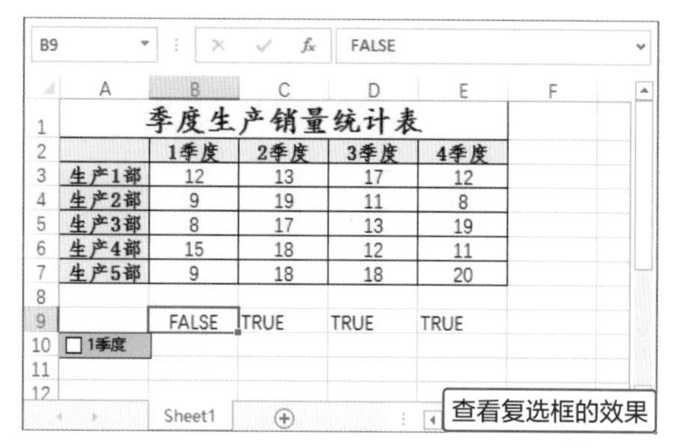
B9 = FALSE

	A	B	C	D	E
1	季度生产销量统计表				
2		1季度	2季度	3季度	4季度
3	生产1部	12	13	17	12
4	生产2部	9	19	11	8
5	生产3部	8	17	13	19
6	生产4部	15	18	12	11
7	生产5部	9	18	18	20
9		FALSE	TRUE	TRUE	TRUE
10	1季度				

9

选中B10单元格，并输入“=IF($B$9=TRUE,B3,"")”公式，按Enter键执行计算。

Tips 公式解析

如果B9单元格中为TRUE，则显示B3单元格中的内容；如果B9单元格不是TRUE，则不显示任何内容。

B10 =IF($B$9=TRUE,B3,"")

	A	B	C	D	E
1	季度生产销量统计表				
2		1季度	2季度	3季度	4季度
3	生产1部	12	13	17	12
4	生产2部	9	19	11	8
5	生产3部	8	17	13	19
6	生产4部	15	18	12	11
7	生产5部	9	18	18	20
9		TRUE	TRUE	TRUE	TRUE
10	1季度	12			

Sheet1 计算 就绪 100%

10

按照相同的方法创建其他控件，并设置控件的格式，在相应的单元格输入公式，勾选相应的复选框，在右侧显示对应的数据。

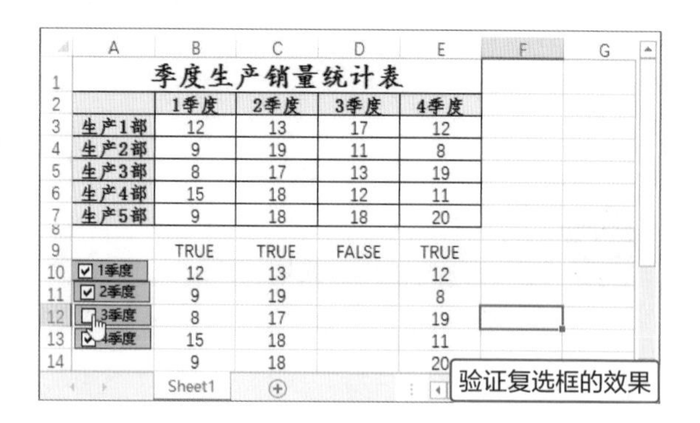

	A	B	C	D	E
1	季度生产销量统计表				
2		1季度	2季度	3季度	4季度
3	生产1部	12	13	17	12
4	生产2部	9	19	11	8
5	生产3部	8	17	13	19
6	生产4部	15	18	12	11
7	生产5部	9	18	18	20
9		TRUE	TRUE	FALSE	TRUE
10	1季度	12	13		12
11	2季度	9	19		8
12	3季度	8	17		19
13	4季度	15	18		11
14		9	18		20

Point 2 创建柱形图并设置坐标轴

使用控件和函数提取数据后，根据数据的特征选择柱形图，然后再设置纵坐标轴和横坐标轴的显示。本案例将设置纵坐标轴的数值和横坐标轴的名称，下面介绍具体操作方法。

1

勾选添加的四个复选框，然后选中B10:E14单元格区域，切换至“插入”选项卡，单击“插入柱形图或条形图”下三角按钮，在列表中选择“簇状柱形图”图表类型。

2

返回工作表中，可见插入的柱形图的横坐标轴只显示数字1~5，下面需要进一步设置。选中图表并右击，在快捷菜单中选择“选择数据”选项。

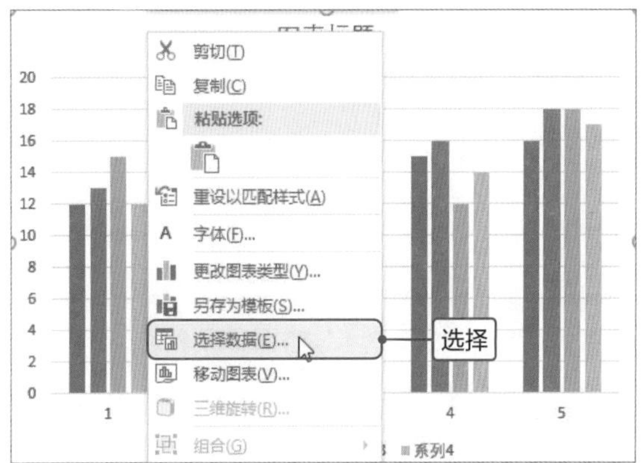

3

打开“选择数据源”对话框，单击“水平(分类)轴标签”选项区域中“编辑”按钮。

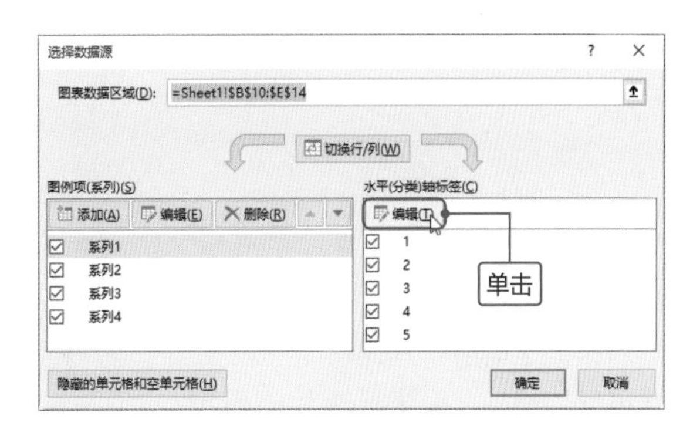

4

打开“轴标签”对话框，单击折叠按钮，在工作表中选择A3:A7单元格区域，然后依次单击“确定”按钮。

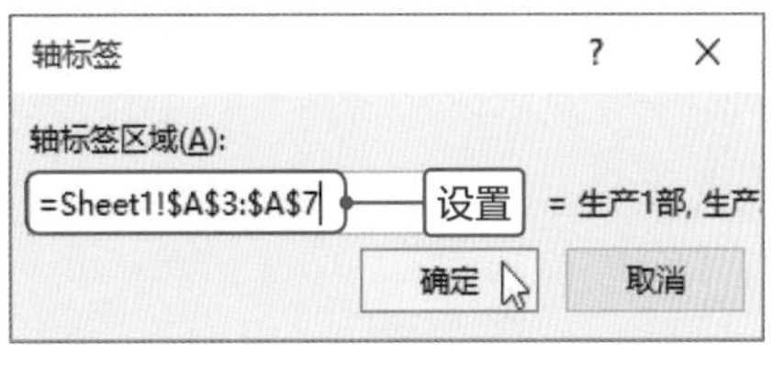

5

设置完成后，可见图表的横坐标轴显示不同的生产部门，然后删除图例。

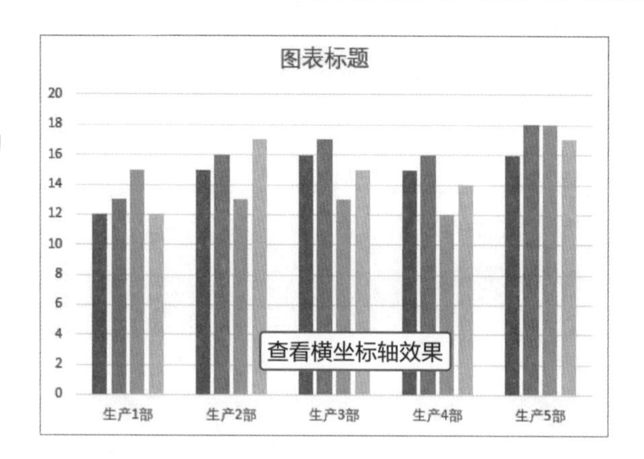

6

在图表中各数据系列长短不是很明显，下面再设置纵坐标轴的数值。双击纵坐标轴，打开“设置坐标轴格式”导航窗格，在“坐标轴选项”选项区域设置最小值为8，最大值为19。

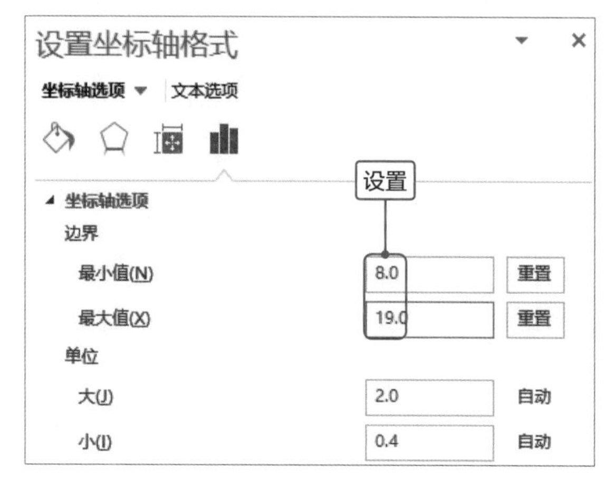

7

设置完成后，可见数据系列的变化幅度增大，有利于比较各数值的大小。

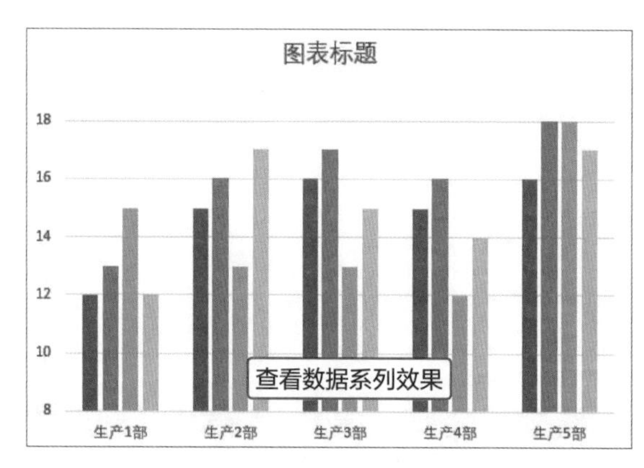

8

然后根据之前所学的知识为图表添加主轴次要水平网格线，在纵坐标轴上方添加文本框并输入相关文字，设置文本框为无填充，设置边框的样式以及形状。

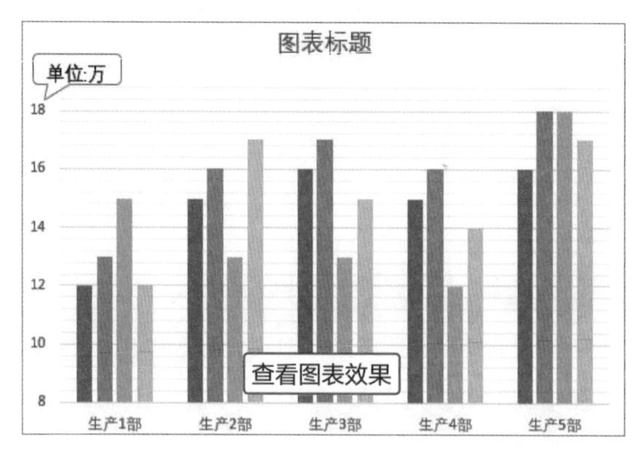

Point 3 将图表和复选框结合

图表和复选框控件创建完成后，为了更好地展示动态图表还需要将两者结合。本案例将复选框控件移至图表右侧，并设置显示顺序，下面介绍具体操作方法。

1

选择绘图区，将光标移至右侧边的控制点上，当光标变为双向箭头时按住鼠标左键向左拖曳，在图表的右侧留出空白区域以便放置复选框控件。

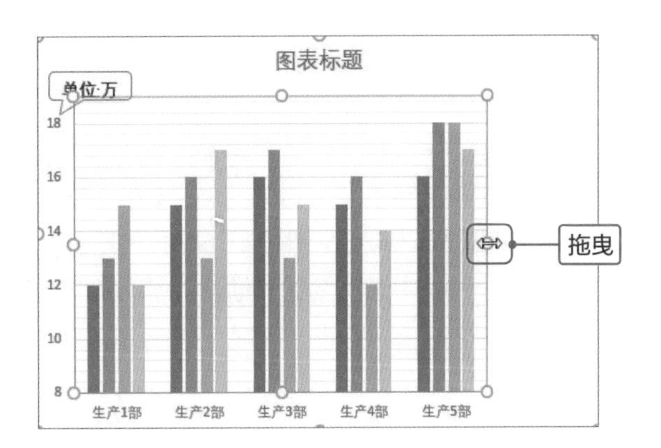

2

右击图表，在快捷菜单中选择“置于底层>置于底层”选项。

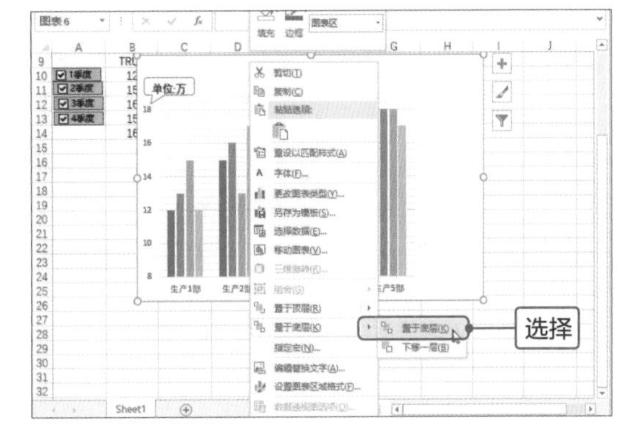

Tips 设置图表的顺序

本案例最后创建的图表，因此它显示在上层，会覆盖下层的复选框，所以要将图表设置为最底层。

Tips 设置图表顺序的其他方法

除了本案例介绍的方法外，还可以通过功能区设置图表的顺序。选中图表，切换至“图表工具-格式”选项卡，单击“排列”选项组中“下移一层”下三角按钮，在列表中选择“置于底层”选项即可。

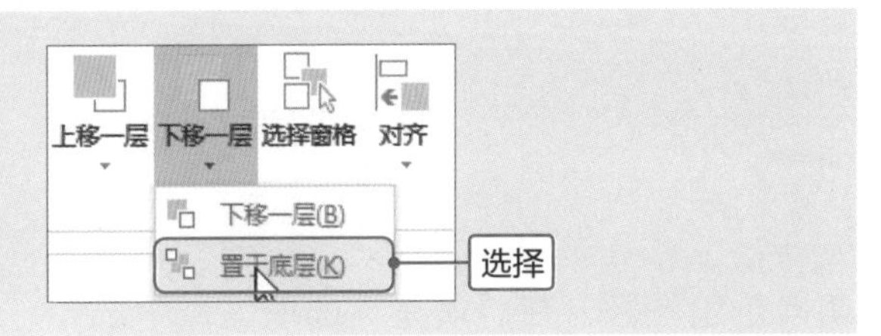

3

将复选框移至图表的右侧空白区域，然后按住Ctrl键选择所有复选框，在“绘图工具-格式”选项卡的“排列”选项组中设置对齐方式。

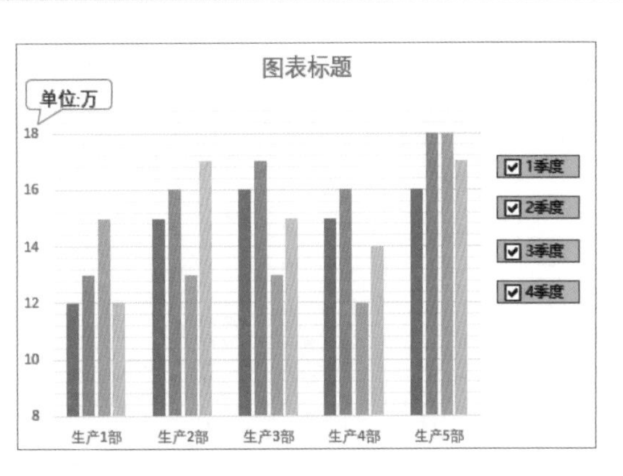

Point 4 美化图表

动态图表创建完成后，为了整体美观还需要对其进行美化操作。在本案例中主要设置图表区和绘图区的填充，然后对标题进行设置，下面介绍具体操作方法。

1

选择图表区，并打开“设置图表区格式”导航窗格，在“填充与线条”选项卡中选中“图片或纹理填充”单选按钮，单击“文件”按钮，在打开的对话框中选择合适的图片，单击“插入”按钮。

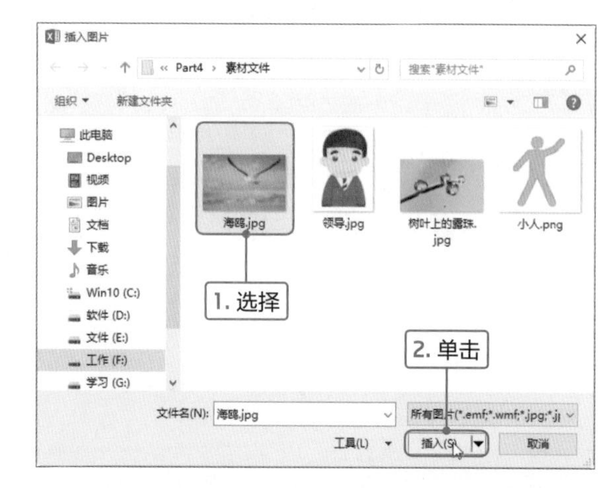

2

返回“设置图表区格式”导航窗格，设置插入图片的“透明度”为40%，为了展示效果取消网格线的显示。

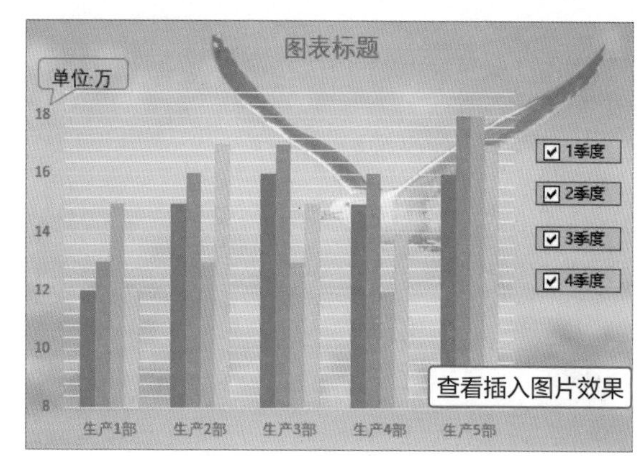

3

切换至绘图区，在“填充”选项区域中选中“渐变填充”单选按钮，分别设置渐变光圈颜色滑块的颜色、位置和透明度，然后设置线性渐变，角度为90°。

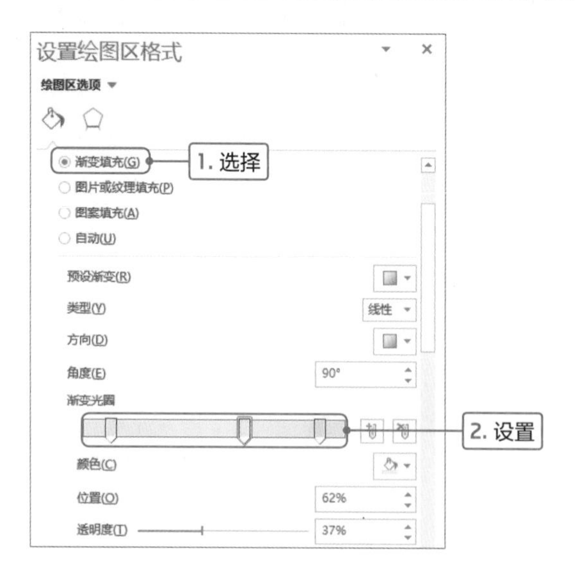

4

切换至“效果”选项卡，在“柔化边缘”选项区域中单击“预设”下三角按钮，在列表中选择“10磅”。

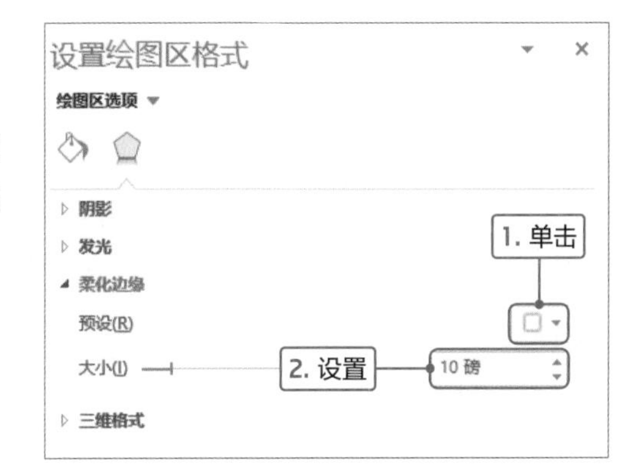

5

设置完成后，为图表输入标题，然后设置图表的文字格式，选中标题并应用阴影效果，此处不再详细介绍，用户可以根据个人的喜好进行设置。

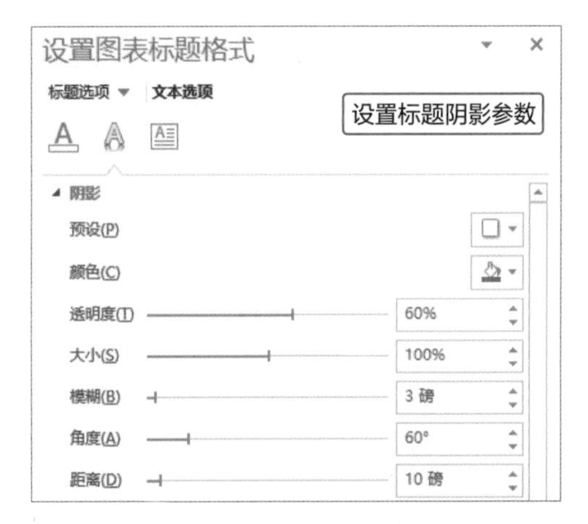

6

设置完成后，查看动态图表的最终效果。用户可以根据前面所学的美化图表的知识对图表进行美化。

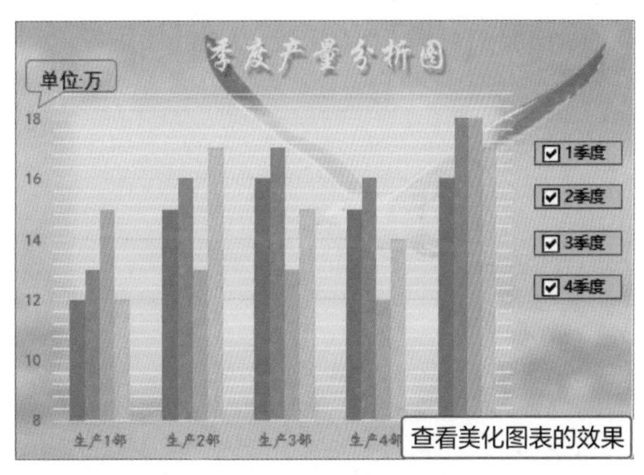

7

动态图表制作完成后，用户可以验证效果。取消勾选“3季度”复选框，在图表中可见“3季度”的数据系列不显示。若需要再次显示，则勾选“3季度”复选框即可。

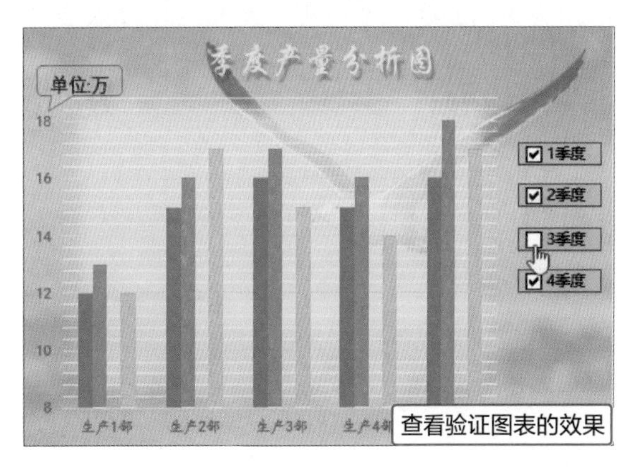

高效办公

坐标轴的编辑

Excel提供了10多种图表类型，其中只有饼图没有坐标轴，用户可以对坐标轴进行编辑操作，如设置单位、文字的方向，以及设置坐标轴的数值等。

●设置纵坐标轴以“千”为单位显示

如果图表的纵坐标轴数据很大，用户可以设置以“千”或“万”等单位计数，下面介绍详细操作方法。

步骤01 打开“设置纵坐标轴单位.xlsx”工作表，选择纵坐标轴并右击，在快捷菜单中选择“设置坐标轴格式”选项。

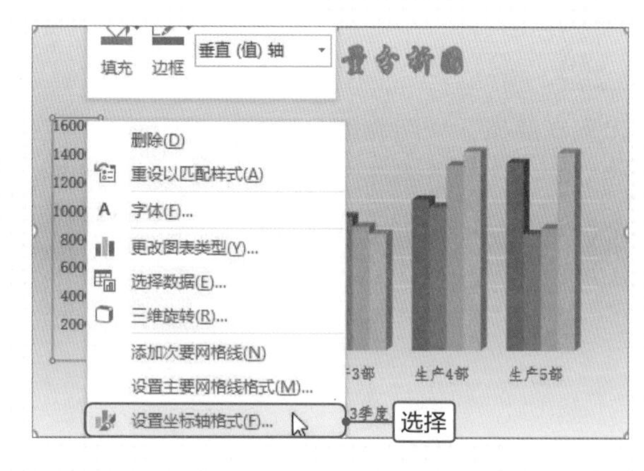

步骤02 打开“设置坐标轴格式”导航窗格，在“坐标轴选项”选项区域中单击“显示单位”右侧下三角按钮，在列表中选择“千”选项。

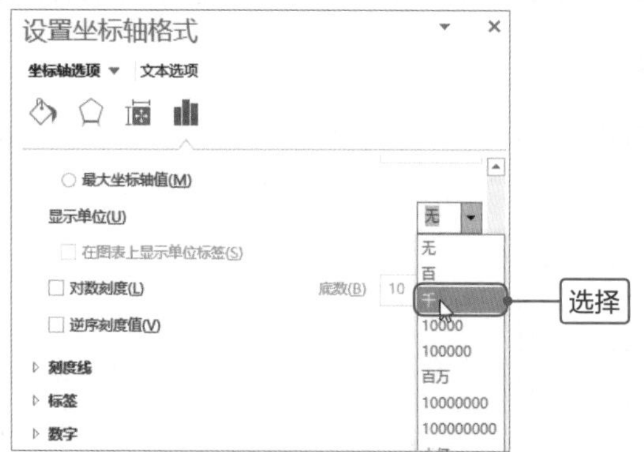

步骤03 返回工作表中，可见纵坐标轴中的数值将千位之后的数字全省去。然后添加文本框并输入“单位:千”文本，用户可以根据需要设置文本框的形状。

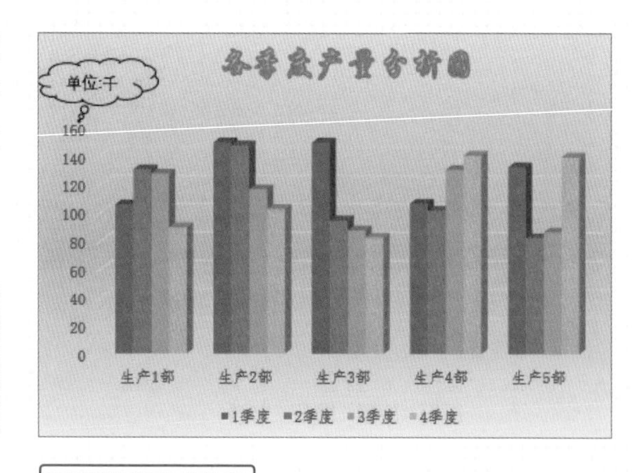

查看设置单位的效果

Tips **设置坐标轴单位**

在设置显示单位时，用户可以在列表中选择相应的单位，如“百”、“百万”或10000、100000等。

● 设置横坐标轴文字方向

图表创建完成后，横坐标轴默认情况下文字的方向是横排的，用户可以根据需要设置文字为竖排或任意角度，下面介绍具体操作方法。

步骤01 打开“设置横坐标轴文字方向.xlsx”工作表，选择横坐标轴并双击，打开“设置坐标轴格式”导航窗格，切换至“大小与属性”选项卡，在“对齐方式”选项区域中单击“文字方向”右侧下三角按钮，在列表中选择“竖排”选项。

步骤02 设置完成后，返回工作表中可见图表中的横坐标轴的文字由横排变为竖排显示。

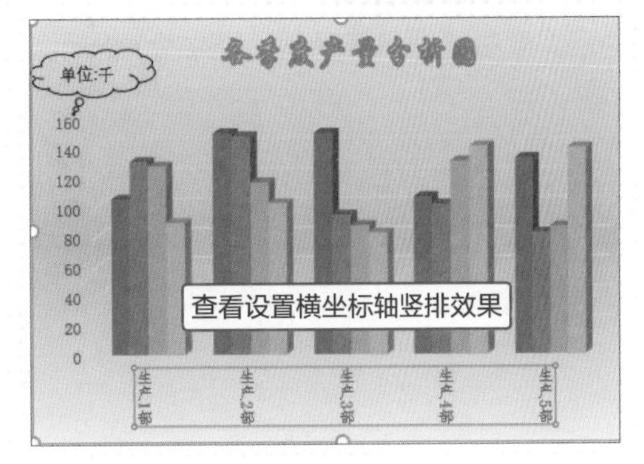

步骤03 再次打开“设置坐标轴格式”导航窗格，设置文字方向为横排，在“自定义角度”数值框中输入30°。

步骤04 设置完成后，横坐标轴的文字向右下方旋转30°。如果用户设置角度时为负，则向左下方旋转指定的角度。

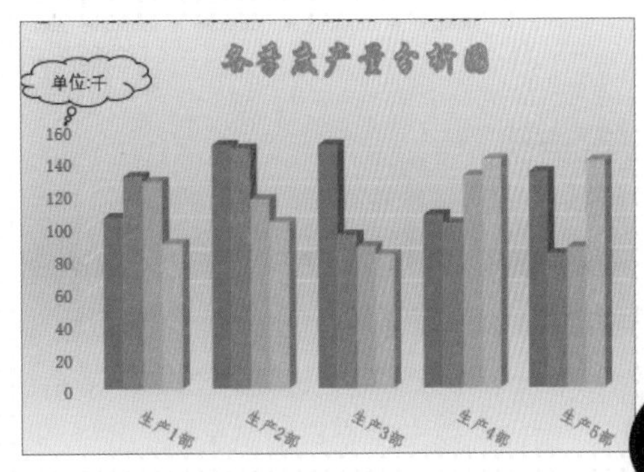

菜鸟加油站

图表类型

在Excel中包含14种图表类型，除了本章介绍的柱形图、条形图、饼图和直方图外，还包括折线图、面积图、XY散点图、股价图、曲面图、雷达图、树状图、旭日图、箱型图和瀑布图。下面分别对这些图表类型进行介绍。

● 折线图

折线图用于显示在相等时间间隔下数据的变化情况。在折线图中，类别数据沿横坐标均分布，所有数值沿垂直轴均匀分布。

折线图也包括7个子类型，分别为“折线图”、“堆积折线图”、“百分比堆积折线图”、“带数据标记的折线图”、“带数据标记的堆积折线图”、“带数据标记的百分比堆积折线图”和“三维折线图”。

下图为各季度生产销量统计图，横坐标轴显示企业各生产部门，纵坐标轴显示各部门生产数量。

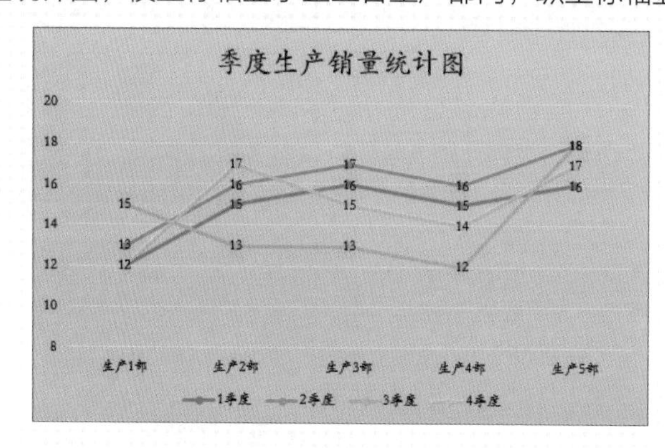

折线图中包含“三维折线图”图表类型，下图为将数据区域创建三维折线图效果。

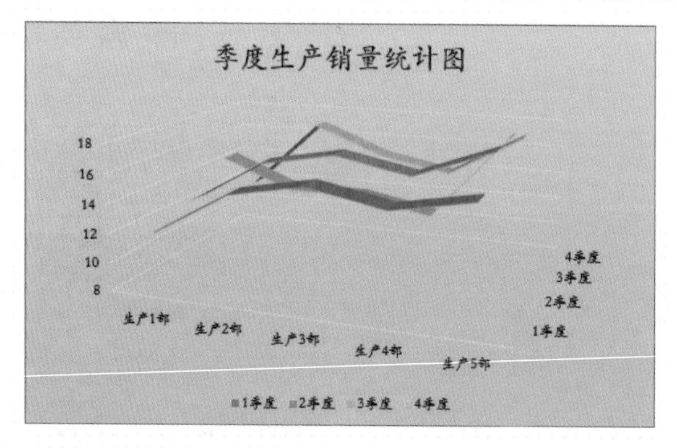

● XY散点图

XY散点图显示若干数据系列中各数值之间的关系。散点图有两个数值轴，即水平数值轴和垂直数值轴。散点图将X值和Y值合并到单一的数据点，按不均匀的间隔显示数据点。

XY散点图包括7个子类型，分别为“散点图”、“带平滑线和数据标记的散点图”、“带平滑线的散点图”、“带直线和数据标记的散点图”、“带直线的散点图”、“气泡图”和“三维气泡图”。

下图为XY散点图显示每个月销售金额。

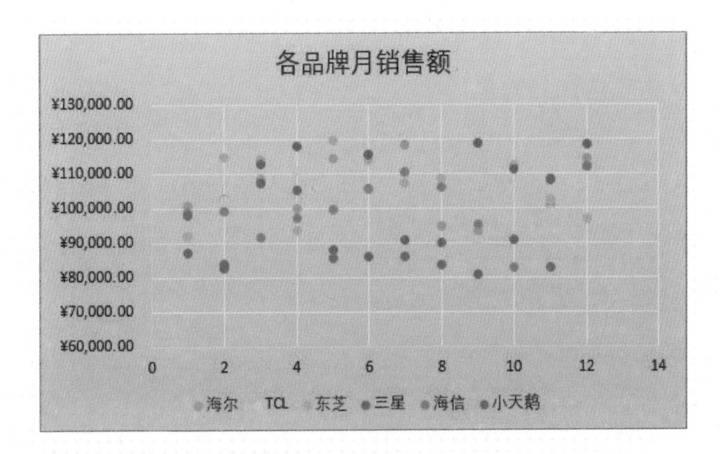

下图为将散点图转换为“带直线和数据标记的散点图”的效果。

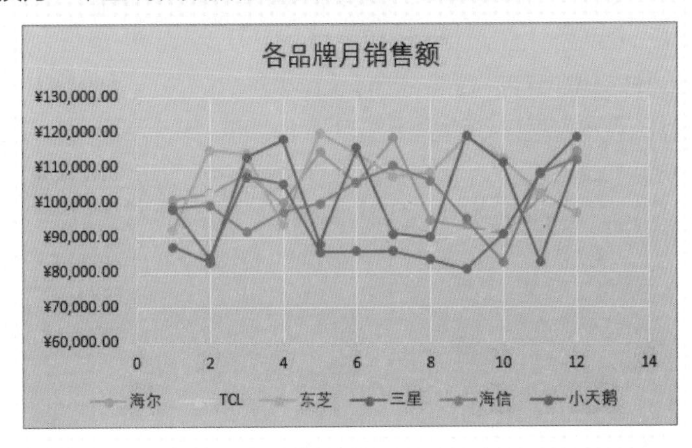

● 面积图

面积图可显示每个数值的变化量，强调的是数据随时间的变化的幅度。通过显示所绘制的数值面积，可直观地表现出整体和部分的关系。

面积图包括6个子类型，分别为“面积图”、“堆积面积图”、“百分比堆积面积图”、“三维面积图”、“三维堆积面积图”和“三维百分比堆积面积图”。

下图为使用堆积面积图显示各季度生产销量的效果。

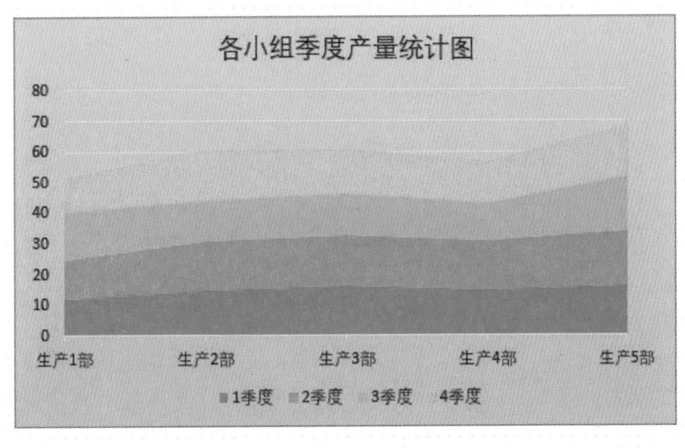

下图是将堆积面积图转换为三维面积图的效果。

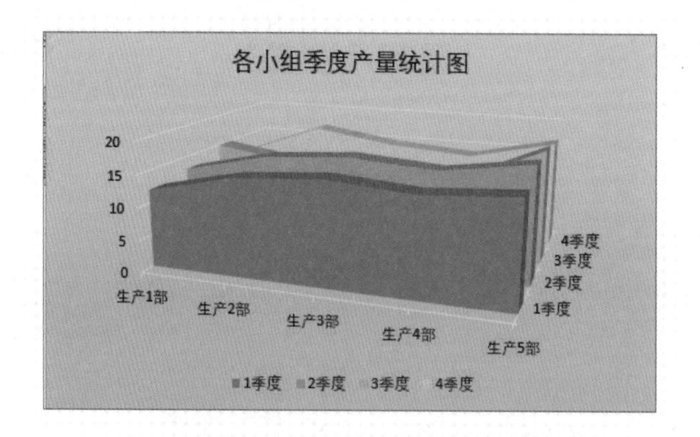

●股价图

股价图用于描述股票波动趋势，也可以显示其他数据。创建股价图必须按照正确的顺序。

股价图包括4个子类型，分别为“盘高-盘低-收盘图”、“开盘-盘高-盘低-收盘图”、“成交量-盘高-盘低-收盘图”和“成交量-开盘-盘高-盘低-收盘图”。

下图以开盘-盘高-盘低-收盘图展示股价的情况。

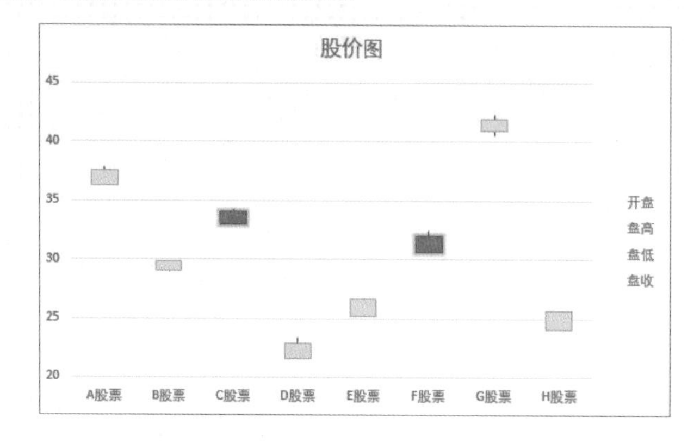

●曲面图

曲面图是以平面来显示数据的变化趋势，像在地形图中一样，颜色和图案表示处于相同数值范围内的区域。

曲面图包括4个子类型，分别为“三维曲面图”、“三维线框曲面图”、“曲面图”和“曲面图(俯视框架图)”。

下图以曲面图的形式显示各生产小组各季度生产数量。

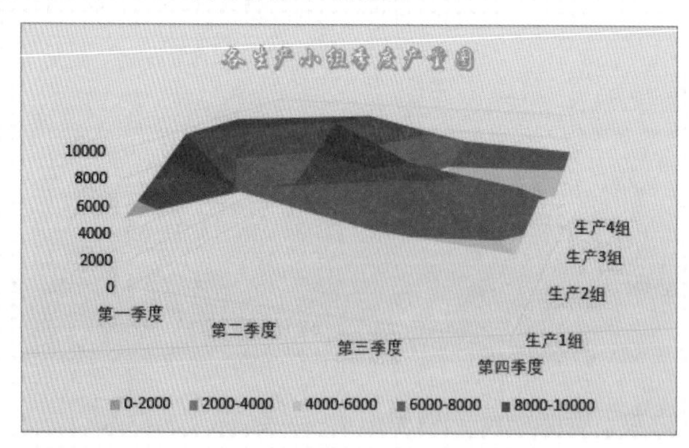

● 雷达图

雷达图用于显示数据系列相对于中心点以及相对于彼此数据类别间的变化。它的每个分类都有自己的数字坐标轴，由中心向外辐射，并由折线将同一系列中的数值连接起来。

雷达图包括3个子类型，分别为“雷达图”、“带数据标记的雷达图”和“填充雷达”。下图以曲面图的形式显示各生产小组各季度生产数量。

下图以雷达图的形式显各生产小组各季度生产数量。

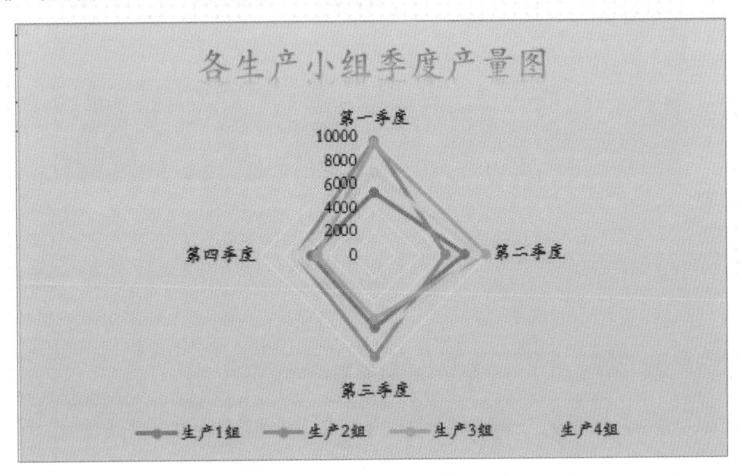

● 树状图

树状图用于展示数据之间的层级和占比关系，其中矩形的面积表示数据的大小。树状图可以显示大量数据，它不包含子类型图表。树状图中各矩形的排列是随着图表的大小变化而变化的。

下图以树状图的形式显示各生产小组各季度生产数量。

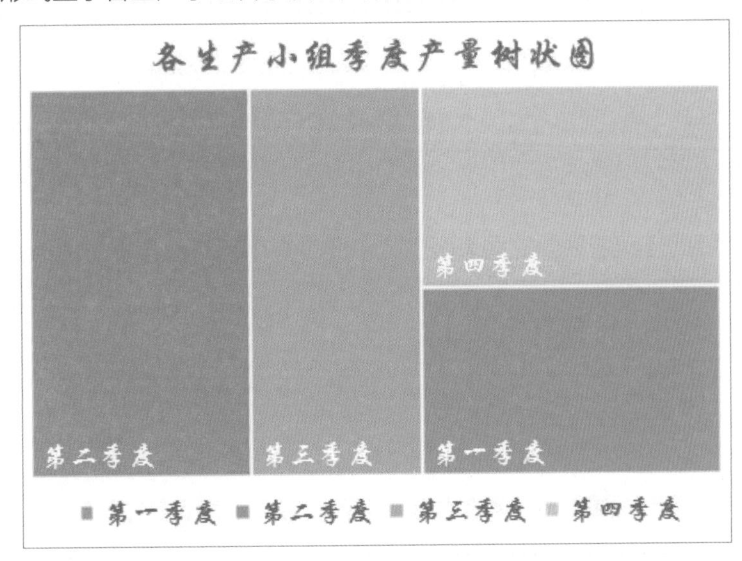

● 旭日图

旭日图可以表现清晰的层级和归属关系，以父子层次结构来显示数据的构成情况。在旭日图中每个圆环代表同一级别的数据，离原点越近级别越高。

2018年某便利店按照季度、月和周统计销售金额，下图以旭日图的形式展示相关数据。

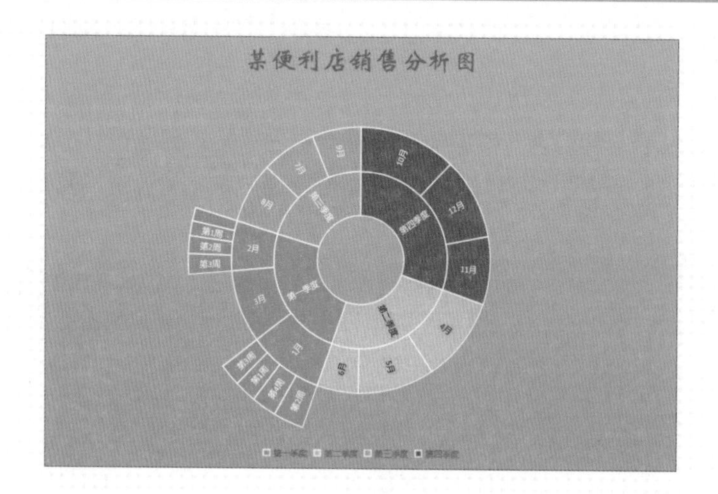

● 箱型图

箱型图是Excel 2016新增的图表类型，其优势在于能够很方便地一次看到一批数据的四分值、平均值以及离散值。

某学校统计各班级各科的成绩，下面以箱型图的形式展示数据。

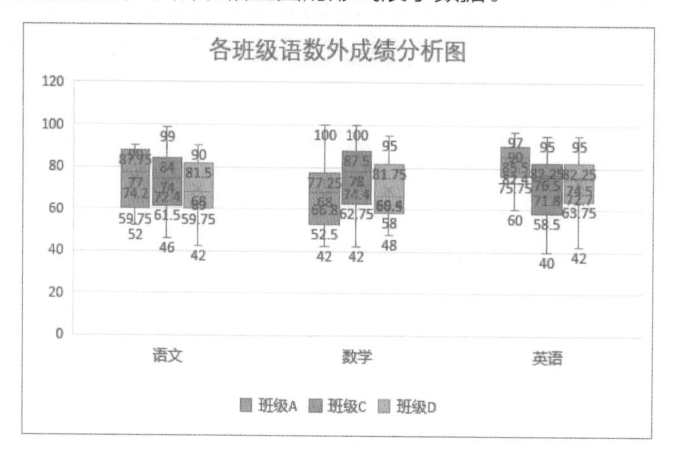

● 瀑布图

瀑布图是由麦肯锡顾问公司所独创的图表类型，该图表采用绝对值与相对值结合的方式，适用于表达数个特定数值之间的数量变化关系。

下图使用瀑布图的形式展示员工某月工资的相关信息。

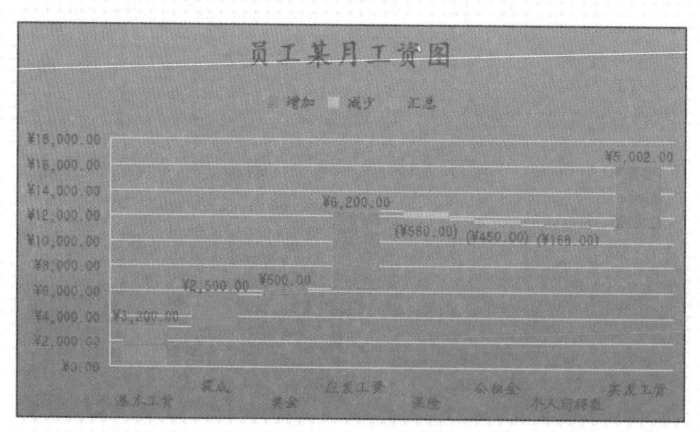

数据动态分析篇

在高度信息化的今天，对大量数据的处理和分析已经是个人或企业的共同需求。Excel是个人或企业首选的处理数据软件，数据透视表又是Excel中分析处理数据常用的功能，可见数据透视表功能的强大。数据透视表可以快速把大量的数据形成可以进行交互的报表，并进行分类汇总、比较大量的数据，还可以进行排序和筛选数据。

本章主要通过各分店采购统计表、员工基本工资表和各季度手机销量统计表介绍数据透视表的插入、排序、添加计算项、应用条件格式以及插入数据透视图等知识。

分析各分店采购统计表

某电动车销售公司的各分店将采购计划表制作完成后递交给总公司，最后总公司采购经理历历哥负责统一采购。由于本次采购数量和金额很大，他召集部门相关人员进行商讨，对这次采购数据进行分析。小蔡在这次会议中发言很积极，他建议对数据按地区和型号进行分类汇总，汇总出最大值和平均值。历历哥最后决定将该工作交由小蔡负责，并叮嘱数据一定要实事求是。

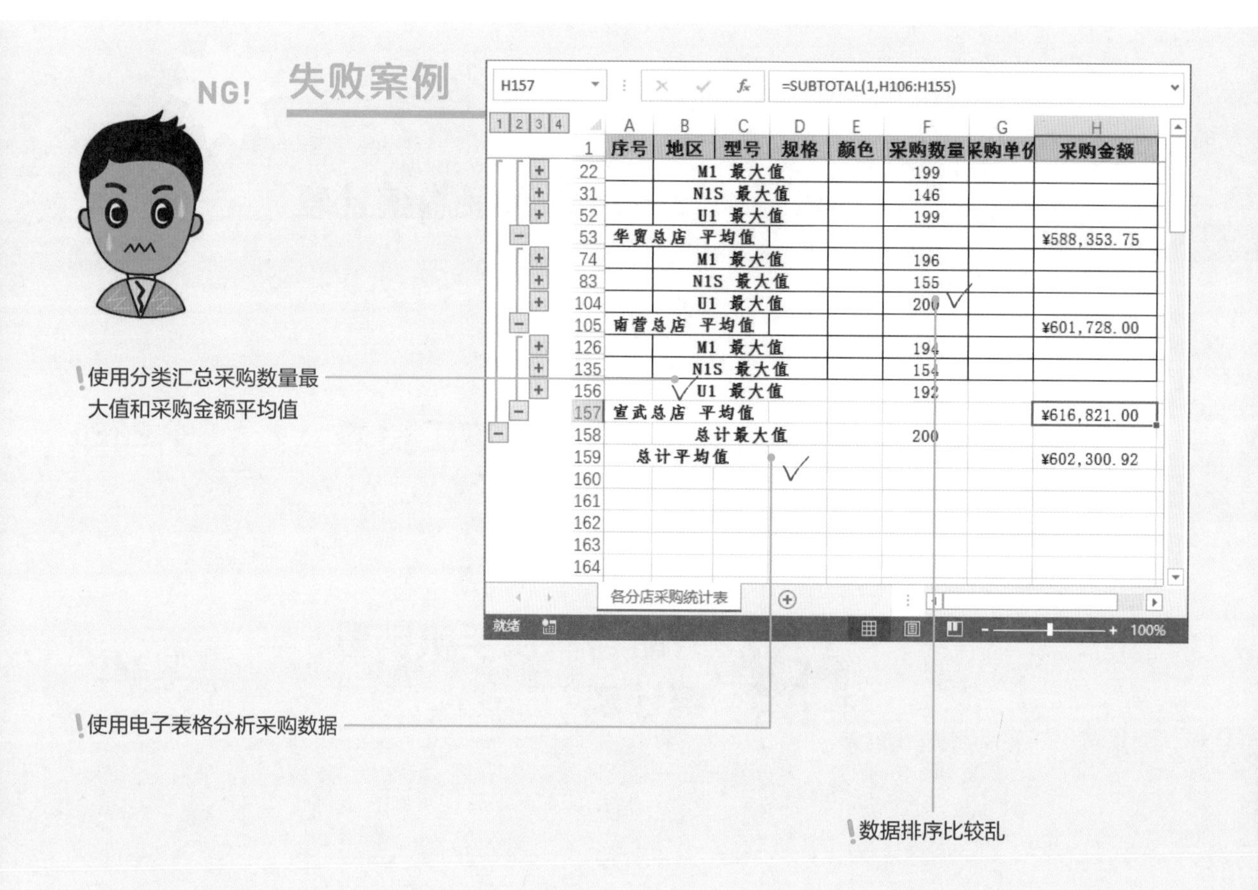

	A	B	C	D	E	F	G	H
1	序号	地区	型号	规格	颜色	采购数量	采购单价	采购金额
22			M1 最大值			199		
31			N1S 最大值			146		
52			U1 最大值			199		
53	华贸总店 平均值							¥588,353.75
74			M1 最大值			196		
83			N1S 最大值			155		
104			U1 最大值			200		
105	南营总店 平均值							¥601,728.00
126			M1 最大值			194		
135			N1S 最大值			154		
156			U1 最大值			192		
157	宣武总店 平均值							¥616,821.00
158			总计最大值			200		
159		总计平均值						¥602,300.92

小蔡对各分店采购统计表中的数据进行分类汇总，分别汇总采购数量的最大值和采购金额的平均值，但是汇总数据之后采购数量排序比较乱，没有规则，因为对多字段进行分类汇总后无法进行排序操作；而且他使用电子表格分析采购数据，不能按照需要快速显示相对应的数据。

MISSION!
1

数据透视表是从Excel数据列表中总结信息的分析工具。数据透视表综合了数据排序、筛选和分类汇总等分析功能的优点，可根据需要方便、快速调整分类汇总的方式。在本案例中根据地区和型号分别汇总采购数量的最大值和采购金额的平均值，汇总后还可以对相关数据进行排序，使数据有规则地排序。

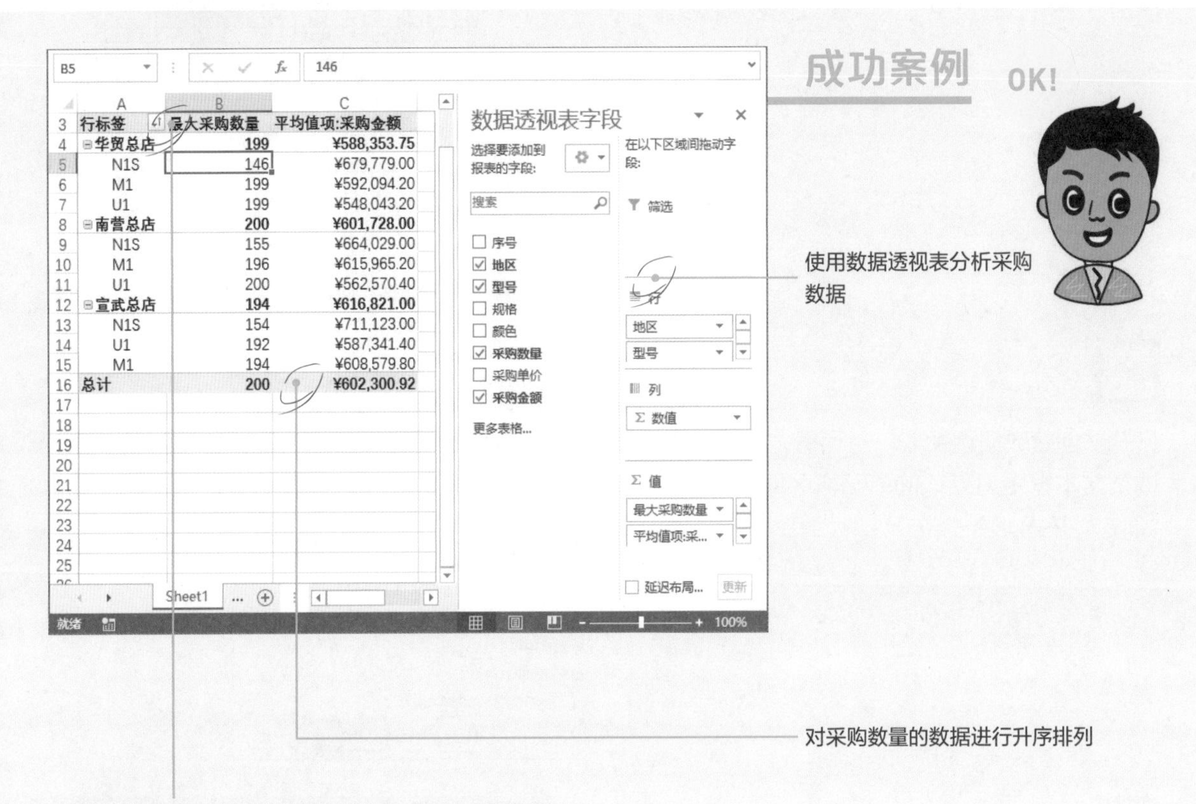

小蔡对采购数据进行重新分析，这次他使用数据透视表汇总采购数量的最大值和采购金额的平均值，汇总后还对采购数量进行了升序排序，这样在分析数据时可以很明了地比较数据；他使用的是数据透视表，可以通过“数据透视表字段”导航窗格快速对表格数据和字段进行设置。

Point 1 创建数据透视表

在Excel中用户可以先创建空白的数据透视表，然后根据需要设置行、列和数值，除此之外还可以使用推荐的数据透视表。下面将具体介绍第一种创建数据透视表的操作方法。

1

打开“各分店采购统计表.xslx”工作表，选中表格内任意单元格，切换至“插入”选项卡，单击“表格”选项组中“数据透视表”按钮。

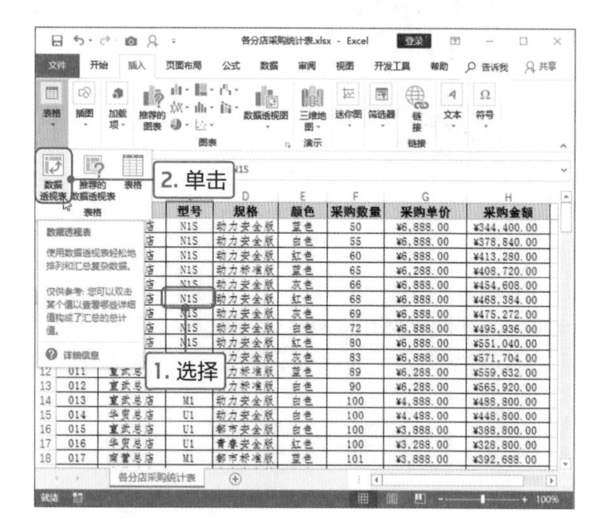

2

打开“创建数据透视表”对话框，保持“表/区域”文本框中为默认的单元格区域，然后单击“确定”按钮。

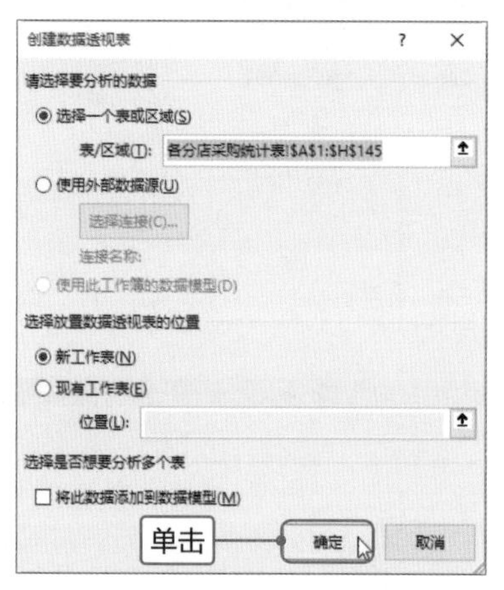

3

返回工作表中，可见新建空白工作表，并创建一个空白的数据透视表，在右侧打开“数据透视表字段”导航窗格。

4

在“数据透视表字段”导航窗格中单击“工具”下三角按钮，在列表中选择“字段节和区域节并排”选项。

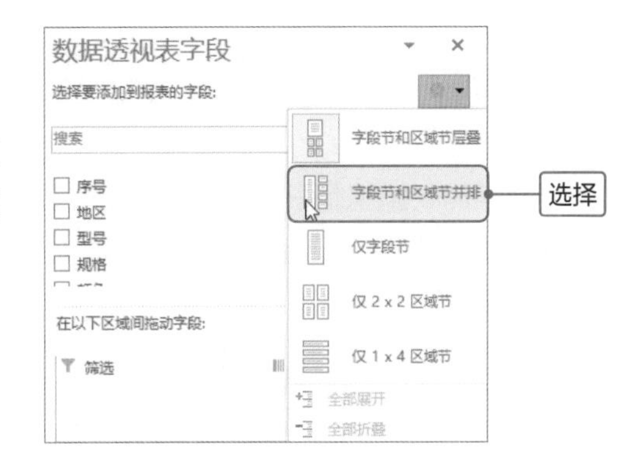

5

在“选择要添加到报表的字段”列表框中勾选“地区”和“型号”复选框，可见两个字段自动在“行”区域中显示。

6

也可以选中某字段，然后拖曳至合适的区域，如选中“采购数量”字段并拖曳至“值”区域，根据相同的方法将“采购金额”字段也拖曳至“值”区域，在工作表中显示以“地区”和“型号”为行标签，对“采购数量”和“采购金额”进行汇总。

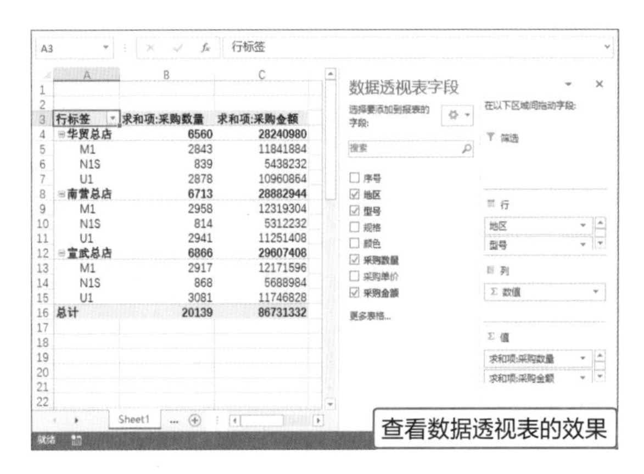

Tips 快速创建数据透视表

可以使用“推荐的数据透视表”功能快速创建数据透视表。选择数据区域任意单元格，切换至“插入”选项卡，在“表格”选项组中单击“推荐的数据透视表”按钮，打开“推荐的数据透视表”对话框，在左侧选择合适的数据透视表，单击“确定”按钮即可。若单击对话框左下角“空白数据透视表”按钮，则创建空白的数据透视表。

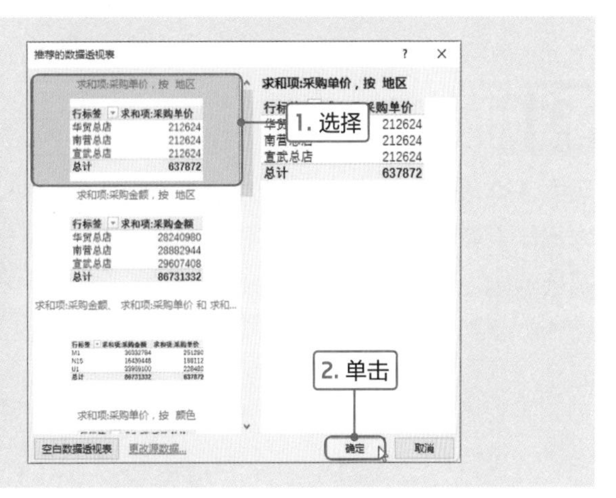

Point 2 设置字段和格式

创建数据透视表时，默认情况下是“值”区域中的数值进行汇求和，用户可以根据需要设置计算的类型。数据透视表中的数字默认情况下的格式为“常规”，用户也可以进行设置，下面介绍具体操作方法。

1

选择“求和项:采购数量”列中任意单元格，切换至“数据透视表工具-分析”选项卡，单击“活动字段”选项组中“字段设置”按钮。

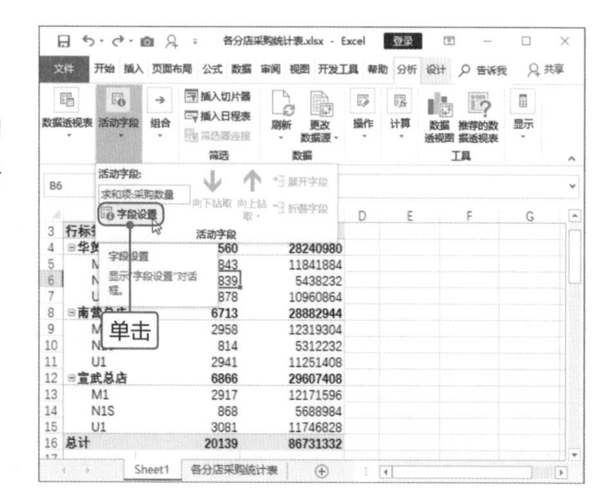

2

打开“值字段设置”对话框，在“值汇总方式”选项卡的“计算类型”列表框中选择“最大值”选项，然后在“自定义名称”文本框中输入“最大采购数量”，单击“确定”按钮。

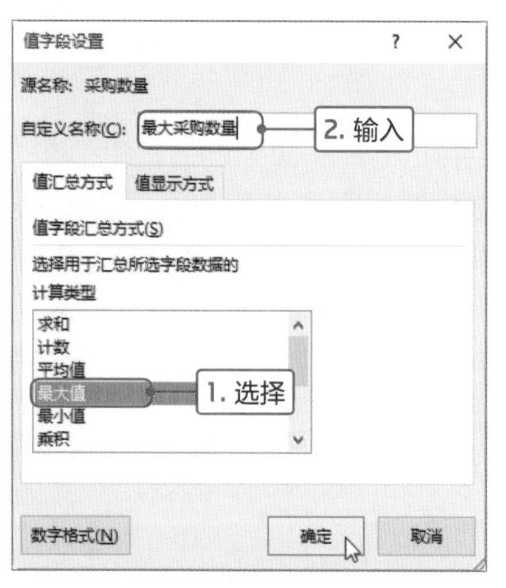

3

返回工作表中，可见数据透视表汇总各分店最大的采购数量，字段的名称也被修改为指定的名称。

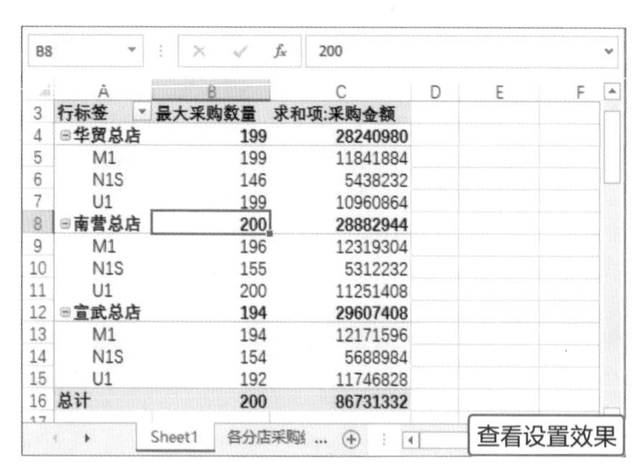

4

在“数据透视表字段”导航窗格的“值”区域中单击“求和项:采购金额”字段，在快捷菜单中选择“值字段设置”选项。

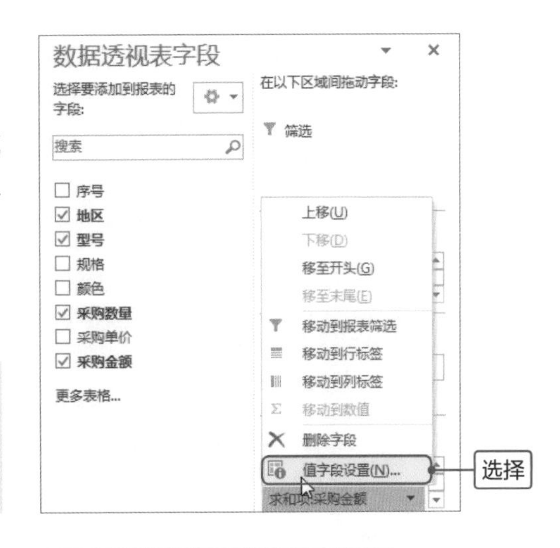

Tips 注意事项

在此操作步骤中需要注意的是单击“求和项:采购金额”字段，而不是右击。

5

打开“值字段设置”对话框，在“计算类型”列表框中选择“平均值”选项，然后单击“数字格式”按钮。

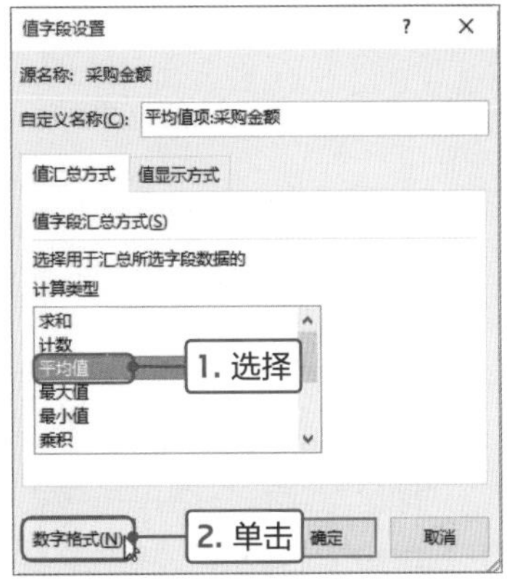

6

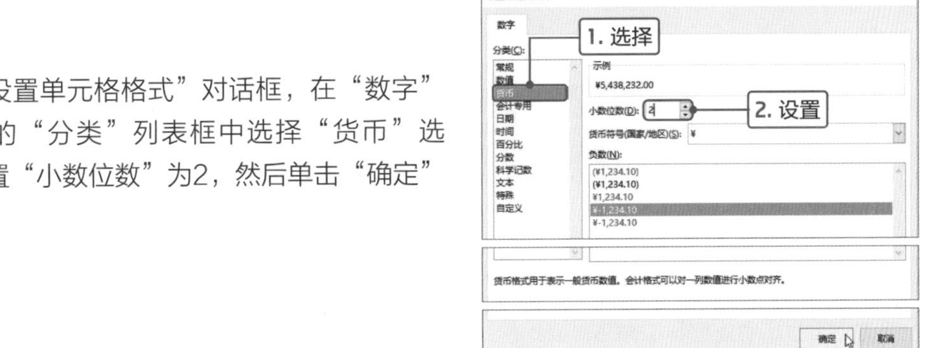

打开“设置单元格格式”对话框，在“数字”选项卡的“分类”列表框中选择“货币”选项，设置“小数位数”为2，然后单击“确定”按钮。

7

返回“值字段设置”对话框，单击“确定”按钮，返回工作表中可见对采购金额进行平均值汇总，并修改格式为货币。

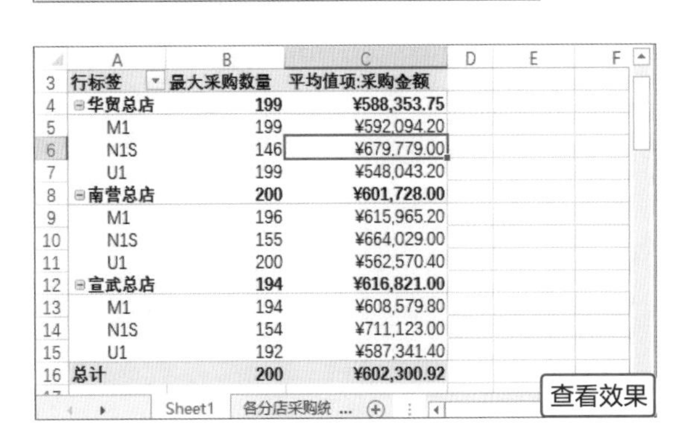

	A	B	C
3	行标签	最大采购数量	平均值项:采购金额
4	⊟华贸总店	199	¥588,353.75
5	M1	199	¥592,094.20
6	N1S	146	¥679,779.00
7	U1	199	¥548,043.20
8	⊟南营总店	200	¥601,728.00
9	M1	196	¥615,965.20
10	N1S	155	¥664,029.00
11	U1	200	¥562,570.40
12	⊟宣武总店	194	¥616,821.00
13	M1	194	¥608,579.80
14	N1S	154	¥711,123.00
15	U1	192	¥587,341.40
16	总计	200	¥602,300.92

Point 3 对数据进行排序

创建数据透视表后，用户对数据进行分析时可以进行排序操作。如本案例中首先对行标签中的“地区”字段进行降序排列，然后对“值”区域中的“采购数量”和“采购金额”进行升序排列，下面介绍具体操作方法。

1

在数据透视表中单击“行标签”右侧下三角按钮，在列表中设置“选择字段”为“地区”，然后选择“降序”选项。

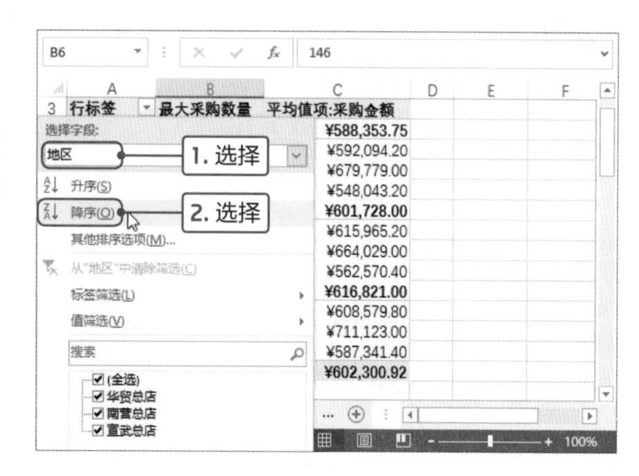

2

返回工作表中，可见“地区”字段按降序排序，“行标签”右侧的下三角按钮变为，其中箭头向下表示降序，箭头向上表示升序。

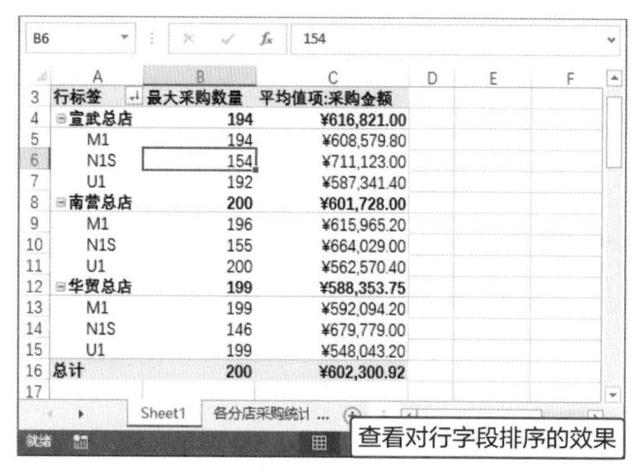

Tips 手动拖曳对行字段进行排序

可以手动拖曳行字段调整顺序，选择A4单元格，将光标移至边框上，变为形状时按住鼠标左键拖曳至合适位置，拖曳时在下方显示粗的深绿色横线，表示拖曳的位置，如拖至“南营总店”的下方，释放鼠标左键即可。

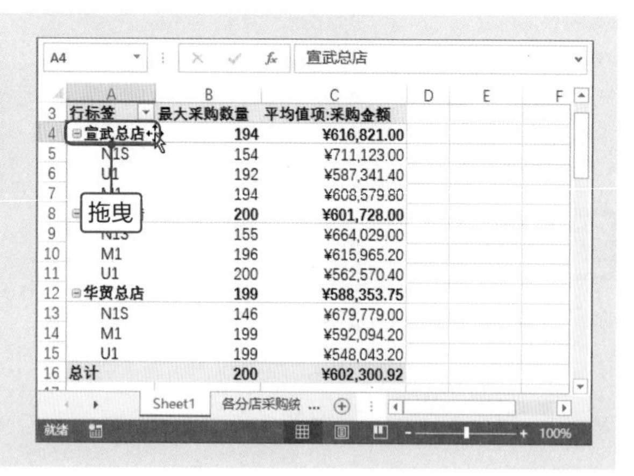

3

下面介绍对采购数量进行升序排列的方法。选择任意型号对应的采购数量单元格，如B6单元格，切换至“数据”选项卡，单击“排序和筛选”选项组中“排序”按钮。

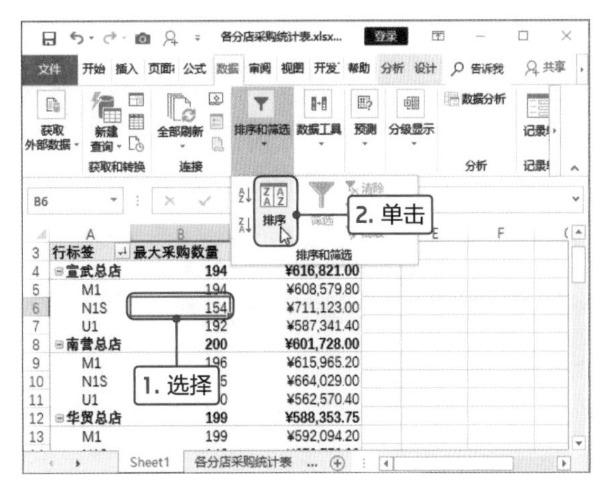

打开“按值排序”对话框，在“排序选项”选项区域中选中“升序”单选按钮，在“排序方向”选项区域中选中“从上到下”单选按钮，然后单击“确定”按钮。

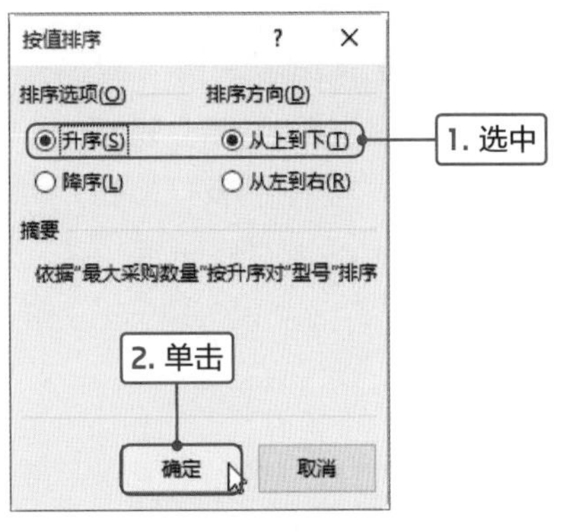

返回工作表中，可见采购数量中除了汇总的最大值外，在各店统计数据中按升序排列。

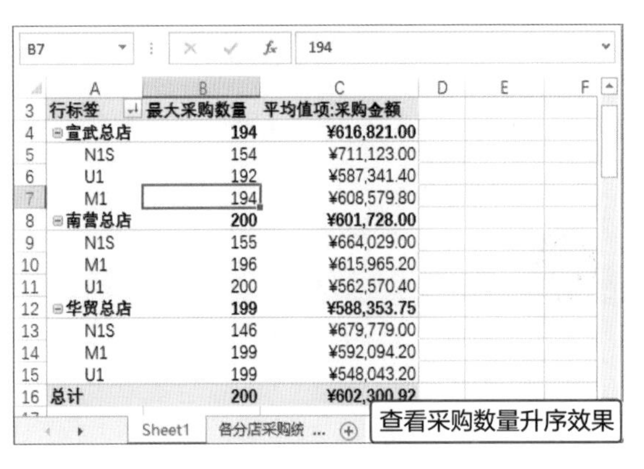

6

选择C4单元格并右击，在快捷菜单中选择“排序>升序”选项，即可将采购金额汇总的数据按升序排列，其中各型号对应的采购金额的排序不变。

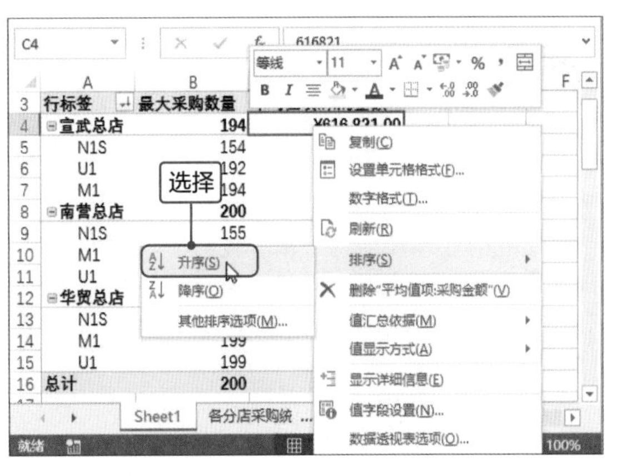

高效办公

数据透视表中字段的操作

本任务介绍数据透视表的插入、值字段设置以及数据排序，下面将进一步介绍相关的知识，如显示/隐藏数据透视表的字段列表、显示数据的详细信息及删除字段等。

● 隐藏数据透视表的字段列表

创建数据透视表后，自动打开“数据透视表字段”导航窗格，在该窗格中可以对字段进行调整。为了防止对数据透视表进行修改，可以将该导航窗格隐藏，下面介绍具体操作方法。

步骤01 打开“隐藏数据透视表的字段列表.xlsx”工作表，选中数据透视表中任意单元格，则自动打开“数据透视表字段”导航窗格。切换至“数据透视表工具-分析”选项卡，单击“显示”选项组中“字段列表”按钮，即可隐藏该导航窗格。

步骤02 也可以通过快捷菜单的方法进行隐藏。选择数据透视表中任意单元格并右击，在快捷菜单中选择“隐藏字段列表”选项即可。

Tips **显示数据透视表的字段列表**

如果数据透视表中不显示“数据透视表字段”导航窗格，可以单击“显示”选项组中“字段列表”按钮；或者右击数据透视表中任意单元格，在快捷菜单中选择“显示字段列表”选项。

Tips **显示/隐藏“+/-”按钮或“字段标题”**

创建数据透视表后，在汇总字段前会显示“+/-”按钮，以及在数据区域的左上角显示“行标签”的字段标题，用户可以根据需要进行显示或隐藏。选择数据透视表中任意单元格，在“显示”选项组中单击对应的按钮即可。

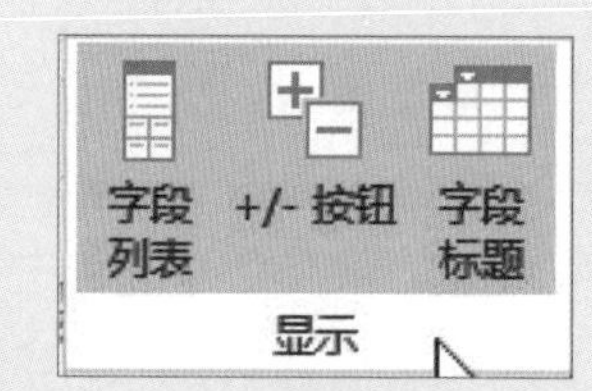

● 删除字段

使用数据透视表分析数据时，如果不需要对某字段分析，可以将该字段删除，下面介绍删除字段的操作方法。

步骤01 打开“删除字段.xlsx”工作表，选中数据透视表区域中任意单元格，在“数据透视表字段”导航窗格相应的区域中单击需要删除的字段，如“求和项:销售数量”字段，在快捷菜单中选择“删除字段”选项。

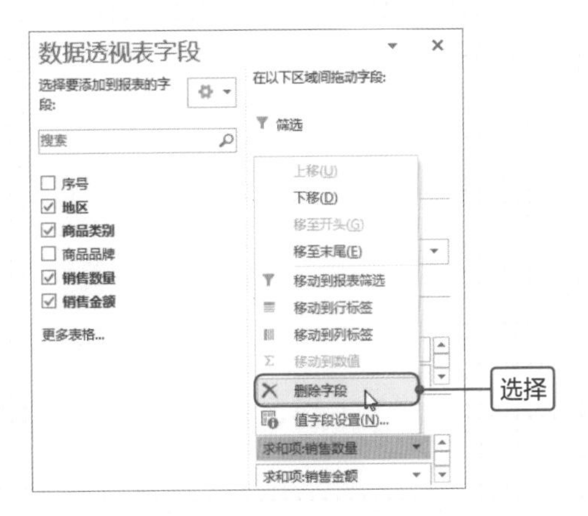

Tips 快捷菜单删除字段

也可以通过快捷菜单删除字段，右击需要删除的字段，在快捷菜单中选择“删除'求和项:销售数量'”选项，即可将选中字段删除。

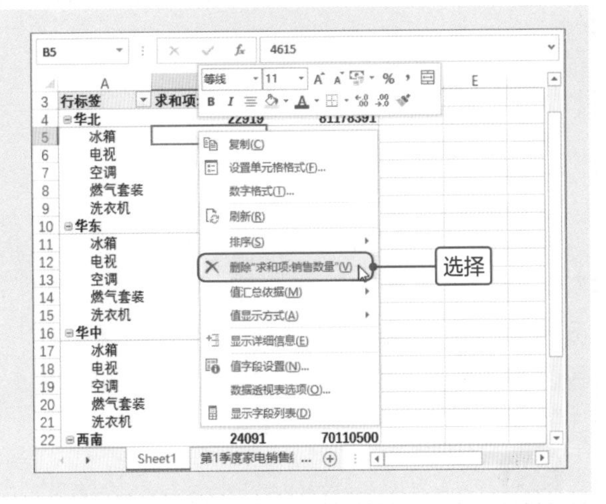

步骤02 返回工作表中可见“求和项:销售数量”字段的相关数据被删除。

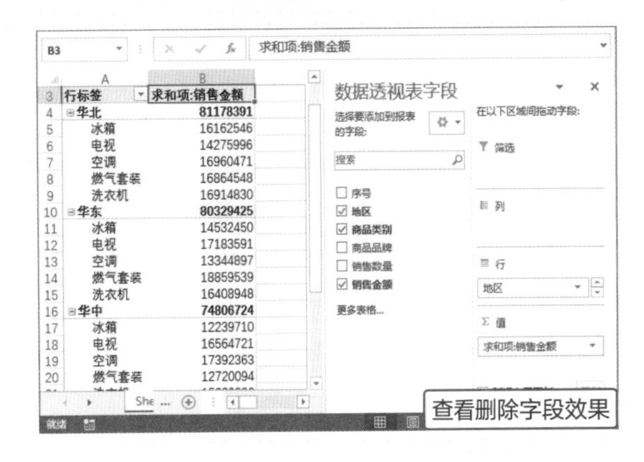

● 展开/折叠活动字段

数据透视表中使用多个字段时，活动字段存在主次关系，通过展开或折叠字段可以满足用户在不同情况下分析数据。本案例中将对“地区”和“商品类别”字段进行展开或折叠操作，下面介绍具体操作方法。

步骤01 打开“展开折叠活动字段.xlsx”工作表，选择数据透视表中需要折叠的字段所在的任意单元格，如A5单元格，切换至“数据透视表-工具”选项卡，单击“活动字段”选项组中“折叠字段”按钮。

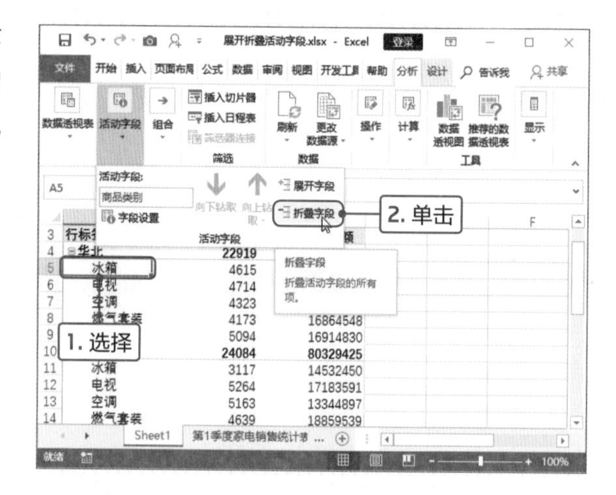

步骤02 可见所选单元格所在字段折叠起来。

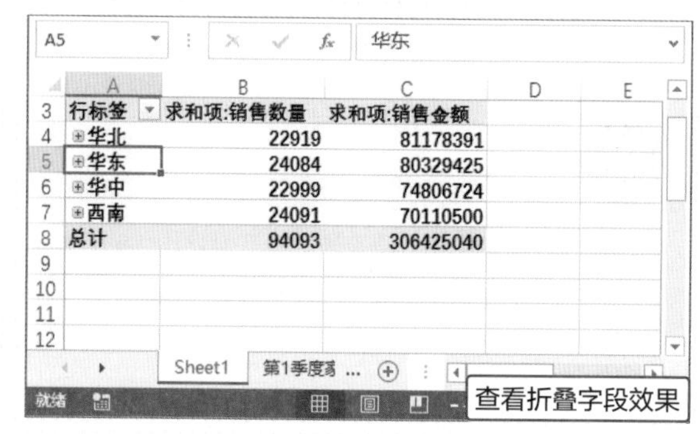

步骤03 如果需要展开字段，则选择字段所在单元格，单击“活动字段”选项组中“展开字段”按钮即可。如果需要展开部分字段时，单击需要展开字段左侧⊞按钮即可。

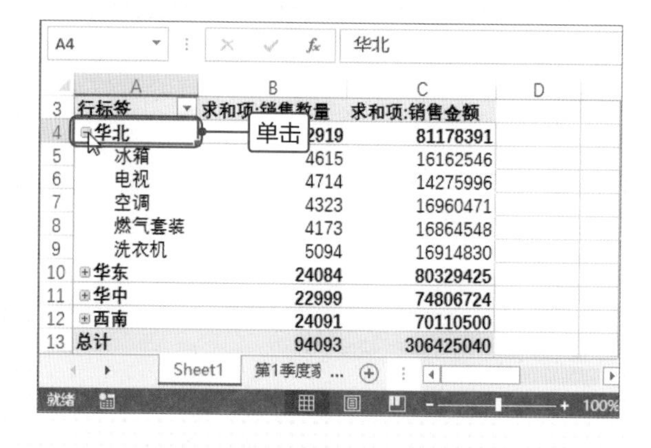

Tips 快捷菜单展开或折叠活动字段

选择需要展开或折叠的字段并右击，在快捷菜单中选择“展开/折叠”选项，在子菜单中选择相对应的命令即可。

步骤04 在本案例中还可以根据需要对“商品类别”展开显示特定的信息。选择需要展开的字段所在单元格，如A5单元格，在“活动字段”选项组中单击“展开字段”按钮。

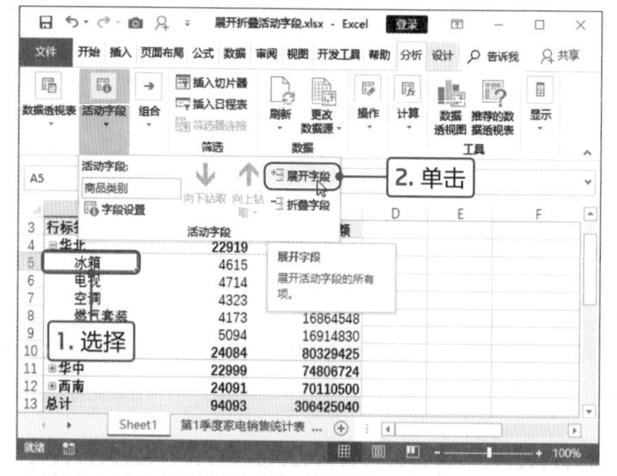

步骤05 打开“显示明细数据”对话框，在“请选择待要显示的明细数据所在的字段”列表框中选择需要显示的数据，如“商品品牌”，单击“确定”按钮。

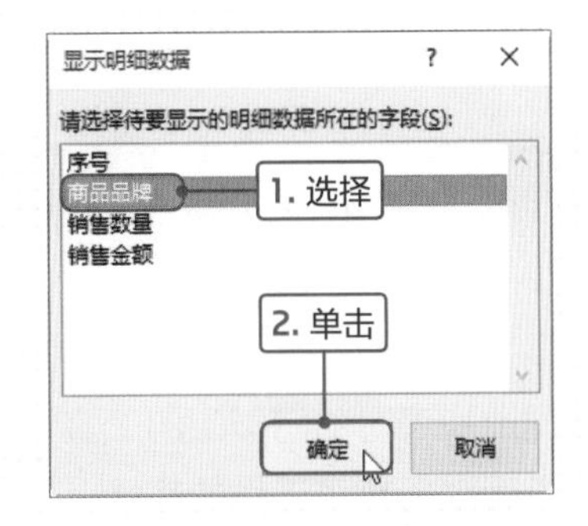

步骤06 返回工作表中，可见在所有商品类别下方显示商品品牌，并显示各品牌的销售数量和销售金额。

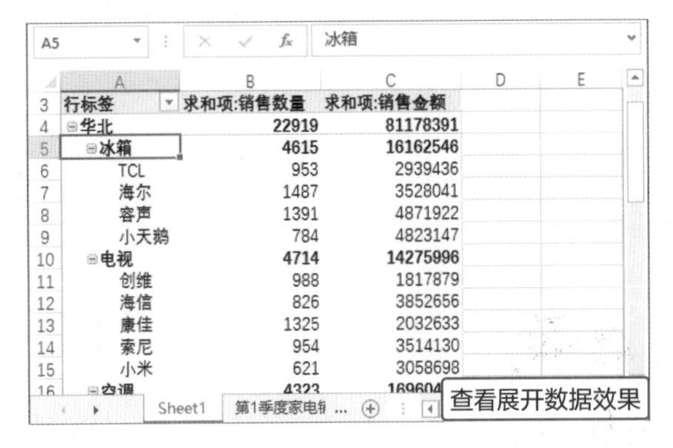

● 显示详细信息

在数据透视表的数值区域显示各行字段的汇总数据，用户可以查看这些数据的详细信息，即该数据汇总的源数据，下面介绍具体操作方法。

步骤01 打开“显示详细信息.xlsx”工作簿，在“数据透视表”工作表中选择C4单元格并右击，在弹出的快捷菜单中选择“显示详细信息”选项。

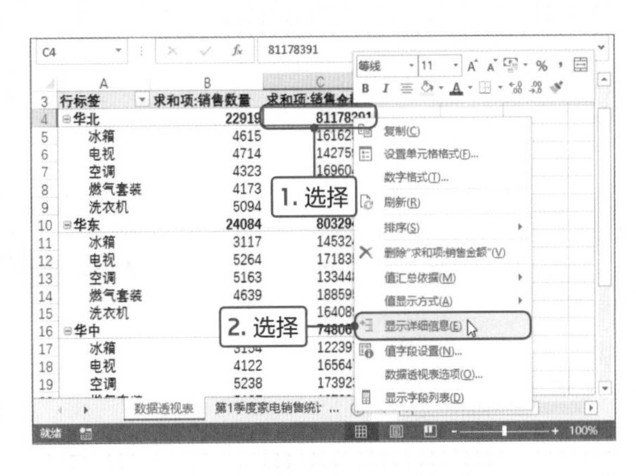

步骤02 可见新建工作表，并显示华北区销售金额汇总的所有源数据。选中F2:F25单元格区域，则在状态栏中显示求和为81178391，和C4单元格中的数值是一致的。

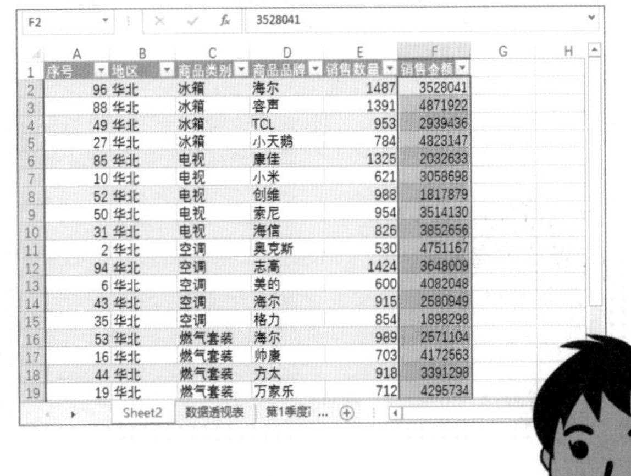

Tips 快速显示详细信息

除了上述方法外，还可以选中需要显示详细信息的单元格，然后双击即可。

分析员工基本工资表

企业为了合理管理员工的工资，需要对员工的基本工资按部门进行分析。历历哥肩负起该项工作重任，他想使用数据透视表对部门员工的工资进行汇总，然后对数据进行相应的分析。历历哥把想法传达给小蔡，小蔡立刻有了工作的热情，便主动承担此次任务，他打开电脑接收文件，开始投入工作。

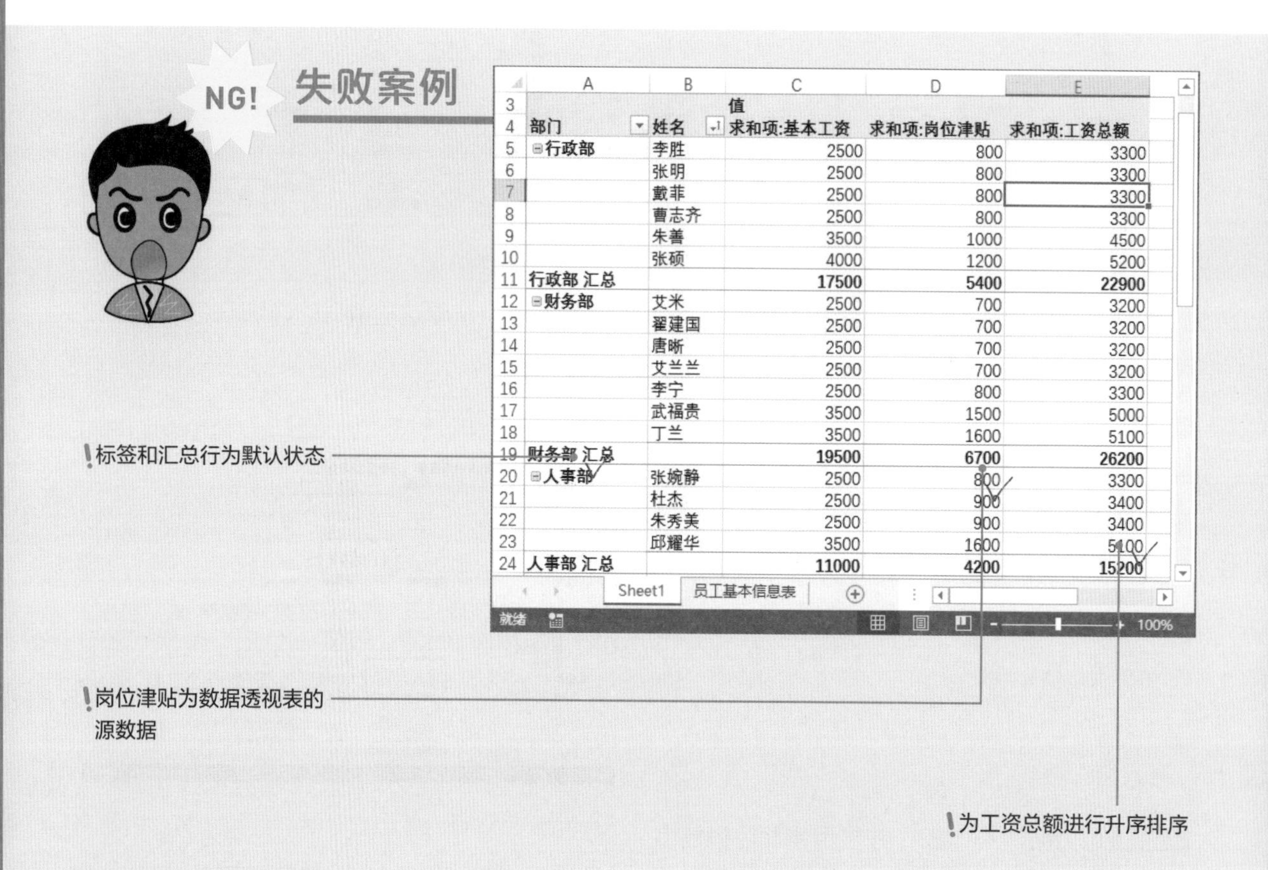

	A	B	C	D	E
3			值		
4	部门	姓名	求和项:基本工资	求和项:岗位津贴	求和项:工资总额
5	⊟行政部	李胜	2500	800	3300
6		张明	2500	800	3300
7		戴菲	2500	800	3300
8		曹志齐	2500	800	3300
9		朱善	3500	1000	4500
10		张硕	4000	1200	5200
11	行政部 汇总		17500	5400	22900
12	⊟财务部	艾米	2500	700	3200
13		翟建国	2500	700	3200
14		唐晰	2500	700	3200
15		艾兰兰	2500	700	3200
16		李宁	2500	800	3300
17		武福贵	3500	1500	5000
18		丁兰	3500	1600	5100
19	财务部 汇总		19500	6700	26200
20	⊟人事部	张婉静	2500	800	3300
21		杜杰	2500	900	3400
22		朱秀美	2500	900	3400
23		邱耀华	3500	1600	5100
24	人事部 汇总		11000	4200	15200

小蔡根据统计的数据创建数据透视表，在表格中各种关键的字段都显示，效果还可以，但有几处需要改进。首先，没有对数据透视表的标签和汇总行设置格式，表格不够美观，不方便查看数据；其次，值区域都显示源数据，很难比较各部门所占总工资的多少；最后，对工资总额进行排序，没有突出重要的数据。

MISSION! 2

数据透视表和普通表格相比最大的区别在于可以方便更改表格的布局，还可以以不同形式显示数值，但二者也有很多相同之处，如都可以填充底纹、设置文字的格式以及应用条件格式等。用户在使用数据透视表分析数据的时候，可以和普通表格的功能联系起来，会得到意想不到的效果。

成功案例 OK!

	A	B	C	D	E
3			值		
4	部门	姓名	求和项:基本工资	求和项:岗位津贴	求和项:工资总额
5	⊟行政部	曹志齐	2500	2.00%	3300
6		戴菲	2500	2.00%	3300
7		李胜	2500	2.00%	3300
8		张明	2500	2.00%	3300
9		张硕	4000	3.00%	5200
10		朱善	3500	2.50%	4500
11	行政部 汇总		17500	13.48%	22900
12	⊟财务部	李宁	2500	2.00%	3300
13		艾兰兰	2500	1.75%	3200
14		艾米	2500	1.75%	3200
15		丁兰	3500	3.99%	5100
16		唐晰	2500	1.75%	3200
17		武福贵	3500	3.74%	5000
18		翟建国	2500	1.75%	3200
19	财务部 汇总		19500	16.72%	26200
20	⊟人事部	朱秀美	2500	2.25%	3400
21		杜杰	2500	2.25%	3400
22		邱耀华	3500	3.99%	5100
23		张婉静	2500	2.00%	3300
24	人事部 汇总		11000	10.48%	15200

Sheet2 Sheet5 员工基本信! ... 就绪 100%

为工资总额应用条件格式

以百分比形式显示岗位津贴的比例

为标签和汇总设置底纹

小蔡总结经验对数据透视表进行修改，整体更美观，数据显示更有条理。首先，他为标签和汇总行填充不同颜色，可以明显区分数据不同的区域，方便查看汇总的值；其次，设置岗位津贴的数值以百分比的形式显示，可以很清楚地查看各部分所占的比例；最后，为工资总额应用条件格式，可以突出显示某区域的数值。

Point 1 设置值的显示方式

创建数据透视表后，值的默认显示方式与源数据一致，用户也可以通过“值显示方式”功能更灵活地显示数据。在本案例中需要将“求和项:岗位津贴”的值以百分比方式显示，下面介绍具体操作方法。

1

打开“员工基本工资表.xlsx”工作表，选中表格内任意单元格，切换至“插入”选项卡，单击“表格”选项组中“数据透视表”按钮。

2

在打开的对话框中单击“确定”按钮，创建空白数据透视表。在“数据透视表字段”导航窗格中依次勾选“部门”、“姓名”、“基本工资”、“岗位津贴”和“工资总额”复选框，即可完成数据透视表的创建。

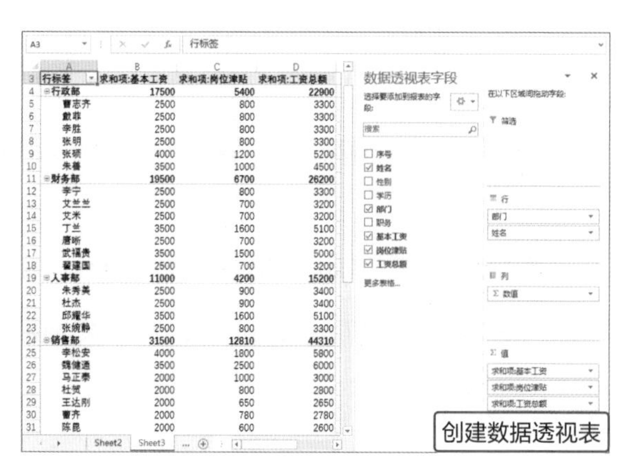

3

返回工作表中，选中“求和项:岗位津贴”列任意单元格，如C5单元格，切换至“数据透视表工具-分析”选项卡，单击“活动字段”选项组中“字段设置”按钮。

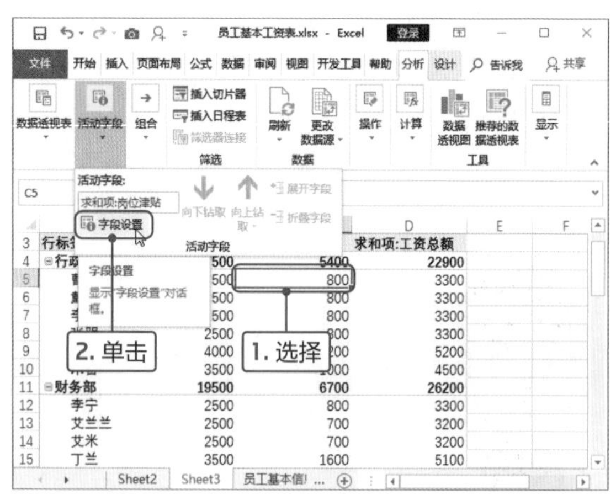

4

打开“值字段设置”对话框，切换至“值显示方式”选项卡，单击“值显示方式”右侧下三角按钮，在列表中选择“列汇总的百分比”选项，然后单击“确定”按钮。

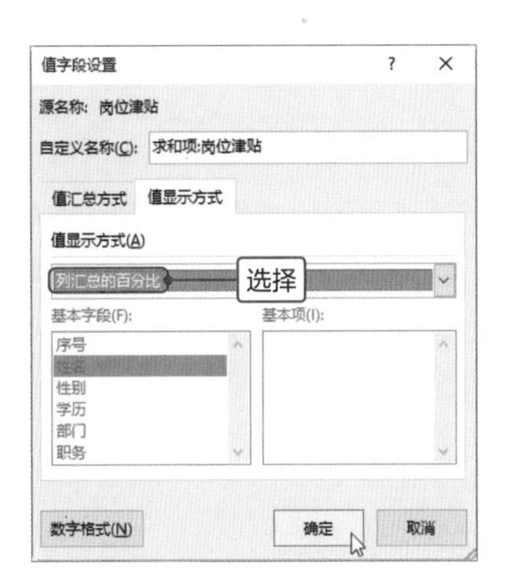

5

返回工作表中，可见“求和项:岗位津贴”的值都以百分比的形式显示，可以清楚地显示各部分的岗位津贴占总岗位津贴的百分比。

Tips 值显示方式简介

下面以表格形式介绍值显示方式的功能。

选项	功能介绍
无计算	数据区域的值为数据透视表的原始数据
总计的百分比	占数据透视表中所有值总计的百分比
列汇总的百分比	每个数据占该列所有项总和的百分比
行汇总的百分比	每个数据占该行所有项总和的百分比
百分比	基本字段中基本项的值的百分比
父行汇总的百分比	每个数据占该行父级项总和的百分比
父列汇总的百分比	每个数据占该列父级项总和的百分比
父级汇总的百分比	每个数据占该列和行父级项总和的百分比
差异	数据区域字段与基本字段和基本项的差值
差异百分比	数据区域字段显示为与基本字段项的差异百分比
按某一字段汇总	数据区域字段显示为基本字段项的汇总
按某一字段汇总的百分比	数据区域字段显示为基本字段项的汇总百分比
升序排列	数据区域字段显示为按升序排列的序号
降序排列	数据区域字段显示为按降序排列的序号

Point 2 为数据透视表应用条件格式

数据透视表和普通工作表一样都可以应用条件格式，在应用条件格式之前需要进行相关设置。本案例中对“求和项:工资总额”的数值突出显示大于4000的数值，其中汇总的数值除外，下面介绍具体操作方法。

1

选择数据透视表中任意单元格，切换至“数据透视表工具-分析”选项卡，单击“数据透视表”选项组中“选项”按钮。

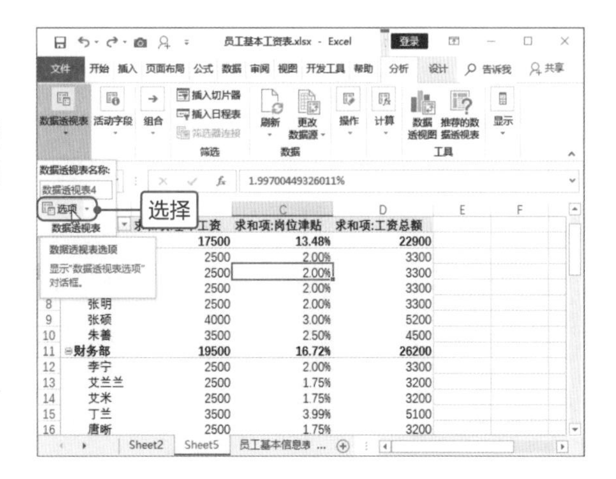

2

打开“数据透视表选项”对话框，切换至“显示”选项卡，勾选“经典数据透视表布局(启用网格中的字段拖放)”复选框，然后单击“确定”按钮。

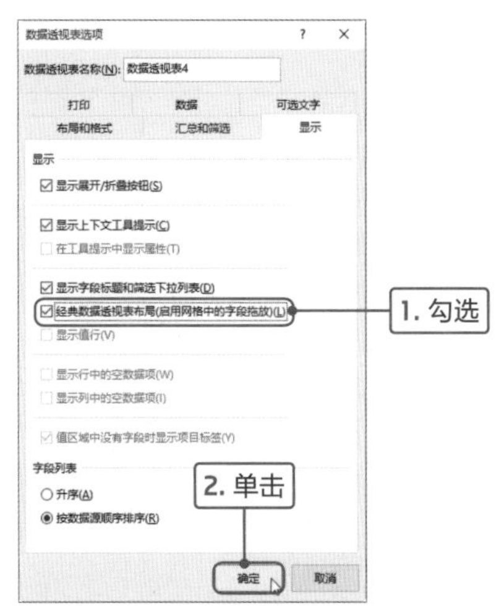

3

返回数据透视表中，可见数据透视表切换至经典数据透视表布局。

	A	B	C	D	E
3			值		
4	部门	姓名	求和项:基本工资	求和项:岗位津贴	求和项:工资总额
5	⊟行政部	曹志齐	2500	2.00%	3300
6		戴菲	2500	2.00%	3300
7		李胜	2500	2.00%	3300
8		张明	2500	2.00%	3300
9		张硕	4000	3.00%	5200
10		朱善	3500	2.50%	4500
11	行政部 汇总		17500	13.48%	22900
12	⊟财务部	李宁	2500	2.00%	3300
13		艾兰兰	2500	1.75%	3200
14		艾米	2500	1.75%	3200
15		丁兰	3500	3.99%	5100
16		唐晰	2500	1.75%	3200
17		武福贵	3500	3.74%	5000
18		翟建国	2500	1.75%	3200
19	财务部 汇总		19500	16.72%	26200
20	⊟人事部	朱秀美	2500	2.25%	3400

查看经典数据透视表布局

Tips 拖放字段改变数据透视表的布局

转换为经典数据透视表布局后，选中某字段所在的单元格，将光标移至边框时出现4个方向的箭头，按住鼠标左键在网格内进行拖放即可改变数据透视表布局。

4

选择数据透视表中任意单元格，切换至“数据透视表工具-设计”选项卡，单击“布局”选项组中“分类汇总”下三角按钮，在列表中选择“不显示分类汇总”选项。

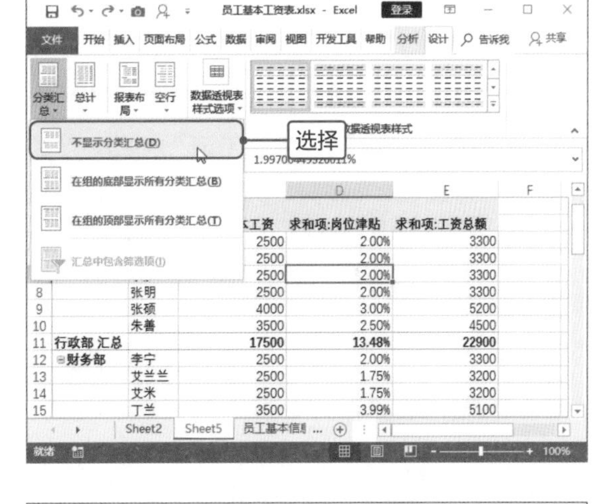

5

返回工作表中，可见各部门汇总的数据不显示。然后选择E5:E46单元格区域，切换至“开始”选项卡，单击“样式”选项组中“条件格式”下三角按钮，在列表中选择“新建规则”选项。

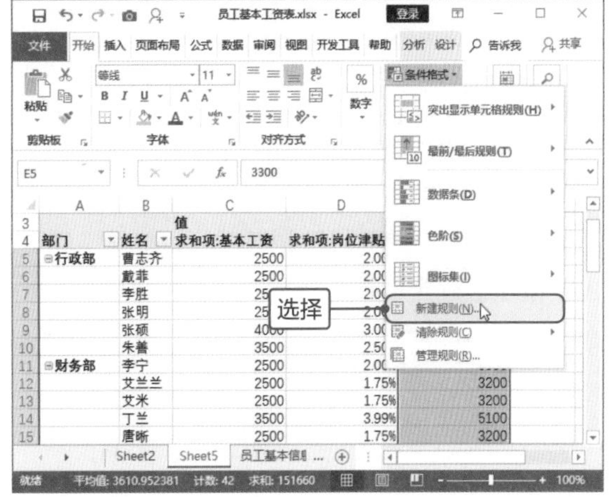

6

打开“新建格式规则”对话框，在“选择规则类型”区域中选择“使用公式确定要设置格式的单元格”选项，在“为符合此公式的值设置格式”文本框中输入公式“=E5>4000”，单击“格式”按钮。

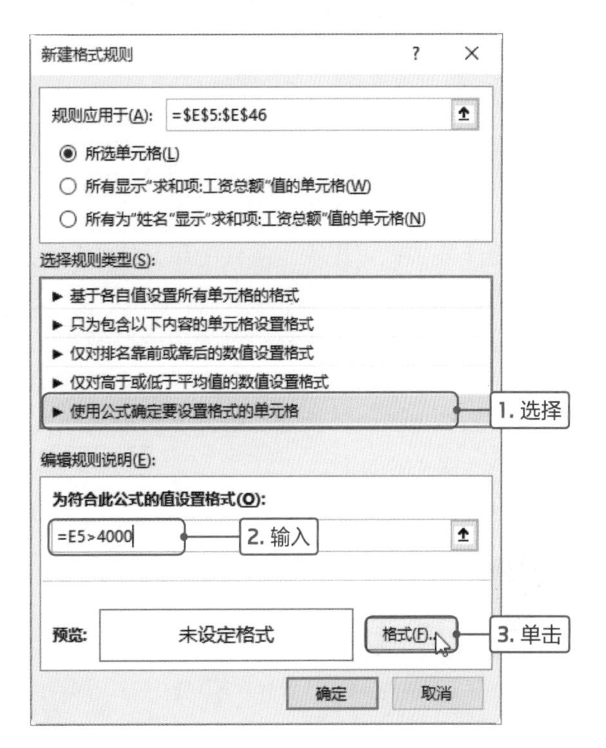

7

打开“设置单元格格式”对话框，切换至“字体”选项卡，设置字形为“加粗”，单击“颜色”下三角按钮，在列表中选择合适的颜色，如红色。

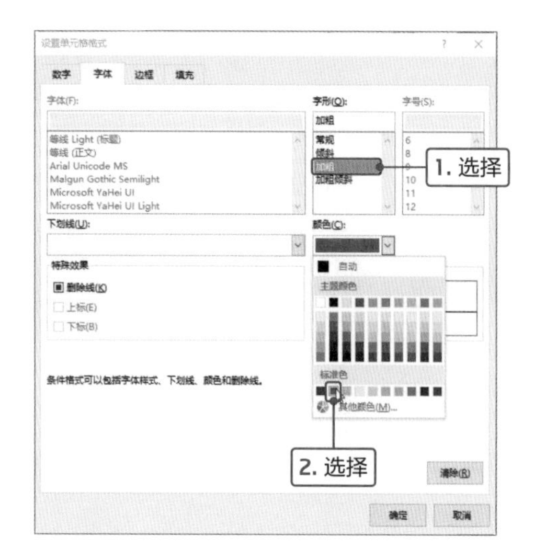

8

切换至“填充”选项卡，设置填充的颜色，然后单击“确定”按钮，返回“新建格式规则”对话框，在“预览”区域可以预览设置的格式，单击“确定”按钮。

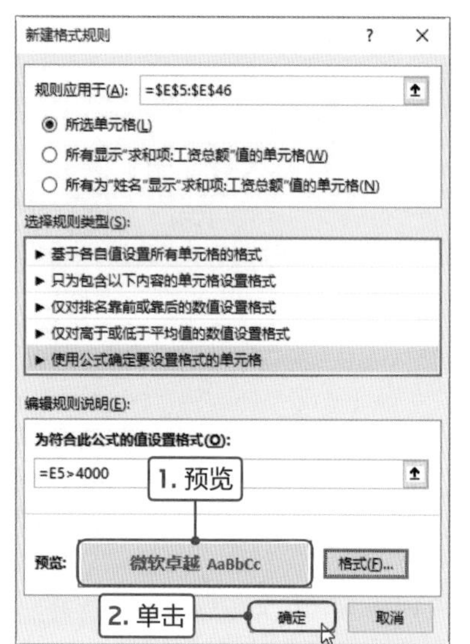

9

返回工作表中，可见满足条件的单元格均应用了设置的格式。切换至“数据透视表工具-设计”选项卡，单击“布局”选项组中“分类汇总”下三角按钮，在列表中选择“在组的底部显示所有分类汇总”选项，查看为数据透视表应用条件格式的效果。

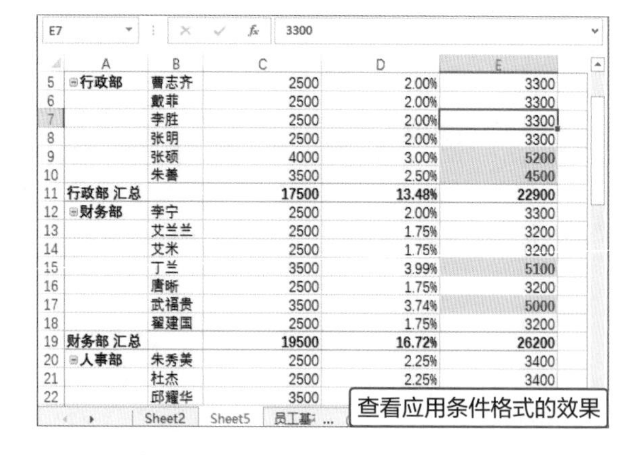

Tips 为数据透视表应用其他条件格式

可以根据Part 1任务03中“高效办公”的知识为数据透视表应用不同的条件格式，如果不包含汇总的数据，根据本案例的方法必须先将其隐藏，此处不再详细介绍其他条件格式的应用方法。

Point 3 为标签和汇总行设置底纹

数据透视表创建完成后，默认情况下只有标题行填充浅蓝色，用户可以为标签和汇总行设置底纹，方便查看数据，下面介绍具体操作方法。

1

选择数据透视表中任意单元格，切换至“数据透视表工具-分析”选项卡，单击“操作”选项组中“选择”下三角按钮，在列表中选择“整个数据透视表”选项。

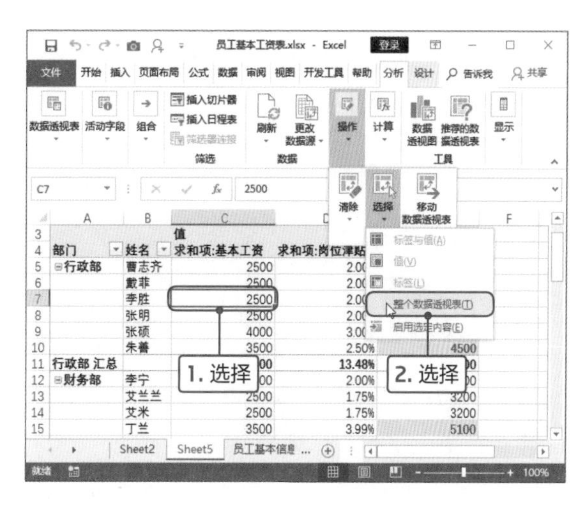

2

此时选中了整个数据透视表，同时激活“选择”列表中的各项功能。再次单击“选择”下三角按钮，在列表中选择“标签”选项。

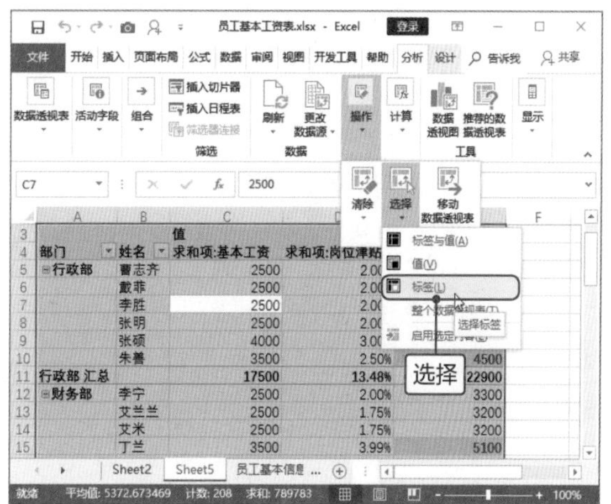

3

返回工作表中，可见只选中数据透视表的标签部分。然后切换至“开始”选项卡，单击“字体”选项组中“底纹”下三角按钮，在列表中选择合适的颜色，如浅绿色。

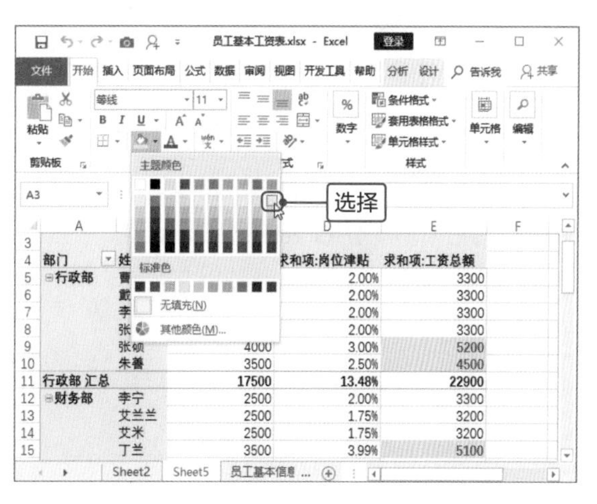

4

返回工作表中，可见数据透视表的标签部分的单元格区域填充了选定的颜色。为了展示整体效果，折叠部分字段。

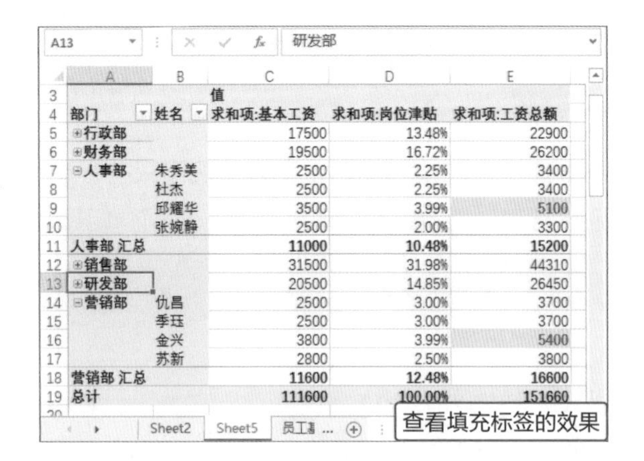

5

在数据透视表中选择任意部门的汇总单元格区域，如A11:E11单元格区域，然后在“操作”选项组中单击“选择”下三角按钮，在列表中选择“启用选定内容”选项。

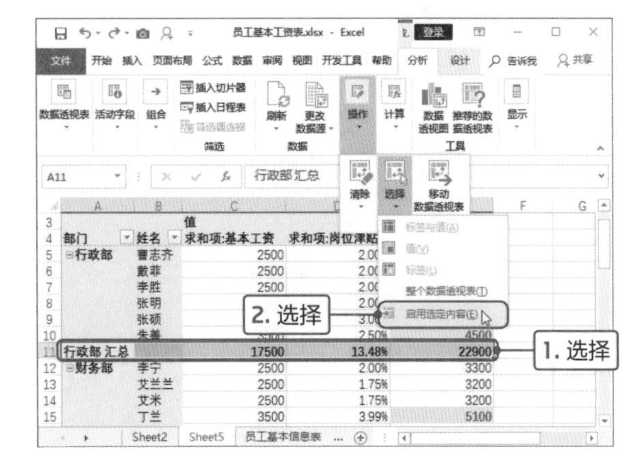

6

可见在数据透视表中各部门的汇总行均被选中，然后切换至“开始”选项卡，单击“字体”选项组中“底纹”下三角按钮，在列表中选择合适的颜色，如深绿色。

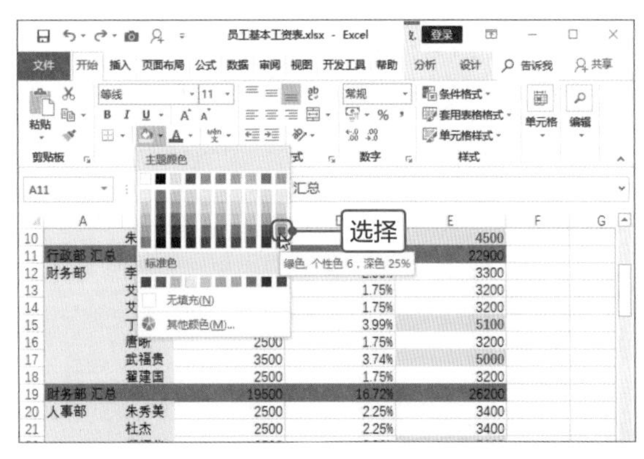

7

在“字体”选项组中可以设置字体和字号，设置完成后查看数据透视表的效果。

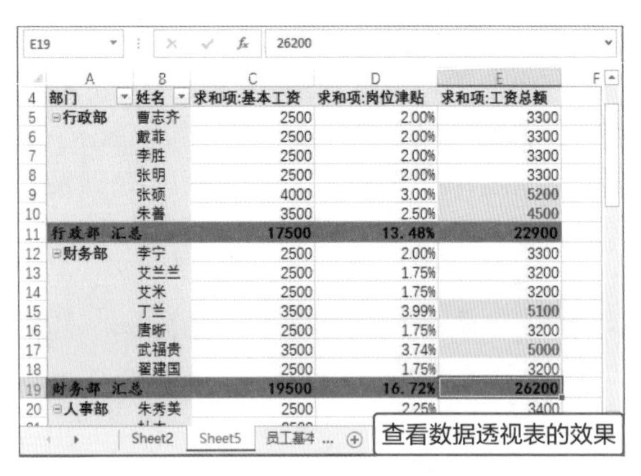

高效办公

分页显示各部门数据

在数据透视表中有筛选功能，可以按某字段筛选出相关数据，但它们都是在同一页面中显示的，用户可以使用“显示报表筛选页”功能按某字段将相关数据进行分页显示。本案例根据部门字段将各部门相关数据进行分页显示，下面介绍具体操作方法。

步骤01 打开“分页显示各部门数据.xlsx”工作簿，选择数据透视表中任意单元格，在“数据透视表字段”导航窗格中将“部门”字段拖曳至“筛选”区域中。

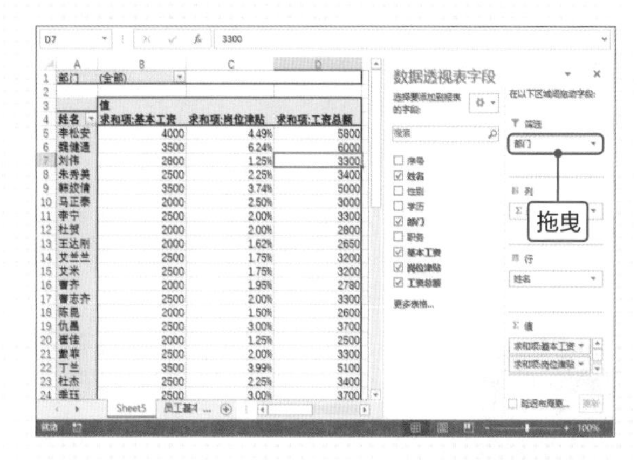

步骤02 切换至“数据透视表工具-分析”选项卡，单击“数据透视表”选项组中“选项”下三角按钮，在列表中选择“显示报表筛选页”选项。

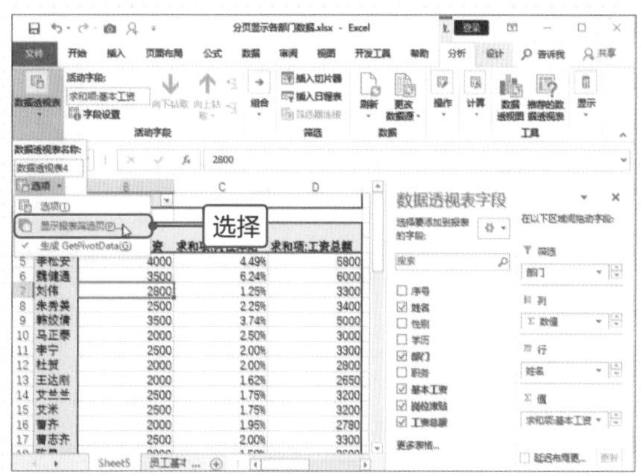

步骤03 打开“显示报表筛选页”对话框，在“选定要显示的报表筛选页字段”列表框中选择“部门”字段，单击“确定”按钮。

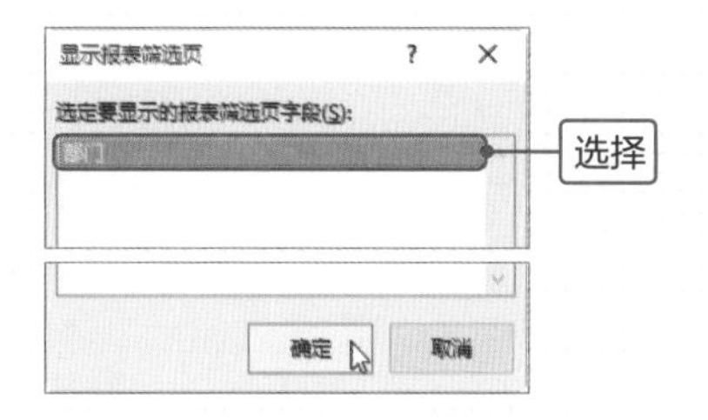

步骤04 返回工作表中，可见在不同的工作表中显示不同部门的数据信息，工作表以部门名称命名。

数据动态分析篇

分析各季度手机销量统计表

年底将至，企业按季度统计各品牌手机的销售数量，为了明年更好发展，需要对各品牌的销售数量进行比较。历历哥召集他的智囊团，讨论如何制作各季度手机销量统计表。小蔡自从学了数据透视表后就迷恋上了，他主动分析数据并发言，建议使用数据透视表根据需要汇总数据，并且随时可以调整数据。讨论结束后小蔡毛遂自荐承担该工作。

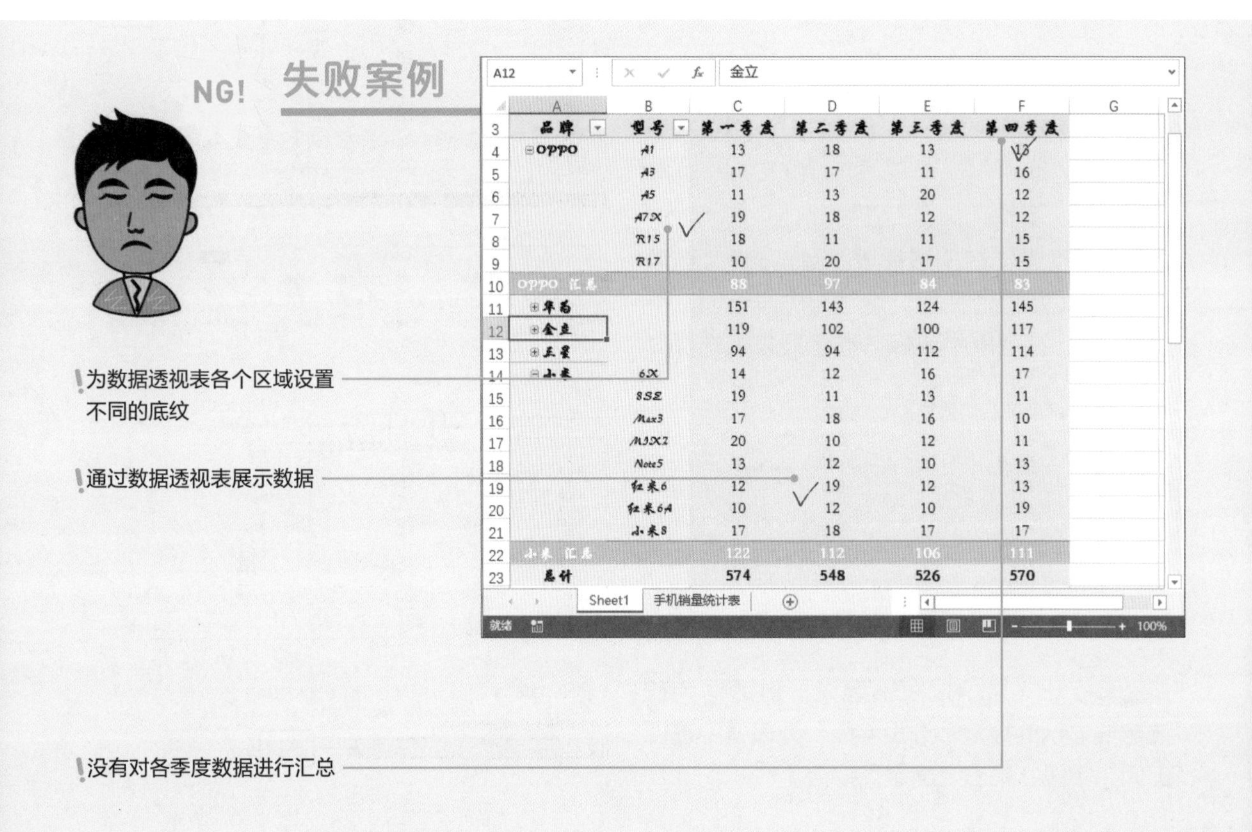

品牌	型号	第一季度	第二季度	第三季度	第四季度
OPPO	A1	13	18	13	13
	A3	17	17	11	16
	A5	11	13	20	12
	A7X	19	18	12	12
	R15	18	11	11	15
	R17	10	20	17	15
OPPO 汇总		88	97	84	83
华为		151	143	124	145
金立		119	102	100	117
三星		94	94	112	114
小米	6X	14	12	16	17
	8SE	19	11	13	11
	Max3	17	18	16	10
	MIX2	20	10	12	11
	Note5	13	12	10	13
	红米6	12	19	12	13
	红米6A	10	12	10	19
	小米8	17	18	17	17
小米 汇总		122	112	106	111
总计		574	548	526	570

小蔡根据统计的数据创建数据透视表，并为数据透视表各个区域设置不同的底纹，方便查看数据，但是使用数据透视表颜色过多，显得过于花哨。表中只显示四个季度的销量，没有对数据进行汇总，不方便比较各品牌的总销量。最后，仅使用数据透视表形式展示数据，不够直观，无法展示各品牌销量的比较。

数据透视表创建完成之后，用户还可以根据需要添加计算字段，可以更加全面地分析数据。数据透视图也是数据的一种表现形式，它是以图形的形式直观地展示数据，非常适合对复杂数据的展示。为了使用数据透视表和数据透视图更好地展示和分析数据，还可以对其进行美化操作，如应用数据透视表样式、设置数据透视图颜色等。

成功案例

OK!

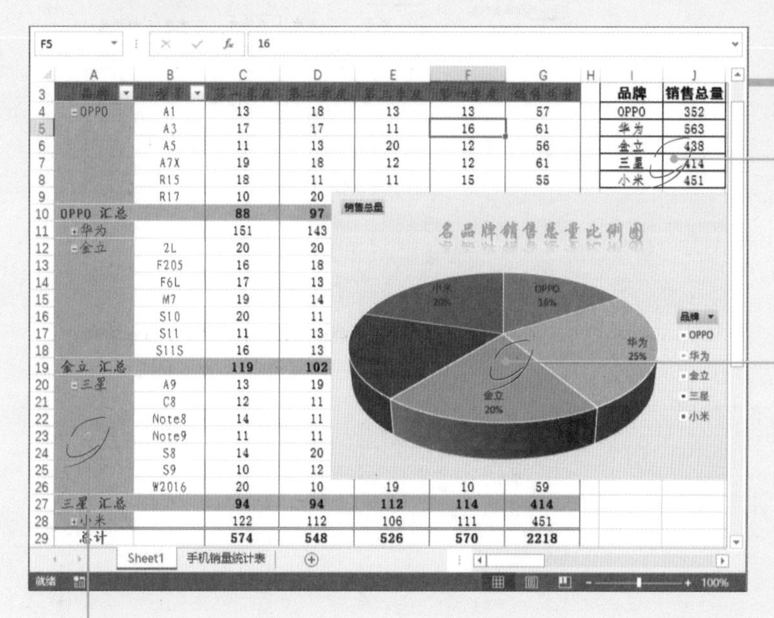

对各季度数量进行汇总，并提取各品牌的销售总量

通过数据透视表和数据透视图展示数据

应用数据透视表样式美化表格

小蔡通过进一步学习，对数据透视表进行修改，为数据透视表应用预设的样式，并适当设置字体格式，使其美观、简洁、大方。他为数据透视表添加“销售总量”字段并进行汇总，又提取各品牌的总销量，使数据更加全面。最后，添加数据透视图，图文并茂地展示数据，并显示各品牌所占的比例。

Point 1 添加计算项统计总销量

计算项是指通过对原有字段进行计算，在数据透视表插入新的计算字段。在本案例中，在数据透视表中添加“销量总数”字段并汇总四个季度的销量，下面介绍具体操作方法。

1

打开“各季度手机销量统计表.xlsx”工作簿，选中表格任意单元格，切换至“插入”选项卡，单击“表格”选项组中“数据透视表”按钮。

2

在打开的对话框中单击“确定”按钮，创建空白数据透视表。在“数据透视表字段”导航窗格中依次勾选“品牌”、“型号”和四个季度的复选框，即可完成数据透视表的创建。

行标签	求和项:一季度	求和项:二季度	求和项:三季度	求和项:四季度
⊟OPPO	88	97	84	83
A1	13	18	13	13
A3	17	17	11	16
A5	11	13	20	12
A7X	19	18	12	12
R15	18	11	11	15
R17	10	20	17	15
⊟华为	151	143	124	145
7C	20	14	17	19
8X	18	14	14	17
9i	14	19	18	15
P20	17	18	10	15
Play	15	15	10	16
V10	11	20	15	15
畅享8	18	11	16	19
麦芒5	19	16	13	17
荣耀10	19	16	11	12
⊟金立	119	102	100	117
2L	20	20		

3

切换至“数据透视表工具-设计”选项卡，单击“布局”选项组中“报表布局”下三角按钮，在列表中选择“以表格形式显示”选项。

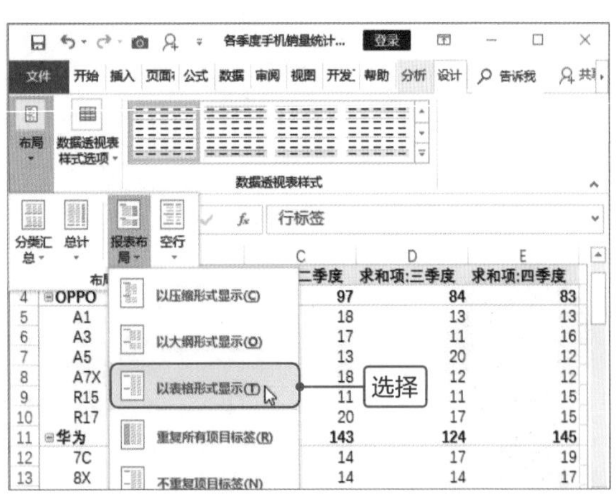

Tips 数据透视表的报表布局

Excel为数据透视表提供三种报表布局，分别为“以压缩形式显示”、“以大纲形式显示”和“以表格形式显示”。

4

选择数据透视表任意单元格，切换至“数据透视表工具-分析”选项卡，单击“计算”选项组中“字段、项目和集”下三角按钮，在下拉列表中选择“计算字段”选项。

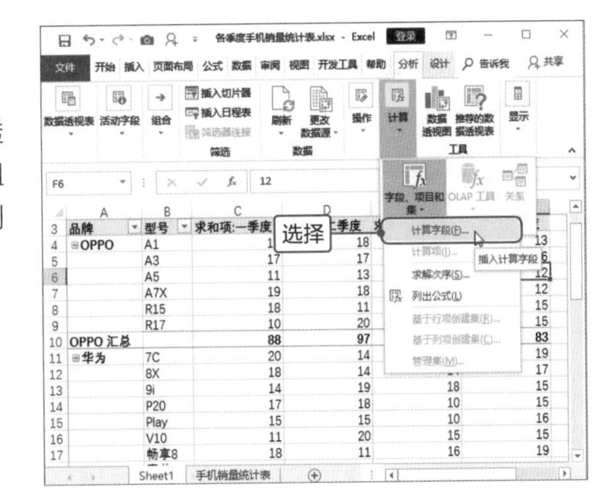

5

打开“插入计算字段”对话框，在“名称”文本框中输入“销量总数”，在“公式”文本框中输入“=一季度+二季度+三季度+四季度”，最后单击“确定”按钮。

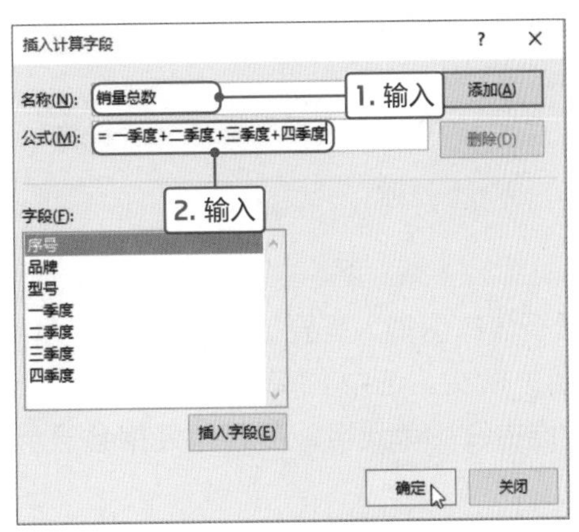

6

返回数据透视表中，可见在G列添加“求和项:销量总数”字段，并计算出各品牌不同型号的总销量。然后对值字段进行重命名。

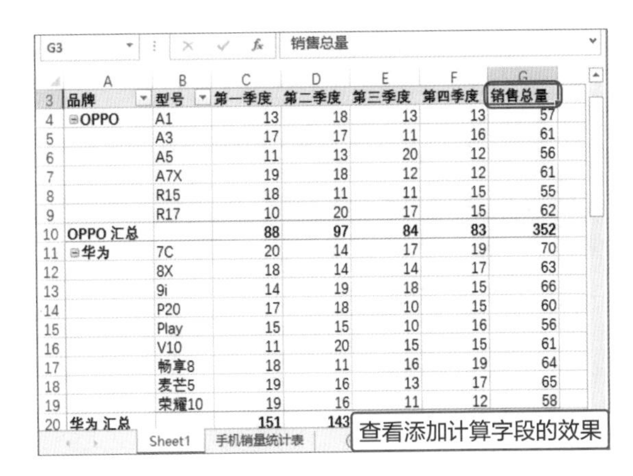

Tips 查看计算字段的公式

在数据透视表中插入了计算字段和计算项后，可以提取计算字段的公式。在“数据透视表工具-分析”选项卡中，单击“计算”选项组中“字段、项目和集”下三角按钮，在列表中选择“列出公式”选项，即可在新工作表中显示计算公式。

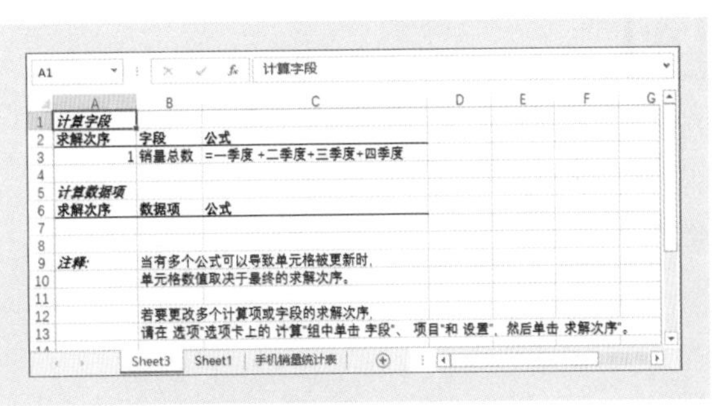

Point 2 提取各品牌的销售总量

用户可以使用函数从数据透视表中提取指定的数据，在本案例中需要提取出各品牌的销售总量，下面介绍具体操作方法。

1

选择数据透视表中任意单元格，切换至“数据透视表工具-分析”选项卡，单击“数据透视表”选项组中“选项”下三角按钮，在列表中选择“生成GetPivotData”选项。

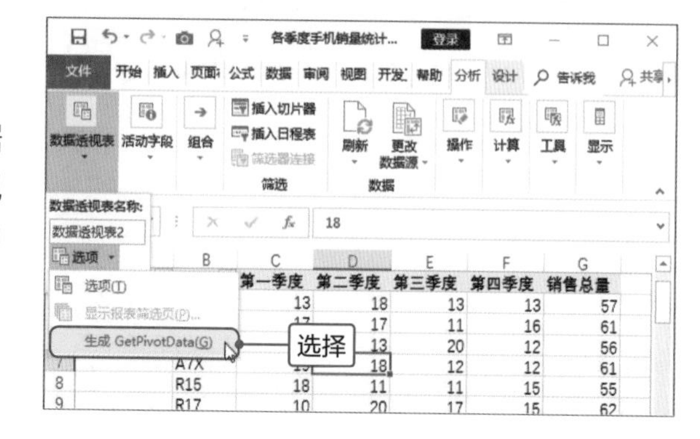

2

在数据透视表右侧输入需要提取数据的字段，并设置相关格式。选中J4单元格，然后输入“=”，再选中G10单元格，在J4单元格会显示相关公式。

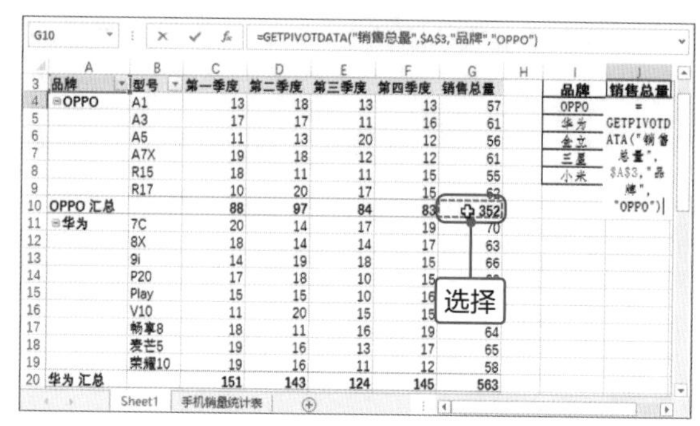

3

在编辑栏中选择品牌的名称，注意同时选中品牌名称外侧的引号，然后单击I4单元格，公式中最后一个参数变为I4。

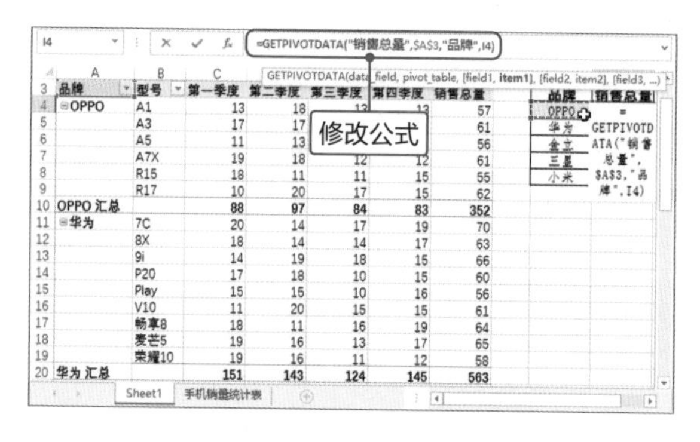

4

按Enter键执行计算，然后将公式向下填充至J8单元格，即可完成提取各品牌的销售总量的数据。

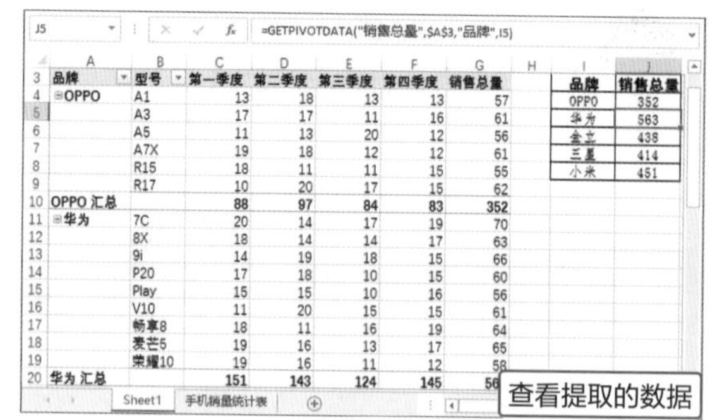

Point 3 创建数据透视图

数据透视表创建完成后，用户可以再创建数据透视图，通过图形的方式展示数据。本案例中需要以饼图的形式展示各品牌的销售总量的比例，下面介绍具体操作方法。

1

选择数据透视表中任意单元格，切换至“数据透视表工具-分析”选项卡，单击“操作”选项组中“选择”下三角按钮，在列表中选择“整个数据透视表”选项。

2

即可选中整个数据透视表，然后按Ctrl+C组合键进行复制，在工作表中选择需要粘贴的位置，如L3单元格，按Ctrl+V组合键即可复制该数据透视表。

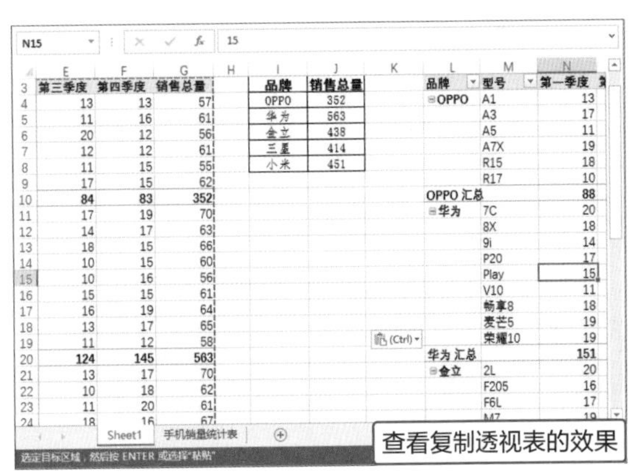

3

选择复制的数据透视表，打开“数据透视表字段”导航窗格，删除相关字段，只保留“品牌”和“销售总量”。

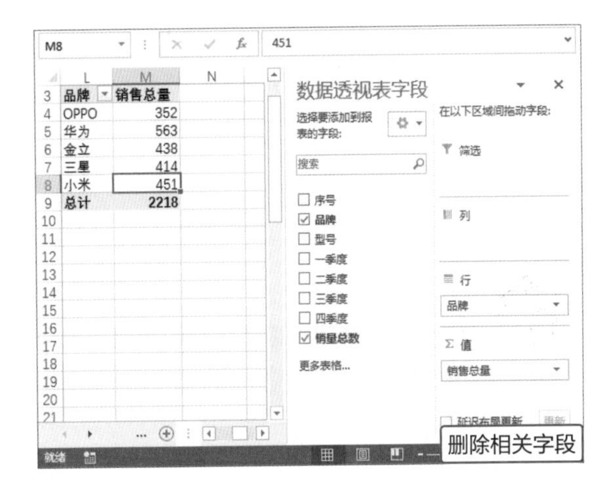

4

选择复制的数据透视表中任意单元格，切换至“数据透视表工具-分析”选项卡，单击“工具”选项组中“数据透视图”按钮。

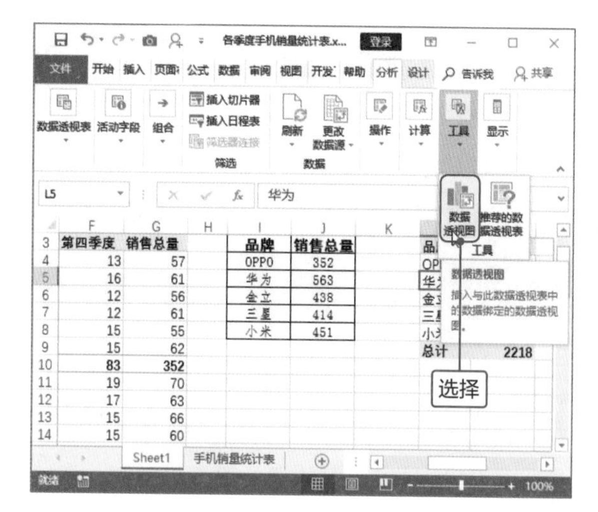

5

打开“插入图表”对话框，在“所有图表”列表框中选择“饼图”选项，在右侧选择“三维饼图”图表类型，然后单击“确定”按钮。

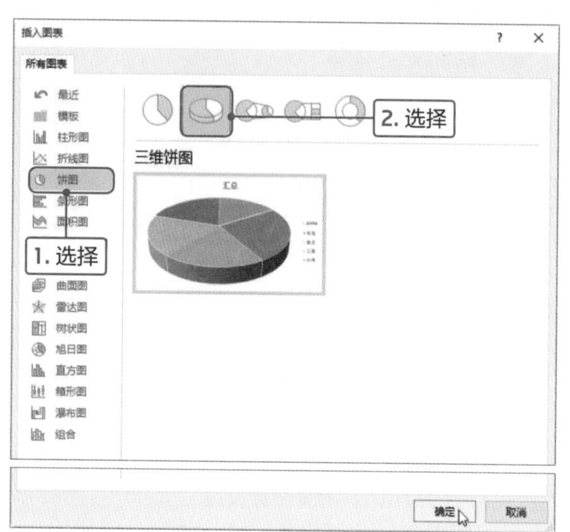

6

返回工作表中，可见插入了选中的饼图，只显示各品牌。

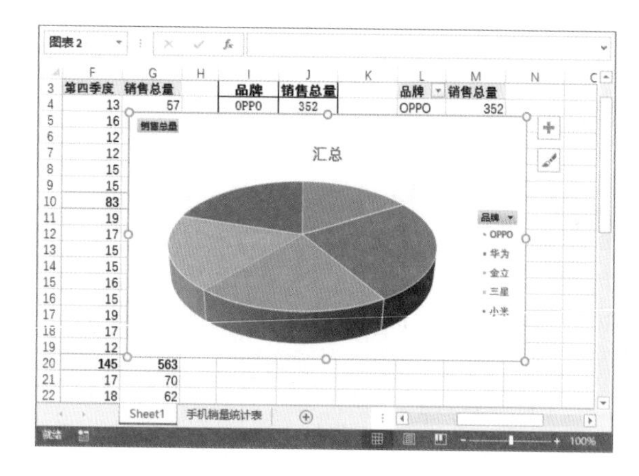

Tips 同时创建数据透视表和数据透视图

用户也可以根据数据区域同时创建数据透视表和数据透视图，选择数据区域任意单元格，切换至“插入”选项卡，单击“图表”选项组中“数据透视图”下三角按钮，在列表中选择“数据透视图和数据透视表”选项，在打开的对话框中单击“确定”按钮，即可创建空白的数据透视图和数据透视表，在“数据透视图字段”导航窗格中设置字段即可。

7

选中创建的数据透视图，切换至“数据透视图工具-设计”选项卡，单击“图表布局”选项组中“添加图表元素”下三角按钮，在列表中选择“数据标签>数据标签内”选项。

8

选择添加的数据标签并右击，在弹出的快捷菜单中选择“设置数据标签格式”选项，打开“设置数据标签格式”导航窗格，在“标签选项”选项区域中勾选“类别名称”和“百分比”复选框。

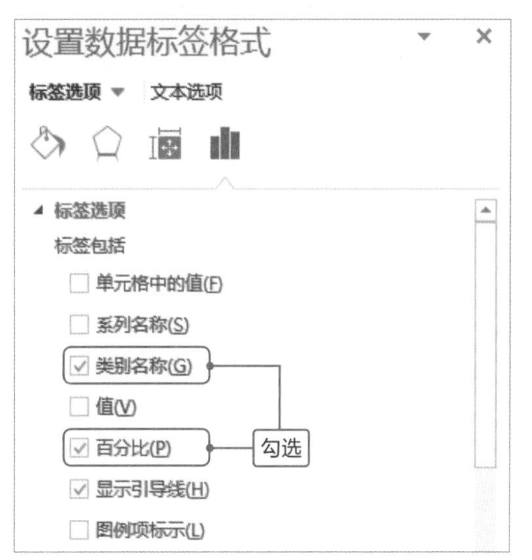

9

可见饼图中相应的扇区显示品牌和百分比数据，然后在标题框中输入标题。

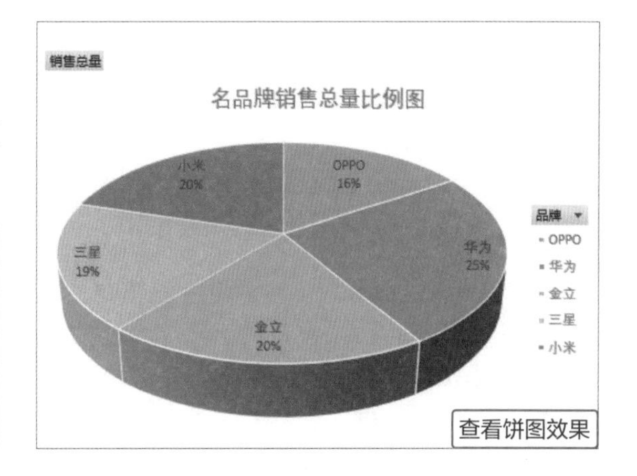

Tips 设置数据透视图格式

细心的用户会发现“数据透视图工具”的“设计”和“格式”选项卡中的参数和“图表工具”的“设计”和“格式”选项卡中的参数相同，因此可以根据Part 4中设置图表格式的方法设置数据透视图的格式。

Tips 数据透视图和图表的区别

数据透视图和图表从外观上区别不大，但在功能和使用方面有着较大的区别。

- 图表可以链接到工作表中的单元格中，数据透视图则基于数据透视表中几种数据类型。
- 图表在允许的情况下可以使用所有图表类型，数据透视图则不支持XY散点图、股价图和气泡图。

Point 4 美化数据透视表/图

数据透视表和数据透视图创建完成后，用户可以对其进行美化操作，如应用数据透视表样式、设置字体或者为数据透视图设置数据系列颜色、形状样式等。下面介绍具体操作方法。

1

选择数据透视表中任意单元格，切换至“数据透视表工具-设计”选项卡，单击“数据透视表样式”选项组中“其他”按钮，在打开的样式库中选择合适的样式。

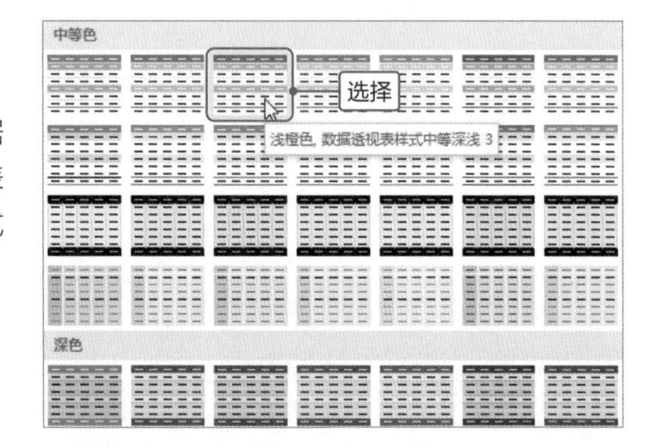

2

返回工作表中，可见数据透视表应用了选中的样式。根据之前所学知识，选择数据透视表标签，在“字体”选项组中设置文字的字体、颜色和字号。

	A	B	C	D	E	F	G
3	[illegible]	[illegible]	[illegible]	[illegible]	[illegible]	[illegible]	[illegible]
4	-OPPO	A1	13	18	13	13	57
5		A3	17	17	11	16	61
6		A5	11	13	20	12	56
7		A7X	19	18	12	12	61
8		R15	18	11	11	15	55
9		R17	10	20	17	15	62
10	OPPO 汇总		88	97	84	83	352
11	-华为	7C	20	14	17	19	70
12		8X	18	14	14	17	63
13		9i	14	19	18	15	66
14		P20	17	18	10	15	60
15		Play	15	15	10	16	56
16		V10	11	20	15	15	61
17		畅享8	18	11	16	19	64
18		麦芒5	19	16	13	17	65
19		荣耀10	19	16	11	12	58
20	华为 汇总		151	143	124	145	563
21	-金立	2L	20	20	13	17	70

Sheet1 手机销量统计表 ...

就绪

设置标签格式

3

选择A3:G3单元格区域，设置文字的格式，并加粗显示。然后选择值单元格区域，在“字体”选项组中设置字体为“仿宋”，颜色为黑色。

F7 12

	A	B	C	D	E	F	G
3	[illegible]	[illegible]	[illegible]	[illegible]	[illegible]	[illegible]	[illegible]
4	-OPPO	A1	13	18	13	13	57
5		A3	17	17	11	16	61
6		A5	11	13	20	12	56
7		A7X	19	18	12	12	61
8		R15	18	11	11	15	55
9		R17	10	20	17	15	62
10	OPPO 汇总		**88**	**97**	**84**	**83**	**352**
11	-华为	7C	20	14	17	19	70
12		8X	18	14	14	17	63
13		9i	14	19	18	15	66
14		P20	17	18	10	15	60
15		Play	15	15	10	16	56
16		V10	11	20	15	15	61
17		畅享8	18	11	16	19	64
18		麦芒5	19	16	13	17	65
19		荣耀10	19	16	11	12	58
20	华为 汇总		**151**	**143**	**124**	**145**	**563**
21	-金立	2L	20	20	13	17	70

Sheet1 手机销量统计表

就绪 100%

设置值区域格式

Tips 像普通表格一样设置样式

在为数据透视表应用样式时，可以像为普通表格应用格式一样，也可以在“开始”选项卡的“样式”选项组中单击“套用表格格式”下三角按钮，在列表中选择合适的表格样式。

4

切换至“数据透视表工具-设计”选项卡，在“数据透视表样式选项”选项组中勾选“镶边列”复选框，即可在每列右侧添加实线边框。

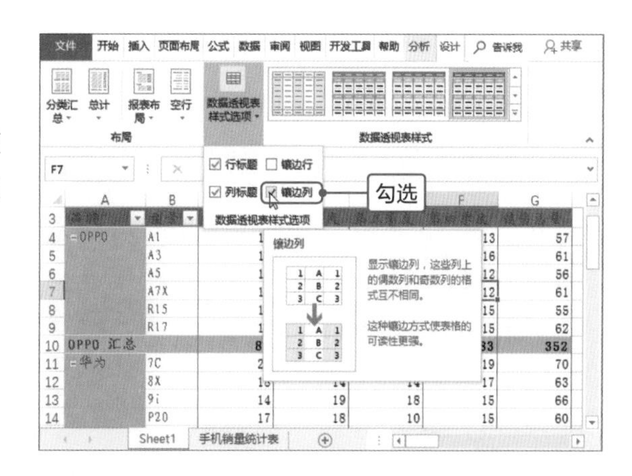

Tips 自定义数据透视表样式

如果在数据透视表样式库中没有合适的样式，也可以根据需要自定义数据透视表的样式。单击“数据透视表样式”选项组中“其他”按钮，在列表中选择“新建数据透视表样式”选项。可以在打开的“新建数据透视表样式”对话框中选择合适的表元素，单击“格式”按钮，在打开的“设置单元格格式”对话框中设置格式。最后在数据透视表样式库中选择自定义的样式即可。

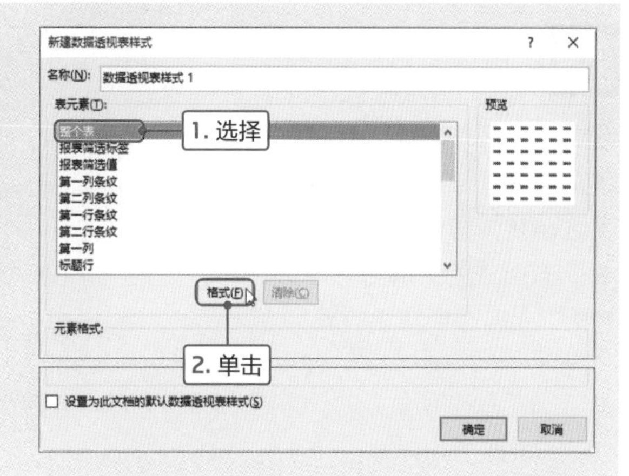

5

选择整个数据透视表区域，在“对齐方式”选项组中设置居中对齐，查看美化数据透视表的最终效果。

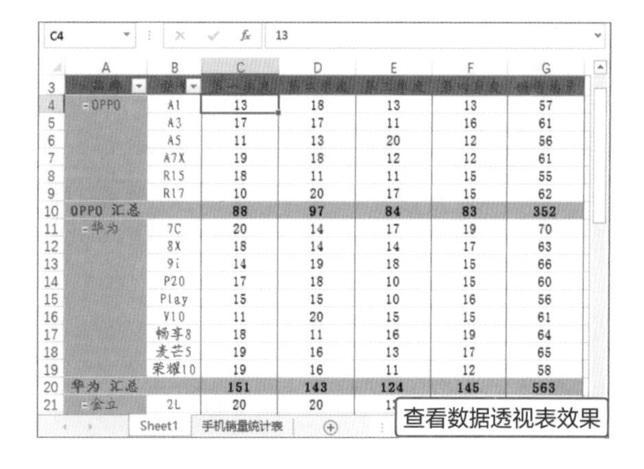

Tips 应用单元格样式

除了为数据透视表应用表格样式外，还可以应用单元格样式。选中单元格区域，切换至“开始”选项卡，在“样式”选项组中单击“单元格样式”下三角按钮，在列表中选择合适的单元格样式即可。

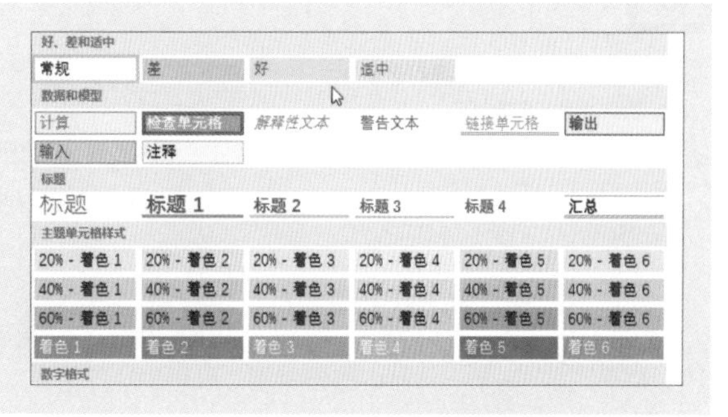

6

选中数据透视图，切换至“数据透视图工具-设计”选项卡，单击“图表样式”选项组中“更改颜色”下三角按钮，在列表中选择“彩色调色板3”选项。

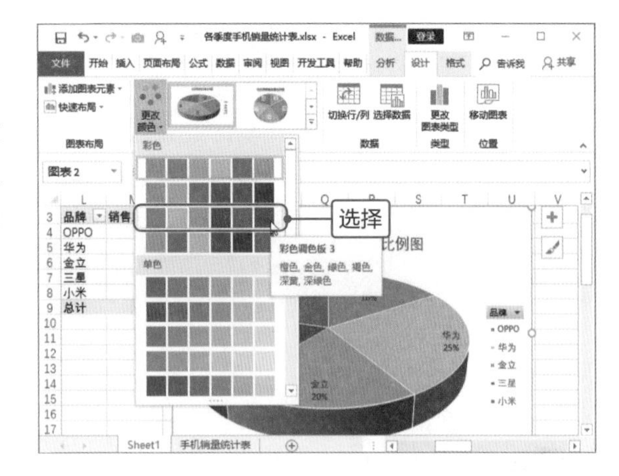

7

选择图表区并右击，在快捷菜单中选择“设置数据图表区域格式”选项，在打开的“设置图表区格式”导航窗格的“填充与线条”选项卡中，选择“渐变填充”单选按钮，设置“渐变光圈”上各颜色滑块的颜色。

8

选择标题框，设置文字的格式，切换至“数据透视图工具-格式”选项卡，单击“艺术字样式”选项组中“其他”按钮，选择映像的样式，然后打开“设置图表标题格式”导航窗格，设置映像距离为“3磅”。

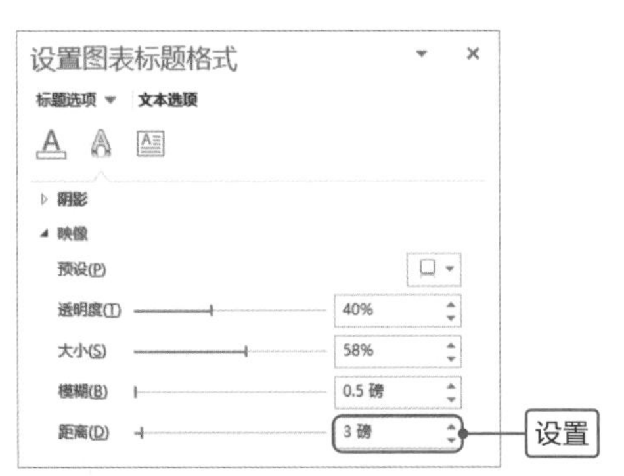

9

至此，数据透视图美化完成，查看最终效果。

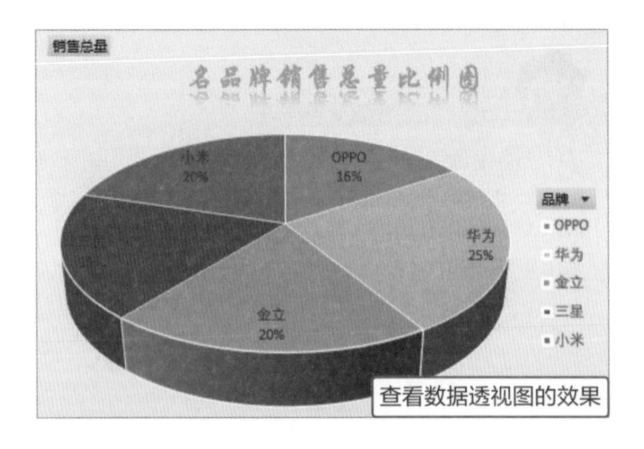

查看数据透视图的效果

高效办公

刷新数据透视表

数据透视表中的数据默认情况是不能随源数据的变化而更新的，需要通过刷新才可以更新数据。刷新数据透视表的方法分为手动刷新和自动刷新，下面介绍具体操作。

● 手动刷新

方法一：选择数据透视表中任意单元格，切换至“数据透视表工具-分析”选项卡，单击“数据”选项组中“刷新”下三角按钮，在列表中选择合适的选项即可，如下左图所示。

方法二：选择数据透视表中任意单元格并右击，在快捷菜单中选择“刷新”选项即可，如下右图所示。

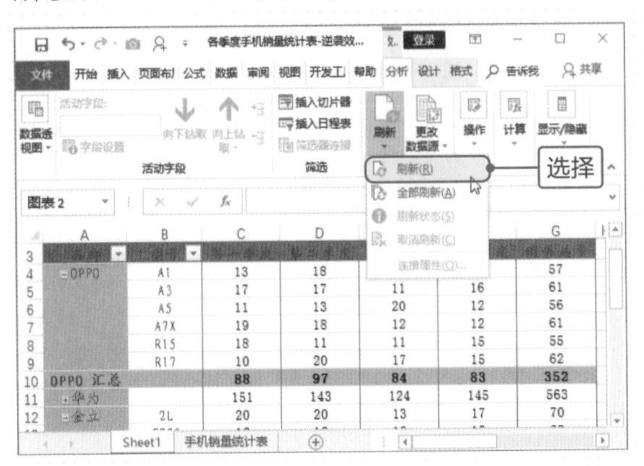

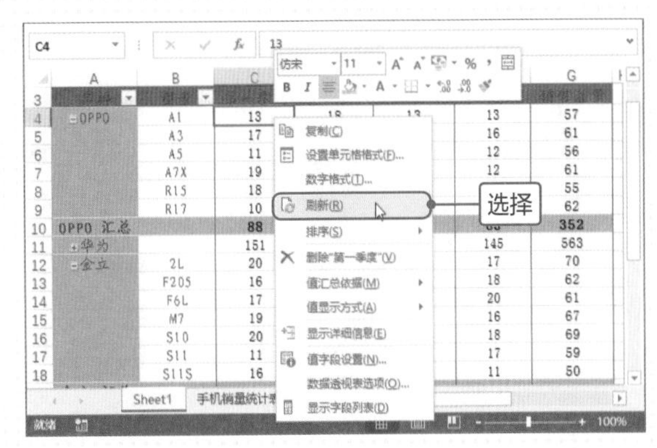

● 自动刷新

自动刷新也有两种情况，第一种是设置打开文件时自动刷新，第二种是设置定时刷新，下面介绍具体操作。

设置打开文件时自动刷新。打开数据透视表，切换至“数据透视表工具-分析”选项卡，单击“数据透视表”选项组中“选项”按钮。打开“数据透视表选项”对话框，切换至“数据”选项卡，在“数据透视表数据”选项区域中勾选“打开文件时刷新数据”复选框，单击“确定”按钮即可，如右图所示。

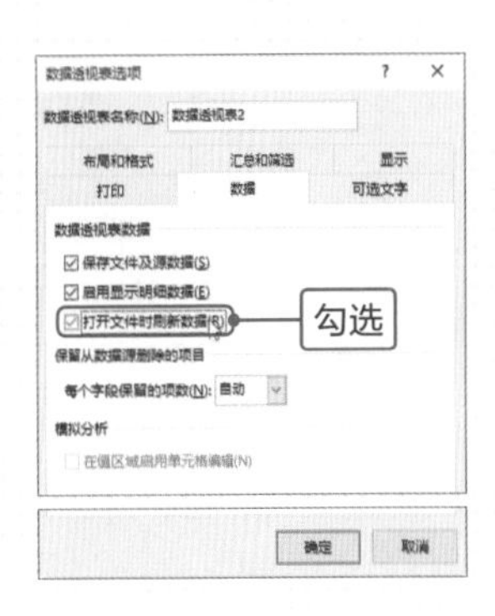

设置定时刷新数据。该方法只适用通过外部数据创建的数据透视表。选择数据透视表，切换至“数据透视表工具-分析”选项卡，单击“数据”选项组中“更改数据源”下三角按钮，选择“连接属性”选项。打开“连接属性”对话框，勾选“刷新频率”复选框，在右侧数值框中设置定时刷新的时间，单击“确定”按钮即可，如右图所示。

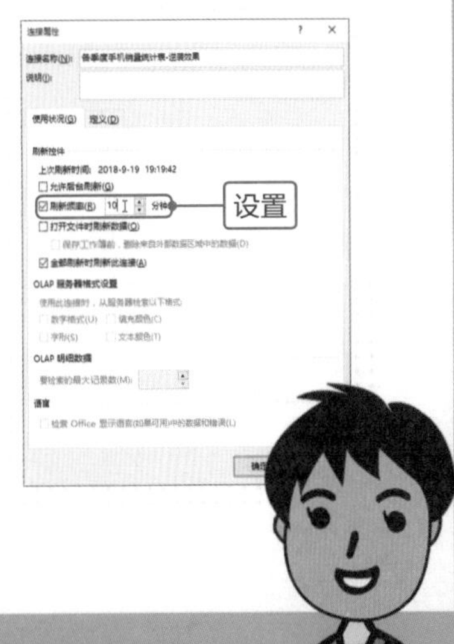

菜鸟加油站

筛选数据

筛选是数据分析中最常用的功能之一。用户通过设置筛选条件，可以快速提取出需要的信息，并隐藏无效的数据。在数据透视表中同样可以对数据进行筛选，主要通过筛选功能和切片器以及日程表完成。

● 筛选出销售总量大于65的数据

用户对各品牌不同型号手机的销售总量进行汇总后，还需要筛选出销售总量大于65的数据信息，下面介绍具体操作方法。

步骤01 打开“筛选出销售总量大于65的数据.xlsx”工作簿，在数据透视表中单击“行标签”右侧下三角按钮，在列表中单击“选择字段”下三角按钮，在列表中选择“型号”，然后再选择“值筛选>大于”选项，如下左图所示。

步骤02 打开“值筛选(型号)”对话框，在“显示符合以下条件的项目”选项区域中设置“销售总量大于65”，然后单击“确定”按钮，如下右图所示。

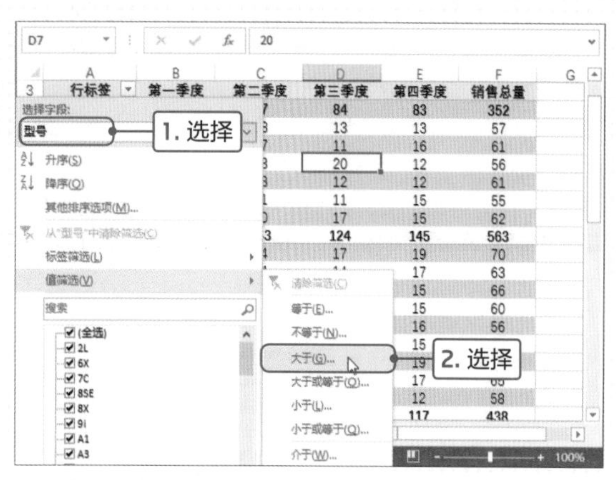

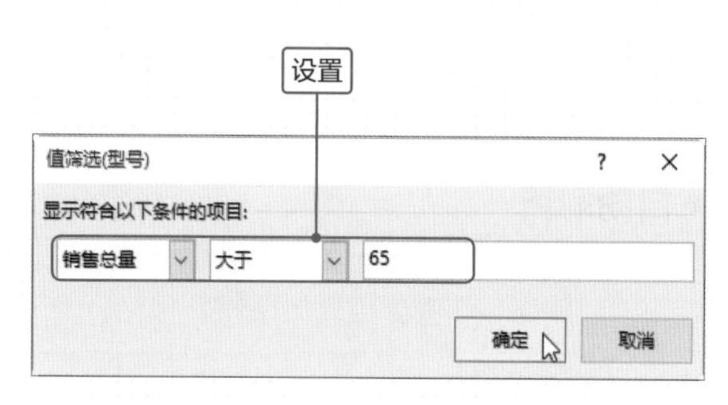

步骤03 返回工作表中，可见筛选出销售总量大于65的所有数据，如右图所示。

行标签	第一季度	第二季度	第三季度	第四季度	销售总量
⊟华为	34	33	35	34	136
7C	20	14	17	19	70
9i	14	19	18	15	66
⊟金立	59	45	51	51	206
2L	20	20	13	17	70
M7	19	14	18	16	67
S10	20	11	20	18	69
⊟三星	13	19	16	20	68
A9	13	19	16	20	68
⊟小米	17	18	17	17	69
小米8	17	18	17	17	69
总计	123	115	119	122	479

查看筛选效果

● 筛选出销售总量最多的5种手机数据

下面介绍在数据透视表中筛选出销售总量最大的5种手机数据，具体操作如下。

步骤01 打开“筛选出销售总量最多的5种手机数据.xlsx”工作簿，选中数据透视表，打开“数据透视表字段”导航窗格，删除“品牌”字段，如下左图所示。

步骤02 单击“行标签”下三角按钮，在列表中选择“值筛选>前10项”选项，如下右图所示。

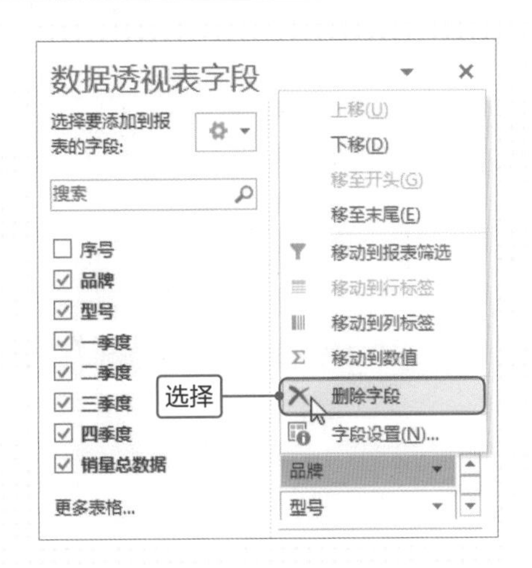

步骤03 打开“前10个筛选(型号)”对话框，在“显示”选项区域中设置“最大5项”，依据为“销售总量”，如下左图所示。

步骤04 设置完成后单击“确定”按钮，可见在数据透视表中筛选出销售总量最大的5项数据的信息，如下右图所示。

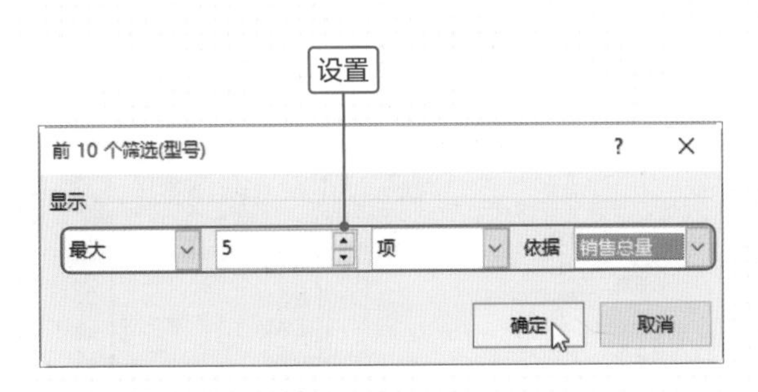

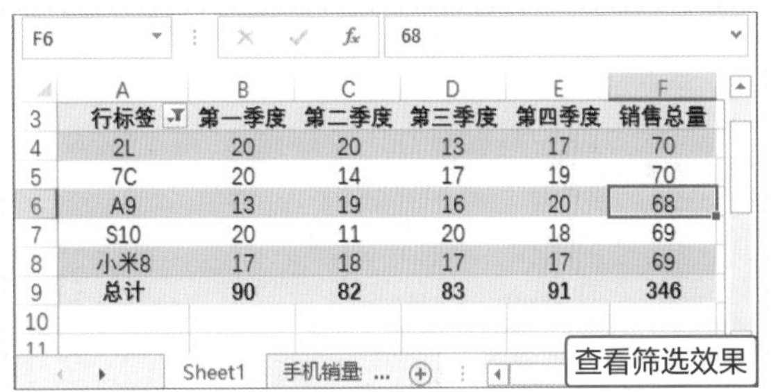

行标签	第一季度	第二季度	第三季度	第四季度	销售总量
2L	20	20	13	17	70
7C	20	14	17	19	70
A9	13	19	16	20	68
S10	20	11	20	18	69
小米8	17	18	17	17	69
总计	90	82	83	91	346

● 使用切片器筛选数据

使用切片器可以直观快速地筛选数据透视表中的数据，下面介绍插入切片器、使用切片器筛选数据、美化切片器的方法。

（1）插入切片器

用户可以根据需要插入相关字段的切片器，下面介绍插入切片器的方法。

步骤01 打开“插入切片器.xlsx”工作簿，选择数据透视表，切换至“数据透视表工具-分析”选项卡，单击“筛选”选项组中“插入切片器”按钮，如下左图所示。

步骤02 打开“插入切片器”对话框，然后勾选对应的字段的筛选框，单击“确定”按钮，如下右图所示。

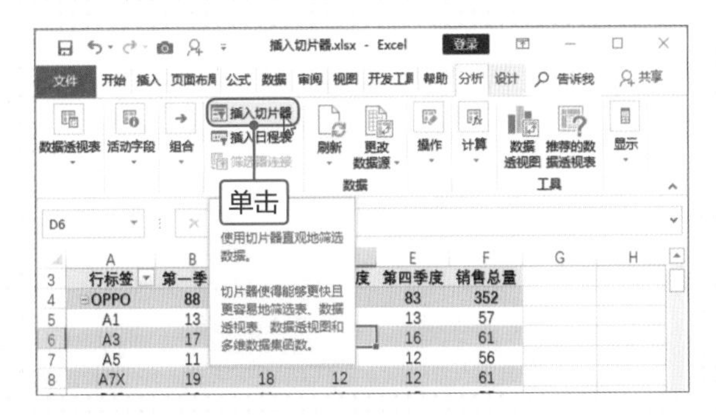

步骤03 返回工作表中，可见插入相对应的切片器，如右图所示。

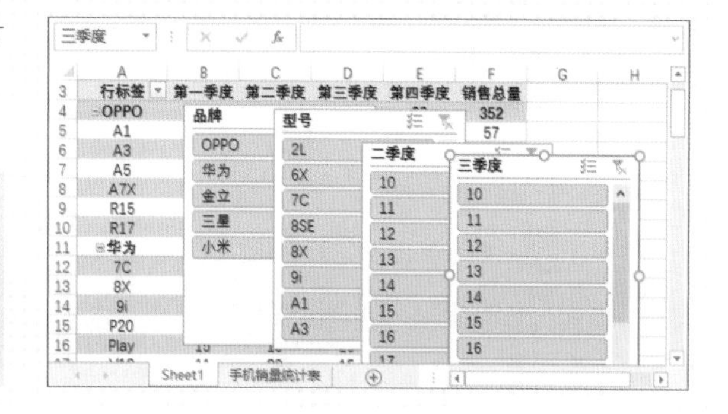

插入切片器的其他方法

还可以在“插入”选项卡的“筛选器”选项组中单击“切片器”按钮，也可以打开“插入切片器”对话框，然后设置即可。

（2）应用切片器筛选数据

切片器插入后，用户可以对数据进行筛选，具体操作如下。

步骤01 打开“应用切片器筛选数据.xlsx”工作簿，在数据透视表中可见已经插入了切片器，在“性别”切片器中单击“女”筛选按钮，即可筛选出所有女性的数据信息，如下左图所示。

步骤02 如果需要筛选出多个字段的信息，可以按住Ctrl键依次单击对应的名称即可。如在“部门”切片器中，按住Ctrl键单击“行政部”、“人事部”和“销售部”按钮，即可筛选出这三个部门的信息，如下右图所示。

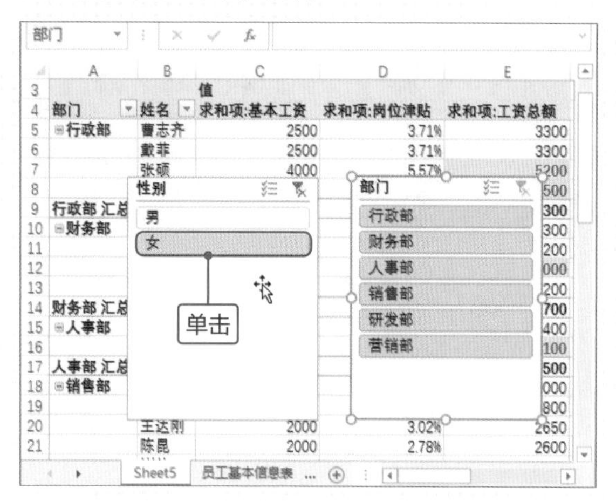

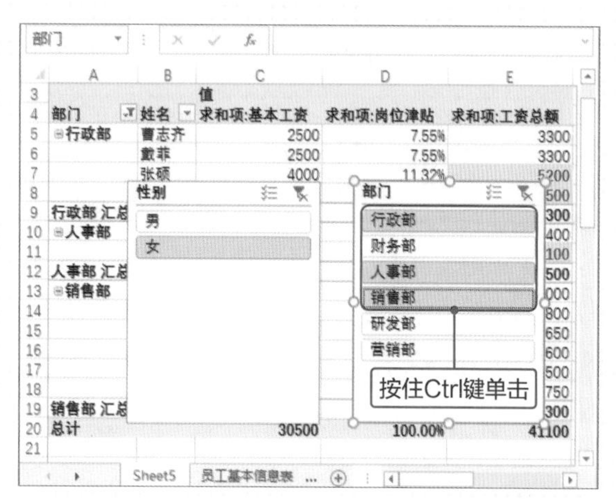

（3）通过切片器同时筛选两个数据透视表

上面案例介绍的是切片器筛选一个数据透视表的操作，用户也可以根据需要使用切片器同时筛选两个数据透视表，下面介绍具体操作方法。

步骤01 打开“通过切片器同时筛选两个数据透视表.xlsx”工作簿，在“员工基本信息表”工作表中插入两个数据透视表，并且放在同一个工作表中，如右图所示。

行标签	求和项:岗位津贴	求和项:工资总额
行政部	5400	22900
经理	1200	5200
职工	3200	13200
主管	1000	4500
财务部	6700	26200
经理	1500	5000
职工	3600	16100
主管	1600	5100
人事部	4200	15200
经理	1600	5100
职工	2600	10100
销售部	12810	44310
经理	1800	5800
职工	8510	32510
主管	2500	6000
研发部	5950	26450
经理	1500	5000
职工	3250	17250
主管	1200	4200
营销部	5000	16600
职工	3400	11200
主管	1600	5400

行标签	求和项:岗位津贴	求和项:工资总额
经理	7600	26100
男	3300	10800
女	4300	15300
职工	24560	100360
男	11110	43410
女	13450	56950
主管	7900	25200
男	4100	11100
女	3800	14100
总计	40060	151660

创建两个数据透视表

步骤02 然后选择左侧数据透视表中任意单元格，在“数据透视表工具-分析”选项卡中单击“插入切片器”按钮，插入“部门”切片，如下左图所示。

步骤03 选中插入的切片器，切换至“切片器工具-选项”选项卡，单击“切片器”选项组中“报表连接”按钮，如下右图所示。

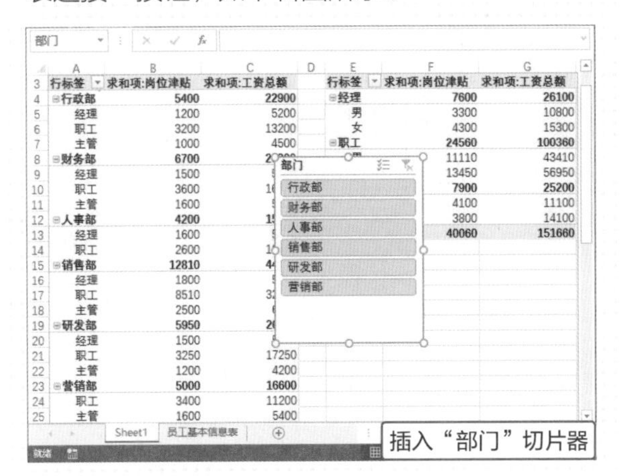

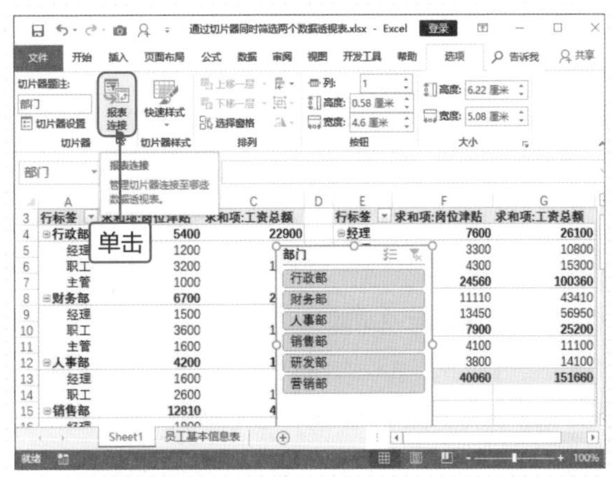

步骤04 打开“数据透视表连接(部门)”对话框，勾选“数据透视表2”复选框，单击“确定”按钮，如下左图所示。

步骤05 返回数据透视表中，按住Ctrl键单击“行政部”和“销售部”按钮，可见两个数据透视表同时筛选出相关信息，如下右图所示。

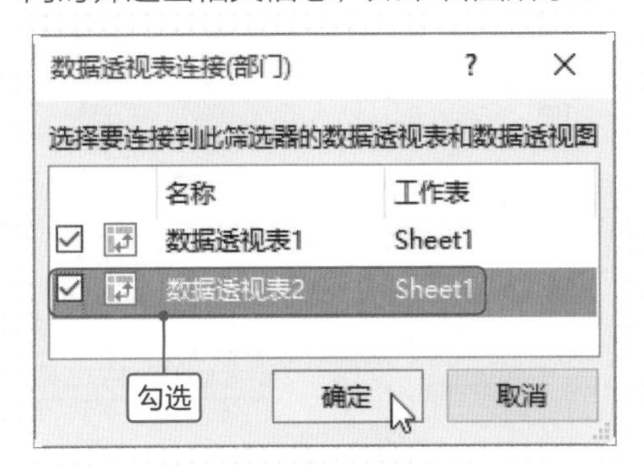

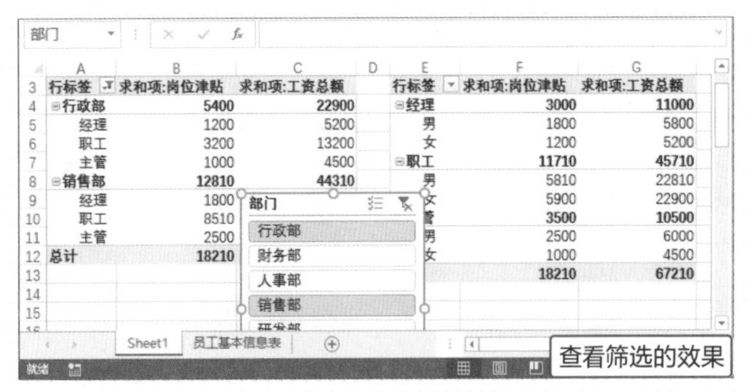

（4）为切片器应用样式

选中切片器，切换至“切片器工具-选项”选项卡，单击“切片器样式”选项组中“其他”按钮，在样式库中选择合适的样式即可，如右图所示。

用户也可以自定义切片器的样式，在“其他”列表中选择“新建切片器样式”选项，打开“新建切片器样式”对话框，设置名称，在“切片器元素”列表框中选择对应的元素，然后单击“格式”按钮，在打开的“格式切片器元素”对话框中设置即可，如右图所示。

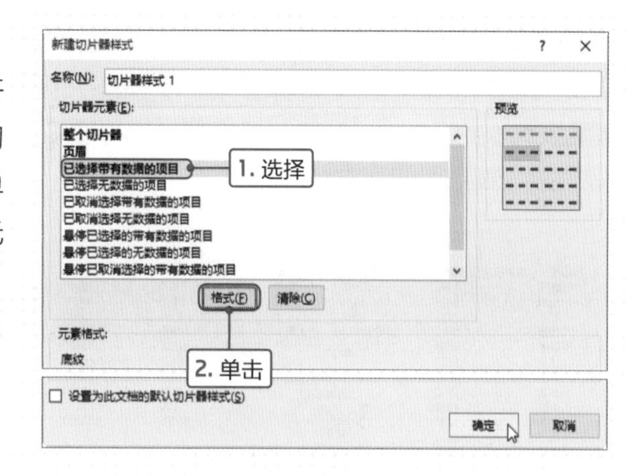

● 应用日程表筛选数据

当数据透视表中包含日期字段时，用户可以利用日程表筛选数据，下面介绍具体操作。

步骤01 选择数据透视表中任意单元格，切换至“数据透视表工具-分析”选项卡，单击“筛选”选项组中“插入日程表”按钮，如下左图所示。

步骤02 在打开的“插入日程表”对话框中勾选“日期”筛选框，单击“确定”按钮，即可插入日程表，如下右图所示。

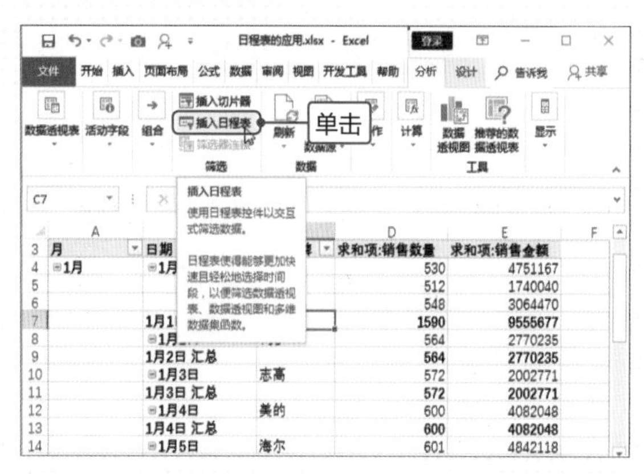

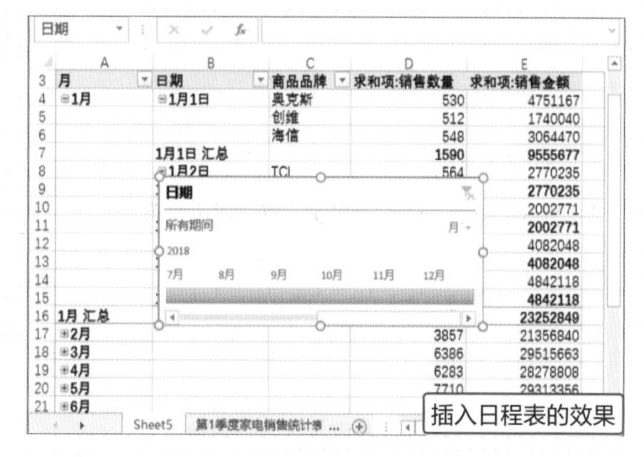

步骤03 单击对应的月份即可筛选出该月份的数据，也可以拖曳两侧控制点选择连续的月份，筛选出相关数据，如下左图所示。用户可以单击日程表右上角下三角按钮，在列表中选择“年”、“季度”、“月”或“日”选项。

步骤04 选择日程表，切换至“日程表工具-选项”选项卡，单击“日程表样式”选项组中“其他”按钮，在列表中选择合适的样式，即可为日程表应用样式，如下右图所示。

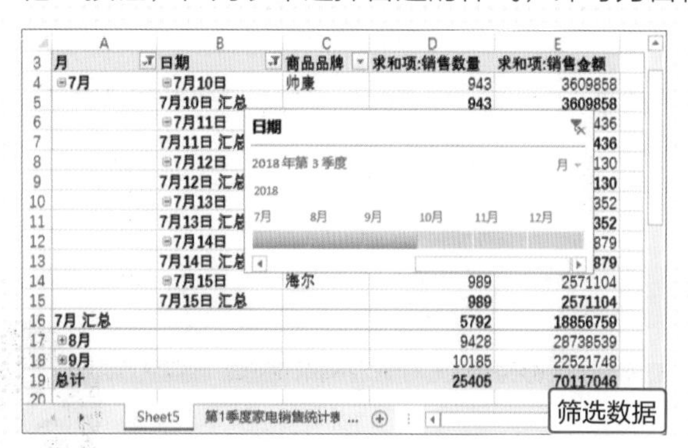

图形形状应用篇

在Excel中除包含前五个部分介绍的知识外，还包括图形、形状、图片和艺术字等功能，使用这些功能可以将枯燥的报表变得具有艺术气息，在视觉上更有趣味性。在Excel中可以设置图片的颜色、艺术效果等，可以使用各种形状展示不同的视觉效果，可以使用SmartArt图形让数据的结构层次和关系更直观，通过对其美化操作，更能起到画龙点睛的作用。

本章通过电子元件生产数量表和新员工入职流程图介绍图形、形状、SmartArt图形和艺术字等知识。

制作电子元件生产数量表

企业统计出六种电子元件的生产数量，并且要将相关数据展示在企业的宣传手册中，因此需要展示详细、真实的数据的同时，还需要美观。历历哥觉得这项工作非常重要，他召集部门相关人员进行商讨，小蔡发言：展示在宣传手册中的信息要简洁明了，所以可以统计出相关数据之和，体现企业的生产能力，最后再适当美化即可。历历哥思考后决定将该工作交由小蔡负责，要求数据一定要实事求是。

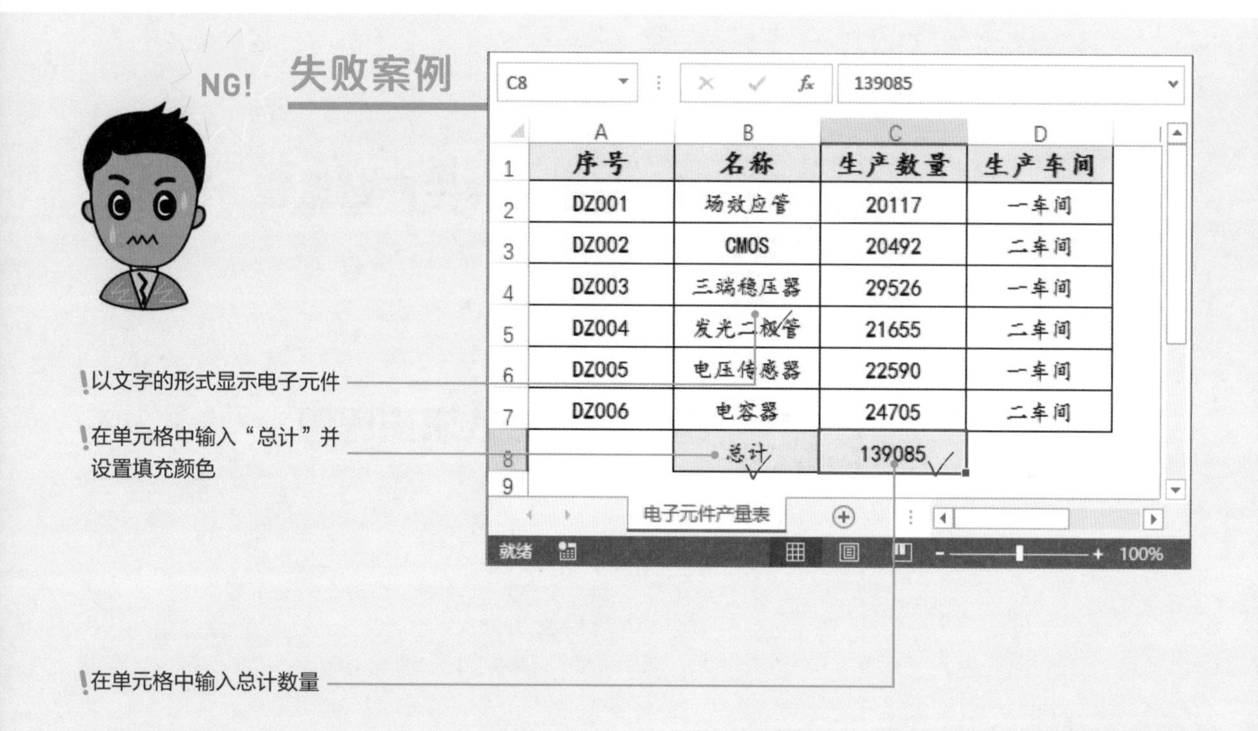

	A	B	C	D
1	序号	名称	生产数量	生产车间
2	DZ001	场效应管	20117	一车间
3	DZ002	CMOS	20492	二车间
4	DZ003	三端稳压器	29526	一车间
5	DZ004	发光二极管	21655	二车间
6	DZ005	电压传感器	22590	一车间
7	DZ006	电容器	24705	二车间
8		总计	139085	
9				

小蔡根据统计的电子元件的生产数量制作表格，表格从整体看比较平淡没有亮点。首先，以文字的形式显示电子元件，不能直观地展示产品外观以及工作原理；其次，在统计总生产数量时，在单元格中直接以“总计”和生产的总量的数字表示，平铺直叙，不能在枯燥的数字中让人一眼发现。

MISSION!

1

Excel具有非常强大的绘图功能，除了可以在工作表中绘制图表、图形外，还可以插入图片，用户可以根据需要对图形、图片进行编辑。在本案例中为电子元件添加图片，可以更好地展示产品，然后在工作表中插入不同的形状，并进行美化，最后在形状内添加文字说明，可以打破表格的束缚展示数据。

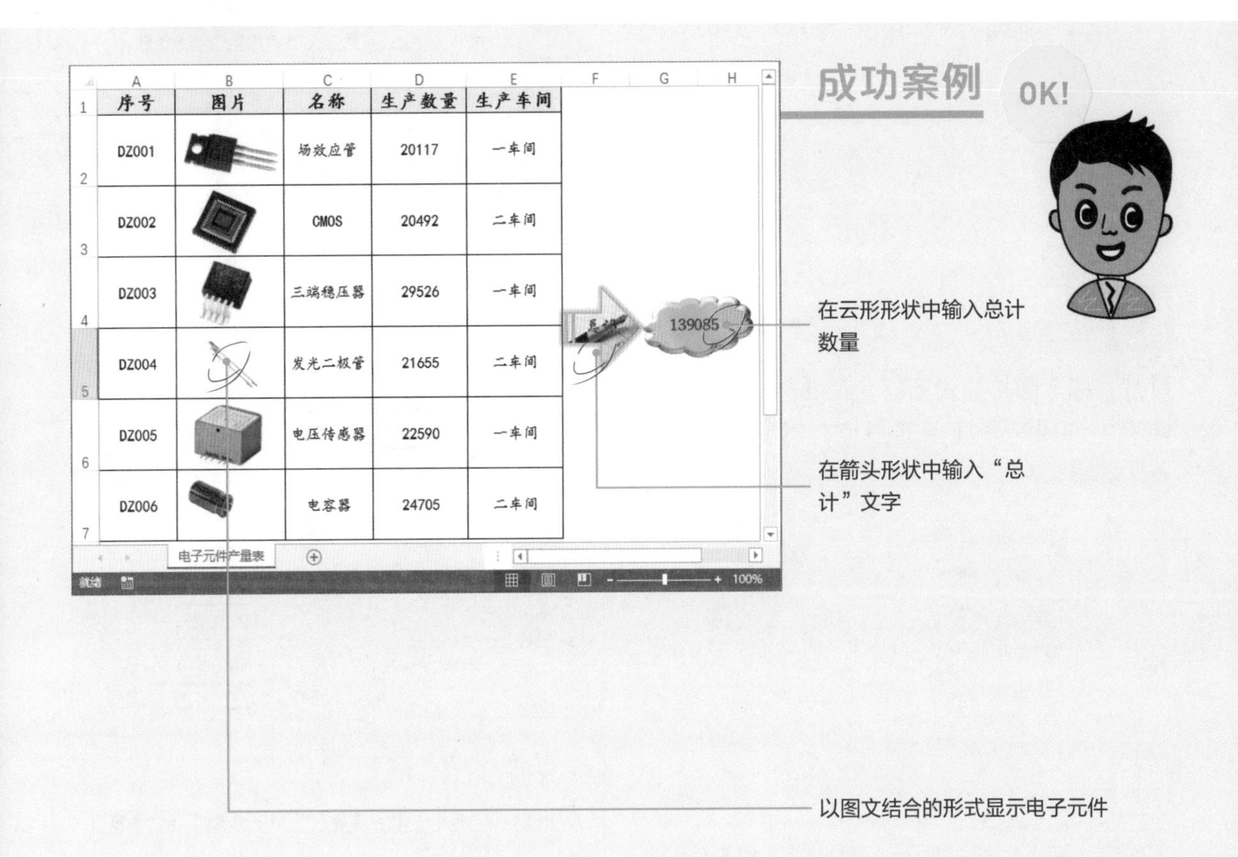

序号	图片	名称	生产数量	生产车间
DZ001		场效应管	20117	一车间
DZ002		CMOS	20492	二车间
DZ003		三端稳压器	29526	一车间
DZ004		发光二极管	21655	二车间
DZ005		电压传感器	22590	一车间
DZ006		电容器	24705	二车间

小蔡对表格进行修改，从整体来看表格的内容比较丰富，除了数据之外还有图片和图形。首先，他在电子元件的名称之前添加该元件对应的图片，采用图文结合的方式展示数据；其次，在统计生产总量时，通过插入形状并设置形状的格式，然后添加相对应的文字，以另一种形式展示数据，更容易吸引眼球。

Point 1 在工作表中插入图片

之前介绍过为工作表插入背景图片和为图表插入图片，本节将介绍在工作表中插入图片，使其更加形象地展示数据。在本节中还将介绍调整图片的方法，下面介绍具体的操作。

1

打开“电子元件生产数量表.xslx”工作簿，选中表格内任意单元格，切换至“插入”选项卡，单击“插图”选项组中“图片”按钮。

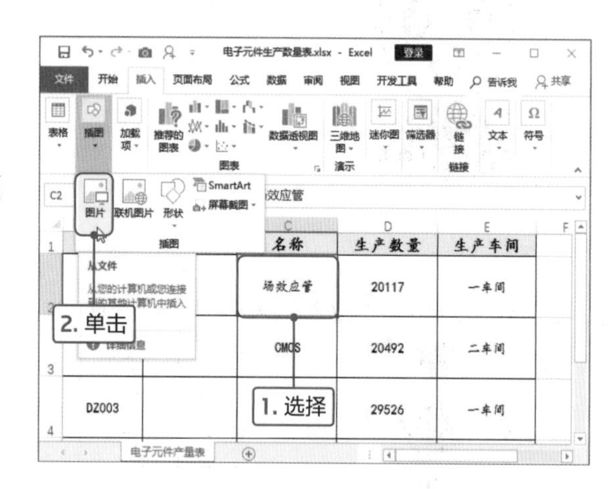

2

打开“插入图片”对话框，在准备好的图片文件夹中选择需要插入的图片，然后单击“插入”按钮。

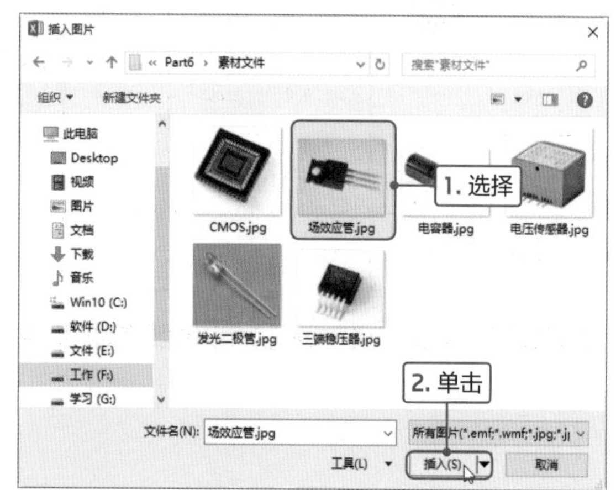

3

工作表中插入对应的图片，图片四周显示8个控制点，将光标移至右下角控制点上，按住鼠标左键进行拖曳，等比例缩小图片至合适位置。

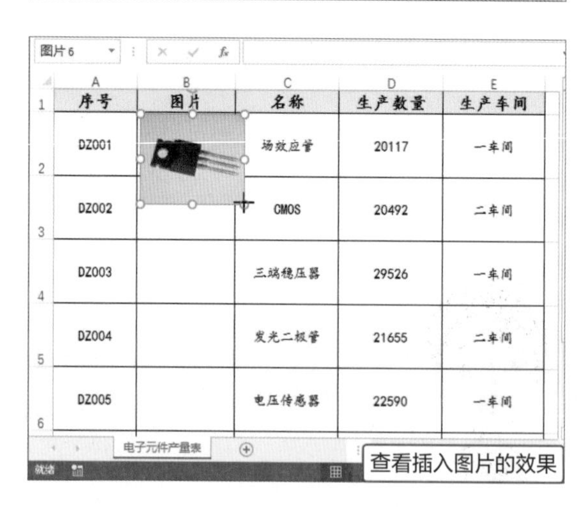

Tips 在功能区中设置图片大小

可以在功能区设置图片大小，选中图片，切换至“图片工具-格式”选项卡，在“大小”选项组中设置图片的高度和宽度即可。

4

将光标移至图片上，光标出现4个方向的箭头时，按住鼠标左键拖曳，移到合适的位置。切换至“图片工具-格式”选项卡，单击“调整”选项组中“删除背景”按钮。

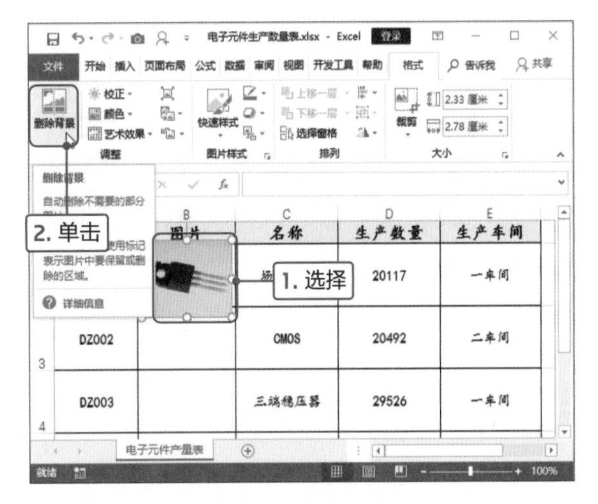

5

此时，图片的背景变为洋红色，出现控制框，拖曳控制点调整删除区域的大小，设置完成后，单击“背景消除”选项卡的“关闭”选项组中“保留更改”按钮。

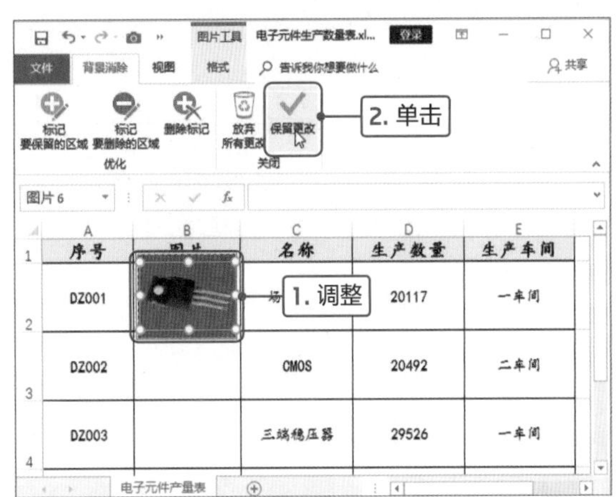

6

可见图片的背景被删除，只保留主体部分。按照相同的方法插入其他图片，并删除背景。

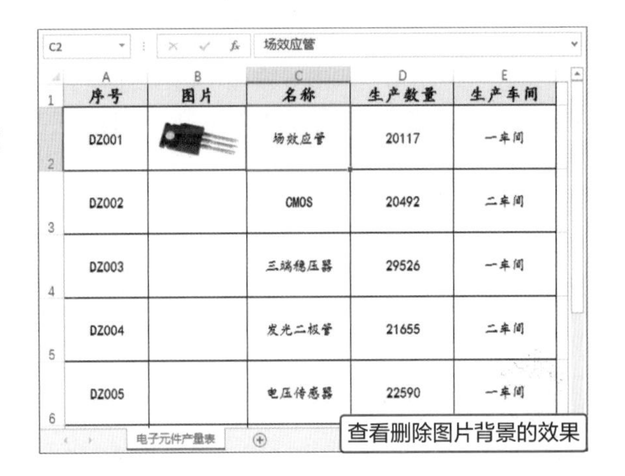

Tips 插入联机图片

也可以插入联机图片，切换至“插入”选项卡，单击“插图”选项组中“联机图片”按钮，打开“插入图片”面板，在“搜索必应”文本框中输入关键字，单击搜索按钮，在搜索结果中选择合适的图片，单击“插入”按钮即可。

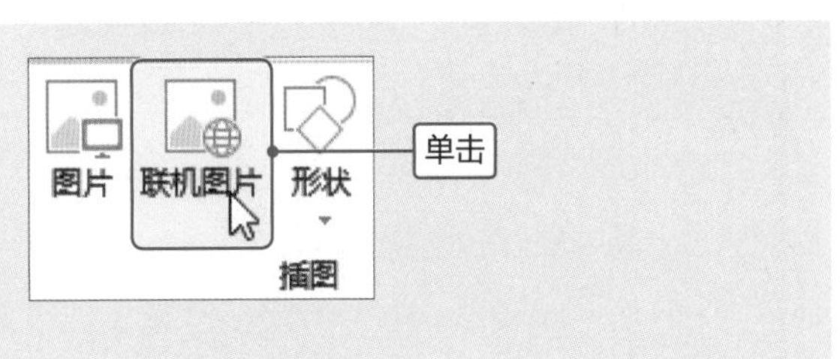

7

可见三端稳压器的图片的阴影部分未被删除，选中该图片，单击“删除背景”按钮，在“背景消除”选项卡的“优化”选项组中单击“标记要删除的区域”按钮。

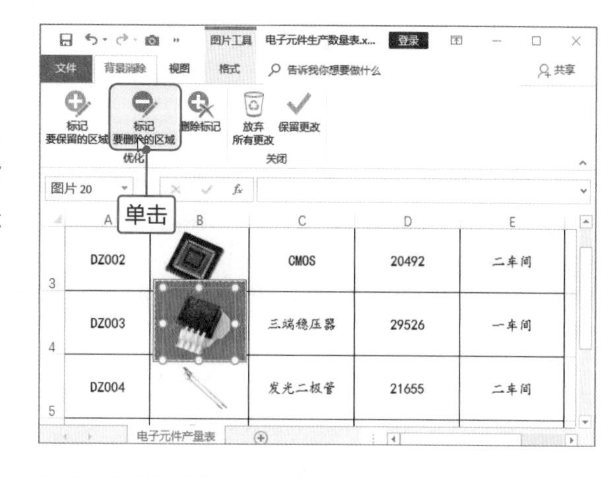

8

光标变为笔的形状，在阴影部分单击，即可删除该部分的区域，根据需要继续单击。如果删除主体部分，再单击“标记要保留的区域”按钮，在需要保留的区域单击，最后单击“保留更改”按钮。

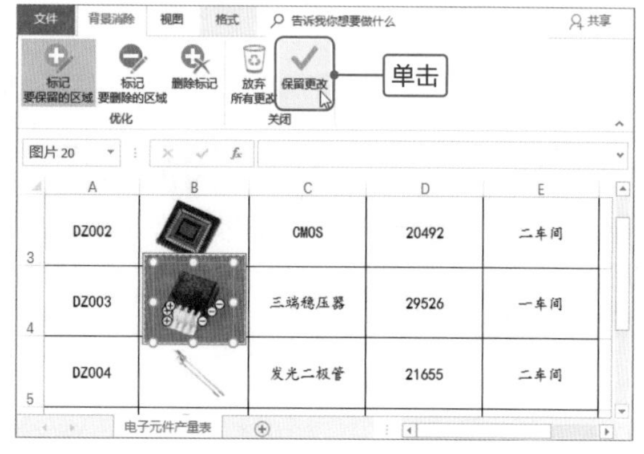

9

按住Ctrl键选中插入的图片，切换至“图片工具-格式”选项卡，单击“排列”选项组中“对齐”下三角按钮，在列表中选择“水平居中”选项。

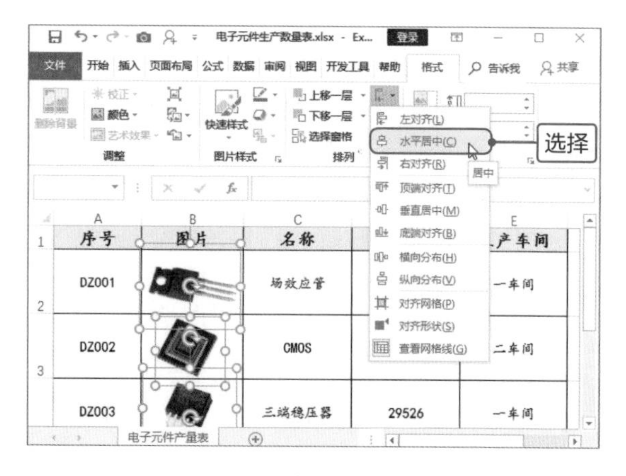

Tips 显示“背景消除”选项卡

如果单击“删除背景”按钮后不显示“背景消除”选项卡，可以执行“文件>选项”命令，打开“Excel选项”对话框，在“自定义功能区”选项中勾选“背景消除”复选框，然后单击“确定”按钮即可。

Point 2 插入形状

在Excel中用户可以非常方便地绘制各种线条、基本形状等，其中包括矩形、线条、基本形状、箭头总汇、公式形状、流程图、星与旗帜以及标注。下面介绍具体操作方法。

1

切换至“插入”选项卡，单击“插图”选项组中“形状”下三角按钮，在列表的“箭头总汇”选项区域中选择“箭头:虚尾”形状。

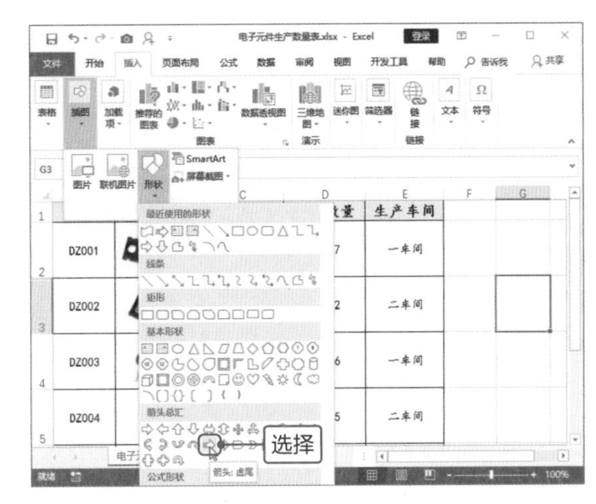

2

光标变为小的十字形状，在工作表区域内按住鼠标左键，此时光标变为大的十字形状，进行拖曳绘制形状，绘制完成后释放鼠标即可。

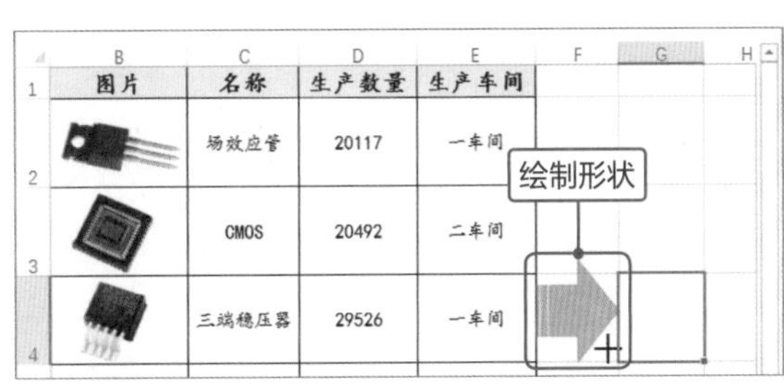

3

此时，在形状四周出现白色和黄色的控制点，拖曳白色的控制点可以设置形状的大小，拖曳黄色控制点可以调整形状的外观，如将左上角黄色控制点向下拖曳，可以调整箭尾的高度。然后按照相同的方法插入“云形”的形状，放在之前形状的右侧。

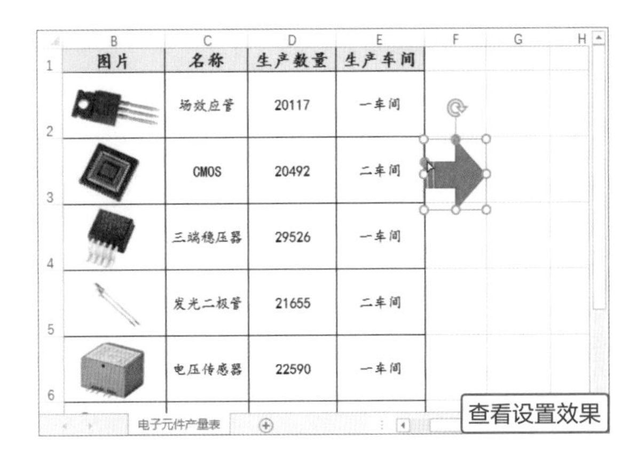

Tips 编辑形状的顶点

也可以通过编辑形状的顶点调整形状，选择形状，切换至“绘图工具-格式”选项卡，单击“插入形状”选项组中“编辑形状”下三角按钮，在列表中选择“编辑顶点”选项，在形状四周出现黑色正方形顶点，调整其位置即可改变形状的外观。

Point 3 对形状进行适当美化

形状插入后，在功能区中显示“绘图工具-格式”选项卡，用户在该选项卡中可以对形状进行美化操作，如应用样式、设置填充或轮廓，以及应用效果等，下面介绍具体操作方法。

1

选择云形形状，切换至“绘图工具-格式”选项卡，单击“形状样式”选项组中“形状填充”下三角按钮，在列表中选择“渐变>从右上角”选项。

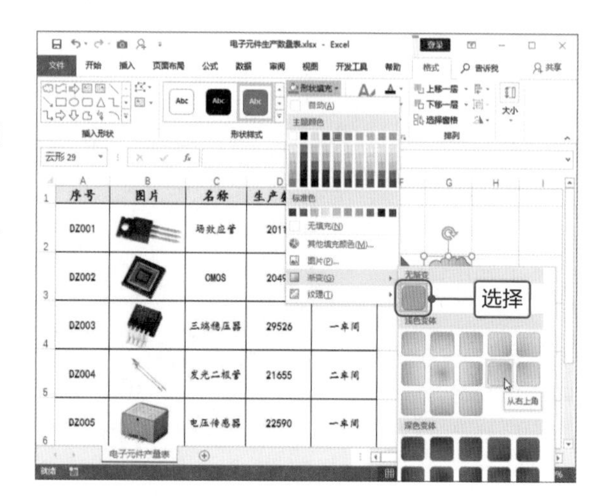

2

可见形状内应用渐变的效果。再次单击“形状填充”下三角按钮，在列表中选择“渐变>其他渐变”选项，打开“设置形状格式”导航窗格，设置“渐变光圈”上颜色滑块的颜色。

3

关闭导航窗格，可见选中云形形状应用了设置的渐变效果。
用户可以根据需要在“形状轮廓”列表中设置形状轮廓的颜色、样式和宽度。

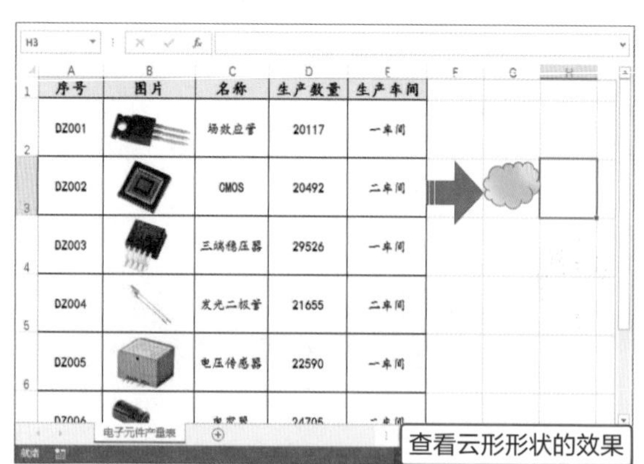

4

选中云形形状，在“形状样式”选项组中单击“形状效果”下三角按钮，在展开的列表中选择“棱台>斜面”选项，可见云形形状应用对应的效果。

选择“形状效果>棱台>三维选项”选项，打开“设置形状格式”导航窗格，在“三维格式”选项区域中设置顶部棱台的宽度和高度，光源为“早晨”，角度为90°。

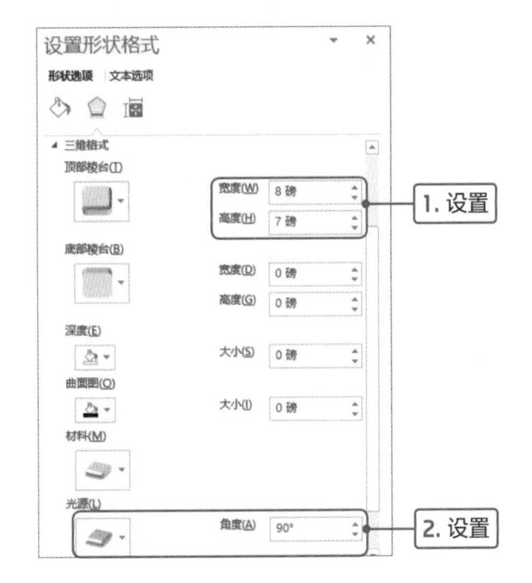

6

关闭该导航窗格，查看云形形状的棱台效果。用户可以根据个人需要在“形状效果”列表中应用其他效果，并在打开的对应导航窗格中设置相关参数即可。

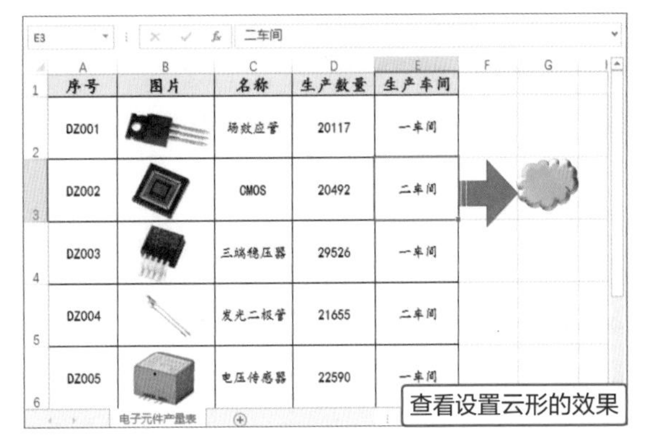

序号	图片	名称	生产数量	生产车间
DZ001		场效应管	20117	一车间
DZ002		CMOS	20492	二车间
DZ003		三端稳压器	29526	一车间
DZ004		发光二极管	21655	二车间
DZ005		电压传感器	22590	一车间

Tips　旋转形状

可以根据需要对形状进行旋转操作。选择形状，切换至“绘图工具-格式”选项卡，单击“排列”选项组中“旋转”下三角按钮，在列表中选择相对应选项即可。如果选择“其他旋转选项”选项，打开“设置形状格式”导航窗格，在“大小”选项区域设置旋转角度即可。

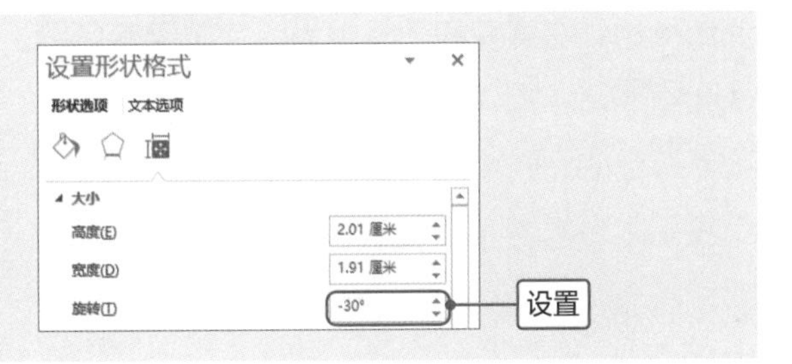

7

选中箭头形状，单击“形状填充”下三角按钮，在列表中选择“图片”选项，在打开的“插入图片”面板中单击“从文件”按钮。

8

打开“插入图片”对话框，打开图片所在的路径，选择合适的图片，如“钢笔.jpg”，单击“插入”按钮。

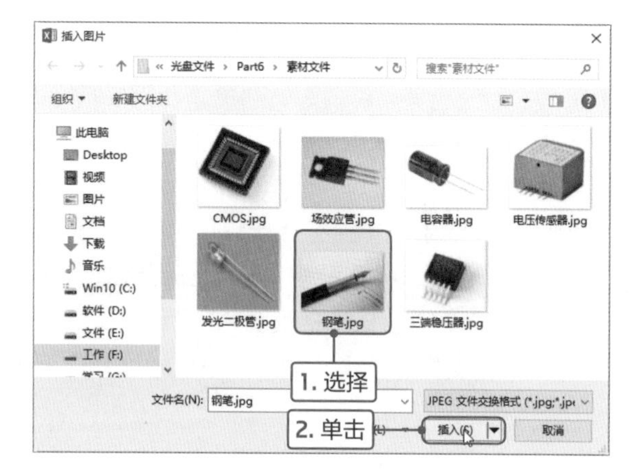

9

返回工作表中，可见在选中的形状内填充图片，并且只显示形状内的图片内容。此时在功能区显示“图片工具-格式”选项卡，在该选项卡的“调整”选项组中单击“颜色”下三角按钮，在列表中选择“饱和度:300%”选项。

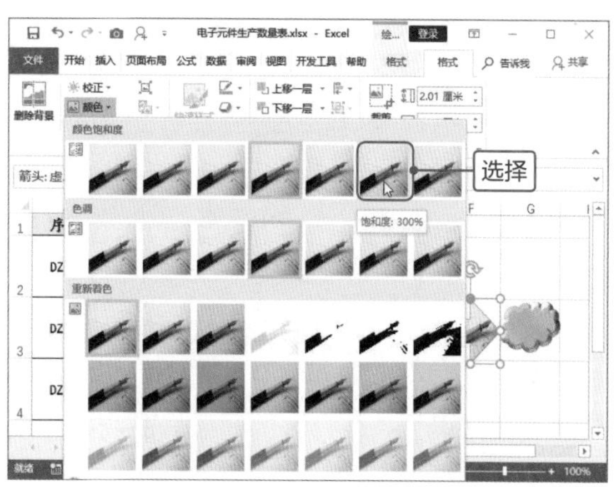

10

在“图片样式”选项组中单击“图片效果”下三角按钮，在展开的列表中为图片应用蓝色发光的效果。

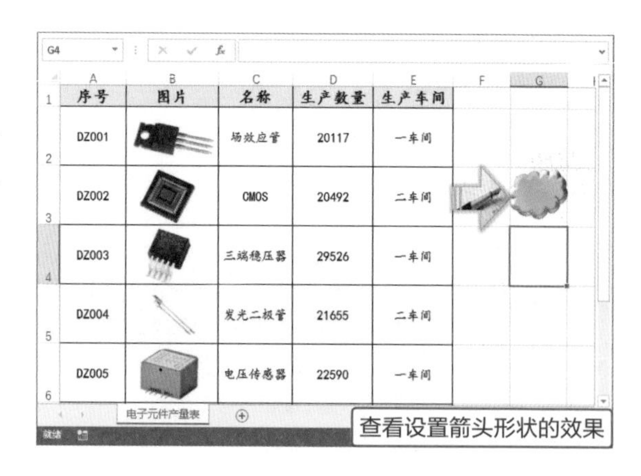

Point 4 在形状中输入文字

形状插入后，除了美化、变形操作外，用户还可以在形状中添加文字，并且可以设置文字格式，下面介绍具体操作方法。

1

选择云形形状并右击，在快捷菜单中选择“编辑文字”选项。

2

可见在形状内显示光标插入点，然后输入所有电子元件的生产总量139085，输入的数字分两行显示，适当调整形状的宽度让数字显示在一行。

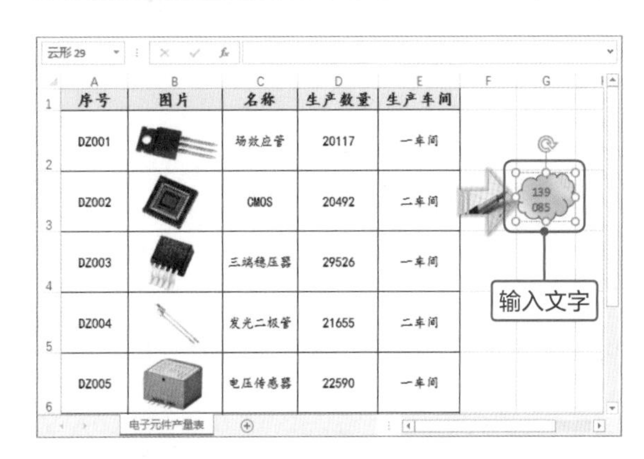

3

选中输入的文字，切换至“开始”选项卡，在“字体”选项组中设置字体的格式和大小，并根据需要调整形状的宽度。

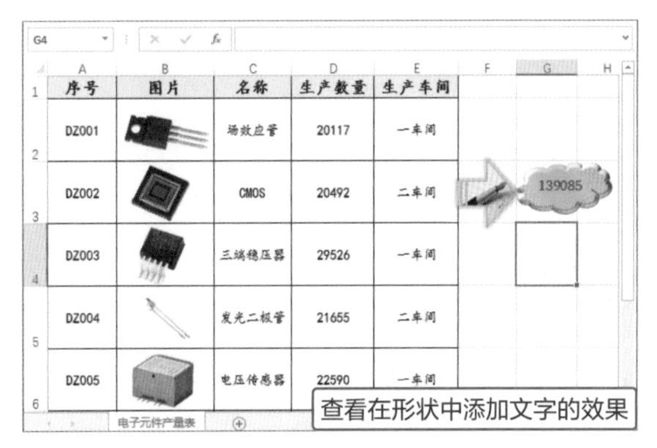

Tips 设置艺术字样式

在形状中输入文字后，可以设置艺术字样式。选中形状，切换至“绘图工具-格式”选项卡，单击“艺术字样式”选项组中“其他”按钮，在列表中选择合适的艺术字样式。然后使用“文本填充”、“文本轮廓”和“文本效果”功能进一步设置艺术字样式。

4

按照相同的方法，在箭头形状中输入文字，并设置文字的格式和对齐方式。按住Ctrl键选择插入的两个形状，单击“排列”选项组中“对齐”下三角按钮，在列表中选择“垂直居中”选项。

5

保持两个形状为选中状态，单击“排列”选项组中“组合”下三角按钮，在列表中选择“组合”选项。

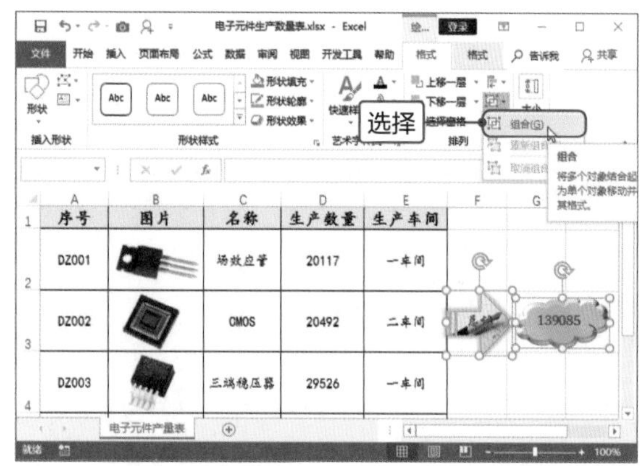

6

可见两个形状组合在一起，然后将光标移至形状上方按住鼠标左键进行拖曳，将形状移至合适的位置。然后在“视图”选项卡中取消勾选“网格线”复选框，并查看效果。

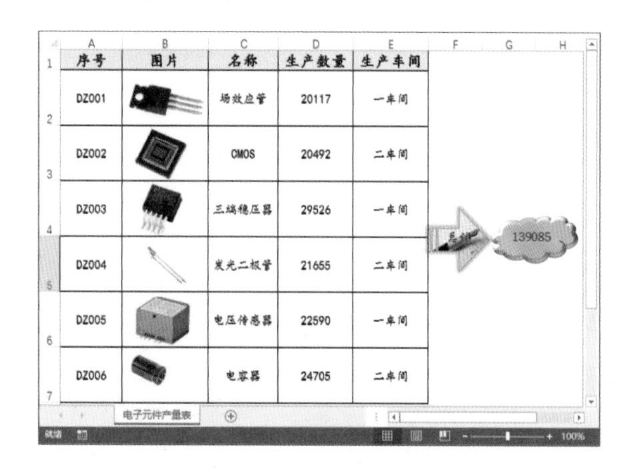

Tips 选择合适的对齐与分布选项

在“对齐”下拉列表中包含了多个选项，用户应根据实际需要选择合适的对齐与分布选项，下面介绍各选项的含义：

- “左对齐”、“水平居中”和“右对齐”：形状对齐到所选形状或工作表的最左边、水平中心或最右边。
- “顶端对齐”、“垂直居中”和“底端对齐”：形状对齐到所选形状或工作表的顶端、垂直中心或底端。
- “横向分布”或“纵向分布”：将形状均匀地横向或纵向分布。
- “对齐网格”：将形状与网格线对齐。
- “对齐形状”：将形状相互对齐。

高效办公

图片和形状的编辑

本任务介绍了图片和形状知识，由于案例需要只展示部分图片和形状的编辑操作，下面将进一步介绍相关知识，如设置图片样式、压缩图片或更改形状等。

●设置图片样式

Excel内置了28种图片的样式，用户可以直接应用样式，也可以使用“图片边框”和“图片效果”功能自定义图片的样式，下面介绍具体操作方法。

步骤01 打开“设置图片样式.xlsx”工作表，选中插入的图片，然后切换至“图片工具-格式”选项卡，单击“图片样式”选项组中“其他”按钮，在列表中选择合适的样式，如“旋转,白色”样式。

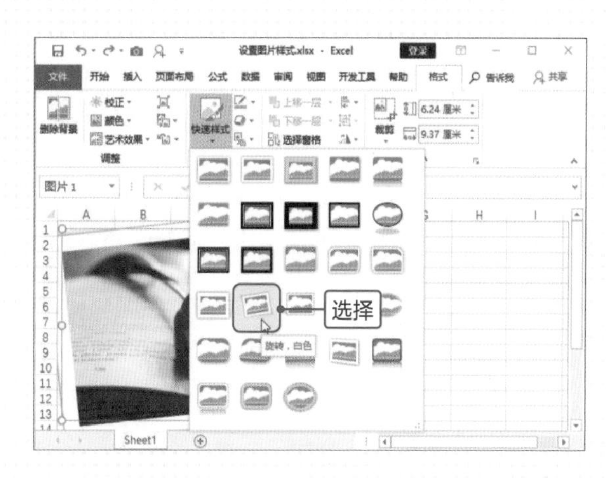

步骤02 可见图片进行相应的旋转，并且在图片四周出现白色的边框。

步骤03 单击“图片边框”下三角按钮，在列表中选择合适的颜色，如浅金色，可见白色的边框设置为金色的边框。

Tips **设置边框的透明度**

右击图片，在快捷菜单中选择“设置图片格式”选项，在打开的导航窗格的“填充与线条”选项卡中，在“线条”选项区域的“透明度”数值框中输入边框的透明度的值。

步骤04 单击“图片效果”下三角按钮，在列表中设置图片的效果，如设置发光效果，颜色为黄色，查看图片的最终效果。

查看图片的最终效果

● 压缩图片

在工作表中如果添加图片过多会导致存储的空间加大，用户可以使用“压缩图片”功能缩小图片的尺寸。

选择图片，切换至“图片工具-格式”选项卡，单击“调整”选项组中“压缩图片”按钮，打开“压缩图片”对话框，选中“电子邮件（96ppi）：尽可能缩小文档以便共享”单选按钮，单击“确定”按钮即可。如果需要压缩整个工作簿中的图片，再取消勾选“仅应用于此图片”复选框即可。

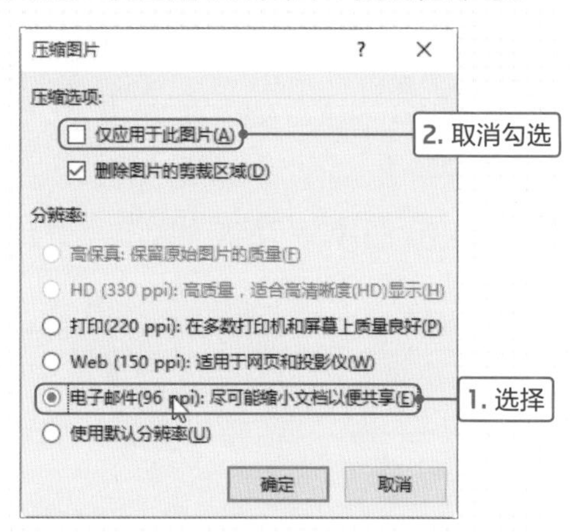

● 校正图片的亮度/对比度

在现实中拍摄的照片，由于光线强度不同，照片的亮度/对比度可能不是很和谐，在Excel中用户可以快速对其进行校正，下面介绍具体操作方法。

步骤01 打开“校正图片的亮度对比度.xlsx”工作表，选择图片，可见图片中光线强度不够，整体比较暗，需要增加其亮度。

原始图片的效果

步骤02 切换至“图片工具-格式”选项卡，单击“调整”选项组中“校正”下三角按钮，在列表中选择合适的校正效果，如选择“亮度:+40% 对比度:0%(正常)”。

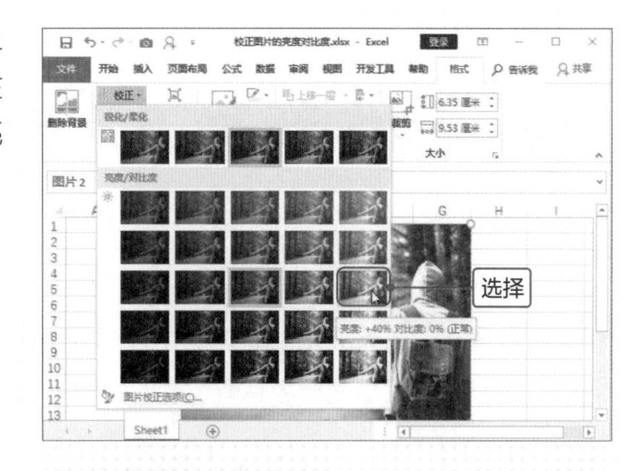

步骤03 可见原图片的亮度增加了，图片整体比较明亮，光线也比较充足。

> **Tips 为图片应用艺术效果**
>
> 在Excel中可以快速为图片应用艺术效果，选择图片，单击“调整”选项组中“艺术效果”下三角按钮，在列表中选择所需的选项即可。

● 更改形状

在工作表中插入形状后，用户可以更改形状，下面介绍具体操作方法。

步骤01 打开“更改形状.xlsx”工作簿，选择需要更改的形状，切换至“绘图工具-格式”项卡，单击“插入形状”选项组中“编辑形状”下三角按钮，在展开的列表中选择“更改形状”选项，在子列表中选择合适的形状，如“立方体”。

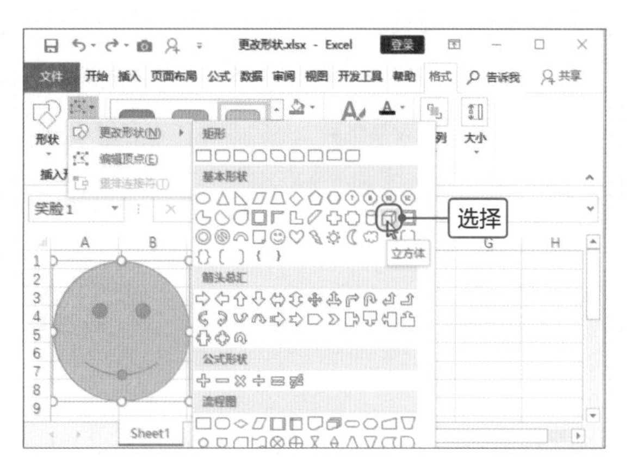

步骤02 返回工作表中，可见笑脸的形状更改为立方体形状。

> **Tips 绘制长宽比相等的形状**
>
> 在绘制形状的过程中，如果想绘制长宽比相等的形状，则在拖动鼠标绘制的同时按住Shift键。

图形形状
应用篇

制作新员工入职流程图

随着企业不断发展，对各方面的人才需求也越来越大，为了尽快让新员工熟悉企业并进入工作状态，需要规范新员工的入职流程。该工作由经验丰富的历历哥负责，他是公司的元老人物，对企业流程很了解。他为小蔡详细介绍了企业的流程，然后交由小蔡具体执行该工作。小蔡也算是“老员工”了，对企业也已经有所了解，他再结合历历哥的介绍，开始了他的流程图制作工作。

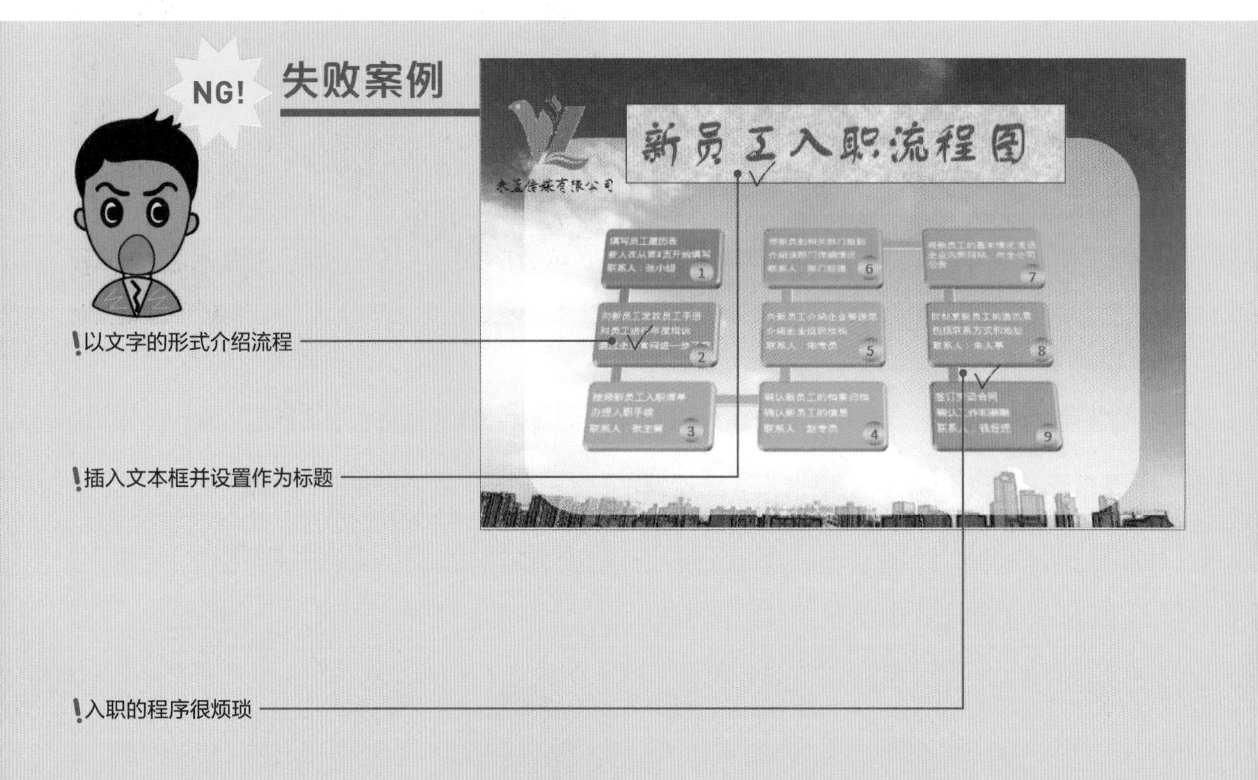

小蔡根据企业的相关流程很快制作出流程图，整体看来比较美观，内容比较详细，但有几处不足之处有待改进。首先，使用文本框制作流程图标题，比较单调，而且边缘与底纹连接比较突兀；其次，入职程序比较复杂，会让新员工感到恐慌和迷茫；最后，使用文字介绍各流程的任务，视觉上比较枯燥。

MISSION! 2

流程图是以简单的图标符号，通过箭头以及线条依次表示流程走向，逐步呈现某个过程或工作流程的示意图。它以简单直观的结构形式使各种数据一目了然。本案例主要介绍新员工入职流程，首先使用SmartArt图形，然后根据相关流程填写数据，最后添加标题并进行修改美化操作。制作流程图时需要注意流程合理、文字简洁、注重美观。

小蔡对流程图适当进行修改，整体看来美观、大方，层次结构更加清晰。首先，简化流程和程序，让新员工能很快了解入职流程；其次，使用图文结合的形式展示各流程，简洁明了，而且非常直观；最后，插入艺术字并设置效果，还添加了图片作为底纹进一步修饰，使标题效果更丰富。

Point 1 设置流程图的背景

制作流程图之前，首先需要设置流程图的背景，本案例将以图片和形状为背景，下面介绍具体操作方法。

1

新建工作簿并命令为“新员工入职流程图”，切换至“插入”选项卡，单击“插图”选项组中“图片”按钮，在打开的“插入图片”对话框中选择合适的图片，单击“插入”按钮。

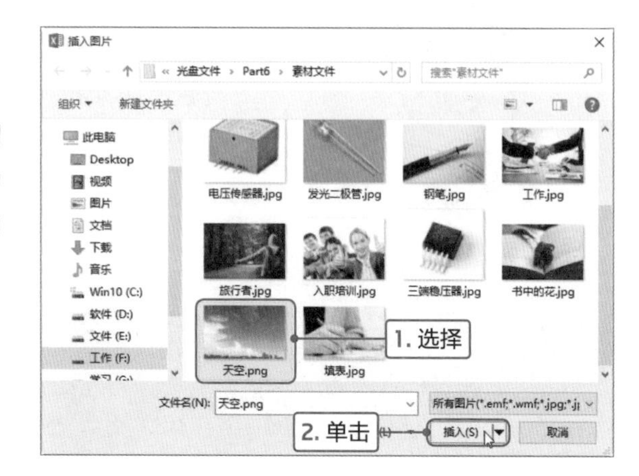

2

适当调整插入图片的大小和位置，切换至“图片工具-格式”选项卡，单击“调整”选项组中“颜色”下三角按钮，在列表中分别选择“饱和度:200%”和“色温:5900K”选项。

3

单击“插图”选项组中“形状”下三角按钮，在列表中选择“矩形:剪去对角”形状，然后在图片上绘制形状。

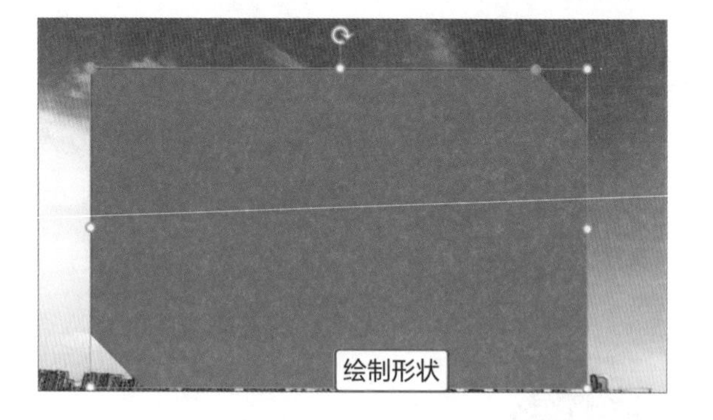

Tips 设置剪去角的大小

在工作表中绘制完“矩形:剪去对角”形状后，可见在上边有两个黄色控制点，若拖曳右上角黄色控制点，向右拖动增加剪角，向左拖动减小剪角；若拖曳左上角黄色控制点，向右拖动时创建对角的剪角。

4

选择插入的形状并右击，在快捷菜单中选择“设置形状格式”命令，打开“设置形状格式”导航窗格，在“填充”选项区域中设置颜色为白色，透明度为“37%”，然后在“线条”选项区域中设置无线条。

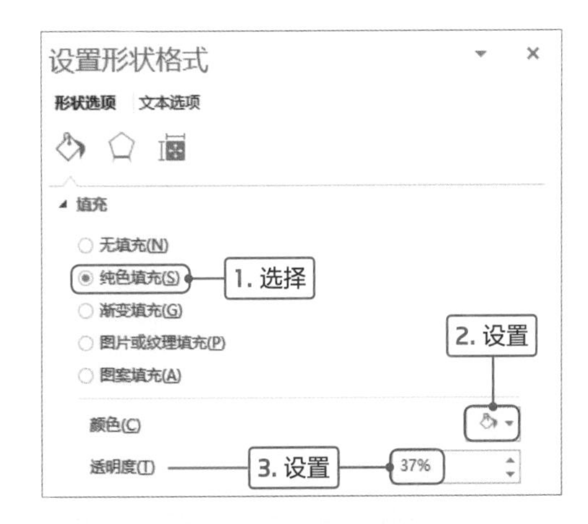

5

返回工作表中，可见形状应用设置的效果，透过形状可以看到图片的内容。

6

按住Ctrl键选择插入的形状和图片，切换至“绘图工具-格式”选项卡，在“排列”选项组中单击“对齐”下三角按钮，在列表中选择“水平居中”选项。

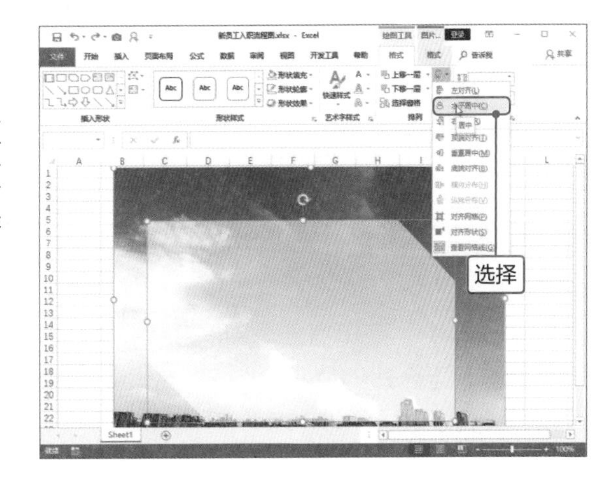

Tips 屏幕截图

可以截取屏幕中的图片并插入工作表中。切换至“插入”选项卡，单击“屏幕截图”下三角按钮，在展开的列表中选择要截取的程序窗口，即可在工作表中插入选择窗口。若选择“屏幕剪辑”选项，此时屏幕会是一种白雾状态，拖动鼠标绘制截图区域，最后释放鼠标即可插入选中区域的图片。

Point 2 插入SmartArt图形并设置

SmartArt图形包括列表、流程、循环、层次结构、关系、矩阵等，用户可以根据需要进行选择。本案例使用的流程图，然后再适当进行美化操作，下面介绍具体操作方法。

1

切换至“插入”选项卡，单击“插图”选项组中SmartArt按钮。

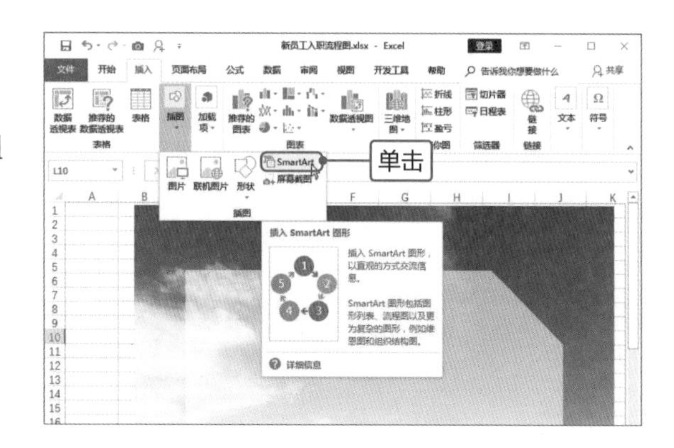

2

打开“选择SmartArt图形”对话框，在左侧列表中选择“流程”选项，在右侧列表框中选择“图片重点流程”图形，单击“确定”按钮。

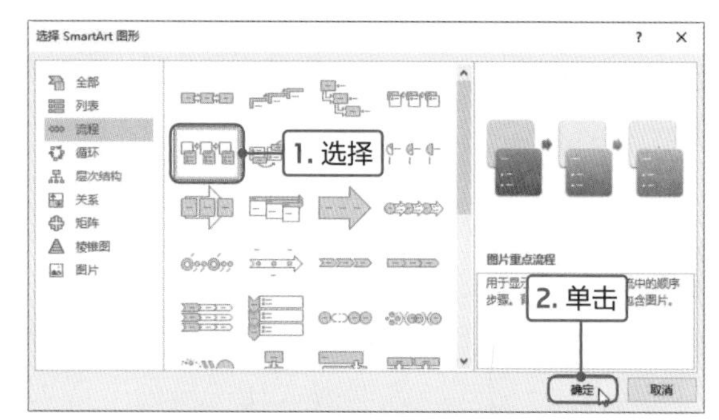

3

返回工作表中，可见插入选中的SmartArt图形，将其移至合适的位置，选择图片、形状和图形，设置水平居中对齐。

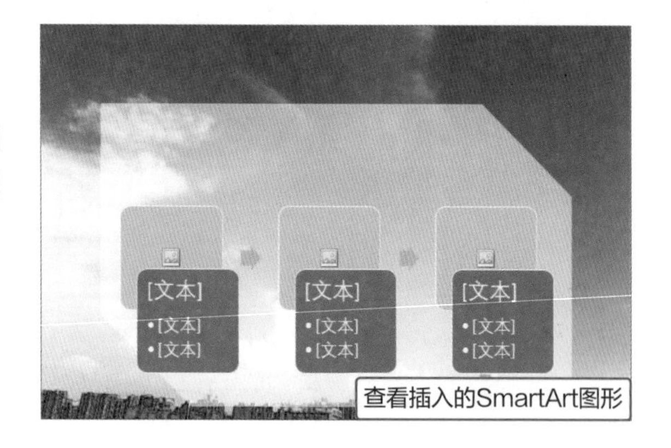

Tips SmartArt图形类型的选择

“列表”用于展示任务、流程或工作流中的顺序步骤；“流程”用于展示时间线或流程的步骤；“循环”用于展示重复连续的流程；“层次结构”用于展示决策树或创建组织架构图；“关系”用于描述关系；“矩阵”用于展示部分如何与整体相关联；“棱锥图”用于展示成比例的关联性上升与下降情况；“图片”用于将图片转换成SmartArt图形。

4

选择插入的SmartArt图形，切换至“Smart-Art工具-设计”选项卡，单击“SmartArt样式”选项组中“其他”按钮，在列表中选择“嵌入”样式。

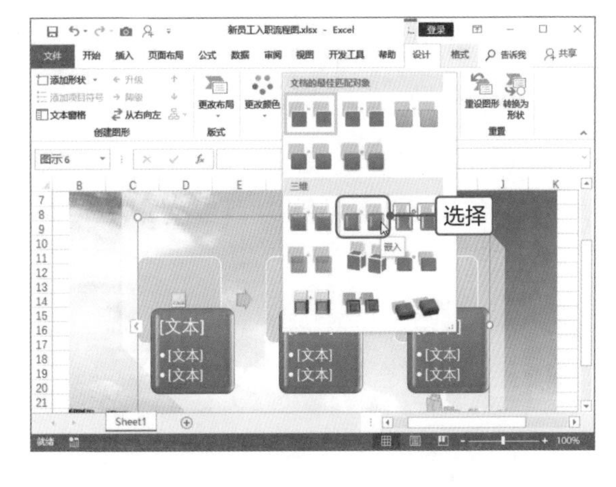

5

单击“SmartArt样式”选项组中“更改颜色”下三角按钮，在列表中选择合适的颜色。

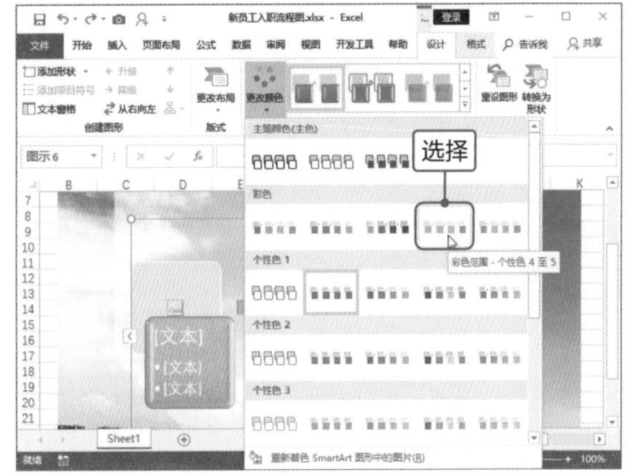

6

按住Ctrl键选择SmartArt图形中箭头，切换至“SmartArt工具-格式”选项卡，在“大小”选项组中设置高度为0.7厘米，宽度为1.1厘米。选择右侧箭头并右击，在快捷菜单中选择“设置形状格式”选项，在打开的导航窗格中设置填充颜色为浅蓝色。

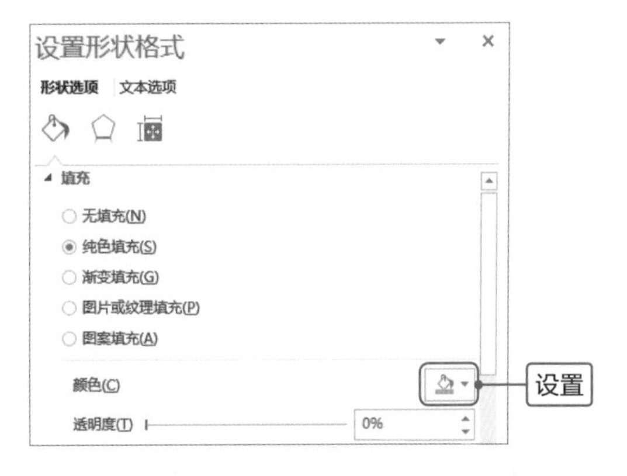

7

设置完成后关闭导航窗格，查看设置SmartArt图形的效果。

此处没有严格的要求，用户可以根据个人需要进行相关美化操作。

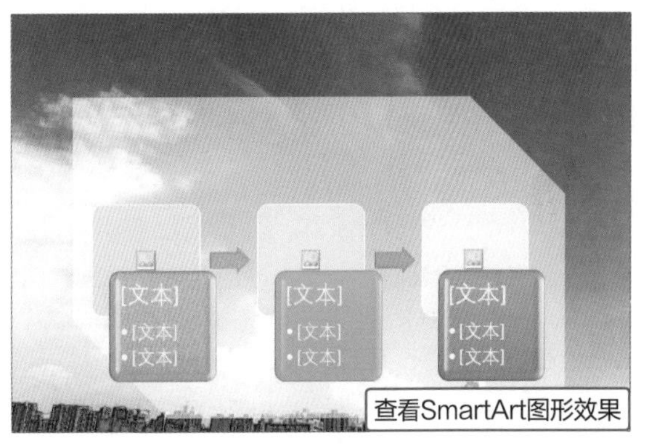

Point 3 在图形中插入图片和文字

SmartArt图形设置完成后，用户可以根据需要添加相关内容，如图片或文字。本案例插入的是图片重点流程，既包括图片也包括文字，下面介绍具体操作方法。

1

在SmartArt图形中单击最左侧的图片插入符。

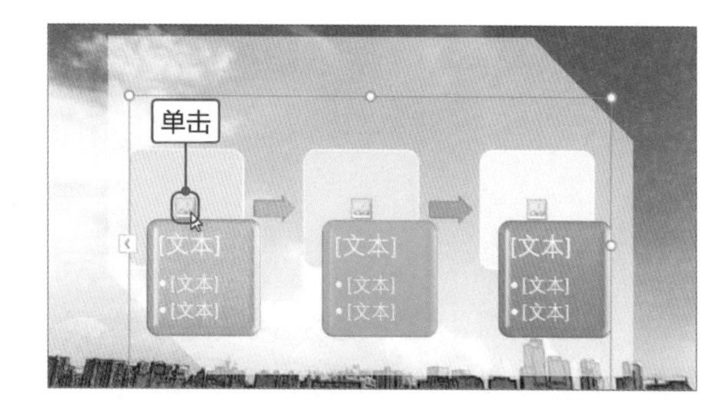

2

打开“插入图片”面板，单击“从文件”按钮，打开“插入图片”对话框，选择需要插入的图片，单击“插入”按钮。

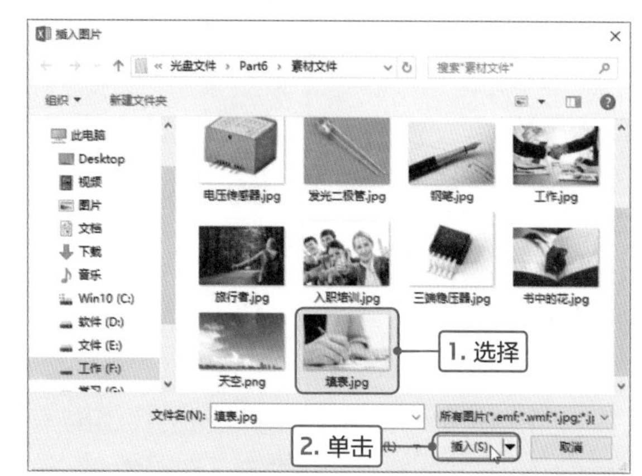

3

返回工作表中，可见在左侧的图形中插入选中的图片，在功能区显示“图片工具-格式”选项卡，用户可以根据需要对图片进行设置。

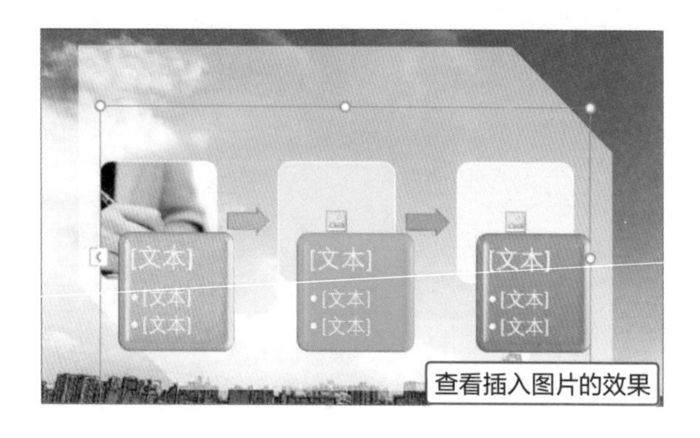

Tips 将SmartArt图形恢复到初始状态

选择需要恢复的SmartArt图形后，切换至“SmartArt工具-设计”选项卡，单击“重置”选项组中的“重设图形”按钮，即可恢复到初始状态。

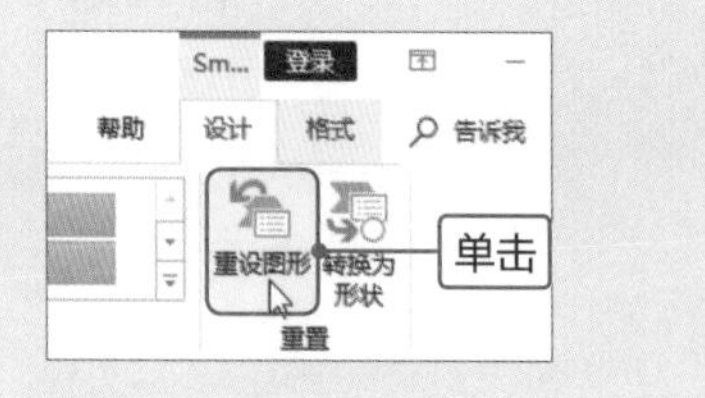

4

然后根据相同的方法，在其他图形中插入所需的图片。

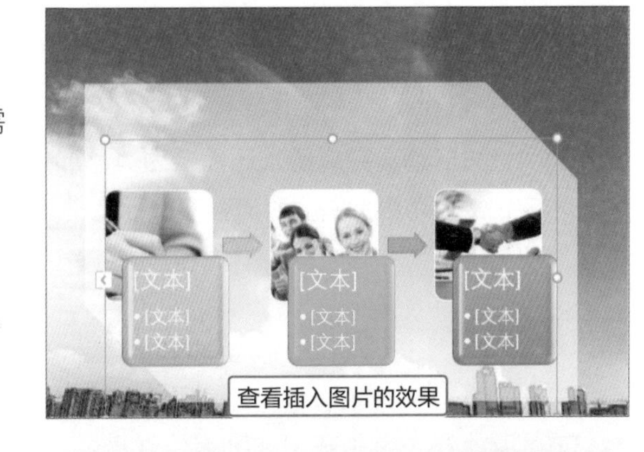

5

选择左侧第一个图形中文本框，并输入“第一步”文本，然后在下一行文本框中输入“填写入职表”文本，在下一行再输入相关文本，输入完成后按Enter键添加一行，继续输入文本。

6

按照相同的方法输入其他文字，按住Ctrl键选中输入文字的图形，在“SmartArt工具-格式”选项卡的“大小”选项组中设置高度和宽度的数值。

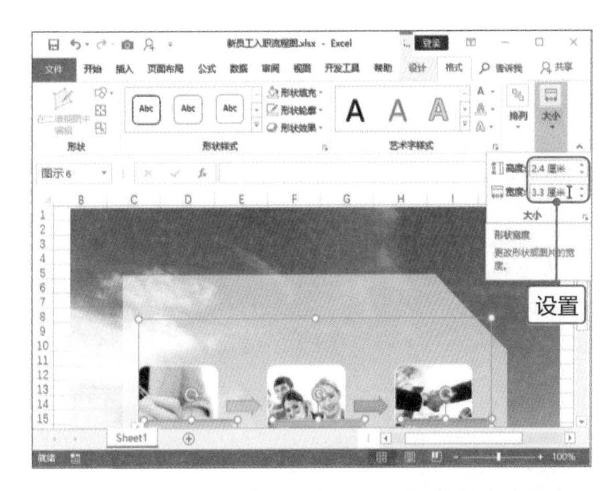

7

保持图形为选中状态，在“字体”选项组中可以设置字体和颜色，设置完成后查看SmartArt图形的最终效果。

Point 4 插入艺术字并设置标题

SmartArt图形创建完成后，还需要为其添加标题，为了整体美观，用户可以插入艺术字，然后再根据需要对流程图的标题进行修饰，下面介绍具体操作方法。

1

切换至“插入”选项卡，单击“文本”选项组中“艺术字”下三角按钮，在列表中选择合适的艺术字样式。

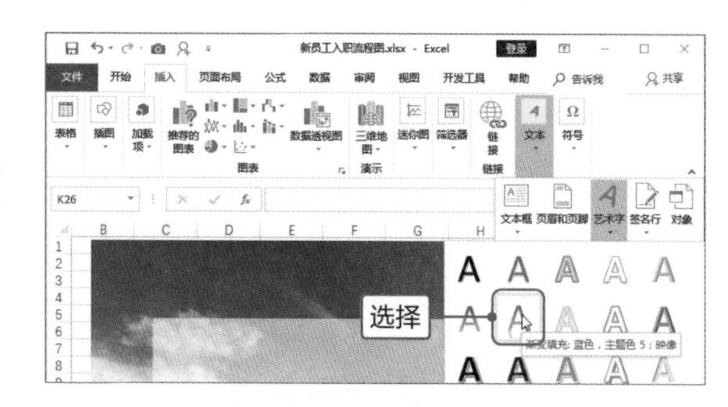

2

选择完成后，即可在工作表中插入选中的艺术字文本框，删除文本框中的内容，重新输入相关文本。

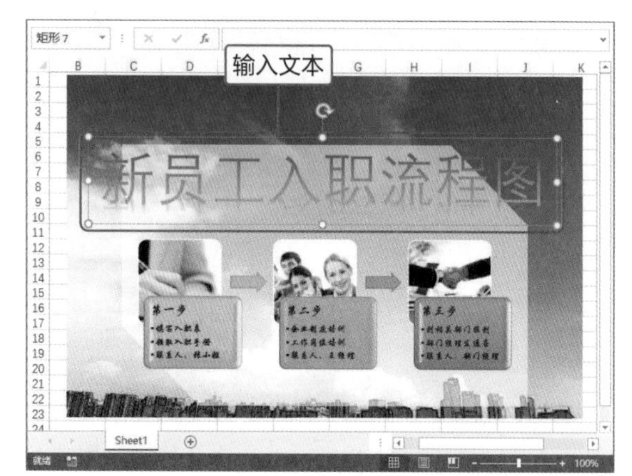

3

选择输入的文本，切换至“开始”选项卡，设置字体为“汉仪行楷简”，字号为40，颜色为白色。

Tips 设置艺术字文本框的样式

在工作表中插入艺术，可以设置形状样式，设置方法和形状一样。选中该文本框，切换至“绘图工具-格式”选项卡，在“形状样式”选项组中单击“其他”按钮，在列表中选择合适的样式。也可以使用“形状填充”、“形状轮廓”和“形状效果”功能进行自定设置样式。

4

选择艺术字文本框，切换至“绘图工具-格式”选项卡，单击“艺术字样式”选项组中“文本效果”下三角按钮，在列表的“阴影”子列表中选择阴影效果。

5

然后按照相同的方法设置橙色的发光效果，发光参数用户可以自由设定，查看艺术字的最终效果。

6

插入“标题底纹”图片，适当调整其大小，然后右击，在快捷菜单中选择“置于底层>下移一层”选项，即可将插入的图片移至艺术字文本框的下方。

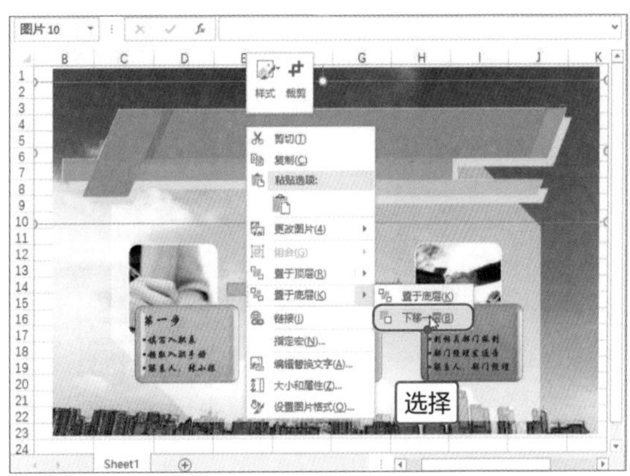

7

选择插入的图片，单击“调整”选项组中“艺术效果”下三角按钮，在列表中选择“标记”艺术效果。

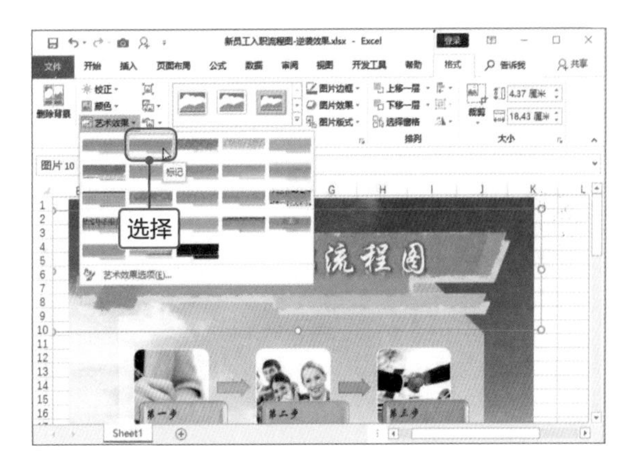

Point 5 添加企业名称和Logo

SmartArt图形创建完成后，用户还需要添加企业的名称和Logo，下面介绍具体操作方法。

1

切换至“插入”选项卡，单击“文本”选项组中“文本框”下三角按钮，在列表中选择“绘制横排文本框”选项。

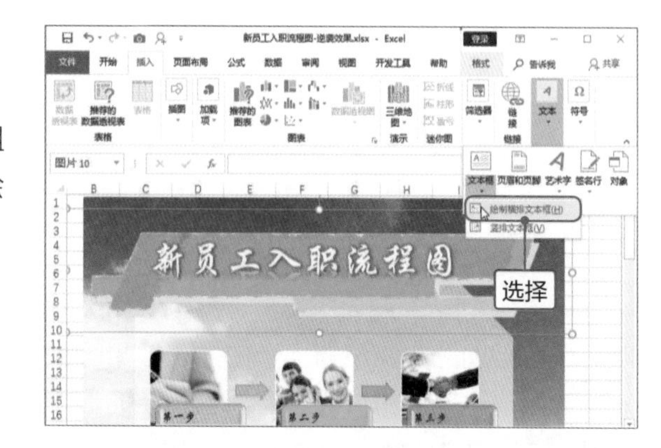

2

在艺术字文本框的右下角绘制文本框，然后输入公司的名称。

3

选择横排文本框，切换至“绘图工具-格式”选项卡，在“形状样式”选项组中设置形状填充为“无填充”，形状轮廓为“无轮廓”。

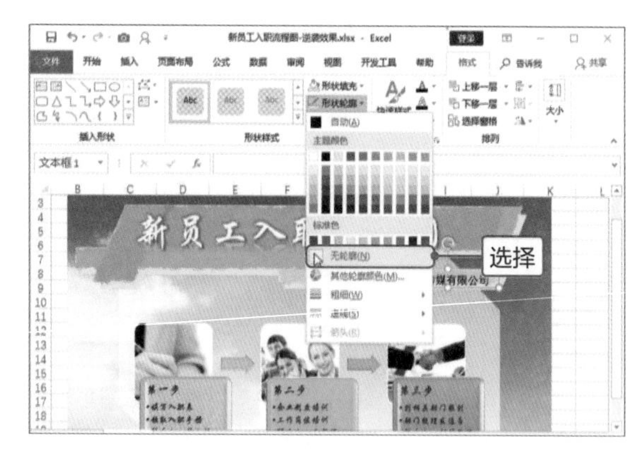

Tips **通过形状插入文本框**

还可以通过形状插入文本框，切换至“插入”选项卡，单击“插图”选项组中“形状”下三角按钮，在列表的“基本形状”选项区域中选择“文本框”形状，然后绘制即可。

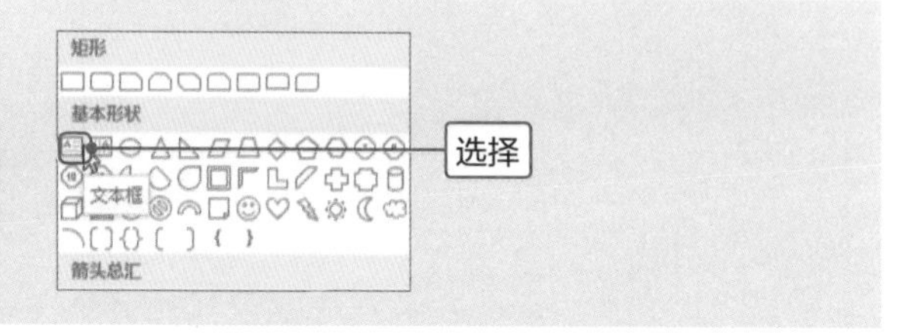

4

然后切至“开始”选项卡，在“字体”选项组中设置字体。

5

切换至“插入”选项卡，单击“图片”按钮，打开“插入图片”对话框，选择Logo图片，单击“插入”按钮。

6

将Logo图片移至企业名称左侧，然后稍当调整其大小。

7

按住Ctrl键将新员工入职流程图中所有元素全部选中，切换至“绘图工具-格式”选项卡，单击“排列”选项组中“组合”按钮，在列表中选择“组合”选项。至此，新员工入职流程图制作完成，查看最终效果。

高效办公

设置艺术字文本框和将文字转换为艺术字

在Excel工作表中插入艺术字时，其文本框默认为无填充无边框，用户可以根据需要对其进行设置。当使用文本框输入文字后，若想将其转换为艺术字时，也可以进行设置，下面介绍具体操作方法。

● 设置艺术字文本框

为艺术字文本框设置填充或边框，与为形状设置填充和边框的操作方法相同，设置形状的样式即可，下面介绍具体的操作方法。

步骤01 打开“设置艺术字文本框.xlsx”工作簿，选择创建的艺术字。切换至“绘图工具-格式”选项卡，单击“形状样式”选项组中“其他”按钮，在列表中选择合适的样式即可。

步骤02 单击“形状样式”选项组中“形状填充”下三角按钮，在列表中选择“纹理”选项，在子列表中选择合适的纹理，即可为文本框填充纹理。

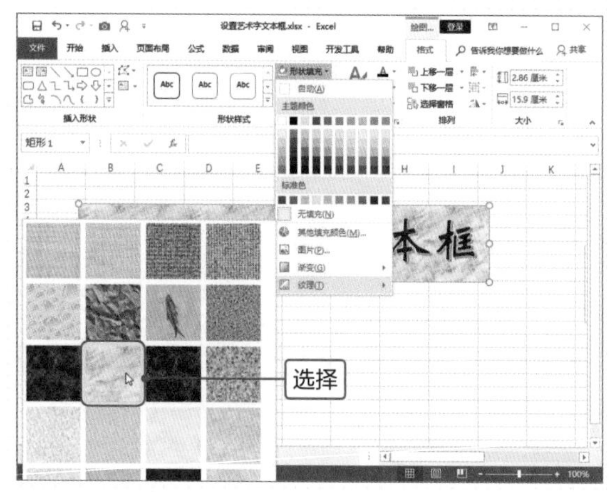

步骤03 如选择“白色大理石”纹理，即可为艺术字文本框填充该纹理。

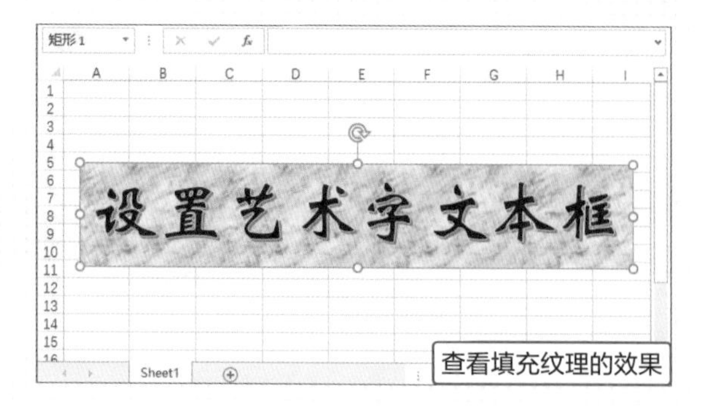

Tips 填充图片

也可以为文本框添加图片，在“形状填充”列表中选择“图片”选项，然后选择合适的图片即可。

步骤04 右击艺术字文本框，在快捷菜单中选择“设置图片格式”选项，打开“设置图片格式”导航窗格，在“填充”选项区域中设置纹理的透明度、偏移量、刻度和对齐方式等。

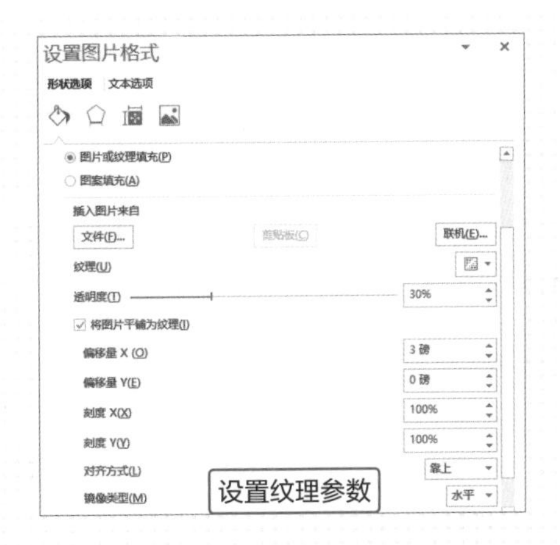

步骤05 在“形状轮廓”列表中可以设置艺术字文本框边框的颜色、线型和宽度。如设置颜色为红色、线型为虚线、宽度为1磅，查看设置的效果。

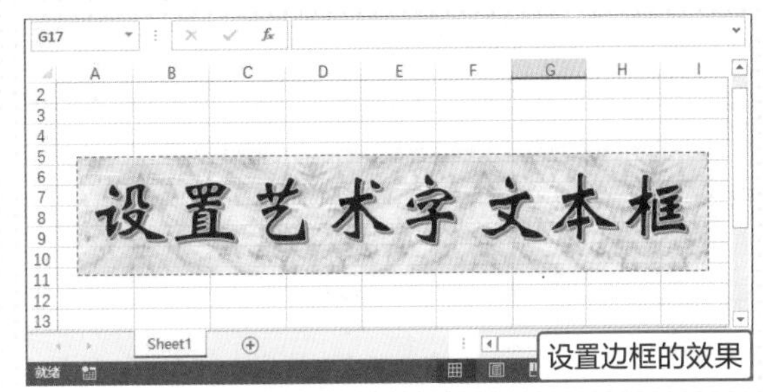

● 将文字转换为艺术字

在Excel工作表中插入文本框时，可以应用艺术字样式或设置艺术字的效果，将其转换为艺术字，下面介绍具体操作方法。

步骤01 打开“将文字转换为艺术字.xlsx”工作簿，选择插入的横排文本框。切换至“绘图工具-格式”选项卡，单击“艺术字样式”选项组中“其他”按钮，在展开的列表中选择合适的样式即可。

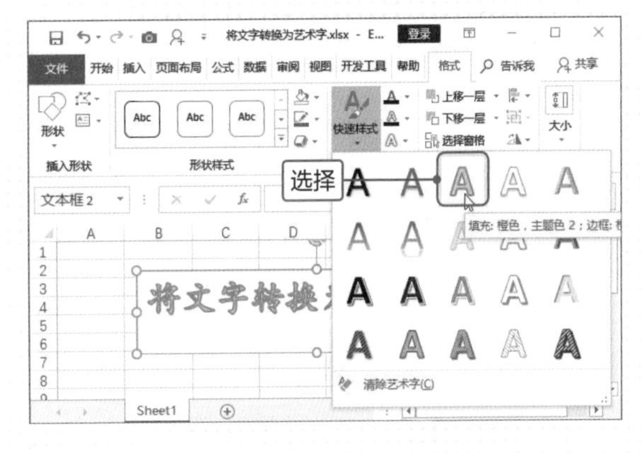

步骤02 单击“形状样式”选项组中“文字效果”下三角按钮，在列表中选择相应的效果，在子列表中选择应用的效果，用户也可以在对应的导航窗格中设置应用效果的具体参数。

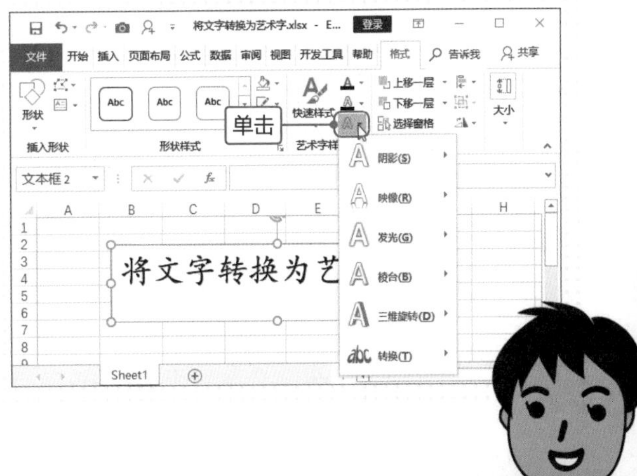

菜鸟加油站

SmartArt 图形的编辑

SmartArt图形的应用很广泛，一般用于制作流程、关系、组织结构等图形，本任务主要介绍SmartArt图形的插入、应用样式和设置颜色，下面将介绍其他编辑操作。

● 添加形状并输入文字

当插入SmartArt图形后，用户可以根据实际需要添加或删除形状，下面介绍具体操作方法。

步骤01 打开“添加形状并输入文字.xlsx”工作簿，选择需要添加助理的图形，参考最上方“董事会”形状。切换至“SmartArt工具-设计”选项卡，单击“创建图形”选项组中“添加形状”下三角按钮，在列表中选择“添加助理”选项，如下左图所示。

步骤02 返回工作表中，可见在选中图形的下方添加空白的形状，如下右图所示。

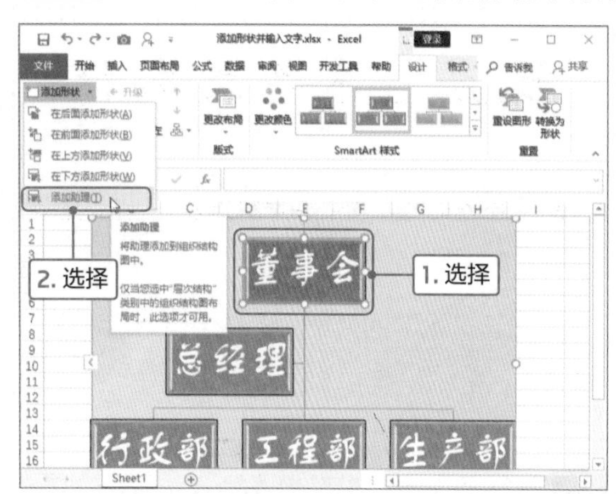

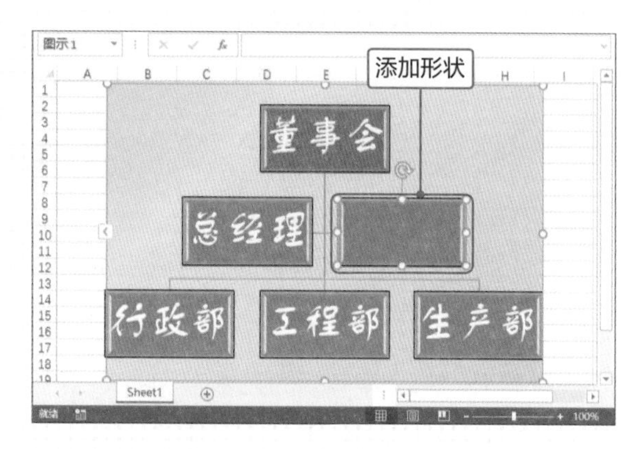

步骤03 选择“总经理”形状，单击“添加形状”下三角按钮，在列表中选择“在下方添加形状”选项，即可在选中形状下方添加空白形状，如下左图所示。

步骤04 选择“生产部”形状，单击“添加形状”下三角按钮，在列表中选择“在前面添加形状”选项，即可在选中形状前面添加空白形状，如下右图所示。

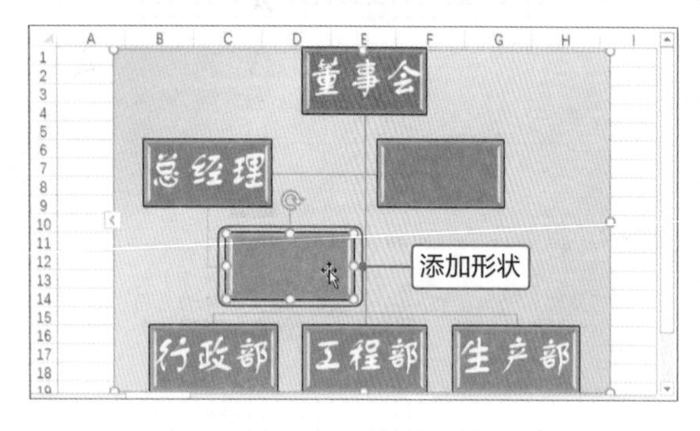

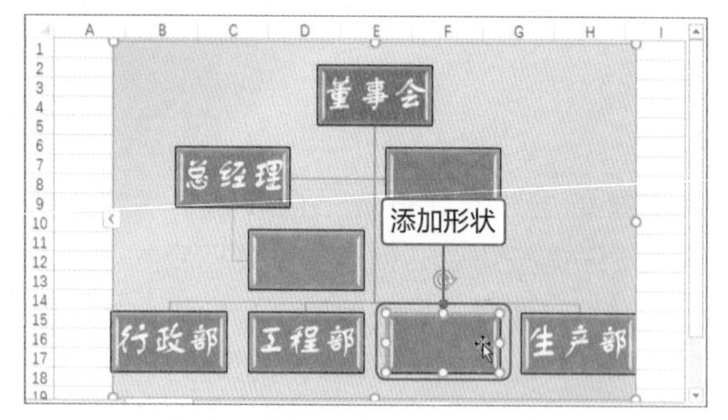

步骤05 形状添加完成后，还需要在空白形状内添加文字说明。切换至“SmartArt工具-设计”选项卡，单击“创建图形”选项组中“文本窗格”按钮，如下左图所示。

步骤06 打开“在此处键入文字”窗口，选择项目符号右侧空白处，即可在图形中选中对应的形状，然后输入文字，如下右图所示。

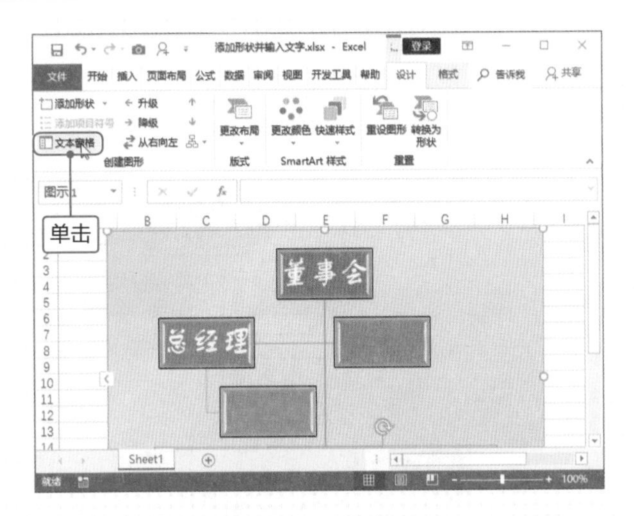

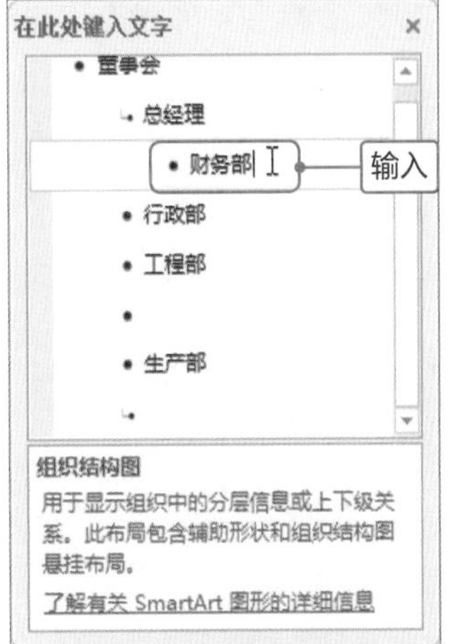

步骤07 输入完成后，关闭该窗口，可见输入的文字为默认的格式。在“字体”选项组中统一设置字体格式，查看最终效果，如右图所示。

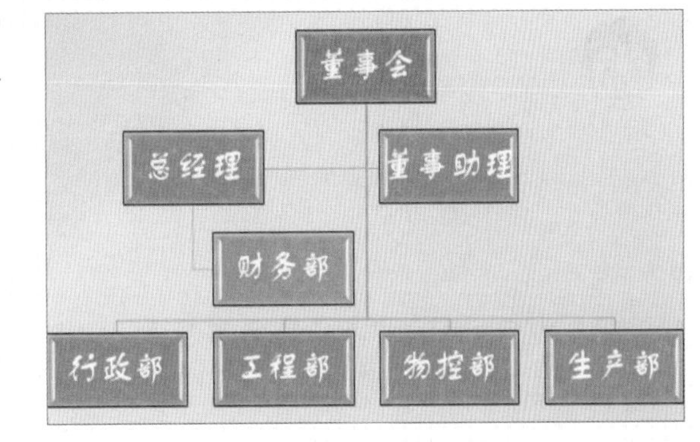

● 更改SmartArt图形的布局

用户创建好SmartArt图形后，如果感觉该图形的布局不是很合适，可以根据需要进行修改，下面介绍具体操作。

步骤01 打开“更改SmartArt图形的布局.xlsx”工作簿，选中创建的SmartArt图形，切换至“SmartArt工具-设计”选项卡，单击“版式”选项组中“其他”按钮，在列表中选择合适的版式，如下左图所示。

步骤02 若选择“姓名和职务组织结构图”选项，返回工作表中，可见图形的版式已经更改为选中的布局，如下右图所示。

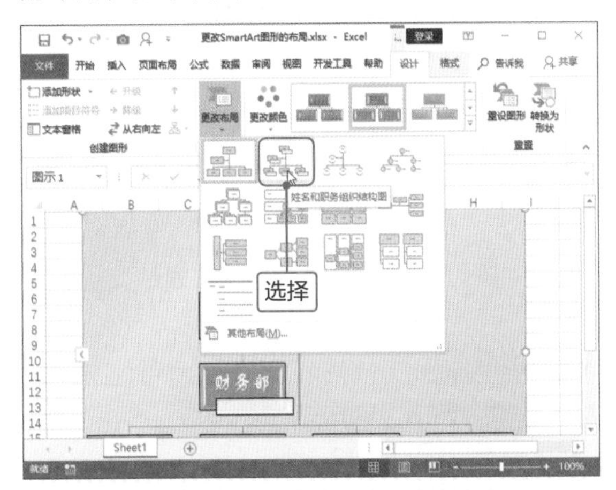

步骤03 选择“董事会”形状右下角的形状并右击，在快捷菜单中选择“编辑文字”选项，如下左图所示。

步骤04 在形状内即可输入文字，输入完成后在“字体”选项组中设置字体的格式，如下右图所示。

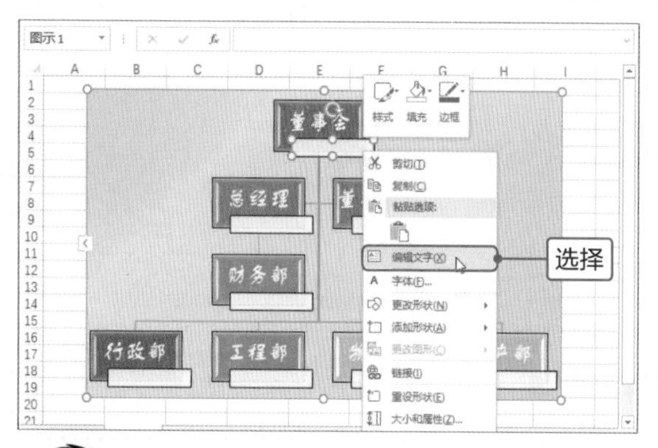

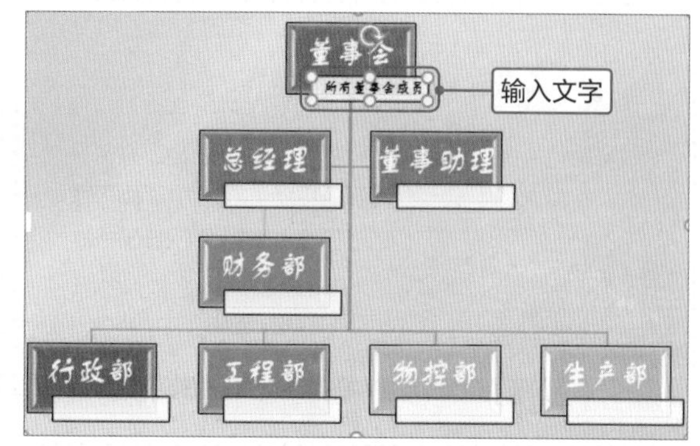

Tips **删除SmartArt图形**

选中需要删除的SmartArt图形后，按下键盘上的Delete键即可将其删除。如果用户需要删除SmartArt图形中某个形状时，先选中该形状，然后按下Delete键即可。

步骤05 按照相同方法在姓名形状内输入各部门负责人姓名，并设置统一的格式，如下左图所示。

步骤06 按住Ctrl键选中所有姓名的形状，切换至“SmartArt工具-格式”选项卡，在“形状样式”选项组中设置形状填充的颜色，最终效果如下右图所示。

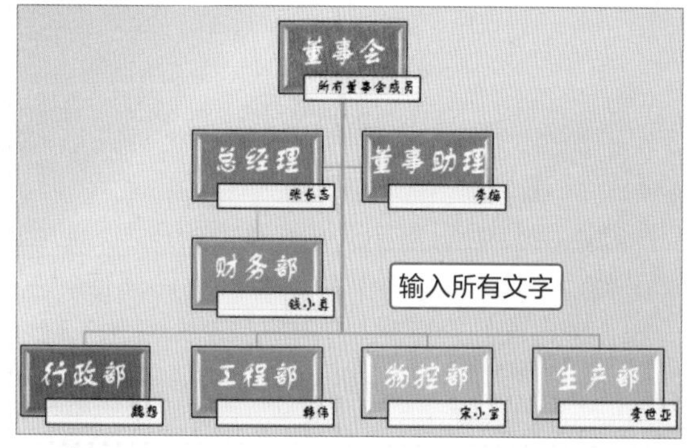

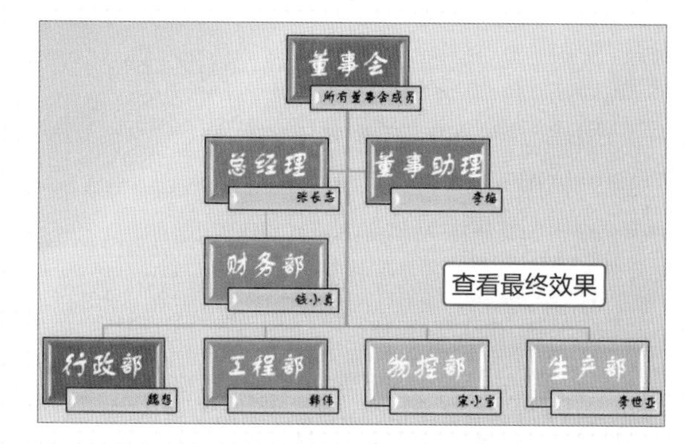

Tips **切换其他布局**

可以根据需要选择其他布局，选择图形，单击“版式”选项组中“其他”按钮，在列表中选择“其他布局”选项，在打开的“选择SmartArt图形”对话框中选择布局即可。

● 切换图形的方向

当插入SmartArt图形时，默认情况是从左到右的布局，用户可以根据需要将其设置为从右向左的布局，下面介绍具体操作方法。

步骤01 打开“切换图形的方向.xlsx”工作簿，选择SmartArt图形，切换至“SmartArt工具-设计”选项卡，单击“创建图形”选项组中“从右向左”按钮，如下左图所示。

步骤02 可见SmartArt图形的方向切换为从右向左，效果如下右图所示。

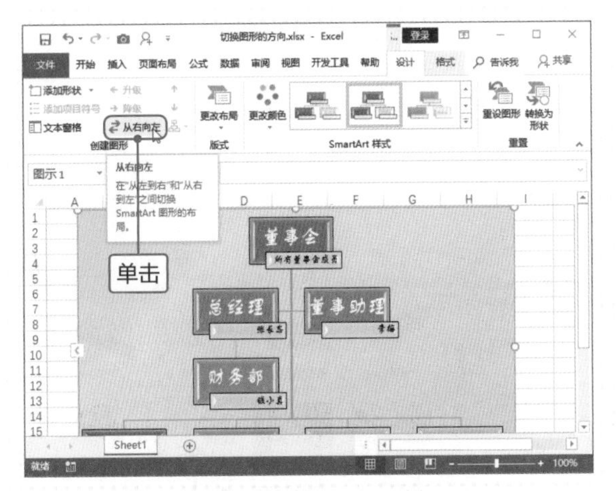

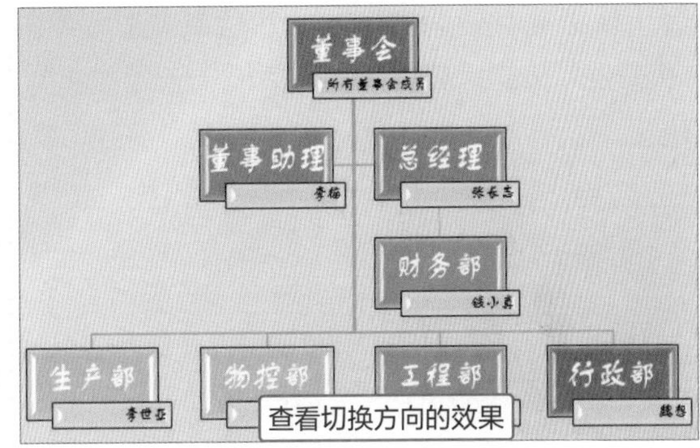

●将图片转换为SmartArt图形

在任务02中创建带有图片的SmartArt图形，用户也可以将图片转换为SmartArt图形，下面根据任务02的内容介绍将图片转换为SmartArt图形的方法。

步骤01 打开Excel软件并命名为“将图片转换为SmartArt图形”，然后切换至“插入”选项卡，单击“图片”按钮，在打开的对话框中选择合适的图片，最后单击“插入”按钮，如下左图所示。

步骤02 适当调整插入图片的大小和位置，切换至“图片工具-格式”选项卡，单击“图片样式”选项组中“图片版式”下三角按钮，在列表中选择合适的版式，如“图片重点流程”选项，如下右图所示。

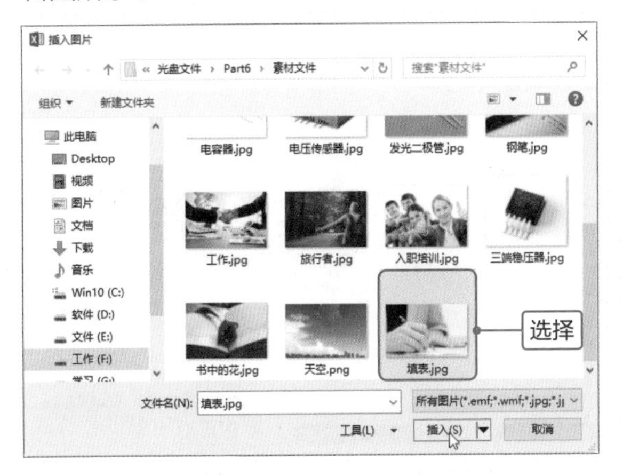

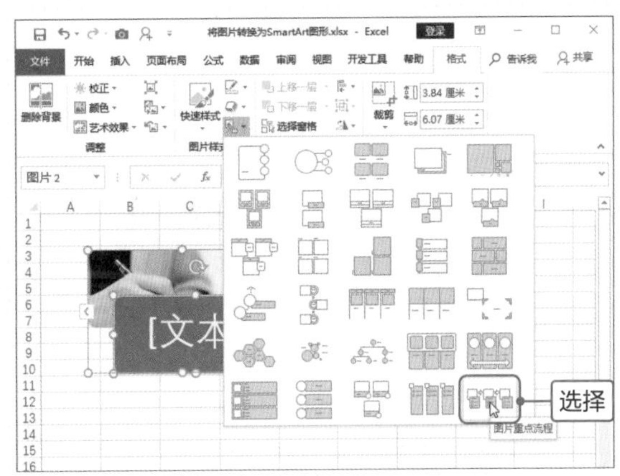

步骤03 操作完成后，可见在功能区显示“SmartArt工具”选项卡，切换至“设计”选项卡，单击“创建图形”选项组中“添加形状”下三角按钮，在列表中选择“在后面添加形状”选项。

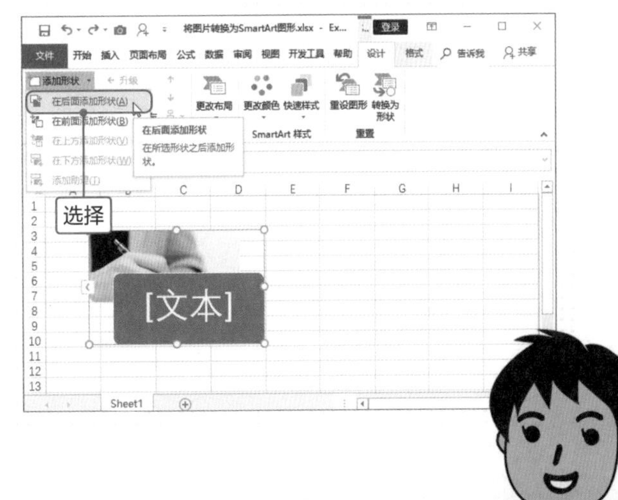

步骤04 返回工作表中，可见在后面添加了形状，并且可以添加图片和文字，而且两个形状之间通过向右的箭头连接，如下左图所示。

步骤05 根据需要添加形状，然后单击形状中的图片插入符，即可打开“插入图片”面板，单击“从文件”按钮，在打开的对话框中选择需要插入的图片，单击“插入”按钮，如下右图所示。

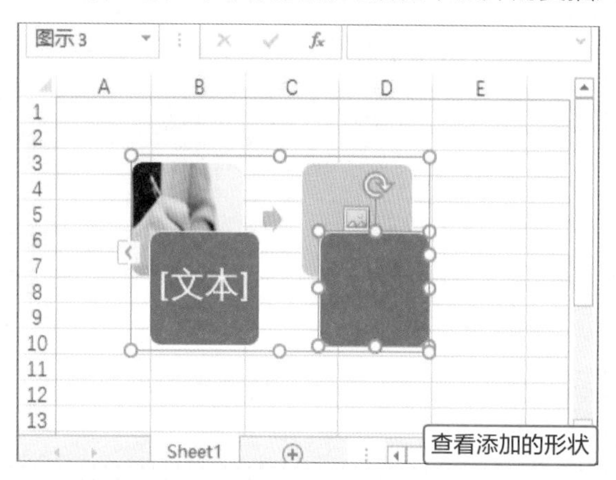

查看添加的形状

选择

步骤06 按照相同的方法插入其他图片，然后打开“在此处键入文字”窗口，并输入文字，适当添加项目符号，如下左图所示。

步骤07 选择创建的SmartArt图形，在“SmartArt工具-设计”选项卡的“SmartArt样式”选项组中设置图形的样式，如下右图所示。

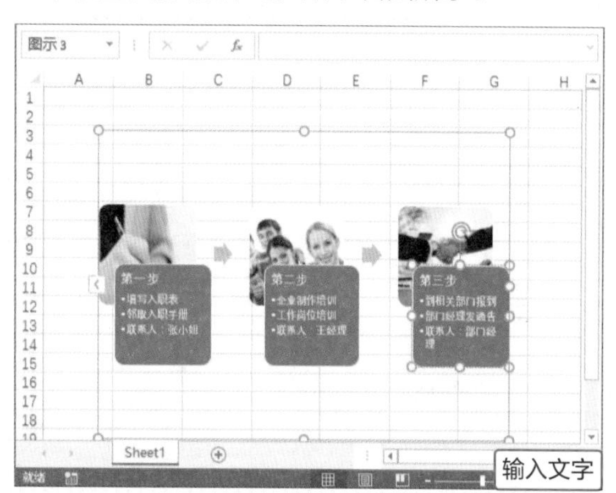

输入文字

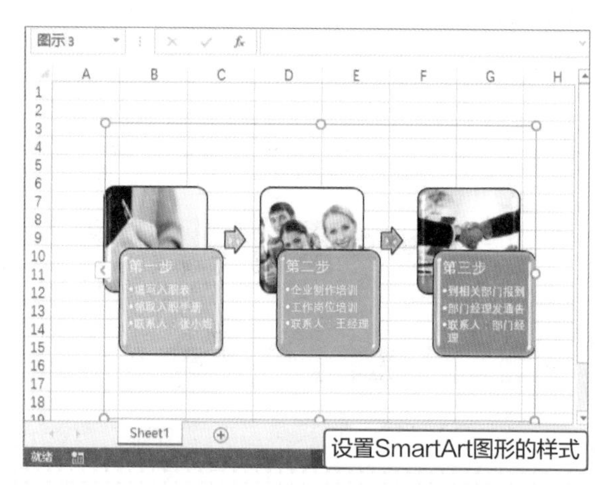

设置SmartArt图形的样式

步骤08 然后在“SmartArt工具-格式”选项卡的形状样式中设置图形的填充和边框效果，在“开始”选项卡的“字体”选项组中设置字体格式，查看最终效果，如右图所示。

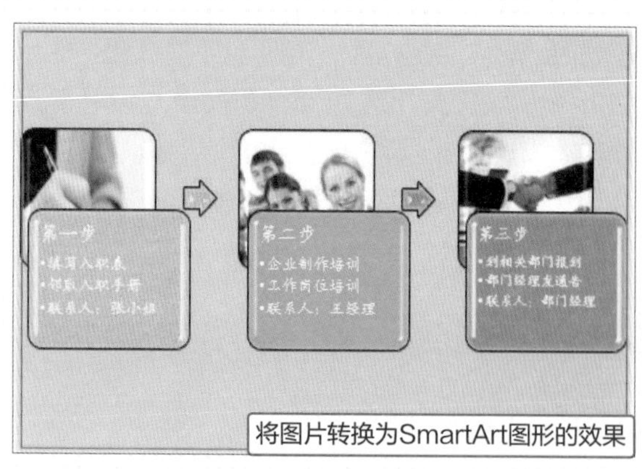

将图片转换为SmartArt图形的效果

Excel工作表的打印技巧

技巧1 设置打印纸张大小

在进行文档打印时，默认情况下文档的打印纸型为A4纸张，在实际工作中，我们可以根据实际的页面大小设置不同的纸张。

首先单击功能区中的“页面布局>页面设置>纸张大小”下三角按钮，在“纸张大小”下拉列表中选择“其他纸张大小”选项，如下左图所示。

打开“页面设置”对话框，切换至“页面”选项卡，单击“纸张大小”下三角按钮，选择需要的纸张大小，单击“确定”按钮即可，如下右图所示。

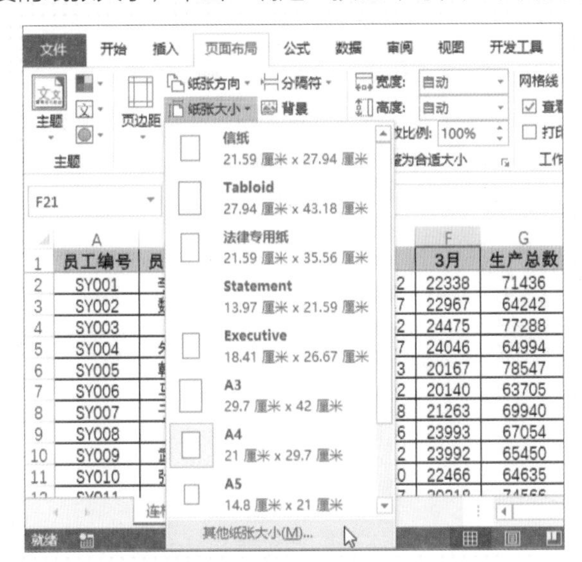

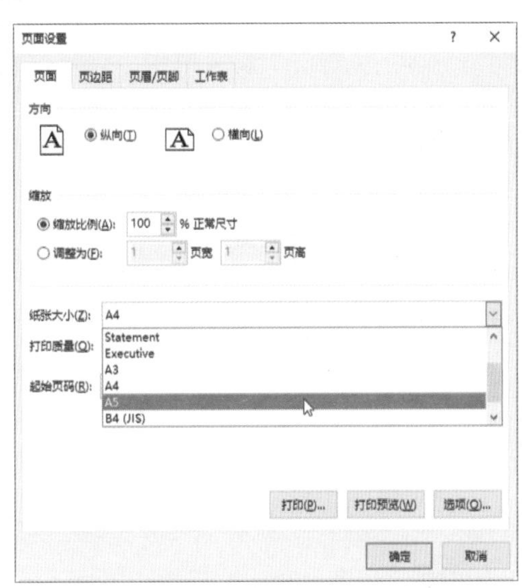

技巧2 设置打印纸张方向

文档的打印方向默认情况下是按“纵向”打印的，我们可以根据文档的实际内容改变纸张方向。下面介绍两种更改纸张方向的方法。

方法1：单击功能区中“页面布局>页面设置>纸张方向”下三角按钮，在“纸张方向”下拉列表中选择纸张方向，如下左图所示。

方法2：选择“文件>选项”选项，打开“打印”选项面板，在“打印”选项面板中单击“纵向”下三角按钮，选择选择纸张方向，如下右图所示。

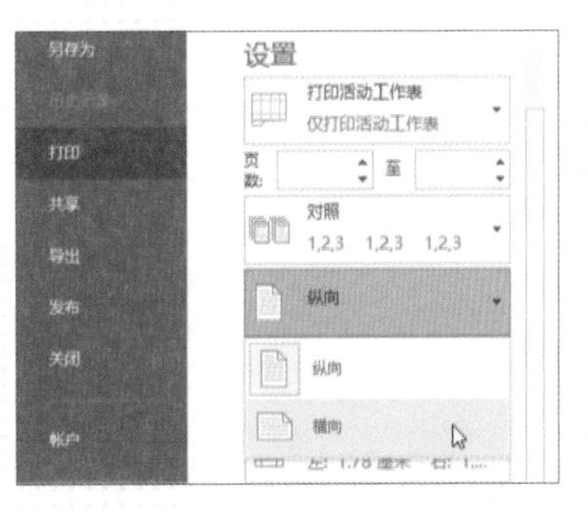

技巧3　设置打印出行号列标

默认情况下，打印Excel工作表时是不打印行号列标的。但有时候为了更方便地定位工作表中单元格位置，我们可以设置打印行号列标功能。

切换至“页面设置”选项卡，单击“页面设置”选项组的对话框启动器按钮，打开“页面设置”对话框，如下左图所示。

打开“页面设置”对话框，切换至“工作表”选项卡，勾选“行和列标题”复选框，设置打印行号列标并预览打印效果，如下右图所示。

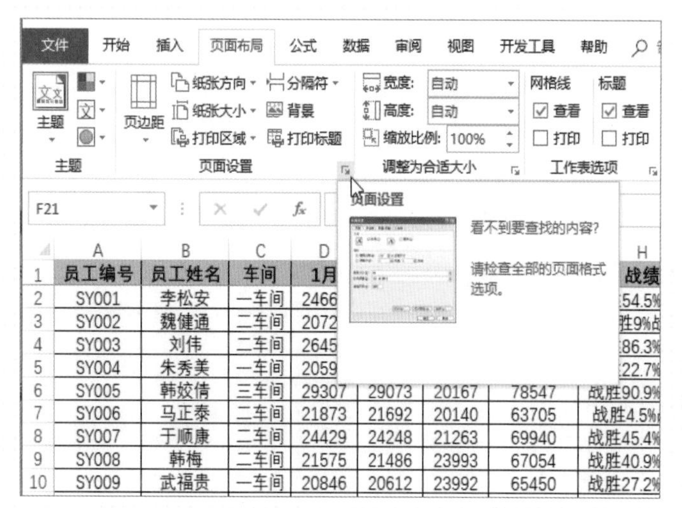

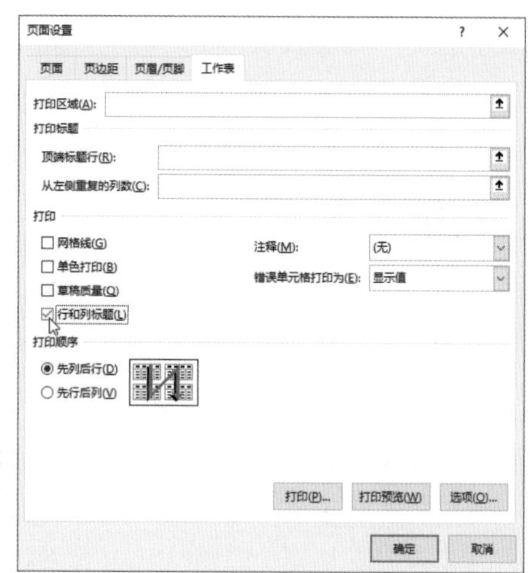

技巧4　添加页眉与页脚

在打印工作表前，我们可以将与工作表有关的信息添加到页眉页脚中。Excel中内置了多种页眉页脚样式，我们可以根据需要添加相应的页眉和页脚。

切换至“页面设置”选项卡，单击“页面设置”选项组的对话框启动器按钮，打开“页面设置”对话框，切换至“页眉/页脚”选项卡，在“页眉”下拉列表中选择页眉样式，在“页脚”下拉列表中选择页脚样式，单击“打印预览”按钮，即可预览添加页眉和页脚后的效果，如下图所示。

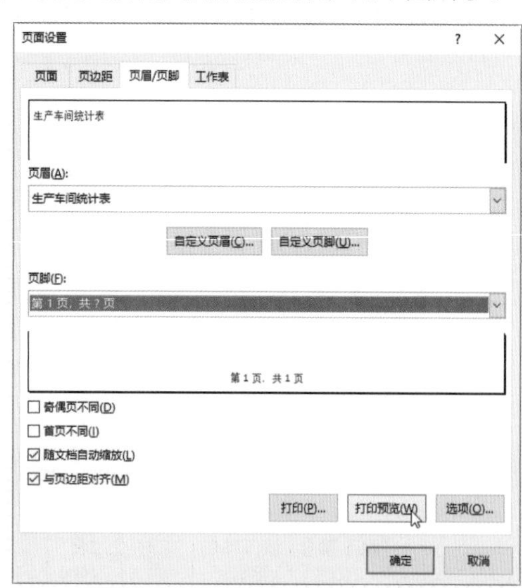

Tips　**自定义页眉和页脚**

在“页面设置”对话框中的“页眉/页脚”选项卡下，单击“自定义页眉”按钮，在打开的“页眉”对话框中自定义页眉样式；单击“自定义页脚”按钮，在打开的“页脚”对话框中自定义页脚样式。

技巧5　设置打印页边距

在打印前我们还可以根据需要设置工作表的页边距，设置合适的页边距可以使工作表打印出来的效果更加美观，使阅读更轻松。在Excel中，既可以选择快速调整页边距，也可以根据需要自定义页边距。

打开Excel工作表后，单击“页面布局>页面设置>页边距”按钮，在“页边距”下拉列表中选择预设的页边距，即可快速调整页边距。我们也可以在“页边距”下拉列表中选择“自定义页边距”选项，如下左图所示。

打开“页面设置”对话框，切换至“页边距”选项卡，设置4个边的页边距值，勾选“水平”和“垂直”复选框，单击“打印预览”按钮，即可预览设置页边距后的效果，如下右图所示。

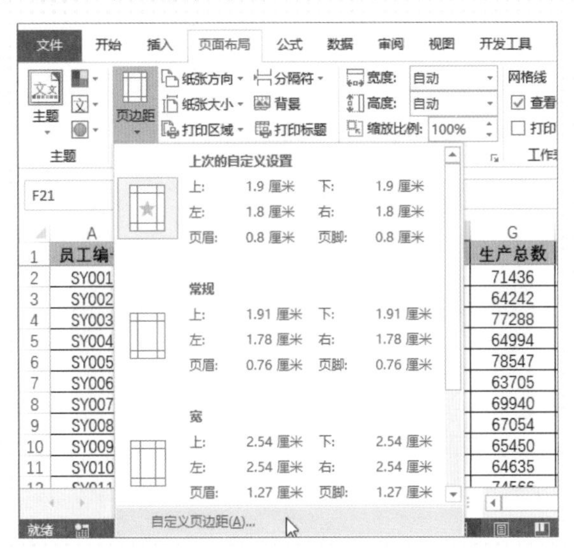

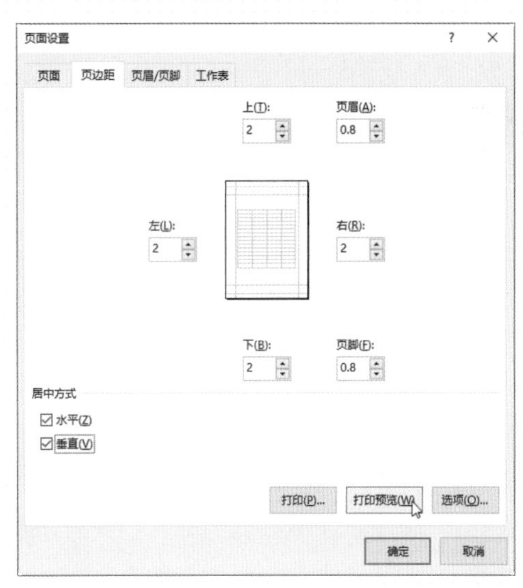

技巧6　只打印出某一区域

在打印工作表时，我们可以设置工作表的打印区域，即可打印出工作表中需要的部分而不是整个工作表。

打开工作表后，选择需要打印的区域，这里选择A1:G10单元格区域，如下左图所示。

选择“文件>打印”选项，在打开的“打印”选项面板的预览区域中，可以看到只打印选择的区域的效果，如下右图所示。

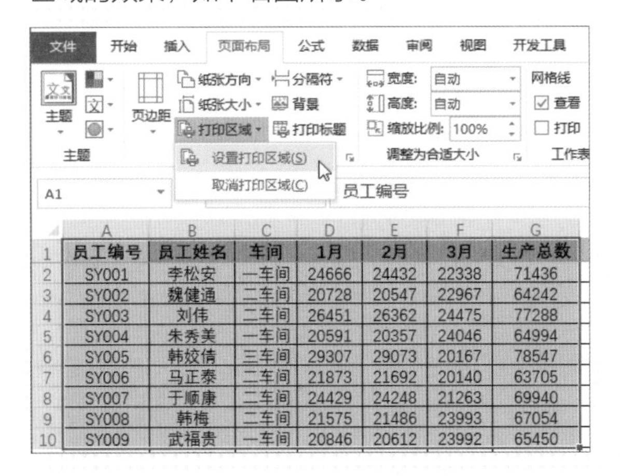

员工编号	员工姓名	车间	1月	2月	3月	生产总数
SY001	李松安	一车间	24666	24432	22338	71436
SY002	魏健通	二车间	20728	20547	22967	64242
SY003	刘伟	二车间	26451	26362	24475	77288
SY004	朱秀美	一车间	20591	20357	24046	64994
SY005	韩姣倩	三车间	29307	29073	20167	78547
SY006	马正泰	二车间	21873	21692	20140	63705
SY007	于顺康	二车间	24429	24248	21263	69940
SY008	韩梅	二车间	21575	21486	23993	67054
SY009	武福贵	一车间	20846	20612	23992	65450

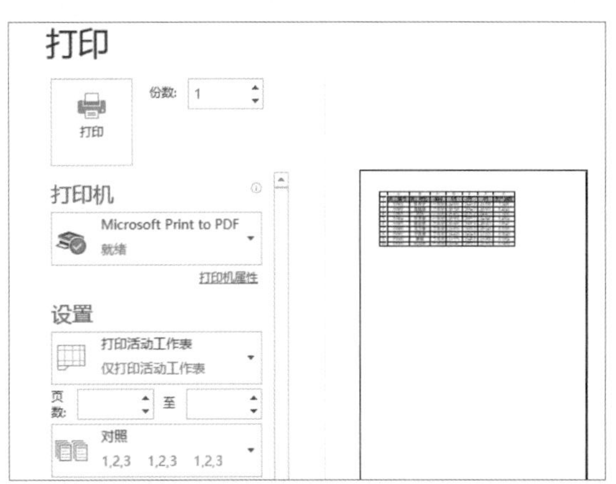

技巧7　缩放打印

如果想将较长或较宽的工作表打印在一页中时，我们可以通过设置缩放打印来实现，下面介绍进行缩放打印的具体操作步骤。

打开需要缩放打印的工作表，切换至“页面布局”选项卡，单击“页面设置”选项组的对话框启动器按钮，打开“页面设置”对话框，切换至“页面”选项卡下，选择“调整为”单选按钮，将“页宽”和“页高”均设置为1，单击“打印预览”按钮，即可预览缩放打印的效果，如右图所示。

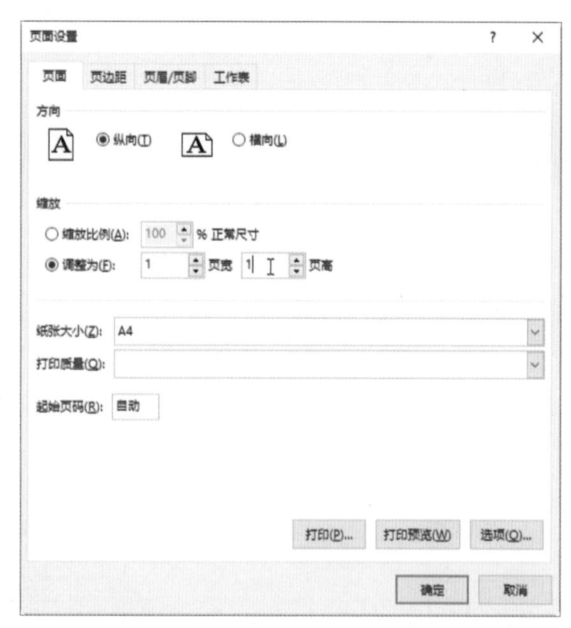

在“打印”选项面板中设置缩放打印

要在“打印”选项面板中设置缩放打印，则单击“文件”标签，选择“打印”选项，单击“缩放”下三角按钮，选择“将工作表调整为一页”选项即可。

技巧8　将公司Logo添加至页眉

我们除了可以在页眉中添加一些与工作表相关的文字信息外，还可以在Excel工作表中添加公司Logo，使报表显得更加专业化，更好地提升企业形象。下面介绍将公司Logo添加至页眉的操作步骤。

打开工作表后，切换至“页面设置”选项卡，单击“页面设置”选项组的对话框启动器按钮，打开“页面设置”对话框。切换至“页眉/页脚”选项卡，单击“自定义页眉”按钮，打开“页眉”对话框，单击“插入图片”按钮，如下左图所示。

打开“插入图片”对话框，选择需要的Logo图片后，单击“插入”按钮，返回“页眉”对话框，单击“设置图片格式”按钮，如下右图所示。在打开的对话框中对插入图片的格式进行设置后，单击“确定”按钮后再次单击“确定”按钮，返回“页面设置”对话框，单击“打印预览”按钮，即可预览打印的效果。

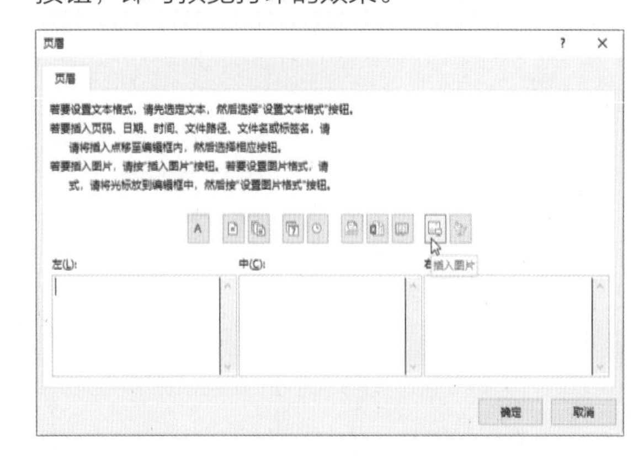

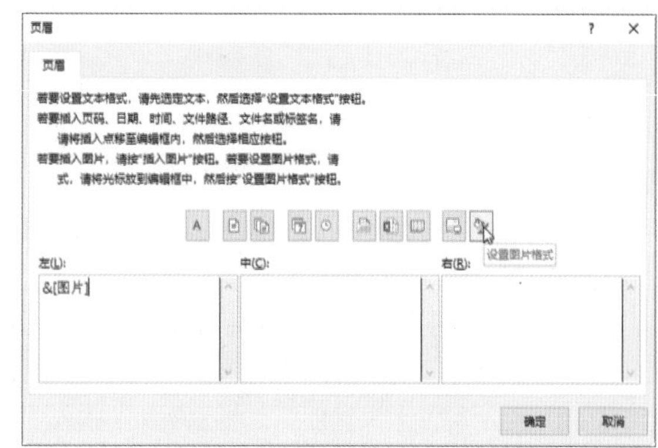